微型计算机原理及应用

主　编　陈光军
副主编　薛　迪　姜庆昌
参　编　史庆武　李顺治　马晓君　闫　丹
　　　　李红军　于泳红
主　审　龙泽明　颜兵兵

机械工业出版社

为方便广大读者对微型计算机技术学习的需要,本书对微型计算机中的基本概念、工作原理及关键技术进行了系统讨论。全书以弄懂原理、掌握应用为编写宗旨,在内容安排上注重系统性、逻辑性、先进性与实用性。

全书共9章,内容包括:计算机基础知识,16位微型计算机的基本组成电路、工作原理、指令系统、程序设计、汇编语言及汇编程序,32位微型计算机的特点及总体结构等。书中精选出的例题典型翔实、富有教益,同时配合章节内容,设置了相关习题,以加深读者对知识的理解,达到练习和培养动手解决问题能力的目的。

本书可作为高等学校机械自动化、电气化、电子信息及其他电气信息类专业本科生的教材,也可供相关领域内的工程技术人员使用和参考。

图书在版编目(CIP)数据

微型计算机原理及应用/陈光军主编. —北京:机械工业出版社,2017.5(2024.1 重印)
ISBN 978-7-111-55987-0

Ⅰ. ①微… Ⅱ. ①陈… Ⅲ. ①微型计算机—高等学校—教材 Ⅳ. ①TP36

中国版本图书馆 CIP 数据核字(2017)第 023861 号

机械工业出版社(北京市百万庄大街22号 邮政编码100037)
策划编辑:周国萍   责任编辑:周国萍 杨明远
责任校对:张 薇   封面设计:马精明
责任印制:郜 敏

北京富资园科技发展有限公司印刷

2024年1月第1版第4次印刷
184mm×260mm・18.25 印张・443 千字
标准书号:ISBN 978-7-111-55987-0
定价:49.00 元

凡购本书,如有缺页、倒页、脱页,由本社发行部调换

电话服务   网络服务
服务咨询热线:010-88379833   机 工 官 网:www.cmpbook.com
读者购书热线:010-88379649   机 工 官 博:weibo.com/cmp1952
                                 教育服务网:www.cmpedu.com
封面无防伪标均为盗版   金 书 网:www.golden-book.com

前　言

微型计算机原理及接口技术是自动化、电气、电子信息等理工科专业的一门重要的专业基础课，课程设置的目的就是让学生掌握微型计算机的基本组成、工作原理、接口功能及其与系统的连接，从而建立微型计算机的整机概念，并在此基础上让学生具有微机应用系统软件开发的初步能力。为适应学生学习微型计算机原理及接口技术的需要，编者结合多年从事微机原理这一专业基础课教学的经验，从教和学的角度出发编写了这本教材。

本书以 8086 CPU 为背景，系统地讲解了 16 位微型计算机的基本工作原理，8086 指令系统及其汇编语言程序设计，输入输出接口及常用芯片，中断与中断管理，数模与模数转换，最后对高性能 32 位微处理器做了介绍，具有一定的参考价值和实用价值。

在编写过程中，编者注重深入浅出、循序渐进，让读者加快基本概念的建立；对知识点的讲解，尽可能地采用图示法，让读者有更深、更清晰的感性认识；在汇编语言程序设计和接口技术上配以较多的程序设计例题，每章后面附以习题，有利于读者尽快掌握程序设计方法和计算机接口技术。

本书得到了国家自然科学基金（51675231）、中国博士后基金（2015M571358）和佳木斯大学教学研究项目（JYLA2012-016）的资助。

本书的第 1 章和第 4 章由佳木斯大学陈光军编写，第 2 章和第 9 章由佳木斯大学姜庆昌编写，第 3 章由佳木斯大学薛迪编写，第 5 章的第 1 节和第 7 章由佳木斯大学史庆武编写，第 5 章的第 2、3、4 节和第 8 章由大庆广播电视大学李顺治编写，第 6 章由佳木斯大学马晓君编写，课后习题由佳木斯电机股份有限公司闫丹、李红军和佳木斯大学于泳红编写。全书由陈光军统稿，由龙泽明教授和颜兵兵教授主审，龙泽明教授和颜兵兵教授对此书的编写提出许多宝贵建议。在此向他们表示深切谢意。

本书在编写过程中参考了国内外相关领域内一些专家学者的论著，在此表示感谢。由于编者水平有限，书中难免存在错误和不足之处，敬请读者批评指正。

编　者
2016 年 5 月

目 录

前言
第1章 概述 1
  1.1 绪论 1
    1.1.1 微型计算机的发展史 1
    1.1.2 微型计算机的特点 2
    1.1.3 微型计算机的应用领域 3
  1.2 微型计算机的组成 4
    1.2.1 微处理器 4
    1.2.2 微型计算机 5
    1.2.3 微型计算机系统 5
  1.3 微型计算机的工作过程和主要性能指标 5
    1.3.1 微型计算机的工作过程 5
    1.3.2 微型计算机的主要性能指标 5
  1.4 微机系统中采用的先进技术 6
    1.4.1 流水线技术 6
    1.4.2 高速缓冲存储器 6
    1.4.3 CISC 和 RISC 7
    1.4.4 多核心技术 7
  1.5 微型计算机中数的表示 8
    1.5.1 数制及相互转换 8
    1.5.2 符号数的表示及运算 11
    1.5.3 计算机中常用的编码 14
  1.6 二进制数的算术运算及其加法电路 16
    1.6.1 二进制数的相加 16
    1.6.2 半加器电路 17
    1.6.3 全加器 17
    1.6.4 半加器及全加器符号 18
    1.6.5 二进制数的加法电路 18
    1.6.6 二进制数的减法运算 19
  课后习题 20
第2章 8086/8088 微处理器 21
  2.1 16 位微处理器概述 21
  2.2 8086/8088 微处理器的结构 22
    2.2.1 8086/8088 的内部结构 22
    2.2.2 8086/8088 寄存器的结构 24
  2.3 8086/8088 微处理器的工作模式及引脚功能 27
    2.3.1 8086/8088 的工作模式 27
    2.3.2 8086/8088 的引脚功能 27
  2.4 8086/8088 存储器组织和 I/O 组织ﾠ....... 32
    2.4.1 存储器的分段管理 32
    2.4.2 内存的物理地址形成 33
    2.4.3 存储器的分体结构 33
    2.4.4 8086/8088 I/O 组织 34
  2.5 8086/8088 系统配置 35
    2.5.1 最小模式下的典型配置 35
    2.5.2 最大模式下的基本配置 36
  2.6 8086/8088 微处理器时序 40
    2.6.1 8086/8088 的总线周期 40
    2.6.2 系统的复位及启动 41
    2.6.3 8086 最小模式下的总线操作 41
    2.6.4 8086 最大模式下的总线操作 44
  课后习题 46
第3章 8086/8088 指令系统 47
  3.1 8086/8088 的指令格式 47
    3.1.1 指令的助记符格式 47
    3.1.2 指令的机器码格式 48
  3.2 8086/8088 的寻址方式 50
    3.2.1 操作数的寻址方式 50
    3.2.2 指令地址的寻址方式 55
  3.3 8086/8088 的指令系统 56
    3.3.1 数据传送类指令 57
    3.3.2 算术运算类指令 63
    3.3.3 逻辑运算与移位类指令 70
    3.3.4 串操作类指令 74
    3.3.5 控制转移类指令 78
    3.3.6 处理器控制类指令 84
  课后习题 85
第4章 汇编语言程序设计 88
  4.1 汇编语言概述 88
    4.1.1 机器语言、汇编语言和高级语言ﾠ... 88
    4.1.2 汇编语言程序结构 89
  4.2 汇编语言语句的组成 90
    4.2.1 字符集 90
    4.2.2 保留字与标识符 90
    4.2.3 常量、变量与标号 90
    4.2.4 表达式及运算符 91
  4.3 伪指令语句 98

4.3.1　处理器选择伪指令 99
　4.3.2　数据定义伪指令 99
　4.3.3　符号定义伪指令 100
　4.3.4　段定义伪指令 SEGMENT 和
　　　　　ENDS 101
　4.3.5　过程定义伪指令 PROC 和 ENDP 104
　4.3.6　程序开始与结束伪指令 104
　4.3.7　定义符号名伪指令 LABEL 105
　4.3.8　结构定义伪指令 STRUC 106
4.4　宏指令语句及其应用 107
　4.4.1　宏操作伪指令 107
　4.4.2　宏指令与子程序的区别 113
4.5　DOS 系统功能调用 114
　4.5.1　常用 DOS 软中断 114
　4.5.2　DOS 系统的功能调用 116
　4.5.3　打印功能调用 118
　4.5.4　日期与时间功能调用 119
4.6　汇编语言程序设计 119
　4.6.1　汇编语言程序设计步骤 119
　4.6.2　顺序结构程序设计 120
　4.6.3　分支结构程序设计 123
　4.6.4　循环结构程序设计 124
　4.6.5　子程序结构程序设计 129
4.7　汇编语言程序的上机过程 135
　4.7.1　源文件的建立和汇编 135
　4.7.2　目标文件的链接 136
　4.7.3　执行文件的调试 137
课后习题 137

第 5 章　输入/输出接口

5.1　I/O 接口概述 139
　5.1.1　CPU 与 I/O 设备之间交换的信息.... 140
　5.1.2　I/O 接口的主要功能 141
　5.1.3　I/O 接口的编址方式 142
5.2　I/O 端口读写技术 143
　5.2.1　I/O 端口地址译码技术 143
　5.2.2　I/O 端口的读写控制 145
5.3　I/O 设备数据传送控制方式 148
　5.3.1　程序控制传送方式 148
　5.3.2　中断控制传送方式 152
　5.3.3　DMA 传送方式 153
5.4　简单的输入/输出接口芯片 155
　5.4.1　芯片功能简介 155
　5.4.2　芯片应用举例 158
课后习题 160

第 6 章　可编程接口芯片

6.1　可编程接口芯片概述 161
6.2　可编程并行接口芯片 8255A 161
　6.2.1　8255A 的内部结构及引脚功能 161
　6.2.2　8255A 的工作方式 163
　6.2.3　8255A 的控制字及初始化 170
　6.2.4　8255A 的应用实例 171
6.3　可编程定时/计数器 8253 172
　6.3.1　8253 的内部结构及引脚功能 172
　6.3.2　8253 的控制字及初始化 173
　6.3.3　8253 的工作方式与工作时序 174
　6.3.4　8253 应用实例 180
6.4　可编程串行通信接口芯片 8251A 181
　6.4.1　概述 181
　6.4.2　8251A 的内部结构及外部引脚 186
　6.4.3　8251A 的控制字及其工作方式 191
　6.4.4　8251A 串行接口应用举例 194
课后习题 195

第 7 章　中断与中断管理

7.1　概述 196
　7.1.1　中断的基本概念 196
　7.1.2　中断处理过程 196
　7.1.3　中断优先权排队 197
　7.1.4　中断嵌套 199
7.2　8086 中断系统 200
　7.2.1　外部中断（硬件中断）................ 200
　7.2.2　内部中断（软件中断）................ 201
　7.2.3　中断向量表 202
　7.2.4　8086 中断响应过程 203
7.3　中断控制器 8259A 204
　7.3.1　8259A 内部结构 204
　7.3.2　8259A 引脚信号 206
　7.3.3　8259A 工作方式 207
　7.3.4　8259A 命令字 212
　7.3.5　8259A 级联系统 221
课后习题 223

第 8 章　数-模与模-数转换及应用

8.1　数-模转换及应用 224
　8.1.1　数-模转换器的基本原理 224
　8.1.2　数-模转换器的性能参数 225
　8.1.3　8 位 D-A 转换器 DAC 0832 227
8.2　模-数转换及应用 229
　8.2.1　数-模转换步骤和转换原理 230
　8.2.2　数-模转换步骤和转换原理 233

8.2.3 ADC 0809A-D 转换器 234
8.2.4 ADC 0809 与系统总线的连接 237
课后习题 238

第 9 章 Intel 32 位微处理器 239
9.1 32 位微处理器的 CPU 结构 240
9.2 32 位微处理器的寄存器结构 242
  9.2.1 基本体系结构寄存器 242
  9.2.2 系统级寄存器 244
9.3 32 位微处理器的外部引脚功能 246
  9.3.1 地址总线（$A_2 \sim A_{31}$ 和 $BE_0\# \sim BE_3\#$） 246
  9.3.2 数据总线（$D_0 \sim D_{31}$） 246
  9.3.3 控制总线 246
9.4 80486 的存储器管理 249
  9.4.1 80×86 的存储器组织和地址空间 250
  9.4.2 存储器的分段管理 251
  9.4.3 存储器的分页管理 257
9.5 多任务及保护 260

9.5.1 多任务及其转换 260
9.5.2 保护 262
9.5.3 保护方式下的控制转移 267
9.6 80×86 的寻址方式及指令系统 272
  9.6.1 80×86 的数据类型和全地址 272
  9.6.2 80×86 指令的寻址方式 273
  9.6.3 80386/80486 增强与增加的指令 275
9.7 Pentium 微处理器 279
  9.7.1 Pentium 微处理器的结构 279
  9.7.2 Pentium 微处理器流水线的工作原理 280
  9.7.3 Pentium 微处理器的存储器结构 281
  9.7.4 Pentium 微处理器的分支预测 281
  9.7.5 Pentium 微处理器的高速缓冲存储器 282
  9.7.6 Pentium 微处理器的工作模式 282
课后习题 283

参考文献 284

第 1 章 概 述

1.1 绪论

1.1.1 微型计算机的发展史

讨论微型计算机的发展，最有代表性的是微处理器。随着微电子技术的不断进步，微处理器和其他功能部件遵循摩尔定律，每隔两年集成度和性能增长一倍，价格却下降二分之一。下面以 Intel 系列微处理器为例，回顾微型计算机发展的历程。

1. 第一代：4 位或低档 8 位微处理器

典型的是美国 Intel 4004 和 Intel 8008 微处理器。Intel 4004 是一种 4 位微处理器，可进行 4 位二进制的并行运算，它有 45 条指令，速度为 0.05 MIPS（Million Instruction Per Second，每秒百万条指令）。Intel 4004 的功能有限，主要用于计算器、电动打字机、照相机、台秤、电视机等家用电器上，使这些电器设备具有智能化，从而提高它们的性能。Intel 8008 是世界上第一种 8 位的微处理器。存储器采用 PMOS 工艺。该阶段计算机工作速度较慢，微处理器的指令系统不完整，存储器容量很小，只有几百字节，没有操作系统，只有汇编语言。主要用于工业仪表、过程控制。

2. 第二代：中档的 8 位微处理器

典型的微处理器有 Intel 8080/8085，Zilog 公司的 Z80 和 Motorola 公司的 M6800。与第一代微处理器相比，集成度提高了 1~4 倍，运算速度提高了 10~15 倍，指令系统相对比较完善，已具备典型的计算机体系结构及中断、直接存储器存取等功能。其存储容量达 64KB，配有荧光屏显示器、键盘、软盘驱动器等设备。

3. 第三代：16 位微处理器

1978 年，Intel 公司率先推出 16 位微处理器 8086，同时，为了方便原来的 8 位机用户，Intel 公司又提出了一种准 16 位微处理器 8088。在 Intel 公司推出 8086、8088 CPU 之后，各公司也相继推出了同类的产品，有 Zilog 公司的 Z8000 和 Motorola 公司的 M68000 等。16 位微处理器比 8 位微处理器有更大的寻址空间、更强的运算能力、更快的处理速度和更完善的指令系统。所以，16 位微处理器已能够替代部分小型机的功能，特别在单任务、单用户的系统中，8086 等 16 位微处理器更是得到了广泛的应用。1982 年，Intel 公司又推出 16 位高级微处理器 80286。微处理器采用短沟道高性能 NMOS 工艺。在体系结构方面吸纳了传统小型机甚至大型机的设计思想，如虚拟存储和存储保护等，时钟频率提高到 5~25MHz。在 20 世纪 80 年代中后期至 1991 年初，80286 一直是微机的主流 CPU。

4. 第四代：32 位微处理器

1985 年，Intel 公司推出了第四代微处理器 80386。它是一种与 8086 向上兼容的 32 位

微型计算机原理及应用

微处理器 80386,它具 32 位的数据总线和 32 位的地址总线,存储器可寻址空间达 4GB,运算速度达到 300 万～400 万条指令/s,即 3～4MIPS。CPU 内部采用 6 级流水线结构,使用二级存储器管理方式,支持带有存储器保护的虚拟存储机制。随着集成电路工艺水平的进一步提高,1989 年,Intel 公司又推出了性能更高的 32 位微处理器 80486,在芯片上集成约 120 万个晶体管,是 80386 的 4 倍。80486 由 3 个部件组成:一个是 80386 体系结构的主处理器,一个是与 80387 兼容的数字协处理器和一个 8KB 容量的高速缓冲存储器,并采用了 RISC(精简指令集计算机)技术和突发总线技术,提高了速度,在相同频率下,80486 的处理速度一般比 80386 快 2～4 倍。以这些高性能 32 位微处理器为 CPU 构成的微机的性能指标已达到或超过当时的高档小型机甚至大型机的水平,被称为高档或超级微机。同期推出的产品还有 MC68040 和 NEC 公司的 V80。

5. 第五代:Pentium 微处理器

1993 年,Intel 公司推出了第五代微处理器 Pentium(中文译名为奔腾)。Pentium 微处理器的推出使微处理器的技术发展到了一个崭新的阶段,标志着微处理器完成从 CISC 向 RISC 时代的过渡,也标志着微处理器向工作站和超级小型机冲击的开始。

Pentium 微处理器具有 64 位的数据总线和 32 位的地址总线,CPU 内部采用超标量流水线设计,Pentium 芯片内采用双 Cache 结构(指令 Cache 和数据 Cache),每个 Cache 容量为 8KB,数据宽度为 32 位,数据 Cache 采用回写技术,大大节省了处理时间。Pentium 微处理器为了提高浮点运算速度,采用 8 级流水线和部分指令固化技术,芯片内设置分支目标缓冲器(BTB),可动态预测分支程序的指令流向,节省了 CPU 判别分支的时间,大大提高了处理速度。Pentium 系列处理器有多种工作频率,工作在 60MHz 和 66MHz 时,其速度可达 1 亿条指令/s。同期推出的第五代微处理器还有 IBM、Apple 和 Motorola 这 3 家公司联盟的 PowerPC(这是一种完全的 RISC 微处理器),以及 AMD 公司的 K5 和 Cyrix 公司的 M1 等。

6. 第六代:Pentium Pro 微处理器

1996 年 Intel 公司将其第六代微处理器正式命名为 Pentium Pro(奔腾)。该处理器的时钟频率为 200MHz,在处理方面,Pentium Pro 引入了新的指令执行方式,其内部核心是 RISC 处理器,运算速度达 200MIPS。Pentium Pro 允许在一个系统里安装 4 个处理器,因此,Pentium Pro 最适合高性能服务器和工作站。

7. 第七代:Pentium 4 微处理器

2000 年 11 月,Intel 推出了第七代微处理器:奔腾 4(Pentium 4,或简称奔 4 或 P4),这一新的架构称为 NetBurst。Pentium 4 有着高达 400MHz 的前端总线,之后又提升到 533MHz、800MHz。它其实是四条 100MHz 的并列总线(100MHz×4 并列),因此理论上它可以传送比一般总线多四倍的容量,所以号称有 400MHz 的速度。

1.1.2 微型计算机的特点

由于微型计算机是采用大规模集成电路(LSI)和超大规模集成电路(VLSI)组成的,所以它除了具有一般计算机的运算速度快、计算精度高、记忆功能和逻辑判断力强、自动工作等常规特点外,还有它自己的独特优点。

1. 体积小、质量轻、功耗低

由于采用了大规模和超大规模集成电路,从而使构成微型计算机所需的器件数目大为减少，体积大为缩小。一个与小型机 CPU 功能相当的 16 位微处理器 MC68000，由 13000 个标准门电路组成，其芯片面积仅为 6.25×7.14mm^2，功耗为 1.25W。32 位的超级微处理器 80486，有 120 万个晶体管电路，其芯片面积仅为 16×11mm^2，芯片的质量仅十几克。工作在 50MHz 时钟频率时的最大功耗仅为 3W。随着微处理器技术的发展，今后推出的高性能微处理器产品体积更小、功耗更低，而功能更强，这些优点对于航空、航天、智能仪器仪表等领域具有特别重要的意义。

2. 可靠性高、对使用环境要求低

微型计算机采用大规模集成电路以后，使系统内使用的芯片数大大减少，接插件数目大幅度减少，简化了外部引线，安装更加容易。加之 MOS 电路芯片本身功耗低、发热量小，使微型计算机的可靠性大大提高，因而也降低了对使用环境的要求，普通的办公室和家庭环境就能满足要求。

3. 结构简单、设计灵活、适应性强

微型计算机多采用模块化的硬件结构，特别是采用总线结构后，使微型计算机系统成为一个开放的体系结构，系统中各功能部件通过标准化的插槽和接口相连，用户选择不同的功能部件（板卡）和相应外设就可构成不同要求和规模的微型计算机系统。由于微型计算机的模块化结构和可编程功能，使得一个标准的微型计算机在不改变系统硬件设计或只部分地改变某些硬件时，在相应软件的支持下就能适应不同的应用任务的要求，或升级为更高档次的微机系统，从而使微型计算机具有很强的适应性和宽广的应用范围。

4. 性价比高

随着微电子学的高速发展和大规模、超大规模集成电路技术的不断成熟，集成电路芯片的价格越来越低，微型机的成本不断下降，同时也使许多过去只在大、中型计算机中采用的技术（如流水线技术、RISC 技术、虚拟存储技术等）也在微型机中采用，许多高性能的微型计算机的性能实际上已经超过了中、小型计算机（甚至是大型机）的水平，但其价格要比中、小型机低得多。随着超大规模集成电路技术的进一步成熟，生产规模和自动化程度的不断提高，微型机的价格还会越来越便宜，而性价比会越来越高，这将使微型计算机得到更为广泛的应用。

1.1.3 微型计算机的应用领域

自从第一台个人计算机 IBM PC 问世以来，微型计算机的应用领域在不断扩大，尤其是 Pentium 处理器应用于个人计算机以来，微型计算机的应用更加广泛，涉及方方面面。不论是科学计算、信息处理、事务管理、工业智能控制、CAD/CAM，还是网络与通信以及电子商务等均离不开微型计算机。

1. 科学计算

最初研制计算机的目的就是用于科学计算，就是要解决人工无法解决的复杂科学计算问题，如大型水利工程中的计算、卫星轨道计算、天气预报中的气象参数计算、结构计算等。没有计算机的参与，这些复杂计算问题不可能解决。

2. 信息处理

在生产组织、企业管理、情报检索等领域存在大量的信息需要及时进行搜集、归纳、分类、整理、存储、检索、统计、分析等。尽管运算量不大，但有大量的逻辑运算与判断分析，处理结果往往以图表形式给出。借助微型计算机，使人们从繁杂的数据统计和事务管理中解放出来，大大提高了管理水平和工作效率。

3．工业控制

工业控制就是利用微型计算机对生产过程进行自动控制，可以大大提高生产效率，改进产品质量，缩短生产周期，降低生产成本。

4．计算机集成制造系统

CAD 就是利用计算机进行辅助设计（Computer Aided Design），CAM 是利用计算机进行辅助制造（Computer Aided Manufacturing）。另外还有 CAT（Computer Aided Test，计算机辅助测试）、CAPP（Computer Aided Process Planning，计算机辅助工艺过程设计）、MIS（Management Information System，管理信息系统）等。这些借助计算机的相关技术在飞机、汽车、船舶、机械制造、建筑工程、集成电路等行业中得到广泛应用。我们把具有 CAD、CAM、CAT、CAPP 以及 MIS 功能的计算机综合应用系统称为计算机集成制造系统（Computer Integration Manufacturing System，CIMS）。

5．人工智能

尽管目前真正的人工智能计算机还没有问世，但利用计算机模拟人类某些智能行为（如感知、思维、推理、学习、理解等）的理论、技术和应用已经出现，如专家系统、模式识别、问题求解、机器翻译、自然语言理解等。

6．电子商务

借助计算机可以构成网络，在 Internet 上的网络，可以进行产品交易等商务活动，就是电子商务，简单通俗的说法是，电子商务就是在 Internet 上做生意。电子商务可以节约大量的人力和财力，提高商品知名度，降低销售成本等。目前电子商务的应用越来越受到重视。

实际上微型计算机的应用不限于此，各行各业甚至家庭都在应用微型计算机，如家用智能化电器、智能大厦、智能仪器仪表、教育、娱乐等。

1.2 微型计算机的组成

1.2.1 微处理器

CPU（Central Processing Unit，即中央处理器）是指计算机内部对数据进行处理并对处理过程进行控制的部件。随着大规模集成电路技术的迅速发展，芯片集成度越来越高，CPU 可以集成在一个半导体芯片上，这种具有中央处理器功能的大规模集成电路器件，被统称为微处理器（Microprocessor，简称 MP 或 μP）。

近年来，随着微电子技术和超大规模集成技术的迅猛发展，在微处理器的内部不仅包括中央处理器的核心部件，而且已经把数字协处理器、高速缓冲存储器以及多种接口和控制部件，甚至把多媒体部件也集成到一块微处理器芯片内。

微处理器与存储器合称为微处理机。

不同时期、不同类型的微处理器性能各不相同，但它们具有共同的特点，就是完成如下基本功能：

1）进行算术与逻辑运算。
2）对指令进行译码并执行规定操作。

3）能保存有关数据（少量）。
4）能与存储器和外部设备交换数据。
5）提供对其他部件的定时和控制。
6）能响应其他部件包括外部设备发来的中断请求。

1.2.2 微型计算机

微型计算机（Microcomputer，简称 MC 或 μC）是通过总线将微处理器、存储器和输入输出接口连接在一起的有机整体。它包含冯·诺依曼计算机体系结构中的五个部件，微型计算机简称微型机或微机。

特别要指出的是，为了进一步微型化，在微型计算机的发展过程中，还出现了单片计算机（简称单片机）和单板计算机（简称单板机），单片机是将微型计算机的所有部件全部集成在一块芯片上，而单板机则是将微型计算机的各个部件安装在一块印制电路板上，从而使微型计算机更适合于小型化的应用场合。

1.2.3 微型计算机系统

微型计算机系统（Microcomputer System，简称 MCS 或 μCS）是以微型计算机为核心，配置相应的外部设备和系统软件及应用软件，从而使其具有独立的数据处理和运算能力的设备，通常把它称为微型计算机系统。换句话说，微型计算机系统是微型计算机硬件、软件以及外部设备的集合，是一台完整的、可供用户直接使用的计算或控制设备。

1.3 微型计算机的工作过程和主要性能指标

1.3.1 微型计算机的工作过程

根据冯·诺依曼的设计，计算机应能自动执行程序，而执行程序又归结为逐条执行指令。执行一条指令又可分为以下五个基本操作：

1）取指令：从存储器某个地址单元中取出要执行的指令送到 CPU 内部的指令寄存器暂存。

2）分析指令：或称指令译码，把保存在指令寄存器中的指令送到指令译码器，译出该指令对应的微操作信号，控制各个部件的操作。

3）取操作数：如果需要，发出取数据命令，到存储器取出所需的操作数。

4）执行指令：根据指令译码，向各个部件发出相应控制信号，完成指令规定的各种操作。

5）保存结果：如果需要保存计算结果，则把结果保存到指定的存储器单元中。

完成一条指令所需的时间称为指令周期。一个指令周期往往包括多个总线周期，而一个总线周期又包含多个时钟周期。时钟周期是计算机中最小的时间单位。

1.3.2 微型计算机的主要性能指标

微型计算机的性能是一个综合的指标，它与微型计算机的系统结构、各部件的硬件性能以及系统的软件配置有关，主要评估指标有以下几项。

1. 微处理器的字长

计算机一次能并行处理的二进制的位数称为字长。微处理器的字长一般由算术逻辑单

微型计算机原理及应用

元（ALU）的位数和数据总线的宽度来决定，字长越长，表示数据的精度越高，传送处理数据的速率越快。例如，8086 是 16 位字长处理器。有些处理器的 ALU 位数和数据总线宽度并不相同，例如，8088 的 ALU 是 16 位，但为了和 8 位的 I/O 设备兼容，其数据总线只有 8 位，因此称其为准 16 位处理器。

2. 内存储器容量和访问时间

存储器容量和存储器访问时间是反映微型计算机内存储器性能的两个主要指标。内存储器的最大容量和处理器的地址线宽度有关，8086 有 20 位地址线，最大内存容量为 1MB，存储器访问时间体现了内存储器的速度，直接影响处理机的性能。20 世纪 80 年代初，动态存储器 DRAM 的访问时间在几百纳秒，近年来提高到几十纳秒。但是存储器速度的提高远远赶不上微处理器速度的提高，弥补它们之间的速度间隙一直是微型计算机技术中的难题。

3. 系统总线传输速率

总线每秒钟能够传送的最大字节数称作总线的传输速率。总线速率和总线宽度及总线周期时间有关。总线宽度指总线中数据线的位数。基于 8088 的 PC 系统总线宽度为 8 位，ISA 标准数据线宽度为 16 位。总线周期时间指进行一次总线访问花费的时间，ISA 总线的典型总线周期时间为 3 个时钟周期，即每 3 个时钟周期传送 1B；8MHz 主频 16 位宽度的 ISA 总线传输速率为 5.3MB/s。

4. 运算速度

运算速度是衡量计算机性能的一项重要指标。通常所说的计算机运算速度（平均运算速度），是指每秒钟所能执行的指令条数，一般用"百万条指令/s"（MIPS，Million Instruction Per Second）来描述。同一台计算机，执行不同的运算所需时间可能不同，因而对运算速度的描述常采用不同的方法。常用的有 CPU 时钟频率（主频）、每秒平均执行指令数（IPS）等。

1.4 微机系统中采用的先进技术

1.4.1 流水线技术

借鉴工业流水线制造的思想，现代 CPU 也采用了流水线设计。流水线（Pipeline）技术是指在程序执行时多条指令重叠进行操作的一种准并行处理实现技术。流水线是 Intel 首次在 486 芯片中开始使用的。流水线的工作方式就像工业生产上的装配流水线。在 CPU 中由 5~6 个不同功能的电路单元组成一条指令处理流水线，然后将一条 X86 指令分成 5~6 步后再由这些电路单元分别执行，这样就能实现在一个 CPU 时钟周期完成一条指令，因此提高 CPU 的运算速度。经典奔腾每条整数流水线都分为四级流水，即指令预取、译码、执行、写回结果，浮点流水又分为八级流水。

1.4.2 高速缓冲存储器

高速缓冲存储器是存在于主存与 CPU 之间的一级存储器，由静态存储芯片（SRAM）组成，容量比较小但速度比主存高得多，接近于 CPU 的速度。在计算机存储系统的层次结构中，是介于中央处理器和主存储器之间的高速小容量存储器。它和主存储器一起构成一级的存储器。高速缓冲存储器和主存储器之间信息的调度和传送是由硬件自动进行的。

在计算机技术发展过程中，主存储器的存取速度一直比中央处理器操作速度慢得多，使中央处理器的高速处理能力不能充分发挥，导致整个计算机系统的工作效率受到影响。有很多方法可用来缓和中央处理器和主存储器之间速度不匹配的矛盾，如采用多个通用寄存器、多存储体交叉存取等，在存储层次上采用高速缓冲存储器也是常用的方法之一。很多大、中型计算机以及新近的一些小型机、微型机也都采用高速缓冲存储器。

高速缓冲存储器的容量一般只有主存储器的几百分之一，但它的存取速度能与中央处理器相匹配。根据程序局部性原理，正在使用的主存储器某一单元邻近的那些单元将被用到的可能性很大。因而，当中央处理器存取主存储器某一单元时，计算机硬件就自动地将包括该单元在内的那一组单元内容调入高速缓冲存储器，中央处理器即将存取的主存储器单元很可能就在刚刚调入高速缓冲存储器的那一组单元内。于是，中央处理器就可以直接对高速缓冲存储器进行存取。在整个处理过程中，如果中央处理器绝大多数存取主存储器的操作能为存取高速缓冲存储器所代替，计算机系统处理速度就能显著提高。

1.4.3 CISC 和 RISC

为了提高计算机性能，人们使 CPU 有更大的指令系统、更多的专用寄存器、更多的寻址方式和更强的指令计算功能等，即 CPU 的结构沿着不断复杂化的方向发展。后来，将它们称为复杂指令集计算机（CISC，Complex Instruction Set Computer）。CISC 技术通过增强指令功能提高计算机的性能，指令码不等长，指令数量多。CISC 技术的复杂性在于硬件，在于 CPU 芯片中控制器部分的设计与实现。自 PC 诞生以来，主流产品一直使用 Intel 公司的 CPU 或其他公司生产的兼容产品，而 Intel 公司的 CPU 沿用了 CISC 技术。

当 CISC 发展到一定程度后，人们发现一些复杂指令很少使用，但把它们加入指令集中却使控制器的设计变得十分复杂，并占用了相当大的 CPU 芯片面积。指令的执行周期也较长。因此，从处理器的执行效率和开发成本两个方面考虑，有必要对复杂指令集结构的处理器进行反思。

1980 年 Patterson 和 Ditzel 首先提出了精简指令集计算机（RISC，Reduced Instruction Set Computer）的概念，另觅提高计算机性能的途径。RISC 具有简单的指令集，指令少，指令码等长，寻址方式少，指令功能简单；强调寄存器的使用，CPU 配备大量的通用寄存器（常称为寄存器文件 Register File），以编译技术优化寄存器的使用；强调对指令流水线的优化，采用超标量、超级流水线。通过简化指令系统使控制器结构简单，进而提高指令执行速度。RISC 技术的复杂性在于软件，在于编译程序的编写与优化。目前，RISC 处理器产品主要用在工程工作站、嵌入式控制器和超级小型计算机上。

今后 RISC 技术和 CISC 技术都会继续发展，同时，RISC 技术与 CISC 技术的竞争使它们互相渗透，如 Power PC 处理器，已不再是"纯"RISC 结构；最新的 CISC 设计也融进不少 RISC 特征，如 Intel Pentium 系列、AMD K6 系列微处理器。

1.4.4 多核心技术

多核心是指在一枚处理器中集成两个或多个完整的计算引擎（内核）。多核心技术的开发源于工程师们认识到，仅仅提高单核芯片的速度会产生过多热量且无法带来相应的性能改善，先前的处理器产品就是如此。他们认识到，在先前产品中以那种速率，处理器产生的热量很快会超过太阳表面。即使没有热量问题，其性价比也令人难以接受，速度稍快的处理器价格要高很多。

多核心 CPU 就是基板上集成有多个单核心 CPU，早期 PD 双核心需要北桥来控制分配任务，核心之间存在抢二级缓存的情况，后期酷睿自己集成了任务分配系统，再搭配操作系统就能真正同时开工，2 个核心同时处理 2"份"任务，速度快了，万一 1 个核心死机，起码另一个还可以继续处理关机、关闭软件等任务。

1.5 微型计算机中数的表示

1.5.1 数制及相互转换

1. 常用计数制

（1）计数制

计数制是指用一组固定的符号和统一的规则表示数的方法。r 进制数可以用下式表示：

$$\sum_{i=-m}^{n} a_i r^i = a_{-m}r^{-m} + \cdots + a_{-2}r^{-2} + a_{-1}r^{-1} + a_0 r^0 + a_1 r^1 + \cdots + a_n r^n$$

其中，r 称为数制的基；r^i 称为数制的权；i 为整数。

r 的含义为：①基为 r 的数制称为 r 进制数；②该数制数由 r 个不同的符号表示；③确定了算术运算时的进位或借位规则，加法时逢 r 进一，减法时借一当 r。

r^i 的含义为：①表示数字在不同的位置 i 代表的数值是不一样的，每个数字所表示的数值等于它本身乘以该数位 i 对应的权 r^i；②权是基数的幂。

以十进制为例，十进制数具有下列属性：

① $r=10$，由 $0\sim 9$ 共 10 个不同的阿拉伯数字表示。

② i 位置上的权为 10^i。

③ 加法运算时逢十进一；减法运算时借一当十。

十进制数 $579.43=5\times10^2+7\times10^1+9\times10^0+4\times10^{-1}+3\times10^{-2}$

（2）计算机中常用的计数制

计算机常用的计数制除上述十进制数外，还有二进制数、八进制数、十六进制数等。它们的部分属性见表 1-1。

表 1-1 计算机中常用计数制

数 制	基 数	数 码	运算规则	举 例
二进制	2	0，1	逢二进一，借一当二	1011.11
八进制	8	0，1，2，3，4，5，6，7	逢八进一，借一当八	745.64
十进制	10	0，1，2，3，4，5，6，7，8，9	逢十进一，借一当十	9999.99
十六进制	16	0，1，2，3，4，5，6，7，8，9，A，B，C，D，E，F	逢十六进一，借一当十六	0A45.B

说明：为了便于计算机识别，当十六进制数的首字符为字母时，前面加数字 0。

1）不同数制数的区别表示。为了区分不同的数制，书写上有两种方法：

方法一、用后缀区分

二进制、十进制、八进制、十六进制数的后缀分别为字母 B、D、O、H。

➥【例题 1-1】

① 123D 表示十进制数 123D=$1\times10^2+2\times10^1+3\times10^0$

② 123O 表示八进制数 123O=$1×8^2+2×8^1+3×8^0$
③ 123H 表示十六进制数 123H=$1×16^2+2×16^1+3×16^0$

方法二、用下标标注

用括号将数字括起，加以下标标注。

📌**【例题 1-2】**
① 十进制数 123 表示为（123）$_{10}$
② 八进制数 123 表示为（123）$_8$
③ 十六进制数 123 表示为（123）$_{16}$

2）二进制数。二进制数基数为 2，由 0、1 组成，各个位置上的权为 2^i，小数点左边从右至左其各位的位权依次是 2^0、2^1、2^2、2^3…；小数点右边从左至右其各位的位权依次是 2^{-1}、2^{-2}、2^{-3}…。运算时，逢二进一，借一当二。

📌**【例题 1-3】** 1011.11B=$1×2^3+0×2^2+1×2^1+1×2^0+1×2^{-1}+1×2^{-2}$

由于二进制数书写长且不易阅读，因此在计算机中经常使用与二进制之间转换方便的八进制数和十六进制数。

3）八进制数。八进制数基数为 8，由 0~7 共 8 个数字组成，各个位置上的权为 8^i，小数点左边从右至左其各位的位权依次是 8^0、8^1、8^2、8^3…；小数点右边从左至右其各位的位权依次是 8^{-1}、8^{-2}、8^{-3}…。运算时，逢八进一，借一当八。

📌**【例题 1-4】** 753.45O=$7×8^2+5×8^1+3×8^0+4×8^{-1}+5×8^{-2}$

4）十六进制数。十六进制数基数为 16，由 0~9，A~F 共 16 个符号组成，各个位置上的权为 16^i，小数点左边从右至左其各位的位权依次是 16^0、16^1、16^2、16^3…；小数点右边从左至右其各位的位权依次是 16^{-1}、16^{-2}、16^{-3}…。运算时，逢十六进一，借一当十六。

📌**【例题 1-5】** 0FA3.3BH=$15×16^2+10×16^1+3×16^0+3×16^{-1}+11×16^{-2}$

2. 不同数制之间的转换

（1）其他数制数转换为十进制数

其他数制数转换为十进制数的方法是"按权展开"。

📌**【例题 1-6】**
① 1011.11B=$1×2^3+0×2^2+1×2^1+1×2^0+1×2^{-1}+1×2^{-2}$=11.75D
② 753.4O=$7×8^2+5×8^1+3×8^0+4×8^{-1}$=491.5D
③ 0FA3.4H=$15×16^2+10×16^1+3×16^0+4×16^{-1}$=4003.25D

（2）十进制数转换为其他数制数

把十进制数转换为其他数制数的方法很多，通常采用的方法有降幂法及乘除法。下面以十进制数转换为二进制数为例加以说明，十进制数转换为八进制数、十六进制数以此类推。

1）降幂法。步骤：
① 写出所有小于此数的各位二进制权。
② 用要转换的十进制数减去与它的值最接近的二进制权值。
③ 如够减，相应位记为 1；如不够减，相应位记 0，并恢复该减法实施前的数。
④ 重复②、③，直至该数为 0 或达到所需精度。

📌**【例题 1-7】** 把十进制数 117.75 转换成二进制数
① 小于 117.75D 的二进制权为：

2^6（64）、2^5（32）、2^4（16）、2^3（8）、2^2（4）、2^1（2）、2^0（1）、2^{-1}（0.5）、2^{-2}（0.25）……

②、③、④重复过程如下：

整数部分 $117-2^6=53>0\cdots a_6=1$
$\qquad\qquad 53-2^5=21>0\cdots a_5=1$
$\qquad\qquad 21-2^4=5>0\cdots a_4=1$
$\qquad\qquad 5-2^3=-3<0\cdots a_3=0$
$\qquad\qquad 5-2^2=1>0\cdots a_2=1$
$\qquad\qquad 1-2^1=-1<0\cdots a_1=0$
$\qquad\qquad 1-2^0=0\cdots a_0=1$

小数部分 $0.75-2^{-1}=0.25>0\cdots a_{-1}=1$
$\qquad\qquad 0.25-2^{-2}=0\cdots a_{-2}=1$

转换结果为：$a_6a_5a_4a_3a_2a_1a_0 \cdot a_{-1}a_{-2}=1110101.11B$

2）乘除法。操作方法为：整数部分除以 2 取余数，直至商为 0；小数部分乘以 2 取整，直至积为整数或小数位数达到所需精度。结果为：整数部分从左到右为余数的逆序；小数部分从左到右为积的正序。

▶【例题 1-8】把十进制数 14.625 转换成二进制数

整数部分：

$\qquad$商$\qquad$余数
$14/2=7\cdots\cdots 0 \qquad\qquad a_0=0$
$7/2=3 \cdots\cdots 1 \qquad\qquad a_1=1$
$3/2=1 \cdots\cdots 1 \qquad\qquad a_2=1$
$1/2=0 \cdots\cdots 1 \qquad\qquad a_3=1$

小数部分：

$\qquad$积$\qquad$整数
$0.625\times2=1.25\cdots\cdots 1 \qquad a_{-1}=1$
$0.25\times2=0.5\cdots\cdots\cdots 0 \qquad a_{-2}=0$
$0.5\times2=1\cdots\cdots\cdots\cdots 1 \qquad a_{-3}=1$

转换结果为：$a_3a_2a_1a_0.a_{-1}a_{-2}a_{-3}=1110.101B$

（3）其他数制之间的转换

1）二进制与八进制数之间的转换。由于八进制数以 2^3 为基，因而二进制数转换为八进制数的方法是：以小数点为界，整数部分向左、小数部分向右每 3 位为一组，用 1 位八进制数表示，不足 3 位的，整数部分高位补 0，小数部分低位补 0。反之，八进制数转换为二进制数的方法是：把每位八进制数用 3 位二进制数表示即可。

▶【例题 1-9】把 10110.11B 转换为八进制

10110.11B=<u>010</u> 110.110B=26.6O

▶【例题 1-10】把 27.6O 转换为二进制数

27.6O =<u>010</u> 111.110B=10111.11B

2）二进制与十六进制数之间的转换。由于十六进制数以 2^4 为基，因而二进制数转换为十六进制数方法是：以小数点为界，整数部分向左、小数部分向右每 4 位为一组，用 1

位十六进制数表示，不足 4 位的，整数部分高位补 0，小数部分低位补 0。反之，十六进制数转换为二进制数的方法是：把每位十六进制数用 4 位二进制数表示即可。

↳【例题 1-11】把二进制数 10110.1 转换为十六进制数

10110.1B=<u>0001</u> <u>0110</u>.<u>1000</u>B=16.8H

↳【例题 1-12】把十六进制数 5A.7 转换为二进制数

5A.7H=<u>0101</u> <u>1010</u>.<u>0111</u>B=1011010.0111B

1.5.2 符号数的表示及运算

数除了有上述无符号数外，还有符号数。数的符号在计算机中也用二进制数表示，通常用二进制数的最高位表示数的符号，0 表示正数，1 表示负数。一个数及其符号在机器中数值化的表示称为机器数，而机器数所代表的数本身称为数的真值。机器数可以用不同方法表示，常用的编码方式有原码、反码和补码。

1. 符号数的表示

（1）原码

数 x 的原码记作$[x]_原$，如机器字长为 n，则原码定义如下：

$$[x]_原 = \begin{cases} x & 0 \leqslant x \leqslant 2^{n-1}-1 \\ 2^{n-1}+|x| & -(2^{n-1}-1) \leqslant x \leqslant 0 \end{cases}$$

当机器字长 n=8 时

$[+0]_原$=0000 0000，$[-0]_原$=1000 0000

$[+1]_原$=0000 0001，$[-1]_原$=1000 0001

$[+127]_原$=0111 1111，$[-127]_原$=1111 1111

由上可知，在原码表示中，最高位为符号位，正数为 0，负数为 1。其余 n–1 位表示数的绝对值。原码表示的整数范围是–（2^{n-1}–1）～+（2^{n-1}–1）。如 8 位（即 n=8）二进制原码表示的整数范围是–127～+127，16 位（即 n=16）二进制原码表示的整数范围是–32767～+32767。原码表示法简单直观，但符号位不能参与运算。

（2）反码

数 x 的反码记作$[x]_反$，如机器字长为 n，则反码定义如下：

$$[x]_反 = \begin{cases} x & 0 \leqslant x \leqslant 2^{n-1}-1 \\ (2^n-1)-|x| & -(2^{n-1}-1) \leqslant x \leqslant 0 \end{cases}$$

当机器字长 n=8 时

$[+0]_反$=0000 0000， $[-0]_反$=1111 1111

$[+1]_反$=0000 0001， $[-1]_反$=1111 1110

$[+127]_反$=0111 1111，$[-127]_反$=1000 0000

由上可知，在反码表示中，最高位仍为符号位，正数为 0，负数为 1。正数的反码与原码相同，负数的反码，是原码的符号位不变，其他各位求反。n 位反码表示整数的范围是–（2^{n-1}–1）～+（2^{n-1}–1）。如 8 位（即 n=8）二进制反码表示整数的范围是–127～+127，16 位（即 n=16）二进制反码表示的整数范围是–32767～+32767，与原码相同。

（3）补码

数 x 的补码记作$[x]_补$，如机器字长为 n，则补码定义如下：

$$[x]_{补} = \begin{cases} x & 0 \leq x \leq 2^{n-1}-1 \\ 2^n + x & -2^{n-1} \leq x \leq 0 \end{cases}$$

从定义可见，正数的补码与其原码相同，只有负数才有求补码的问题。所以，严格地说，"补码表示法"应称为负数的补码表示法。一个二进制数，以 2^n 为模，它的补码叫作 2^n 的补码。所以，补码的定义可以修改为：

$$[x]_{补} = \begin{cases} x & 0 \leq x < 2^{n-1}-1 \\ 2^n - |x| & -2^{n-1} \leq x \leq 0 \end{cases}$$

当机器字长 $n=8$ 时

[+0]$_{补}$=0000 0000，[−0]$_{补}$=2^8−|−0|=0000 0000

[+1]$_{补}$=0000 0001，[−1]$_{补}$=2^8−|−1|=1111 1111

[+127]$_{补}$=0111 1111，[−127]$_{补}$=2^8−|−127|=1000 0001

[−128]$_{补}$= [（−127）+（−1）]$_{补}$= [−127]$_{补}$+[−1]$_{补}$=1000 0000

由上可知，在补码表示中，最高位仍为符号位，正数为 0，负数为 1。补码表示的整数范围是 $-2^{n-1} \sim +(2^{n-1}-1)$。例如：8 位二进制补码表示的整数范围是 −128～+127，16 位二进制补码表示的整数范围是 −32768～+32767。8 位二进制数中部分数的原码、反码、补码见表 1-2。

表 1-2 原码、反码、补码表

二 进 制 数	无 符 号 数	带符号数		
		原 码	补 码	反 码
0000 0000	0	+0	0	+0
0000 0001	1	+1	+1	+1
0000 0010	2	+2	+2	+2
……	……	……	……	……
0111 1110	126	+126	+126	+126
0111 1111	127	+127	+127	+127
1000 0000	128	−0	−128	−127
1000 0001	129	−1	−127	−126
……	……	……	……	……
1111 1101	253	−125	−3	−2
1111 1110	254	−126	−2	−1
1111 1111	255	−127	−1	−0

2. 码制转换

反码通常作为求补过程的中间形式，所以我们重点介绍原码和补码之间的转换。因正数的原码、反码和补码的表示方法相同，不存在转换问题，故只讨论负数的情况。

（1）已知[x]$_{原}$，求[x]$_{补}$

方法是符号位不变，数值部分逐位取反后末位加 1。

➩【例题 1-13】已知$[x]_原$=10011010，求$[x]_补$。

$$
\begin{array}{r}
[x]_原 = 1\ 0\ 0\ 1\ 1\ 0\ 1\ 0 \\
\downarrow\ \downarrow\ \downarrow\ \downarrow\ \downarrow\ \downarrow\ \downarrow \\
1\ 1\ 1\ 0\ 0\ 1\ 0\ 1 \\
+)\qquad\qquad\qquad\quad 1 \\
\hline
[x]_补 = 1\ 1\ 1\ 0\ 0\ 1\ 1\ 0
\end{array}
$$

还可以总结出一个更简单的规律：符号位不变，数值部分从低位开始向高位逐位行进，在遇到第一个 1 以前，包括第一个 1 按照原码写；第一个 1 以后，逐位取反。

➩【例题 1-14】已知$[x]_原$=10011010，求$[x]_补$。

$$
\begin{array}{r}
[x]_原 = 1\ 0\ 0\ 1\ 1\ 0\ 1\ 0 \\
\downarrow\ \downarrow\ \downarrow\ \downarrow\ \downarrow\ \downarrow\ \downarrow\ \downarrow \\
[x]_补 = \underline{1}\ \underline{1\ 1\ 0\ 0\ 1\ 1}\ \underline{0} \\
\uparrow\qquad\uparrow\qquad\uparrow \\
\text{不变}\quad\text{求反}\quad\text{不变}
\end{array}
$$

可见，两种方法所得结果是一样的，读者可用定义对结论进行验证。

（2）已知$[x]_补$，求$[x]_原$

由补码的定义，不难得出：$[[x]_补]_补 = [x]_原$，所以由$[x]_补$求$[x]_原$，只要求$[[x]_补]_补$即可。

➩【例题 1-15】已知$[x]_补$=1110 0110，求$[x]_原$。

$$
\begin{array}{r}
[x]_补 = 1\ 1\ 1\ 0\ 0\ 1\ 1\ 0 \\
\downarrow\ \downarrow\ \downarrow\ \downarrow\ \downarrow\ \downarrow\ \downarrow\ \downarrow \\
[x]_原 = 1\ 0\ 0\ 1\ 1\ 0\ 1\ 0
\end{array}
$$

（3）已知$[x]_补$，求$[-x]_补$

求补方法是将$[x]_补$连同符号位一起逐位变反，然后在末位加 1，便得到$[-x]_补$。这时要注意的是，不管$[x]_补$是正数还是负数，都应按上述方法进行。

➩【例题 1-16】已知$[x]_补$=0101 0110，求$[-x]_补$。

$$
\begin{array}{r}
[x]_补 = 0\ 1\ 0\ 1\ 0\ 1\ 1\ 0\quad (+56)_补 \\
\downarrow\ \downarrow\ \downarrow\ \downarrow\ \downarrow\ \downarrow\ \downarrow\ \downarrow \\
[-x]_补 = 1\ 0\ 1\ 0\ 1\ 0\ 1\ 0\quad (-56)_补
\end{array}
$$

已知$[x]_补$，求$[-x]_补$，在进行补码减法运算时，特别有用。

3．补码的运算

（1）补码加法

补码加法规则是：$[x+y]_补 = [x]_补 + [y]_补$，其中，x、y 为正、负数皆可。

➩【例题 1-17】-9+2=-7

$$
\begin{array}{r}
[x]_补 = [-9]_补 = 1\ 1\ 1\ 1\ 0\ 1\ 1\ 1 \\
+)\ [y]_补 = [+2]_补 = 0\ 0\ 0\ 0\ 0\ 0\ 1\ 0 \\
\hline
1\ 1\ 1\ 1\ 1\ 0\ 0\ 1\quad [-7]_补
\end{array}
$$

（2）补码减法

补码减法规则是：$[x-y]_补 = [x]_补 + [-y]_补$，其中，x、y 为正、负数皆可。

➡【例题 1-18】5-3=2

$$
\begin{array}{r}
[x]_{\text{补}}=[5]_{\text{补}}=0\ 0\ 0\ 0\ 0\ 1\ 0\ 1 \\
+)\ [y]_{\text{补}}=[-3]_{\text{补}}=1\ 1\ 1\ 1\ 1\ 1\ 0\ 1 \\
\hline
\boxed{1}\ 0\ 0\ 0\ 0\ 0\ 0\ 1\ 0\quad [+2]_{\text{补}}
\end{array}
$$

↑ 丢掉

进行补码加、减运算时,如果最高位有进位或借位,则自动丢掉。至于这种进位或借位丢失是否会影响结果的正确性,我们将在溢出判断中讨论。

(3) 补码运算的溢出判别

如果运算结果超出了计算机能表示的数的范围,会产生错误的结果,这种情况称为溢出。产生错误结果的原因是溢出时数值的有效位占据了符号位。

➡【例题 1-19】73+72=145>127

$$
\begin{array}{r}
[x]_{\text{补}}=0\ 1\ 0\ 0\ 1\ 0\ 0\ 1\ (+73) \\
+)\ [y]_{\text{补}}=0\ 1\ 0\ 0\ 1\ 0\ 0\ 0\ (+72) \\
\hline
1\ 0\ 0\ 1\ 0\ 0\ 0\ 1\ [-111]_{\text{补}}\quad \text{结果错}
\end{array}
$$

上例中,参加运算的两个数为正数,结果应为正数。但由于运算结果(145)大于计算机能表示的数的范围(127),使得和的数值部分占据了符号位,计算机把结果变为负数,产生了一个错误结果。

对于字长为 n 的计算机,它能表示的定点补码范围为 $-2^{n-1} \leq x \leq 2^{n-1}-1$,如果运算结果小于 -2^{n-1} 或大于 $2^{n-1}-1$,则发生溢出。判定方法如下:

1) 加法

令 $A+B=C$,A、B 的符号位分别为 a_{n-1}、b_{n-1};C 的符号位为 c_{n-1},则

① $A>0$,$B>0$,此时,$a_{n-1}=0$,$b_{n-1}=0$,c_{n-1} 也应为 0。若发生溢出,数值的最高位占据了符号位,使 $c_{n-1}=1$。

② $A<0$,$B<0$,此时,$a_{n-1}=1$,$b_{n-1}=1$,c_{n-1} 也应为 1。若发生溢出,数值的最高位占据了符号位,使 $c_{n-1}=0$。

③ A、B 异号,加法时不会产生溢出。

2) 减法

对于补码减法,有 $[A]_{\text{补}}-[B]_{\text{补}}=[A]_{\text{补}}+[-B]_{\text{补}}$,可将减法运算变为加法运算,我们可按补码加法的溢出判断方法来进行。

上述判断方法不容易由硬件来实现。一般判断计算机定点补码加减法是否溢出,可查看有没有向符号位 c_{n-1} 进位,或符号位的计算结果有没有向进位标志位进位。

1.5.3 计算机中常用的编码

计算机不仅能处理数字信息,也能处理非数字信息。非数字信息在计算机中也以代码的形式存在。一般情况下,计算机依靠输入设备把要输入字符转换成为一定格式的编码接收进来;输出时则是相反过程,计算机把相应字符的编码经过转换后送给输出设备。本节讨论字符编码。在微型计算机中最常用的是"美国标准信息交换代码"(American Standard Code for Information Inter-change,ASCII 码)和"信息交换用汉字编码"(汉字国际码)。

1. ASCII 码

基本 ASCII 码有 128 个，其中控制符 32 个，数字 10 个，大写英文字母 26 个，小写英文字母 26 个，以及专用符号 34 个。每一个 ASCII 码存放在一个字节中，低 7 位为有效编码位，最高位可用于校验位或用于 ASCII 码的扩充。扩充后的 ASCII 码有 256 个，除基本的 ASCII 码外，还扩充了 128 个字符和图形符号。

字符的 ASCII 码可以看作字符的码值，如字符"A"的 ASCII 代码值为 41H，"Z"的 ASCII 代码值为 5AH，利用这个值的大小可以将字符排序，后面讲到字符串大小的比较，实际上就是比较 ASCII 码值的大小。

2. 汉字编码

用 ASCII 码表示的符号（包括扩展的）共有 256 个，用一个字节（表示范围为 0~255）就足够编码不同的 ASCII 码符号。汉字的数量很大，常用汉字有 6000 多，要为每个汉字给出一个唯一的编码，则至少需要 16 位（2^{16}=65536）二进制位。因此，在计算机中，用两个字节对汉字进行编码。1981 年我国制定了"信息交换用汉字编码字符基本集（GB 2312—1980）"，这个标准中除汉字外还收录一般符号、序号、数字、拉丁字母、希腊字母、俄文字母、汉语拼音符号、汉语注音字母符号等，共 7445 个图形字符。其中，汉字 6763 个，分两级，第一级为常用字 3755 个，第二级为次常用字 3008 个；图形符号为 628 个。每个字符编码均为两个字节，每个字节低 7 位为字符编码，最高位用于校验或汉字标识。整个编码表分成 94 区，每个区有 94 位。区的编码从 1 至 94，由第一个字节标识，位的编号也从 1 至 94，由第二个字节标识。代码中的任何一个图形字符位置都可用它所在的区号与位号标识，标识图形字符位置的区号和位号称为"区位码"。例如，汉字"啊"用 16-01 表示，也可将连字符取消，表示为 1601。常用的汉字编码形式有以下几种：

（1）汉字外部码

即汉字输入码，是汉字输入计算机时使用的编码，如区位码、拼音码、五笔码等。

（2）汉字交换码

也称国标码，是 GB 2312—1980 等标准中采用的用于汉字信息处理的交换码。国标码与区位码有简单的换算关系，将区号和位号分别加上 32，就可以得到汉字的国标码，对于汉字"啊"（16 01）+（32 32）=48D 33D=30H 21H。我们称 16 01 为汉字"啊"的区位码，3021 为它的国标码。

（3）机内码

机内码是汉字在机器内的表示。为了区别 ASCII 码，汉字机内码的每个字节的最高位均为 1。机内码来源于国标码，把国标码的每个字节的最高位置 1，即成为机内码。"啊"的机内码为：10110000 10100001B=B0 A1H。

由于汉字的总数为 60000 多字，是 GB 2312—1980 标准收录总数的十倍，为此国家标准局又颁布了 GB 7589—1987 和 GB 7590—1987 汉字标准。此外，还颁布了汉字的第一辅助集～第五辅助集。国际标准化组织 ISO/IEC10646 提出用四个字节对全世界的文字信息编码，四个字节有 2^{32} 种组合，可达 20 亿。我国与日本、朝鲜以及中国香港和台湾地区联合制定了用两个字节编码的 CJK 编码，收录了 20000 多汉字及符号，现已批准成为 GB 13000—2010。随着 Windows 等操作系统的使用，其中的中文版采用了中西文统一编码，称之为"Unicode"编码，收录了 27000 个汉字。为了做到与 GB 2312—1980 兼容，又能支持两万多汉字，我国又颁布了《国标汉字扩充码（GKB）》，现已在 Windows 等操作系统中广泛使用。

1.6 二进制数的算术运算及其加法电路

众所周知，算术的基本运算共有4种：加、减、乘和除。在微型计算机中通常只有加法电路，这是为了使硬件结构简单而成本较低。不过，只要有了加法电路，也能完成算数的4种基本运算。

1.6.1 二进制数的相加

两个二进制数相加的几个例子：

▶【例题1-20】

```
  (1)          (2)          (3)           (4)
                                       1 1  C
    1 A        0 1 A        1 1 A      0 1 1 A
+)  1 B     +) 1 0 B     +) 1 1 B   +) 0 1 1 B
   ─────      ─────        ─────       ───────
   1 0 S      1 1 S        1 1 0 S     1 1 0 S
```

▶【例题1-20】(1)中，加数A和被加数B都是1位数，其和S变成2位数，这是因为相加结果产生进位之故。

▶【例题1-20】(2)中，A和B都是2位数，相加结果S也是2位数，因为相加结果不产生进位。

▶【例题1-20】(3)中，A和B都是2位数，相加结果S是3位数，这也是产生了进位之故。

▶【例题1-20】(4)中，是【例】(3)的另一种写法，以便看出"进位"究竟是什么意义。第1位（或称0权位）是不可能有进位的，要求参与运算的就只有两个数A_0和B_0，其结果为S_0。第2位（或称1权位）就是3个数A_1、B_1及C_1参与运算了。其中C_1是由于第1位相加的结果产生的进位。此3个数相加的结果其总和为$S_1=1$，同时又产生进位C_2，送入下一位（第3位）。第3位（或称2权位）也是3个数A_2、B_2及C_2参加运算。由于A_2及B_2都是0，所以C_2即等于第3位的相加结果S_2。

从以上几算式的分析可得出下列结论：

1) 两个二进制数相加时，可以逐位相加。如二进制数可以写成：

$$A=A_3A_2A_1A_0$$
$$B=B_3B_2B_1B_0$$

则从最右边第1位（即0权位）开始，逐位相加，其结果可以写成：

$$S=S_3S_2S_1S_0$$

其中各位是分别求出的：

$$S_0=A_0+B_0 \rightarrow 进位\ C_1$$
$$S_1=A_1+B_1+C_1 \rightarrow 进位\ C_2$$
$$S_2=A_2+B_2+C_2 \rightarrow 进位\ C_3$$
$$S_3=A_3+B_3+C_3 \rightarrow 进位\ C_4$$

最后所得的和是：$A+B=C_4S_3S_2S_1S_0$

2)右边第 1 位相加的电路要求:

输入量为两个,即 A_0 及 B_0;

输出量为两个,即 S_0 及 C_1。

这样的一个二进制位相加的电路称为半加器(Half Adder)。

从右边第 2 位开始,各位可以对应相加。各位对应相加时的电路要求:

输入量为 3 个,即 A_i,B_i,C_i;

输出量为两个,即 S_i,C_{i+1}。

其中 $i=1$,2,3,…,n。这样的一个二进制位相加的电路称为全加器(Full Adder)。

1.6.2 半加器电路

要求有两个输入端,用于两个代数字(A_0,B_0)的电位输入;有两个输出端,用于输出总和 S_0 及进位 C_1。

这样的电路可能出现的状态可以用图 1-1 中的表来表示。此表在布尔代数中称为真值表。考查一下 C_1 与 A_0 和 B_0 之间的关系,即可看出这是"与"关系,即:

$$C_1 = A_0 \times B_0$$

再看一下 S_0 与 A_0 和 B_0 之间的关系,也可看出这是"异或"关系,即:

$$S_0 = A_0 \oplus B_0$$
$$= \overline{A_0} B_0 + A_0 \overline{B_0}$$

即只有当 A_0 及 B_0 二者相异时,才起到或的作用;二者相同时,则其结果为 0。因此可以用"与门"及"异或门"(或称"异门")来实现真值表的要求。图 1-1 就是这个真值表及半加器的电路。

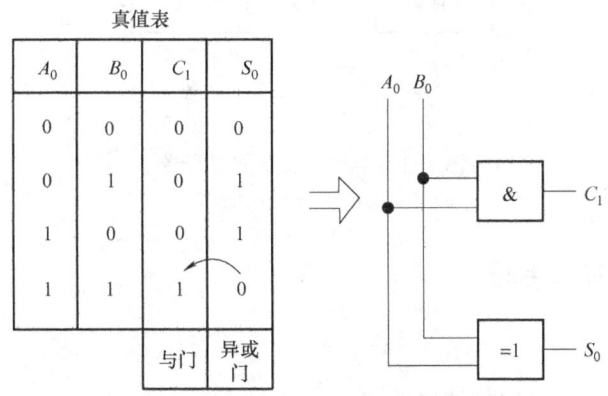

图 1-1 半加器的真值表及电路

1.6.3 全加器

全加器的电路要求:有 3 个输入端,以输入 A_i、B_i 和 C_i,有两个输出端,即 S_i 及 C_{i+1}。其真值表可以写成如图 1-2 所示。由此表分析可见,其总和 S_i 可以用"异或门"来实现,而其进位 C_{i+1} 则可以用 3 个"与门"及一个"或门"来实现,其电路图也画在图 1-2 中。

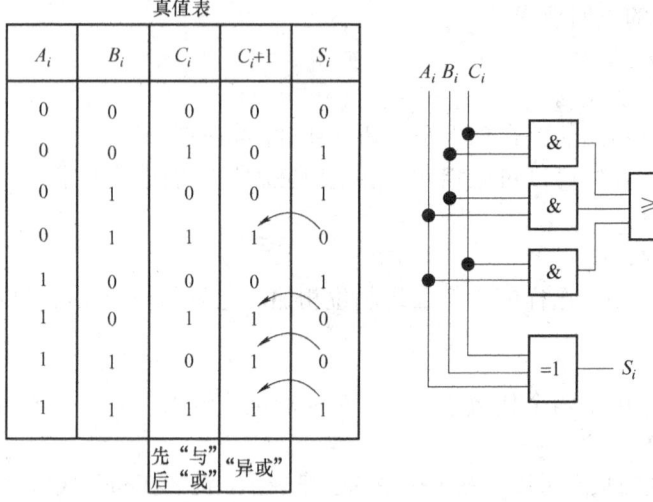

图 1-2　全加器的真值表及电路

这里遇到了 3 个输入的"异或门"的问题。如何判断多输入的"异或门"的输入与输出的关系呢？判断的方法是：多输入 A，B，C，D，…中为"1"的输入量的个数为零及偶数时，输出为 0；为奇数时，输出为 1。

1.6.4　半加器及全加器符号

图 1-3a 所示为半加器符号，图 1-3b 所示为全加器符号。

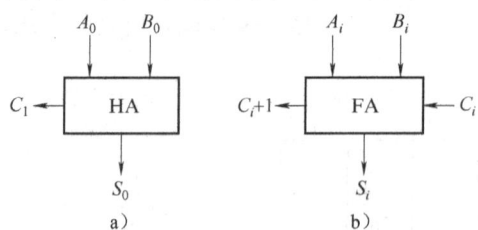

图 1-3　半加器及全加器符号

a）半加器符号　b）全加器符号

1.6.5　二进制数的加法电路

设 $A=1010=10_{(10)}$

$B=1011=11_{(10)}$

则可安排如图 1-4 所示的加法电路。

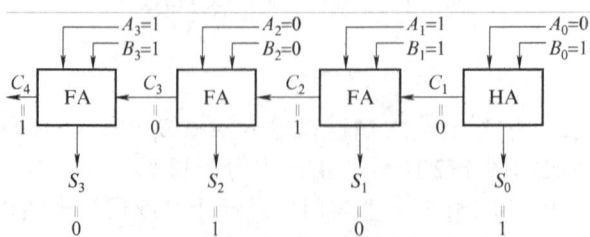

图 1-4　4 位二进制加法电路

A 与 B 相加，写成竖式算法如下：

$$
\begin{array}{r}
A: 1\ 0\ 1\ 0 \\
+)\ B: 1\ 0\ 1\ 1 \\
\hline
S: 10\ 1\ 0\ 1
\end{array}
$$

其相加结果为 $S=10101$。

从加法电路，可以看到同样的结果：

$$S=C_4S_3S_2S_1S_0$$
$$=10101$$

1.6.6 二进制数的减法运算

在微型计算机中，没有专用的减法器，而是将减法运算改变为加法运算。其原理是将减数 B 变成其补码后，再与被减数 A 相加，其和（如有进位的话，则舍去进位）就是两数之差。

利用补码可将减法变为加法来运算，因此需要有这么一个电路，它能将原码变成反码，并使其最小位加 1。

图 1-5 所示的可控反相器就是为了使原码变为反码而设计的。这实际上是一个异或门，两输入端的异或门的特点是：两者相同则输出为 0，两者不同则输出为 1。用真值表来表示这个关系，更容易看到其意义（见表 1-3）。

由此真值表可见，如将 SUB 端看作控制端，则当在 SUB 端加上低电位时，Y 端的电平就和 B_0 端的电平相同。在 SUB 端加上高电平，则 Y 端的电平和 B_0 端的电平相反。

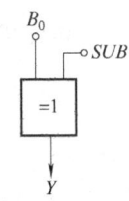

图 1-5 可控反相器

表 1-3 可控反相器的真值表

SUB	B_0	Y	Y 与 B_0 的关系	
0	0	0	Y 与 B_0 相同	同
0	1	1	Y 与 B_0 相同	相
1	0	1	Y 与 B_0 相反	反
1	1	0	Y 与 B_0 相反	相

利用这个特点，在图 1-4 的 4 位二进制数加法电路上增加 4 个可控反相器并将最低位的半加器也改用全加器，就可以得到如图 1-6 所示的 4 位二进制数加法器／减法器电路了，这个电路既可以作为加法器电路（当 $SUB=0$），又可以作为减法器电路（当 $SUB=1$）。

如果有下面两个二进制数：

$$A=A_3A_2A_1A_0$$
$$B=B_3B_2B_1B_0$$

则可将这两个数的各位分别送入该电路的对应端，于是：

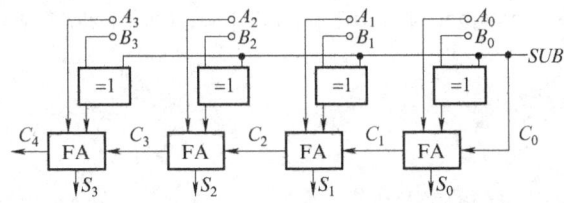

图 1-6 二进制补码加法器/减法器

当 $SUB=0$ 时，电路进行加法运算：$A+B$。
当 $SUB=1$ 时，电路进行减法运算：$A-B$。

图 1-6 电路的原理如下：当 $SUB=0$ 时，各位的可控反相器的输出与 B 的各位同相，所以图 1-6 和图 1-4 的原理完全一样，各位均按位相加。结果 $S=S_3S_2S_1S_0$，而其和为：$C_4S=C_4S_3S_2S_1S_0$。

当 $SUB=1$ 时，各位的反相器的输出与 B 的各位反相。注意，最右边第一位（即 S_0 位）也是用全加器，其进位输入端与 SUB 端相连，因此其 $C_0=SUB=1$。所以此位相加即为：

$$A_0 + \overline{B_0} + 1$$

其他各位为：

$$A_1 + \overline{B_1} + C_1$$
$$A_2 + \overline{B_2} + C_2$$
$$A_3 + \overline{B_3} + C_3$$

因此其总和输出 $S=S_3S_2S_1S_0$，即：

$$S = A + \overline{B} + 1$$
$$= A_3A_2A_1A_0 + \overline{B_3B_2B_1B_0} + 1$$
$$= A + B'$$
$$= A - B$$

课后习题

1. 简述微型计算机发展史。
2. 简述微型计算机的主要性能指标。
3. BCD 码与二进制数有何区别？
4. 如何从补码判断真值的符号。
5. 将下列二进制数转换成等值的十进制数。
   (1)（01101）$_2$ (2)（10010）$_2$
   (3)（10010111）$_2$ (4)（1101101）$_2$
6. 将下列二进制数转换成等值的十进制数。
   (1)（101.011）$_2$ (2)（110.101）$_2$
   (3)（0110.1001）$_2$ (4)（101100.110011）$_2$
7. 将下列十六进制数转换成等值的二进制数。
   (1)（8C）$_{16}$ (2)（3B.5A）$_{16}$
   (3)（10.00）$_{16}$ (4)（123.ABD）$_{16}$
8. 补码运算：若 $X=-63$，$Y=+127$，求 $[-X]$ 补，$[-Y]$ 补，$[X-Y]$ 补，$[-X+Y]$ 补，$[-X-Y]$ 补。

第 2 章 8086/8088 微处理器

2.1 16 位微处理器概述

微处理器（Microprocessor）是微型计算机的运算及控制部件，也称中央处理单元（CPU）。它本身不构成独立的工作系统，因而它也不能独立地执行程序。通常，微处理器由算术逻辑部件（ALU）、控制部件、寄存器组和片内总线等几部分组成。

第一代微处理器是 1971 年 Intel 公司推出的 4004，以后又推出了 4040 和 8008。它们是采用 PMOS 工艺的 4 位及 8 位微处理器，只能进行串行的十进制运算，集成度达到 2000 个晶体管/片，用在各种类型的计算器中已经完全能满足要求。

第二代微处理器是 1974 年推出的 8080、M6800 及 Z-80 等。它们是采用 NMOS 工艺的 8 位微处理器，集成度达到 9000 个晶体管/片。在许多要求不高的工业生产和科研开发中已可运用。这些 8 位微处理器构成的计算机系统对许多算术运算和其他操作都必须编制程序。例如，即使是乘法和除法这样基本的运算都必须用子程序来实现。由于每次只能处理 8 位数据，处理大量数据就要分成许多个 8 位字节进行操作，数值越大或越小，计算时间都很长，这对数量大的数据库、文字处理或实时控制等应用来说就太慢了。用提高时钟频率可弥补这一局限，但也是很有限度的。此外，8 位微处理器的寻址能力也有局限。典型 8 位微处理器有 16 位地址线，因此最多可寻址 64K 个存储单元，对于具有大量数据的大型复杂程序都可能是不够的。

20 世纪 70 年代后期，超大规模集成电路（VLSI）投入使用，出现了第三代微处理器。Intel 公司的 8086/8088、Motorola 公司的 M68000 和 Zilog 公司的 Z8000 等 16 位微处理器相继问世，它们的运算速度比 8 位微处理器快 2~5 倍，采用 HMOS 高密度工艺，集成度达 29000 个晶体管/片，赶上或超过了 20 世纪 70 年代小型机的水平。从此，传统的小型计算机受到严峻的挑战。

20 世纪 80 年代以来，Intel 公司又推出了高性能的 16 位微处理器 80186 及 80286。它们与 8086/8088 向上兼容。80286 是为满足多用户和多任务系统的微处理器，速度比 8086 快 5~6 倍。处理器本身包含存储器管理和保护部件，支持虚拟存储体系。

1985 年，第四代微处理器 80386 及 M68020 推出市场，集成度达 45 万个晶体管/片。它们是 32 位微处理器，时钟频率达 40MHz，速度之快、性能之高，足以同高档小型机相匹敌。

总之，20 世纪 70 年代至今，微处理器的发展是其他许多技术领域望尘莫及的，如 1989 年推出了 80486，1993 年推出了 Pentium 及 80586 等更高性能的 32 位及 64 位微处理器，它也促进了其他技术的进步。

本章以讲解 16 位 8086/8088 微处理器为中心，8086 和 8088 CPU 的内部基本相同，但它们的外部性能是有区别的。8086 是 16 位数据总线，而 8088 是 8 位数据总线，在处理一个16位数据字时，8088需要两步操作而8086只需要一步。8086和8088 CPU的内部都采用16位字进行操作及存储器寻址，两者的软件完全兼容，程序的执行也完全相同。然而，由于8088比8086有较多的外部存取操作，所以，对相同的程序，它将执行得较慢。这两种微处理器都封装在相同的40脚双列直插组件（DIP）中。

2.2　8086/8088微处理器的结构

8086 CPU是典型的16位微处理器，具有16位数据线和20位地址线，寻址空间为1MB。8086由单一的+5V电源供电，时钟频率为5～10MHz。8086是第一个引入指令流水线机制和存储器分段概念的微处理器。

2.2.1　8086/8088的内部结构

8086 CPU采用不同于第二代微处理器的一种全新结构形式，内部由两大独立的功能部件组成，分别为总线接口部件（Bus Interface Unit，BIU）和执行部件（Execute Unit，EU）。在执行指令的过程中，两个部件形成了两级流水线：执行部件执行指令的同时，总线接口部件完成从主存中预取后继指令的工作，使指令的读取与执行可以部分重叠，从而提高了总线的利用率。

8086 CPU内部结构如图2-1所示。

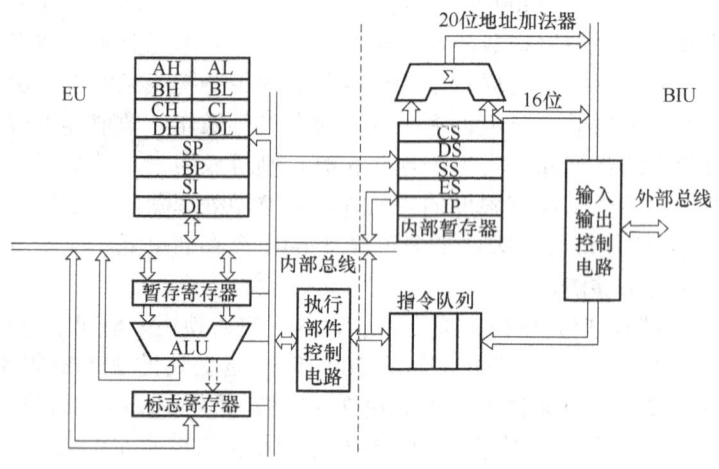

图2-1　8086 CPU内部结构框图

1．执行部件

执行部件（EU）由一个16位的算术逻辑单元（ALU）、8个16位通用寄存器、一个16位标志寄存器FLAGS、一个数据暂存寄存器和执行部件的控制电路组成。EU负责所有指令的解释和执行，同时管理上述有关的寄存器。

（1）EU的组成

1）算术逻辑运算单元：它是一个16位的运算器，可用于8位、16位二进制数的算术和逻辑运算，也可按指令的寻址方式计算寻址存储单元所需的16位偏移量。

2）通用寄存器组：它包括4个16位的数据寄存器AX、BX、CX、DX和4个16位指针与变址寄存器SP、BP与SI、DI。

3）标志寄存器：它是一个 16 位的寄存器，用来反映 CPU 运算的状态特征和存放某些控制标志。

4）数据暂存寄存器：它协助 ALU 完成运算，暂存参加运算的数据。

5）EU 控制电路：它负责从 BIU 的指令队列缓冲器中取指令，并对指令译码，根据指令要求向 EU 内部各部件发出控制命令，以完成各条指令规定的功能。

（2）EU 的主要功能

1）从指令队列中取出指令代码，由 EU 控制器进行译码后控制各部件完成指令规定的操作。

2）对操作数进行算术和逻辑运算，并将运算结果的特征状态存放在标志寄存器中。

3）当需要与主存储器或 I/O 端口传送数据时，EU 向 BIU 发出命令，并提供要访问的内存地址或 I/O 端口地址以及传送的数据。

执行单元中的各部件通过 16 位的总线连接在一起，在内部实现快速数据传输。值得注意的是，这个内部总线与 CPU 外接的总线之间是隔离的，即这两个总线可以同时工作而互不干扰。EU 对指令的执行是从取指令操作码开始的，它从总线接口单元的指令队列缓冲器中每次取一个字节。通过译码电路对指令分析，发出相应控制命令，控制数据总线中数据的流向。如果是运算操作，则操作数据经过暂存寄存器送入 ALU，运算结果经过数据总线送到相应寄存器，同时标志寄存器 FLAGS 根据运算结果改变状态。在指令执行过程中常会发生从存储器中读或写数据的事件，这时就由 EU 单元提供寻址用的 16 位有效地址，在 BIU 单元中经运算形成一个 20 位的物理地址，送到外部总线进行寻址。

2. 总线接口部件

总线接口部件（BIU）是 8086 CPU 在存储器和 I/O 设备之间的接口部件，负责对全部引脚的操作，即 8086 对存储器和 I/O 设备的所有操作都是由 BIU 完成的。所有对外部总线的操作都必须有正确的地址和适当的控制信号，BIU 中的各部件主要是围绕这个目标设计的。它提供了 16 位双向数据总线、20 位地址总线和若干条控制总线。其具体任务是：负责从内存单元中预取指令，并将它们送到指令队列缓冲器暂存。CPU 执行指令时总线接口单元要配合执行单元，从指定的内存单元或 I/O 端口中取出数据传送给执行单元，或者把执行单元的处理结果传送到指定的内存单元或 I/O 端口中。

（1）BIU 的组成

总线接口单元（BIU）由 1 个 20 位地址加法器、4 个 16 位段寄存器、1 个 16 位指令指针寄存器 IP、指令队列缓冲器和总线控制逻辑电路等组成。8086 的指令队列缓冲器由 6B 构成。

1）地址加法器和段寄存器。地址加法器将 16 位的段寄存器内容左移 4 位，与 16 位偏移地址相加，形成 20 位的物理地址。

2）指令指针寄存器 IP。16 位指令指针 IP 用来存放下一条将要执行的指令在代码段中的偏移地址。

3）指令队列缓冲器。当 EU 正在执行指令，且不需要占用总线时，BIU 会自动地进行预取指令操作，将所取得的指令按先后次序存入一个 6B 的指令队列缓冲器，该队列缓冲器按"先进先出"的方式工作，并按顺序到 EU 中执行。其操作遵循下列原则：

① 当指令队列缓冲器中存有一条以上的指令时，EU 就立即开始执行。

② 每当 BIU 发现指令队列中空了两个字节时，就会自动地寻找空闲的总线周期进行预

取指令操作，直到指令队列填满为止。

③ 每当 EU 执行一条转移、调用或返回指令后，要清除指令队列缓冲器，并要求 BIU 从新的地址开始取指令，新取的第一条指令将直接经指令队列缓冲器送到 EU 去执行，并在新地址基础上再做预取指令操作，实现程序段的转移。

BIU 和 EU 是各自独立工作的，在 EU 执行指令的同时，BIU 可预取下面一条或几条指令。因此，一般情况下，CPU 执行完一条指令后，就可立即执行存放在指令队列缓冲器中的下一条指令，而不需要像以往的 8 位 CPU 那样，采取先取指令，后执行指令的串行操作方式。

4）总线控制逻辑。总线控制逻辑将 8086 CPU 的内部总线和外部总线相连，是 8086 CPU 与内存单元或 I/O 端口进行数据交换的必经之路。它包括 16 条数据总线、20 条地址总线和若干条控制总线，CPU 通过这些总线与外部取得联系，从而构成各种规模的 8086 微型计算机系统。

（2）BIU 的主要功能

BIU 完成 CPU 与主存储器或 I/O 端口间的信息传送，其主要功能如下：

1）预取指令序列，存放在指令队列中。每当 8086 CPU 的指令队列中有两个空字节，并且 EU 没有要求 BIU 进入存取操作数的总线周期时，BIU 就自动从主存中顺序取出指令字节放入指令队列中。当执行转移指令时，BIU 清空指令队列，从转移后的当前地址取出指令送到 EU 执行，然后从主存中取出后继指令字节送指令队列排队，从而实现 EU 和 BIU 的并行操作。

2）将访问主存的逻辑地址转换成实际的物理地址。

2.2.2　8086/8088 寄存器的结构

8086 微处理器内部共有 14 个 16 位寄存器。这 14 个寄存器按其用途可分为数据寄存器、段寄存器、地址指针与变址寄存器和控制寄存器。

8086 CPU 内部寄存器如图 2-2 所示。

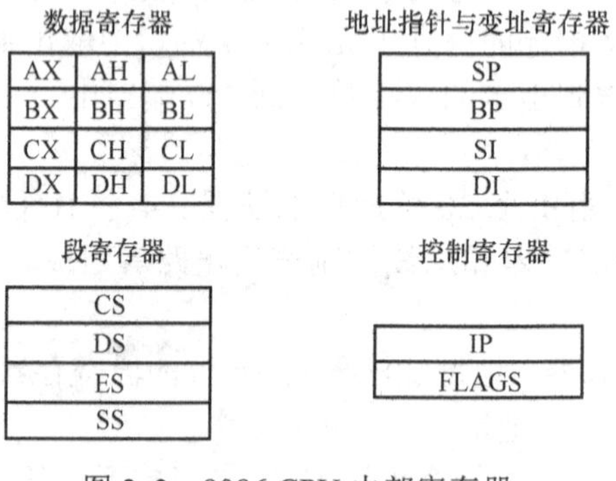

数据寄存器			地址指针与变址寄存器
AX	AH	AL	SP
BX	BH	BL	BP
CX	CH	CL	SI
DX	DH	DL	DI

段寄存器	控制寄存器
CS	IP
DS	FLAGS
ES	
SS	

图 2-2　8086 CPU 内部寄存器

1. 数据寄存器

数据寄存器包括累加器 AX、基址寄存器 BX、计数器 CX 和数据寄存器 DX。这 4 个 16 位寄存器又可分别分成高 8 位（AH、BH、CH、DH）和低 8 位（AL、BL、CL、DL）。因此，它们既可作为 4 个 16 位数据寄存器使用，也可作为 8 个 8 位数据寄存器使用，在编程时可存放源操作数、目的操作数或运算结果。

2. 段寄存器

在 8086 系统中，访问存储器的地址码由段起始地址和段内偏移地址两部分组成。段寄存器用来存放各分段的逻辑段基值，并指示当前正在使用的 4 个逻辑段，包括代码段寄存器 CS、堆栈段寄存器 SS、数据段寄存器 DS 和附加段数据寄存器 ES。

1）代码段寄存器 CS（Code Segment）：存放当前正在运行的程序代码所在段的段基值，表示当前使用的指令代码可以从该段寄存器指定的存储器段中取得，相应的偏移值则由 IP 提供。

2）数据段寄存器 DS（Data Segment）：指出当前程序使用的数据所存放段的最低地址，即存放数据段的段起始地址。

3）堆栈段寄存器 SS（Stack Segment）：指出当前堆栈的底部地址，即存放堆栈段的段起始地址。

4）附加段寄存器 ES（Extra Segment）：指出当前程序使用附加数据段的段起始地址，该段是串操作指令中目的串所在的段。

3. 地址指针与变址寄存器

地址指针与变址寄存器一般用来存放段内偏移地址（即相对于段起始地址的距离），用于参与地址运算，包括堆栈指针寄存器 SP、基址指针寄存器 BP、源变址寄存器 SI 和目的变址寄存器 DI。

1）堆栈指针寄存器 SP（Stack Pointer）：用以指出在堆栈段中当前栈顶的地址，入栈指令 PUSH 和出栈指令 POP 由 SP 给出栈顶的偏移地址。

2）基址指针寄存器 BP（Base Pointer）：指出要处理的数据在堆栈段中的起始地址。特别值得注意的是，凡包含 BP 寻址方式中，如无特别说明，其段地址由段寄存器提供。也就是说，该寻址方式是对堆栈区的存储单元寻址的。

3）变址寄存器 SI（Source Index）和 DI（Destination Index）：在某些间接寻址方式中，用来存放段内偏移量的全部或一部分。在字符串操作指令中，SI 用作源变址寄存器，DI 用作目的变址寄存器。

4. 控制寄存器

控制寄存器包括指令指针寄存器 IP 和标志寄存器 FLAGS。

1）指令指针寄存器 IP（Instruction Pointer）：用来存放下一条将要执行的指令在代码段中的偏移地址，程序员不可以直接使用，但程序控制类指令会用到。它具有自动加 1 功能，每当执行一次取指令操作，它将自动加 1，总是指向下一条要取的指令在现行代码段中的偏移地址。它和 CS 相结合，形成指向指令存放单元的物理地址。注意每取 1B 后 IP 内容加 1，但取一个字后 IP 内容加 2。

2）标志寄存器 FLAGS：16 位的寄存器，但实际上 8086 只用到 9 位，其中的 6 位是状态标志位，3 位为控制标志位，如图 2-3 所示。状态标志位是当一些指令执行后，所产生数据的一些特征的表征。而控制标志位则可以由程序写入，以达到控制处理机状态或程序执行方式的表征。

D_{15}	D_{14}	D_{13}	D_{12}	D_{11}	D_{10}	D_9	D_8	D_7	D_6	D_5	D_4	D_3	D_2	D_1	D_0
				OF	DF	IF	TF	SF	ZF		AF		PF		CF

图 2-3　8086 CPU 的标志寄存器

状态标志反映了当前运算和操作结果的状态条件，可作为程序控制转移与否的依据。它们分别是 CF、PF、AF、ZF、SF 和 OF。

CF（Carry Flag）：进位标志位。算术运算指令执行后，若运算结果的最高位（字节运算时为 D_7 位，字运算时为 D_{15} 位）产生进位或借位，则 CF=1；否则 CF=0。

PF（Parity Flag）：奇偶标志位。反映运算结果低 8 位中 1 的个数是偶数还是奇数。运算指令执行后，若运算结果的低 8 位中含有偶数个 1，则 PF=1；否则 PF=0。

AF（Auxiliary carry Flag）：辅助进位标志位。算术运算指令执行后，若运算结果的低 4 位向高 4 位（即 D_3 位向 D_4 位）产生进位或借位，则 AF=1；否则 AF=0。

ZF（Zero Flag）：零标志位。若指令运算结果为 0，则 ZF=1；否则 ZF=0。

SF（Sign Flag）：符号标志位。它与运算结果的最高位相同。若字节运算时 D_7 位为 1 或字运算时 D_{15} 位为 1，则 SF=1；否则 SF=0。用补码运算时，它能反映结果的符号特征。

OF（Overflow Flag）：溢出标志位。当补码运算有溢出时（字节运算时为 −128～+127，字运算时为 −32768～+32767），OF=1；否则 OF=0。

控制标志位用来控制 CPU 的操作，由指令进行置位和复位，它包括 DF、IF、TF。

DF（Direction Flag）：方向标志位。用于串操作指令，指定字符串处理时的方向。设置 DF=0 时，每执行一次串操作指令，地址指针内容将自动递增；设置 DF=1 时，地址指针内容将自动递减。可用指令设置或清除 DF 位。

IF（Interrupt Enable Flag）：中断允许标志位。用来控制 8086 是否允许接收外部中断请求。设置 IF=1 时，允许响应可屏蔽中断请求；设置 IF=0 时，禁止响应可屏蔽中断请求。可用指令设置或清除 IF 位。注意，IF 的状态不影响非屏蔽中断请求（NMI）和 CPU 内部中断请求。

TF（Trap Flag）：单步标志位（或跟踪标志位）。它是为调试程序而设定的陷阱控制位。设置 TF=1 时，使 CPU 进入单步执行指令工作方式，此时 CPU 每执行完一条指令就自动产生一次内部中断；当该位复位后，CPU 恢复正常工作。可用指令设置或清除 TF 位。

▶【例题 2-1】设（AX）=0010 0011 0100 1101B，（DX）=0101 0010 0000 1001B，试指出两数相加后，6 位标志位的状态。

解：用补码公式对两数进行运算，并按定义对结果进行判别。计算机中存储的已是补码，两数相加过程如下：

```
  0010 0011 0100 1101
+ 0101 0010 0000 1001
  0111 0101 0101 0110
```

根据两数相加结果，可得如下结论：

1) 结果非零，故 ZF=0。
2) 低 8 位中共有 4 个 1（偶数个），故 PF=1。
3) 根据符号位，可知 SF=0。
4) 运算结束后，向更高位无进位，故 CF=0。
5) 运算结果无溢出，故 OF=0。
6) D_3 位向 D_4 位产生进位，故 AF=1。

2.3 8086/8088 微处理器的工作模式及引脚功能

2.3.1 8086/8088 的工作模式

为提高系统性能、耐用性及适应性，8086 CPU 设计为可在两种模式下工作，即最小模式和最大模式。

最小模式用于由 8086 单一微处理器构成的系统。在这种方式下，由 8086 CPU 直接产生系统所需要的全部控制信号。其系统特点是：总线控制逻辑直接由 8086 CPU 产生和控制。若有 8086 CPU 以外的其他模块想占用总线，则可向 CPU 提出请求，在 CPU 允许并响应的情况下，该模块才可获得总线控制权，使用完后，又将总线控制权交还给 CPU。

最大模式用于实现多处理机系统，其中，8086 CPU 被称为主处理器，其他处理器被称为协处理器。在这种方式下，8086 CPU 不直接提供用于存储器或 I/O 端口的读/写命令等控制信号，而是将当前要执行的传送操作类型编码为 3 个状态位输出，由总线控制器 8288 对状态信息进行译码产生相应控制信号。最大模式系统的特点是：总线控制逻辑由总线控制器 8288 产生和控制，即 8288 将主处理器的状态与信号转换成系统总线命令和控制信号。协处理器只是协助主处理器完成某些辅助工作，即被动地接收并执行来自主处理器的命令。和 8086 配套使用的协处理器有两个：一个是专用于数值计算的协处理器 8087；另一个是专用于输入/输出操作的协处理器 8089。8087 通过硬件实现高精度整数浮点运算。8089 有其自身的一套专门用于输入/输出操作的指令系统，还可带局部存储器，可以直接为输入/输出设备服务。增加协处理器，使得浮点运算和输入/输出操作不再占用 8086CPU 的时间，从而大大提高了系统的运行效率。

2.3.2 8086/8088 的引脚功能

8086 CPU 是 Intel 公司的第三代微处理器，它采用双列直插式封装（Double In-line Package，DIP），具有 40 条引脚，使用+5V 电源供电。时钟频率有 3 种：5MHz（8086）、8MHz（8086-1）和 10MHz（8086-2）。8086 CPU 的数据总线为 16 位，一次可传输 16 位数据信息，因此是 16 位微处理器。其引脚信号如图 2-4 所示，括号内为最大模式时的引脚名。

8086 CPU 的对外结构就是 3 组总线，因此它的 40 条引脚信号按功能可分为 4 部分：地址总线、数据总线、控制总线以及其他（时钟与电源）。

为了用有限的 40 个引脚实现地址、数据、控制信号的传输，部分 8086 CPU 的外部引脚采用了复用技术。复用引脚分为按时序复用和按模式复用两种情况。对按时序复用的引脚，CPU 工作在不同的 T 周期，这些引脚传送不同的信息；对按模式复用的引脚，则当 CPU 处于不同的工作模式时，这些引脚具有不同的功能含义。

1. 两种模式下公用的引脚信号

下面首先介绍两种模式下功能含义相同的引脚。按其功能可分为电源类、地址/数据类、状态类和控制类。

（1）地址总线和数据总线（$AD_{15} \sim AD_0$、$A_{19}/S_6 \sim A_{16}/S_3$、$\overline{BHE}/S_7$）

数据总线用来在 CPU 与内存储器或 I/O 设备之间交换信息，为双向、三态信号。地址总线由 CPU 发出，用来确定 CPU 要访问的内存单元或 I/O 端口的地址信号，为输出、三态信号。

1) $AD_{15} \sim AD_0$ 地址/数据复用引脚。在总线周期中,由于地址信息和数据信息在时间上不重叠,因此部分地址线与数据线共用一组引脚。$AD_{15} \sim AD_0$ 这 16 条信号线是分时复用的双重功能总线,数据总线 $D_{15} \sim D_0$ 与地址总线的低 16 位 $A_{15} \sim A_0$ 复用。在每个总线周期的第一个时钟周期 T_1 用作地址总线的低 16 位($A_{15} \sim A_0$),给出内存单元或 I/O 端口的地址;在其他时间($T_2 \sim T_3$)为数据总线,用于数据传输。

2) $A_{19}/S_6 \sim A_{16}/S_3$ 地址/状态复用引脚。这 4 条信号线也是分时复用的双重功能总线。在每个总线周期的 T_1 状态用作地址总线的高 4 位($A_{19} \sim A_{16}$),在存储器操作中为高 4 位地址,在 I/O 操作中,这 4 位置"0"(低电平)。在总线周期的其余时间(T_2、T_3、T_w 和 T_4 状态),这 4 条信号线指示 CPU 的状态信息 $S_6 \sim S_3$。其中,S_6 恒为低电平,表明 8086 当前正与总线相连;S_5 反映标志寄存器中中断允许标志 IF 的当前值;而 S_4 和 S_3 组合起来指示当前正在使用的是哪个段寄存器,其编码见表 2-1。

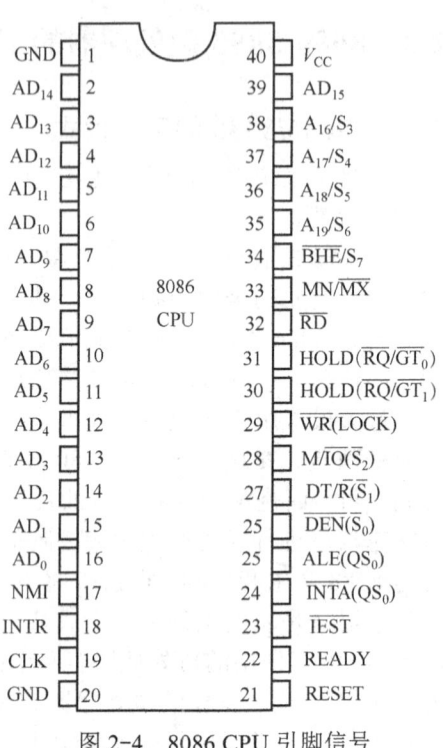

图 2-4 8086 CPU 引脚信号

表 2-1 S_4、S_3 代码组合与当前段寄存器的关系

S_4	S_3	当前使用的段寄存器
0	0	附加段寄存器 ES
0	1	堆栈段寄存器 SS
1	0	存储器寻址时,使用代码段寄存器 CS;对 I/O 端口或中断向量寻址时,不需要用段寄存器
1	1	数据段寄存器 DS

3) $\overline{BHE}/S_7$ 高 8 位数据总线允许/状态复用引脚。在总线周期的 T_1 状态,作为高 8 位数据总线允许信号,低电平有效。当 $\overline{BHE}=0$ 时,表示高 8 位数据总线 $AD_{15} \sim AD_8$ 上的数据有效;当 $\overline{BHE}=1$ 时,表示高 8 位数据总线 $AD_{15} \sim AD_8$ 上的数据无效,当前仅在数据总线 $AD_7 \sim AD_0$ 上传送 8 位数据。而在 T_2、T_3、T_w、T_4 状态,此引脚输出状态信息 S_7,在 8086 微处理机系统中,S_7 没有定义。

8086 系统的 1MB 存储空间虽然按照字节编址,但它存放的操作数或结果可以是字节、字或双字类型。对各种类型数据,约定的存放规则如下:

字节数据(BYTE):对应存储器地址可以是偶地址(最低地址位为 0),也可以是奇地址(最低地址位为 1)。

字数据(WORD):存放在两个连续的字节单元中,高 8 位在高地址字节,低 8 位在低地址字节,并规定将低字节的地址作为该字的地址;若该字位于偶地址,则称为规则字,否则称为非规则字。

双字数据(DOUBLE WORD):占用 4 个连续字节单元,高 16 位在高地址字,低 16 位在低地址字,并规定最低字节地址为双字的地址。若存放的是主存地址,则段基在高地址，段内偏移量在低地址。

8086 系统将 1MB 的存储空间分为两个地址块，分别为奇地址块和偶地址块，每个块 512KB。奇地址块与数据总线 $D_{15} \sim D_8$ 相连，并将 $\overline{BHE}=0$ 作为块选择信号；偶地址块与数据总线 $D_7 \sim D_0$ 相连，将 $A_0=0$ 作为此块的选择信号。$\overline{BHE}$ 和 AD_0 配合指出当前传送的数据在总线上将以何种格式出现，应在存储体的哪个块的存储单元进行字节还是字的读/写操作。在读/写字节数据和规则字时，系统用一个总线周期；而对于非规则字，则需要两个总线周期。具体规定见表 2-2。同时 $\overline{BHE}$ 信号还可作为 I/O 接口电路或中断响应时的片选条件信号。

表 2-2　$\overline{BHE}$ 和 AD_0 代码组合所对应的存取操作

$\overline{BHE}$	AD_0	操　　　作	所用的数据引脚
0	0	从偶地址单元开始读/写一个字	$AD_{15} \sim AD_0$
0	1	从奇地址单元或端口开始读/写一个字节	$AD_{15} \sim AD_8$
1	0	从偶地址单元或端口开始读/写一个字节	$AD_7 \sim AD_0$
1	1	无效	—
0	1	从奇地址开始读/写一个字	
1	0	（在第一个总线周期，低 8 位数据 $D_7 \sim D_0$ 有效；在第二个总线周期，高 8 位数据 $D_{15} \sim D_8$ 有效）	$AD_{15} \sim AD_0$

（2）控制总线

1）$\overline{RD}$ 读引脚（输出、三态）。$\overline{RD}$ 为低电平有效信号。$\overline{RD}=0$ 时，表明 CPU 要进行一次内存或 I/O 端口的读操作，具体是对内存还是 I/O 端口进行读操作，取决于 $M/\overline{IO}$ 信号。

2）READY 准备就绪引脚（输入）。READY 是所访问的存储器或 I/O 端口发来的响应信号，高电平有效。当 READY=1 时，表示内存或 I/O 端口准备就绪，马上可进行一次数据传输。CPU 在每个总线周期的 T_3 时钟周期开始对 READY 信号采样，若检测到 READY 信号为低电平，则在 T_3 后插入一个 T_w 等待周期。在 T_w 时钟周期，CPU 再对 READY 信号采样，若仍为低电平，就继续插入 T_w 等待周期，直到 READY 信号变为高电平，才进入 T_4 时钟周期，完成数据传送。

3）$\overline{TEST}$ 测试引脚（输入）。$\overline{TEST}$ 为低电平有效信号，和 WAIT 指令结合使用，是 WAIT 指令结束与否的条件。当 CPU 执行 WAIT 指令时，CPU 每隔 3 个时钟周期就对此引脚进行测试。若测试到该引脚为高电平，则 CPU 处于空转状态进行等待；若测试为低电平，则 CPU 结束等待状态，继续执行下一条指令。此引脚用于多处理器系统中，实现 8086 CPU 与其他协处理器的同步协调功能。

4）INTR 可屏蔽中断请求信号引脚（输入）。INTR 为高电平有效信号。CPU 在每条指令的最后时刻检测 INTR 引脚，若为高电平，则表明有中断请求发生；若当前 CPU 允许中断（中断允许标志 IF=1），那么，CPU 就会在结束当前执行的指令后，响应中断请求，进入中断处理子程序。

5）NMI 非屏蔽中断引脚（输入）。当 NMI 引脚产生一个由低到高的上升沿时，CPU 就会在结束当前执行的指令后，进入非屏蔽中断处理子程序。

6）RESET 复位信号引脚（输入）。RESET 为高电平有效信号。在 RESET 信号来到后，CPU 结束当前操作，并将处理器中的寄存器 FLAGS、IP、DS、SS、ES 及指令队列清零，而将 CS 设置为 FFFFH。当复位信号变为低电平时，CPU 从 FFFF0H 开始执行程序，实现系统的再启动过程。

7）MN/$\overline{\text{MX}}$ 最小/最大模式控制信号引脚（输入）。最小模式及最大模式的选择控制端。此引脚固定接为+5V时，CPU处于最小模式；接地时，CPU处于最大模式。

（3）其他信号

1）CLK——时钟引脚（输入）。CLK时钟引脚为处理器提供基本的定时脉冲和内部的工作频率。8086 CPU要求时钟信号的占空比（正脉冲与整个周期的比值）为33%，即1/3周期高电平，2/3周期低电平。

2）V_{CC}——电源（输入）。要求接正电压[（+5±0.5）V]。

3）GND——地线。8086 CPU有两条接地线。

2. 两种模式下含义不同的引脚信号

8086 CPU的第24～31根引脚为按模式复用引脚，当CPU工作在最小模式或最大模式时，这些引脚具有不同的功能含义。

（1）最小模式下的引脚信号

8086 CPU的MN/$\overline{\text{MX}}$引脚接+5V时，CPU处于最小工作模式，此时它的24～31号引脚的功能含义如下：

1）$\overline{\text{INTA}}$ 中断响应信号（输出）。$\overline{\text{INTA}}$是中断响应信号，低电平有效。对于8086系统来说，当CPU响应由INTR引脚送入的可屏蔽中断请求时，CPU用两个连续的总线周期发出两个$\overline{\text{INTA}}$低电平有效信号，第一个低电平用来通知外设，准备响应它的中断请求；在第二个低电平期间，外设通过数据总线送入它的中断类型码，并由CPU读取，以便取得相应中断服务程序的入口地址。

2）ALE 地址锁存允许信号（输出）。ALE是8086 CPU发给地址锁存器进行地址锁存的控制信号，高电平有效。8086 CPU的地址、数据、状态引脚采用复用技术，在总线周期的T_1状态，传送地址信息，而在其他时钟周期传送数据、状态信息，为避免丢失地址信息，需在地址撤销前使用地址锁存器将其锁存。通常使用的锁存器为Intel 8282/8283，它利用ALE的下降沿锁存总线上的地址信息。ALE不能浮空。

3）$\overline{\text{DEN}}$ 数据允许信号（输出、三态）。$\overline{\text{DEN}}$是低电平有效信号。在微机系统处于最小模式时，通常设置总线收发器来增加数据总线的驱动能力。8086系统通常使用8286/8287作为总线收发器。$\overline{\text{DEN}}$信号就是8286/8287的选通控制信号，总线收发器将$\overline{\text{DEN}}$作为输出允许信号。

4）DT/$\overline{\text{R}}$ 数据发送/接收信号（输出、三态）。DT/$\overline{\text{R}}$是控制总线收发器8286/8287数据传送方向的信号。当CPU输出（写）数据到存储器或I/O端口时，输出DT/$\overline{\text{R}}$高电平；当CPU输入（读）数据时，输出DT/$\overline{\text{R}}$低电平信号。

5）M/$\overline{\text{IO}}$ 存储器、输入/输出控制信号（输出）。M/$\overline{\text{IO}}$用以区别访问存储器或I/O端口。当该引脚为高电平时，表明CPU是与存储器进行数据传送；当该引脚为低电平时，则表明CPU是与I/O端口进行数据传送。

6）$\overline{\text{WR}}$ 写信号（输出）。$\overline{\text{WR}}$是低电平有效信号。$\overline{\text{WR}}$=0时，表明CPU进行写操作，由M/$\overline{\text{IO}}$引脚决定写的对象（存储器或I/O端口）。

7）HOLD 总线保持请求信号（输入）。HOLD是系统中其他模块向CPU提出总线保持请求的输入信号，高电平有效。

8）HLDA 总线保持响应信号（输出）。HLDA是CPU发给总线请求部件的响应信号，高电平有效。

（2）最大模式下的引脚信号

当 8086 CPU 的 MN/$\overline{\text{MX}}$ 引脚接地时，系统处于最大工作模式。由于最大模式是以 8086 CPU 为中心的多处理器控制系统，各处理器公用一组外部总线，因而需要增加总线控制器和总线仲裁控制器来完成多处理器对总线使用的分时控制。和 8086 CPU 配套使用的总线控制器和总线仲裁控制器通常是 Intel 公司的 8288 和 8289。8288 将 8086 CPU 的总线状态信号进行译码后，产生总线命令和控制信号，对存储器和 I/O 端口进行读/写控制。8289 和 8288 相配合确定总线使用权的分配。最大模式下 24～31 号引脚的功能含义如下：

1) $\overline{S_2}$、$\overline{S_1}$、$\overline{S_0}$ 总线周期状态信号（三态、输出）。它们表示 8086 外部总线周期的操作类型。这 3 个引脚信号经总线控制器 8288 译码后，产生相应的存储器读/写命令、I/O 端口读/写命令以及中断响应信号。$\overline{S_2}$、$\overline{S_1}$、$\overline{S_0}$ 的代码组合对应的总线操作类型见表 2-3。

表 2-3　$\overline{S_2}$、$\overline{S_1}$、$\overline{S_0}$ 译码表

总线状态信号			CPU 状态	8288 命令输出
$\overline{S_2}$	$\overline{S_1}$	$\overline{S_0}$		
0	0	0	中断状态	$\overline{\text{INTA}}$
0	0	1	读 I/O 端口	$\overline{\text{IOR}}$
0	1	0	写 I/O 端口，超前写 I/O 端口	$\overline{\text{IOWC}}$，$\overline{\text{AIOWC}}$
0	1	1	暂停	无
1	0	0	取指令	$\overline{\text{MRDC}}$
1	0	1	读存储器	$\overline{\text{MRDC}}$
1	1	0	写存储器，超前写存储器	$\overline{\text{MWTC}}$，$\overline{\text{AMWC}}$
1	1	1	无效	无

当 $\overline{S_2}$、$\overline{S_1}$、$\overline{S_0}$ 中任一个为低电平时，都对应某一种总线操作，此时称为有源状态。而当一个总线周期即将结束（T_3 周期或 T_w 周期），另一个总线周期尚未开始，并且 READY 信号也为高电平时，$\overline{S_2}$、$\overline{S_1}$、$\overline{S_0}$ 都变为高电平，此时称为无源状态。在前一个总线周期的 T_4 时钟周期时，只要 $\overline{S_2}$、$\overline{S_1}$、$\overline{S_0}$ 中有一个变为低电平，就意味着即将开始一个新的总线周期。

在总线周期的 T_4 期间，$\overline{S_2}$、$\overline{S_1}$、$\overline{S_0}$ 的任何变化都指示一个总线周期的开始，而在 T_3（或 T_w 等待周期）期间返回无效状态，则表示一个总线周期的结束。在 DMA（直接存储器存取）方式下，$\overline{S_2}$、$\overline{S_1}$、$\overline{S_0}$ 处于高阻状态。

2) QS_1、QS_0 指令队列状态信号（输出）。QS_1、QS_0 信号用于指示 8086 内部 BIU 中指令队列的状态，以便外部协处理器进行跟踪，QS_1 和 QS_0 的组合功能见表 2-4。

表 2-4　QS_1、QS_0 组合与指令队列的状态

QS_1	QS_0	队列状态信号的含义
0	0	无操作，未从队列中取指令
0	1	从队列中取出当前指令的第一字节
1	0	队列空，由于执行转移指令，队列重新装填
1	1	从队列中取出指令的后继字节

3) $\overline{RQ}/\overline{GT_0}$、$\overline{RQ}/\overline{GT_1}$ 总线请求信号/总线请求响应信号（双向）。这两个信号是为多处理机应用而设计的，用于对总线控制权的请求和应答，其特点是请求和允许功能用一根信号线来实现，每一个引脚都可代替最小模式下 HOLD/HLDA 两个引脚的功能。这两个引脚可同时接两个协处理器，$\overline{RQ}/\overline{GT_0}$ 的优先级高于 $\overline{RQ}/\overline{GT_1}$。

总线访问的请求/允许时序分为 3 个阶段：请求、允许和释放。首先是协处理器向 8086 输出 $\overline{RQ}$ 请求使用总线，然后在 8086 CPU 的 T_4 或下一个总线周期的 T_1 期间，CPU 输出一个宽度为一个时钟周期的脉冲信号 $\overline{CT}$ 给请求总线的协处理器，作为总线响应信号，从下一个时钟周期开始，CPU 释放总线。当协处理器使用总线结束时，再给出一个宽度为一个时钟周期的脉冲信号 $\overline{RQ}$ 给 CPU，表示总线使用结束，从下一个时钟周期开始，CPU 又控制总线。

4) $\overline{LOCK}$ 总线封锁信号（输出、三态）。$\overline{LOCK}$ 是低电平有效信号。当 $\overline{LOCK}$ =0 时，表明 CPU 不允许其他总线主控部件占用总线。$\overline{LOCK}$ 信号可通过软件设置。

2.4 8086/8088 存储器组织和 I/O 组织

2.4.1 存储器的分段管理

8086 CPU 是以字节为单位进行编址的，每一个字节被赋予一个唯一的地址号。8086 有 20 条地址总线，故可寻址 2^{20}=1MB 的存储空间，地址范围是 00000H～FFFFFH。

8086 CPU 所有的内部寄存器都是 16 位的，其中 IP、BX、BP、SP、SI 和 DI 都可以作为存放地址的寄存器。但 16 位的寄存器最大的寻址范围是 64KB。为了解决对 1MB 存储器空间的寻址问题，8086 CPU 采用地址分段的组织，巧妙地解决了 1MB 的寻址问题。

8086 CPU 把整个存储空间划分成若干个逻辑段来管理，每个段最大容量为 64KB。它的四个段寄存器 CS、DS、SS、ES 分别用来存储各逻辑段的段基地址，即各逻辑段起始地址的高 16 位。使用逻辑分段的存储器管理，可以使逻辑段在整个存储空间中上下浮动，这一特点给程序设计带来了很大的方便和灵活性。段基地址的设置是由段寄存器 CS、DS、SS、ES 设定的，而且对段寄存器的设置并没有特殊的要求与约束。换句话说，段与段之间可以是分开的、连续的、部分重叠的或者是完全重叠的。图 2-5 给出了逻辑段划分的示意图。

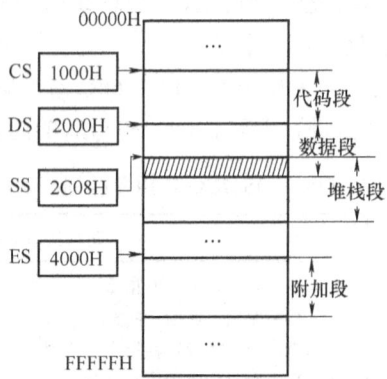

图 2-5 存储器分段示意图（阴影区域为重叠部分）

2.4.2 内存的物理地址形成

在 8086 CPU 中，对存储单元的访问，不仅要知道它处在哪个段，还必须知道它在该段中的确切位置。前者由段基地址（简称段地址）确定，存放在段寄存器中；而后者由偏移地址给出，偏移地址就是对于段起始地址的相对位移量，通常由指针寄存器或变址寄存器给出。这种由"段地址"和"偏移地址"组成的完整的地址叫作"逻辑地址"，其表示格式为"段地址：偏移地址"。段地址和偏移地址都是用无符号的 16 位二进制数或四位十六进制数表示的。既然在 CPU 的内部使用逻辑地址来定位存储单元，那么，如何实现从逻辑地址到物理地址的转换呢？在 8086 CPU 的 BIU 部件中的地址加法器就是用来进行把逻辑地址转换为 20 位物理地址的，如图 2-6 所示。物理地址的计算如下：

物理地址=段地址×10H+偏移地址

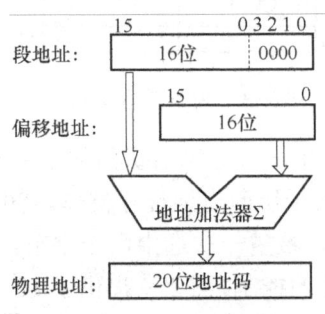

图 2-6 物理地址的形成

我们已经知道，8086 CPU 是通过 4 个段寄存器来实现对存储器的分段管理的。例如，CPU 在取指令时会自动选择代码段，根据 CS：IP 的逻辑地址，经地址加法器转换成物理地址，从中取出指令代码；在读/写变量或数据时，CPU 将自动选择数据段，段地址由段寄存器 DS 给出，并由指令的寻址方式给出内存操作数的地址偏移量（即有效地址，用 EA 表示）；在对堆栈进行操作或访问时会自动选择堆栈段，由段寄存器 SS 给出段地址，偏移地址则由堆栈指针 SP 或基址指针 BP 给出。表 2-5 给出了对存储器操作中的各个段寄存器与偏移地址默认的对应关系。

表 2-5 默认的段寄存器与偏移地址的对应关系

段寄存器	偏移地址	用于构成
CS	IP	指令地址
SS	SP 或 BP	堆栈地址
DS	BX、SI、DI 或 16 位直接访问地址	数据地址
ES	串操作中的 DI	目的串段地址

2.4.3 存储器的分体结构

一个字在存储器中是连续存放的两个字节，低字节存放在低地址单元，高字节存放在高地址单元，我们把低地址定义为字的存储地址。字的存储格式如图 2-7 所示。

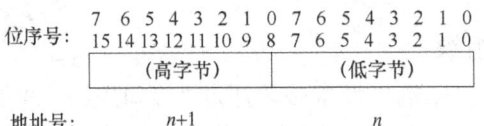

图 2-7 字的存储格式

字在存储器中的存放有两种情况:一种是从偶地址开始存放,一种是从奇地址开始存放。在 8086 系统中,从偶地址开始存放的字叫作"规则字",从奇地址开始存放的字叫作"非规则字"。8086 系统中的存储器是采用分体结构组织的,就是说,1MB 的存储空间分为两个 512KB 的存储体,一个存储体完全由偶地址单元所组成,叫"偶地址存储体";另一个则完全由奇地址单元所组成,叫"奇地址存储体"。8086 的存储结构如图 2-8 所示。

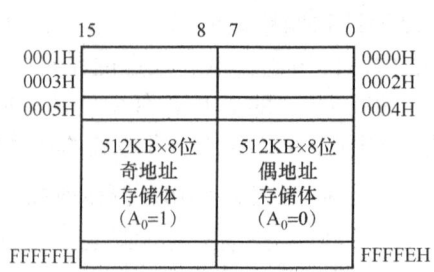

图 2-8 8086 的存储结构

由图 2-8 可知,地址线 A_0 可用于区分当前访问的是哪一个存储体,当 $A_0=0$ 即表示访问偶地址存储体,而当 $A_0=1$ 即表示访问奇地址存储体。8086 可以访问一个字节,也可以访问一个字。如果要访问一个字,希望一次选中两个字节,那么只用 A_0 就不够了,为此,8086 的 $\overline{BHE}$ 信号提供对总线高位的控制,图 2-9 提供了 8086 系统对存储器的访问控制图。根据表 2-2 给出的 $\overline{BHE}$ 和 AD_0 组合使用的状态可知,当 $\overline{BHE}$ 低电平有效且 $A_0=0$,可以同时选中两个存储体,再由 $A_{19} \sim A_1$ 在两个存储体内各选中一个字节单元。在偶地址存储体和奇地址存储体各自选中的字节单元中,其数据输出分别与数据总线的 $D_7 \sim D_0$ 和 $D_{15} \sim D_8$ 相连,从而保证 CPU 执行一次总线周期便可实现对存储器字的读/写操作,这是对偶地址起始的字,即"规则字"而言。

访问"非规则字"时,由于无法做到同时选中两个存储体,因此,必须执行两个总线周期,才能完成对一个"非规则字"的访问,降低了执行程序的速度。

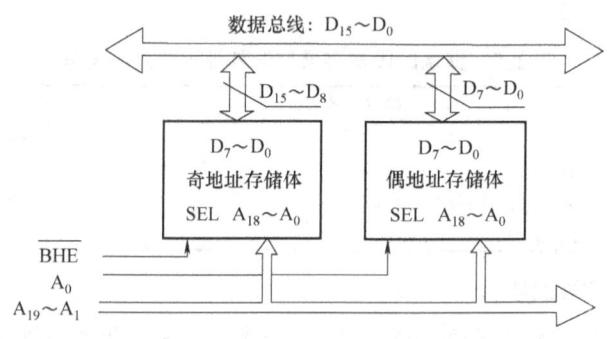

图 2-9 8086 对存储器的访问控制图

2.4.4 8086/8088 I/O 组织

组成微机系统的各种输入/输出设备必须通过"接口电路"才能和系统总线相连接。I/O 接口电路的作用是实现主机与外设之间在信号形式、速度、工作电压、逻辑电平和时序等方面的匹配,从而实现主机与外设之间信息的顺利传输和变换。而 I/O 接口和 CPU 之间的通信是通过称之为"I/O 端口"的寄存器实现的。与存储器的字节单元一样,每一个 I/O 端口都会被分配到一个唯一的地址号与之相对应,这个地址号叫作"端口地址"。

8086 微处理器的低 16 位地址总线可以用于对 I/O 端口的寻址,所以,8086 微处理器可访问 I/O 端口的最大数目为 2^{16},即 I/O 地址空间为 64KB。我们知道,在存储器中,两个连续存放的字节单元可以当作一个存储字来对待,同样,两个相邻的 8 位 I/O 端口可以组成一个 16 位的 I/O 端口。由于 I/O 地址空间为 64KB,I/O 端口的地址码为 16 位,与 CPU 的内部寄存器的宽度相等,不需要逻辑分段,所以,所有的 I/O 端口都处在同一个分段内。鉴于以上原因,I/O 地址空间和内部存储器低端的 64KB 地址空间是重叠的。

8086 有独立的访问存储器和 I/O 端口的指令,在执行存储器和 I/O 指令时,8086 的 M/$\overline{\text{IO}}$ 引脚输出不同的状态。CPU 在执行访问 I/O 端口的输入输出指令时,读写信号 $\overline{\text{RD}}$、$\overline{\text{WR}}$ 有效,同时 M/$\overline{\text{IO}}$ 信号输出低电平。在执行访问存储器指令时,读写信号 $\overline{\text{RD}}$、$\overline{\text{WR}}$ 有效,M/$\overline{\text{IO}}$ 信号输出高电平。这样就区分了 I/O 读写和存储器读写。因此,8086 的 I/O 系统在寻址范围内可以和存储器使用相同的地址区域。既可以对存储器和 I/O 统一编址,也可以对它们单独编址。

2.5 8086/8088 系统配置

2.5.1 最小模式下的典型配置

当 8086 CPU 的 MN/$\overline{\text{MX}}$ 引脚接+5V 电源时,8086 CPU 工作于最小模式,用于构成小型的单处理机系统。图 2-10 所示为 8086 CPU 在最小模式下的典型配置。8086 的最小模式具有以下几个特点:

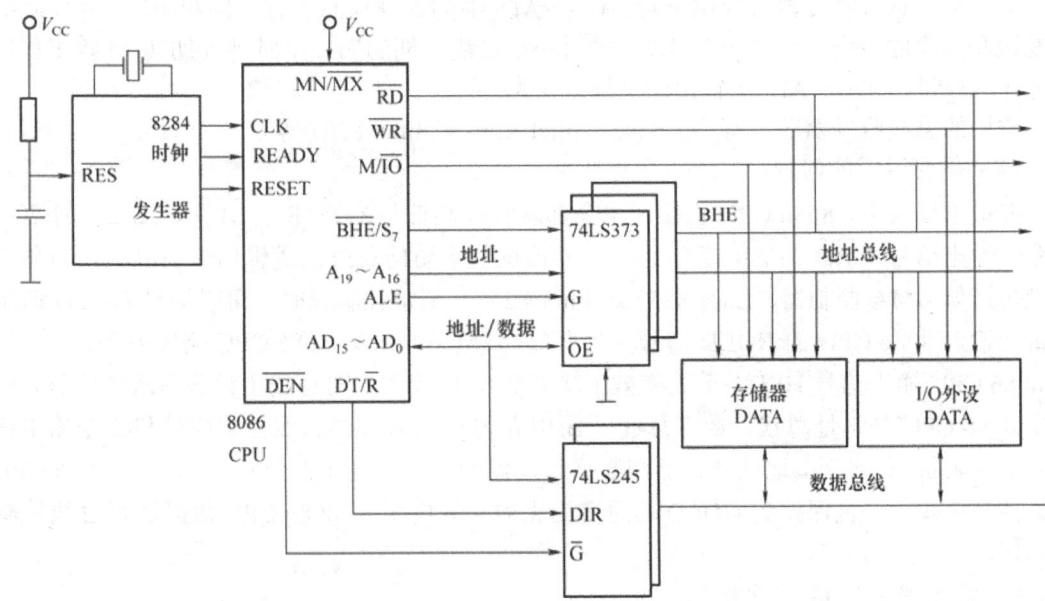

图 2-10 最小模式下的 8086 系统配置

1）MN/$\overline{\text{MX}}$ 引脚接+5V，决定了 CPU 的工作模式。
2）使用 1 片 8284，作为时钟信号发生器。
3）使用 3 片 74LS373 或 8282，作为地址信号锁存器。
4）当系统中所连的存储器和外设端口较多时，需要增加数据总线的驱动能力，这时，需用两片 74LS245 或 8286/8287，作为总线收发器。

（1）时钟发生器 8284

8284 是用于 8086 系统的时钟发生器芯片，它为 8086 以及其他外设芯片提供恒定的时钟信号，对准备信号（READY）及复位信号（RESET）进行同步。外界控制信号 READY 及 $\overline{\text{RES}}$ 信号可以在任何时候到来，8284 能把它们同步在时钟下降沿时输出 READY 及 RESET 信号到 8086 CPU。

（2）地址锁存器

地址/数据总线是复用的，$\overline{\text{BHE}}$ 和 S_7 也是复用的，在总线周期的前一部分时间，CPU 总是送出地址信号和 $\overline{\text{BHE}}$ 信号。为了通知地址已经准备好，可以被锁存，CPU 此时会送出高电平的允许锁存信号 ALE。地址信号和 $\overline{\text{BHE}}$ 信号都被锁存。

由于有了锁存器对地址和 $\overline{\text{BHE}}$ 信号进行锁存，因此在总线周期的后半部分，地址和数据同时出现在系统的地址总线和数据总线上；同样，此时 $\overline{\text{BHE}}$ 也在锁存器输出端呈有效电平，于是，确保了 CPU 对锁存器和 I/O 设备的正常读/写操作。

常用的总线锁存器芯片有 74LS373、74LS273、Intel 8282 和 Intel 8283 等。系统配置图 2-10 中的 3 片 74LS373 芯片来锁存地址/数据总线 $AD_{15} \sim AD_0$ 中的地址信息，地址/状态总线 $A_{19} \sim A_{16}/S_6 \sim S_3$ 中的地址信息，以及 $\overline{\text{BHE}}/S_7$ 中的 $\overline{\text{BHE}}$ 信息。每片总线锁存器芯片锁存 8 位信息。

（3）总线收发器

另外两片总线收发器芯片用来对 $AD_{15} \sim AD_0$ 中的数据信息进行缓冲和驱动，并控制数据发送和接收的方向。注意该芯片必须在 8086 总线周期的第二个时钟周期 T_2 开始工作，因为 T_1 周期时 $AD_{15} \sim AD_0$ 上输出的是地址信息。

常用的总线收发器芯片有 74LS245、Intel 8286 和 Intel 8287 等。

（4）需要说明的问题

在最小模式下，8086 CPU 直接产生全部总线控制信号（DT/$\overline{\text{R}}$、$\overline{\text{DEN}}$、ALE、M/$\overline{\text{IO}}$）和命令输出信号（$\overline{\text{RD}}$、$\overline{\text{WR}}$ 或 $\overline{\text{INTA}}$），并提供请求访问总线的逻辑信号 HLDA。当总线主设备（如 DMA 控制器、Intel 8257 或 Intel 8237）请求控制权时，可以通过 HOLD 请求逻辑使输入 8086 CPU 的 HOLD 信号变为有效（高电平），如果 8086 CPU 响应 HOLD 请求，则 8086 CPU 输出信号 HLDA 变为有效（高电平），以此作为对总线主设备请求的回答，同时使 8086 CPU 的地址总线、数据总线、$\overline{\text{BHE}}$ 信号以及有关的总线控制信号和命令输出信号处于高阻状态。此外，地址锁存器和数据收发器的输出也处于高阻状态。这样，8086 CPU 不再控制总线，一直保持到 HOLD 信号变为无效（低电平），8086 CPU 重新获得总线控制权为止。

2.5.2 最大模式下的基本配置

当 8086 CPU 的 MN/$\overline{\text{MX}}$ 引脚接地时，8086 CPU 工作于最大模式，用于构成多处理机

和协处理机系统，图 2-11 所示为最大模式下 8086 系统配置图。可以看出，同最小模式下 8086 系统配置图相比，最大模式系统增加了一片专用的总线控制器芯片 8288。

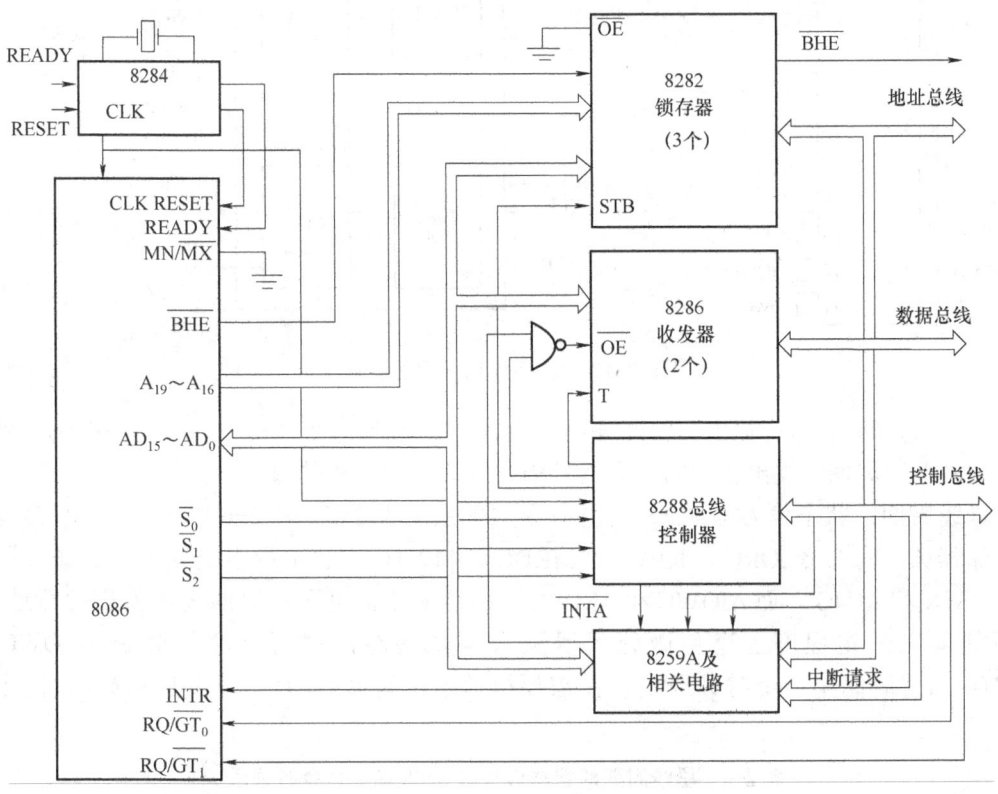

图 2-11 最大模式下的 8086 系统配置图

8086 的最大模式具有以下几个特点：

1）MN/$\overline{\text{MX}}$ 端接地，决定了 CPU 的工作模式。
2）使用 1 片 8284，作为系统时钟。
3）使用 3 片 8282 或 74LS373，作为锁存器。
4）使用两片 8286/8287，作为数据收发器。
5）使用 1 片 8288，作为总线控制器。
6）使用 1 片 8259，对多个中断源进行中断优先级的管理。

（1）总线控制器 8288

总线控制器 8288 用来对 CPU 发出的控制信号进行变换和组合，以得到对存储器或 I/O 端口的读/写信号和对锁存器 8282 及总线收发器 8286 的控制信号。

最大模式系统中，一般包含两个或多个处理器，这样就要解决主处理器和协处理器之间的协调工作，以及对系统总线的共享控制问题，8288 总线控制器就起到这个作用。它根据 8086 在执行指令时提供的总线周期状态信号 $\overline{S_2}$、$\overline{S_1}$、$\overline{S_0}$ 来建立控制时序，输出读/写控制命令，可以提供灵活多变的系统配置，以实现最佳的系统性能。

8288 的结构框图和引脚信号如图 2-12 所示。

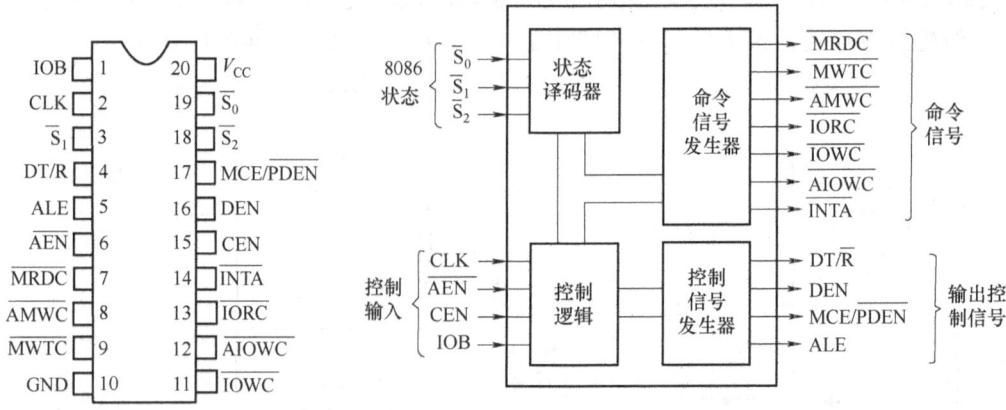

图 2-12 8288 结构框图与引脚

1）状态译码和命令输出。8288 根据 8086 的总线状态信号 $\overline{S_2}$、$\overline{S_1}$、$\overline{S_0}$ 来确定 8086 执行何种总线周期，发出相应的命令信号去控制系统中的相关部件。

总线周期的状态信号与 8288 输出命令的关系见表 2-6。表 2-6 中 I/O 读、写命令以及存储器读、写命令 $\overline{IORC}$、$\overline{IOWC}$、$\overline{MRDC}$、$\overline{MWTC}$ 代替了最小模式中的 3 条控制线 $\overline{RD}$、$\overline{WR}$ 和 $M/\overline{IO}$。而 $\overline{AIOWC}$ 和 $\overline{AMWC}$ 为超前命令，可在写周期之前就启动写过程，从而能够在一定程度上避免微处理器进入等待状态，这两个超前命令比 $\overline{IOWC}$ 和 $\overline{MWTC}$ 出现时间早一个时钟周期，在需要提前发出写命令的场合，可以选用这两个超前信号。

表 2-6 总线周期的状态信号与 8288 输出命令的关系

总线状态信号			CPU 状态	8288 输出命令
$\overline{S_2}$	$\overline{S_1}$	$\overline{S_0}$		
0	0	0	中断状态	$\overline{INTA}$
0	0	1	读 I/O 端口	$\overline{IORC}$
0	1	0	写 I/O 端口，超前写 I/O 端口	$\overline{IOWC}$,$\overline{AIOWC}$
0	1	1	暂停	无
1	0	0	取指令	$\overline{MRDC}$
1	0	1	读存储器	$\overline{MRDC}$
1	1	0	写存储器，超前写存储器	$\overline{MWTC}$,$\overline{AMWC}$
1	1	1	无效	无

2）控制逻辑。8288 的工作受输入控制信号的控制，这些信号是 IOB、$\overline{AEN}$、CEN 和 CLK。

IOB（输入/输出总线方式）：当 IOB=0 时，8288 处于系统总线方式，总线仲裁逻辑通过向输入端 $\overline{AEN}$ 发送低电平表示总线可供使用，在 $\overline{AEN}$ 有效（低电平）后 115ns 内，8288 不发出任何命令，这段时间进行总线切换。在多个处理器使用一组总线的系统中，当 I/O 设备和存储器都是共享设备时，存储器写命令和 I/O 写命令都要经过总线仲裁。

当 IOB=1 时，8288 处于 I/O 总线工作方式，在该方式下，所有 I/O 命令线（$\overline{\text{IORC}}$、$\overline{\text{IOWC}}$、$\overline{\text{AIOWC}}$、$\overline{\text{INTA}}$）总是可以有效的，且与 $\overline{\text{AEN}}$ 的状态无关，而对存储器访问的命令都无效。

一旦处理器启动某个 I/O 命令，8288 就利用 $\overline{\text{PDEN}}$ 和 DT/$\overline{\text{R}}$ 激活相应的命令线去控制 I/O 总线收发器，在这种工作方式下，由于没有提供总线仲裁机构，因此不能用 I/O 命令来控制系统总线。这种方式允许 8288 总线控制器管理两组外部总线，当微处理器要访问 I/O 总线时，无须等待，而正常的存储器访问之前，需要一个"总线准备好"信号（$\overline{\text{AEN}}$ 为低电平）。在多处理机系统中，用一个处理机专门管理 I/O 或外设，这时用 IOB 方式是很有利的。

$\overline{\text{AEN}}$（地址使能）：当 $\overline{\text{AEN}}$=1 时，8288 各种命令无效，呈高阻态；当 $\overline{\text{AEN}}$=0 时，对系统总线方式，至少在 $\overline{\text{AEN}}$ 有效后 115ns，8288 才能输出命令；但在 I/O 总线方式下，$\overline{\text{AEN}}$ 不起作用，即不影响 I/O 命令的发出。

CEN（命令使能）：CEN=1，命令有效；CEN=0，各命令和 DEN、$\overline{\text{PDEN}}$ 等输出均无效。这也是一个为多个 8288 联合工作而设置的一个协调信号，应使工作的 8288 的 CEN 为高电平。

CLK（时钟）：8288 产生命令和控制信号输出时，由 CLK 决定它们的定时关系。通常由微机的系统时钟提供。

3）控制信号发生器。8288 总线控制器的输出控制信号为 ALE、DEN、DT/$\overline{\text{R}}$ 和 MCE/$\overline{\text{PDEN}}$。

ALE（地址锁存允许）：用于将地址选通到地址锁存器。高电平有效，在下跳沿锁存。

DEN（数据使能）：DEN 为高电平时，接通数据收发器。

DT/$\overline{\text{R}}$（数据发送/接收）：DT/$\overline{\text{R}}$=1 为发送状态；DT/$\overline{\text{R}}$=0 为接收状态，用来控制数据收发器的传送方向。

MCE/$\overline{\text{PDEN}}$（主设备使能/外设数据允许）：双重功能，当 IOB=0，即工作于系统总线方式时，该引脚为 MCE，高电平有效的输出信号。MCE 是为配合 8259A 级联工作而设置的，在 8259A 级联工作时，第一个 $\overline{\text{INTA}}$ 总线周期由"主 8259A"向"从 8259A"发出级联地址，第二个 $\overline{\text{INTA}}$ 总线周期提出中断请求的"从 8259A"将中断向量送上地址线。MCE 为锁存第一个 $\overline{\text{INTA}}$ 周期的级联地址锁存信号。当 IOB=1，即工作于 I/O 总线方式时，该引脚为 $\overline{\text{PDEN}}$，低电平有效的输出信号。其作用类似于 DEN。$\overline{\text{PDEN}}$ 是 I/O 总线上的数据选通信号，DEN 是系统总线的数据选通信号。

（2）时钟发生器、总线锁存器和总线收发器

由图 2-11 可见，在最大配置中这 3 种部件的工作与最小配置相同。

（3）需要说明的问题

1）8086 CPU 在最小模式下的 HOLD 和 HLDA 引脚在最大模式下成为 $\overline{\text{RQ}}/\text{GT}_0$ 和 $\overline{\text{RQ}}/\text{GT}_1$ 信号线，这两条引脚通常同 8087（协处理器）或 8089（I/O 处理器）相连接，用于 8086 同它们之间传送总线请求与总线应答信号。

2）当系统为具有两个以上主 CPU 的多处理器系统时，必须配上总线仲裁器 8289，用来保证系统中的各个处理器同步地进行工作，以实现总线共享。

3）在最大模式的系统中，一般还有中断优先级管理部件 8259A，用于对多个中断源进

行中断优先级管理。但如果中断源不多,也可以不用中断优先级管理部件。

2.6　8086/8088 微处理器时序

2.6.1　8086/8088 的总线周期

执行指令的一系列操作都是在时钟脉冲 CLK 的统一控制下逐步进行的,一个时钟脉冲时间称为一个时钟周期(Clock Cycle)。时钟周期由计算机的主频决定,是 CPU 的定时基准,例如,8086 的主频为 5MHz,则一个时钟为 200ns。

8086 CPU 与外部交换信息总是通过总线进行的。CPU 从存储器或外设存或取一个字节或字所需的时间称为总线周期(Bus Cycle)。一个基本的总线周期由 4 个时钟周期组成,分别称为 T_1、T_2、T_3 和 T_4。

一个总线周期完成一次数据传输,至少要有传送地址和传送数据两个过程。在第一个时钟周期 T_1 期间由 CPU 输出地址,在随后的 3 个 T 周期(T_2、T_3 和 T_4)期间用以传送数据。换言之,数据传送必须在 $T_2 \sim T_4$ 这 3 个周期内完成,否则在 T_4 周期后总线将进行另一次操作,开始下一个总线周期。

在实际应用中,当一些慢速设备在 3 个 T 周期内无法完成数据读/写时,在 T_4 后总线就不能为它们所用,这会造成系统读/写出错。为此,在总线周期中允许插入等待周期 T_w。当被选中进行数据读/写的存储器或外设无法在 3 个 T 周期内完成数据读/写时,就由其发出一个请求延长总线周期的信号到 8086 CPU 的 READY 引脚,8086 CPU 收到该请求后,就在 T_3 与 T_4 之间插入一个等待周期 T_w,加入 T_w 的个数与外部请求信号的持续时间长短有关,T_w 也以时钟周期 T 为单位,在 T_w 期间,总线上的状态一直保持不变。

如果在一个总线周期后不立即执行下一个总线周期,即总线上无数据传输操作,系统总线处于空闲状态,则这时执行空闲周期 T_i,T_i 也以时钟周期 T 为单位,两个总线周期之间插入几个 T_i 与 8086 CPU 执行的指令有关。例如,在执行一条乘法指令时,需用 124 个时钟周期,而其中可能使用总线的时间极少,而且预取队列的充填也不用太多的时间,加入的 T_i 可能达到 100 多个。总线周期时序如图 2-13 所示。

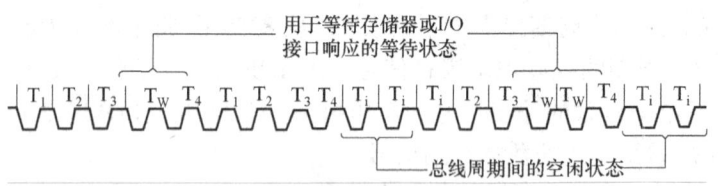

图 2-13　总线周期

一条指令的执行包括取指令、分析指令和执行指令。一条指令从开始取指令到最后执行完毕所需的时间称为一个指令周期。不同的指令因其操作性质不同,执行时间的长短可能不同,所以指令周期也就不同。一个指令周期由一个或若干个总线周期组成。

CPU 执行某一个程序之前,要先把编译后的目标程序放到存储器的某个区域。在启动执行后,CPU 发出读指令的命令;存储器接到这个命令后,根据代码段寄存器 CS 和指令指针 IP 指定的地址,把它送至 CPU 的指令寄存器中;CPU 对读出指令经过译码器分析之后,发出一系列控制信号,以执行指令规定的全部操作,控制各种信息在系统各部件之间传送。

2.6.2 系统的复位及启动

8086 CPU 的 RESET 引脚用来启动或再启动系统。当 8086 在 RESET 引脚上检测到一个脉冲的上升沿时，它将停止正在进行的所有操作，处于初始化状态，直到 RESET 信号变低。

因此，通过在 CPU 的 RESET 引脚上加正脉冲，可完成系统的启动和再启动。8086 CPU 要求加在 RESET 引脚上的复位正脉冲信号宽度至少为 4 个时钟周期，如果是初次加电启动，则要求宽度不少于 507μs。其时序如图 2-14 所示。

当外部的复位信号到来时，经 8284 同步，在 RESET 输入信号到来后的 CLK 第一个上升沿形成内部 RESET 信号送给 CPU，CPU 就进入内部 RESET 过程。到本次时钟周期的下降沿，所有的三态输出线都被设置为无效状态，再到下一个时钟周期的上升沿，所有的三态输出线都被设置为高阻状态，直到 RESET 信号回复低电平。

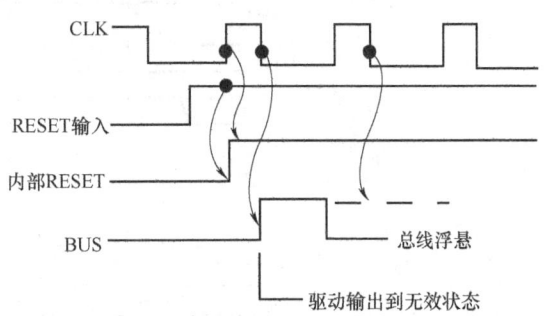

图 2-14 复位操作时序

三态输出线包括 $AD_{15} \sim AD_0$、$A_{19}/S_6 \sim A_{16}/S_3$、$\overline{BHE}/S_7$、$M/\overline{IO}$（$S_2$）、$DT/\overline{R}$（$S_1$）、$\overline{DEN}$（$S_0$）、$\overline{WR}$（$\overline{LOCK}$）、$\overline{RD}$ 和 $\overline{INTA}$。其他输出线包括最小模式时的 ALE、HLDA 及最大模式时的 RQ/DT，QS_1、QS_0 只被设置为无效，而不设置高阻。

8086 CPU 复位时，结束原有的操作和状态，维持在复位状态，各内部寄存器及指令队列被设置为初始值，复位时 CPU 的初始化状态见表 2-7。

表 2-7 复位时 CPU 的初始化状态

寄存器	内容	寄存器	内容
标志寄存器	清零	堆栈段寄存器 SS	0000H
指令指针寄存器 IP	0000H	ES 附加	0000H
代码段寄存器 CS	FFFFH	指令队列	空
数据段寄存器 DS	0000H	其他寄存器	0000H

由表 2-7 可以看出，CPU 复位时，代码段寄存器 CS 被初始化为 FFFFH，而指令指针寄存器被初始化为 0000H，所以当 CPU 复位完成，再重新启动时，就会从主存地址为 FFFF0H 的地方开始执行指令。通常在这个地址单元存放着一条无条件转移指令，将程序转移到系统程序的入口处。这样，一旦系统复位或重新启动，就会重新引导系统程序。

复位信号 RESET 从高到低的跳变会触发 CPU 内部的一个复位逻辑电路，经过 7 个时钟周期后，CPU 就被重新启动而恢复正常工作。

2.6.3 8086 最小模式下的总线操作

1. 读/写总线周期

读/写总线周期指 CPU 通过外部总线完成从存储器或外设端口读/写一次数据所需要的时钟周期数。8086 CPU 读/写总线周期时序如图 2-15 所示。

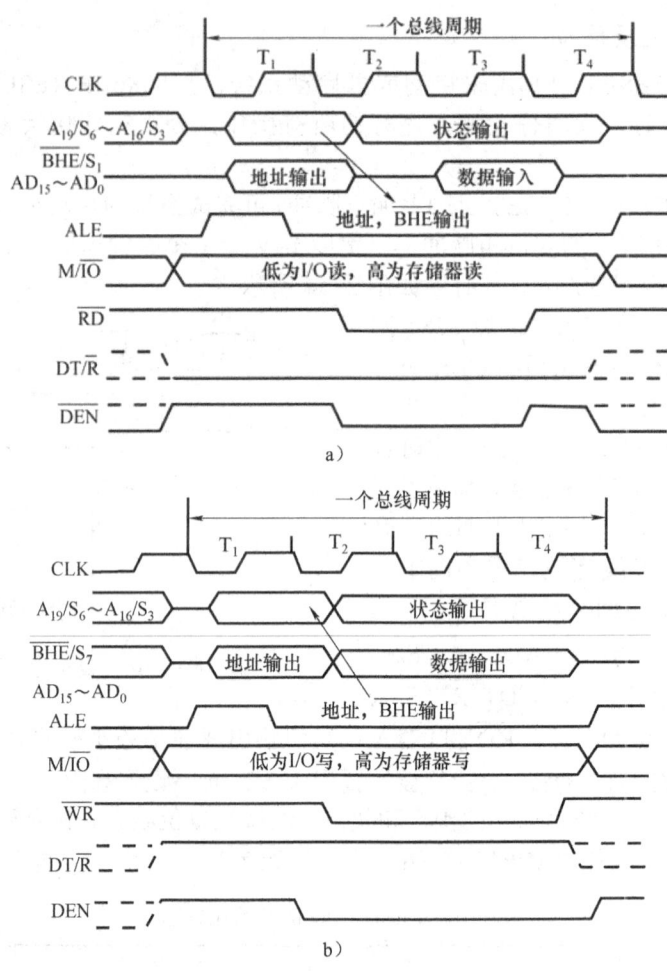

图 2-15 最小模式系统总线读/写操作时序
a) 读总线周期 b) 写总线周期

各状态所完成的操作描述如下。

(1) T_1 状态

M/$\overline{IO}$ 信号在 T_1 状态变为有效。若为高电平,则表明是从存储器读取;若为低电平,则表明是从 I/O 端口读取。并且这个有效电平一直持续到本次总线周期结束,即 T_4 状态。同时,CPU 在 T_1 状态通过 $A_{19}/S_6 \sim A_{16}/S_3$ 和 $AD_{15} \sim AD_0$ 发出访问外设的地址信息或访问存储器的 20 位地址信息。由于允许高 8 位数据传送/状态复用引脚 $\overline{BHE}/S_7$ 也参与地址选择,因此在 T_1 状态,CPU 输出 $\overline{BHE}$ 有效信号。

总线上的地址信息在 T_1 状态结束之前必须进行锁存,地址锁存器将 ALE 作为它的锁存允许信号,所以在 T_1 状态,CPU 发出一个 ALE 正脉冲信号,地址锁存器利用 ALE 的下降沿锁存地址信息。

如果系统中接有数据总线收发器,就要用到 DT/$\overline{R}$ 和 $\overline{DEN}$ 控制信号,$\overline{DEN}$ 用来选通收发器,而 DT/$\overline{R}$ 用来决定收发器的数据传送方向。在 T_1 状态,DT/$\overline{R}$ 变为低电平有效,表明本次总线周期让数据总线收发器接收数据;否则,由数据总线收发器发送数据。

(2) T_2 状态

总线上撤销地址信息 $A_{19}/S_6 \sim A_{16}/S_3$,引脚输出状态信息 $S_6 \sim S_3$。$AD_{15} \sim AD_0$ 呈高阻态,为传送数据做准备。若进行读操作,则 CPU 在 T_2 状态输出 $\overline{RD}$ 低电平有效信号,否则,进行写操作,CPU 在 T_2 状态输出 $\overline{WR}$ 低电平有效信号,并立即往数据总线 $AD_{15} \sim AD_0$ 上发出向外设或存储器写入的数据。$\overline{DEN}$ 信号也在 T_2 状态变为低电平有效状态,选通总线收发器工作。

(3) T_3 状态

CPU 继续提供状态信息,并维持 $\overline{RD}$ 或 $\overline{WR}$、$M/\overline{IO}$、$DT/\overline{R}$ 及 $\overline{DEN}$ 为有效电平。如果外设或存储器速度较快,则应在 T_3 状态往数据总线 $AD_{15} \sim AD_0$ 上送入 CPU 读取的数据信息。

(4) T_W 状态

如果所用外设或存储器速度较慢,不能配合 CPU 的工作,就要利用系统中专门设置的 READY 电路在 T_3 状态后生成 READY 信号,并经 8284 系统时钟电路同步后加到 CPU 的 READY 引脚上,从而使 CPU 能在 T_3 和 T_4 间插入一个或几个 T_W 等待状态。CPU 在 T_3 状态开始时采样 READY 信号,若为低电平,则表明外设或存储器没有准备好,那么,就在 T_3 后插入一个或多个 T_W 状态,而且在每个 T_W 状态的上升沿,CPU 都将检测 READY 信号,直到检测到 READY 高电平信号后,才结束 T_W 状态。在最后一个 T_W 状态中,CPU 读取的数据信息已经稳定在数据总线上。

(5) T_4 状态

若为读总线周期,则在 T_4 状态和前一个状态交界的下降沿处,CPU 读入已经稳定出现在数据总线上的数据,各控制信号和状态信号变为无效,DEN 信号进入高电平,关闭总线收发器 8288;若为写周期,则 CPU 认为外设或存储器已取走了数据,从而撤销数据信息。

2. 总线保持

在最小模式系统中,如果 CPU 以外的其他模块(如 DMA 控制器)需要占用总线,就会向 CPU 提出请求。CPU 接收到请求后,如果同意让出总线使用权,就会向请求模块发出响应信号,由请求模块占用总线,请求模块使用完总线后再将总线控制权还给 CPU,这一过程称为总线保持。8086 CPU 为此专门设置了一组控制线 HOLD 和 HLDA。

CPU 在每个时钟的上升沿处都会检测 HOLD 信号。如果检测到高电平,就表明有模块提出总线保持请求,如果此时 CPU 允许响应,就会在本次总线周期的 T_4 周期或空闲周期 T_i 的下一个时钟周期发出 HLDA 响应信号,并使所有三态输出线都变为高阻状态(包括地址/数据线、地址/状态线及控制线 $\overline{RD}$、$\overline{WR}$、$\overline{INTA}$、$M/\overline{IO}$、$\overline{DEN}$、$DT/\overline{R}$),让出总线控制权,进入总线保持阶段。直到该模块使用完总线,使 HOLD 恢复低电平状态,CPU 随之将 HLDA 也变为低电平,才又收回总线控制权,其时序如图 2-16 所示。

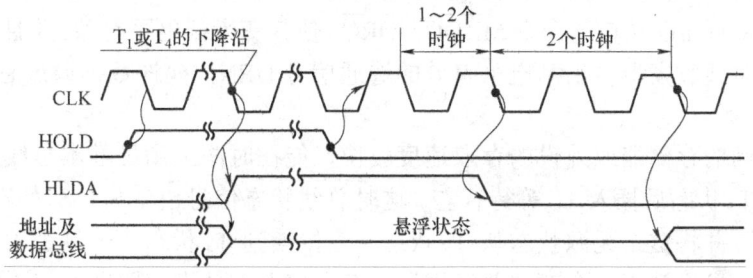

图 2-16 最小模式系统中总线保持请求与响应时序

在总线保持期间，CPU 继续执行已取到指令队列中的指令（与 DMA 并行操作），直到指令需要使用总线或指令队列为空为止。

2.6.4 8086 最大模式下的总线操作

在最大模式系统中，8086 CPU 所有对总线进行读/写操作的控制信号和命令信号都由总线控制器 8288 提供。

1. 读总线周期

最大模式系统读总线周期时序如图 2-17 所示。

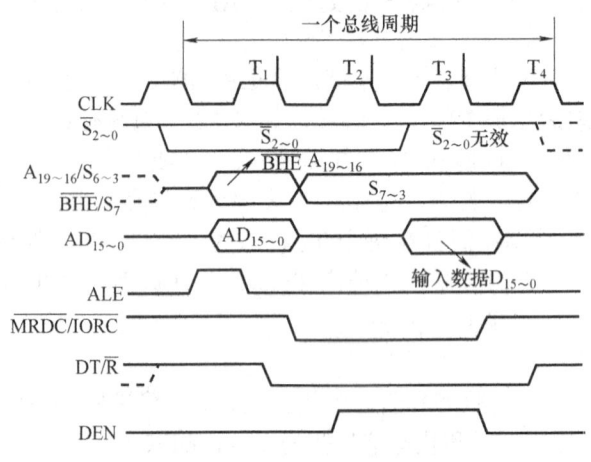

图 2-17 最大模式系统读总线周期时序

在总线读周期中，8288 提供的总线操作命令信号有：ALE，地址锁存器允许信号；DT/$\overline{R}$、DEN，数据总线收发器控制信号，其中，DEN 为高电平有效；$\overline{MRDC}$，存储器读命令；$\overline{IORC}$，I/O 端口读命令。8288 对存储器和 I/O 端口的数据读取用两个不同的命令加以区别，不同于最小工作模式的用 M/$\overline{IO}$ 的不同状态区分。

各状态所完成的操作描述如下：

（1）T_1 状态

CPU 送出 20 位地址信息；从 $\overline{BHE}$/S_7 引脚送出 $\overline{BHE}$ 低电平有效信号。8288 送出 ALE 地址锁存允许的正脉冲信号；提供给数据总线收发器方向控制信号 DT/$\overline{R}$，使其为低电平有效。

（2）T_2 状态

CPU 撤销地址信息，使地址/数据线成为高阻状态，为数据传输做准备。而 $\overline{BHE}$/S_7 和地址/状态线送出总线状态信息 $S_6\sim S_3$，并将该状态信息保持到 T_4 状态。8288 在 T_2 状态期间送出存储器或 I/O 端口读命令 $\overline{MRDC}$/$\overline{IORC}$，使其变为低电平有效，并且 8288 还在 T_2 上升沿给数据总线收发器发出高电平有效的选通信号 DEN，允许数据通过总线收发器。

（3）T_3 状态

如果所访问的存储器或外设的存取速度较快，能在时序上满足基本总线周期的时序要求，就不必在 T_3 状态后插入 T_W 等待状态。这时总线状态信息 $\overline{S_2}$、$\overline{S_1}$、$\overline{S_0}$ 都转变为高电平，进入无源状态，并将这个无源状态从 T_3 状态一直持续到 T_4 状态。一旦进入无源状态，就意味着不久就可以启动下一个新的总线周期。若存储器或外设存取速度较慢，不能满足定时要求，则与最小模式系统一样，要在 T_3 与 T_4 之间插入一个或几个 T_w 状态。

（4）T_4 状态

总线上的数据信息消失，状态信号 $S_7 \sim S_3$ 变为高阻。$\overline{S_2}$、$\overline{S_1}$、$\overline{S_0}$ 则按下一个总线周期的操作类型，产生相应的电平变化。

2. 写总线周期

最大模式系统写总线周期时序如图 2-18 所示。在总线写周期中，8288 提供的总线操作命令信号有：ALE 为地址锁存器允许信号；DT/$\overline{R}$、DEN 为数据总线收发器控制信号，其中，DEN 为高电平有效；$\overline{MWTC}$ 为存储器写命令；$\overline{IOWC}$ 为 I/O 端口写命令。8288 提供的存储器写命令和 I/O 端口写命令比 8086 CPU 的 $\overline{WR}$ 命令晚一个时钟周期，因为要保证 CPU 输出的数据稳定出现在数据总线上后，8288 才可以发出存储器或 I/O 端口写命令。当 $\overline{MWTC}$ 或 $\overline{IOWC}$ 不能满足定时要求时，可使用 8288 提供的另两个写命令 $\overline{AMWC}$ 和 $\overline{AIOWC}$，AMWC 为超前写存储器命令，AIOWC 为超前写 I/O 端口命令，它们比 $\overline{MWTC}$ 和 $\overline{IOWC}$ 提前一个时钟周期，但当 $\overline{AMWC}$ 或 $\overline{AIOWC}$ 出现时，不能保证总线上出现稳定数据信息。其操作过程与读周期相似，这里不再赘述。

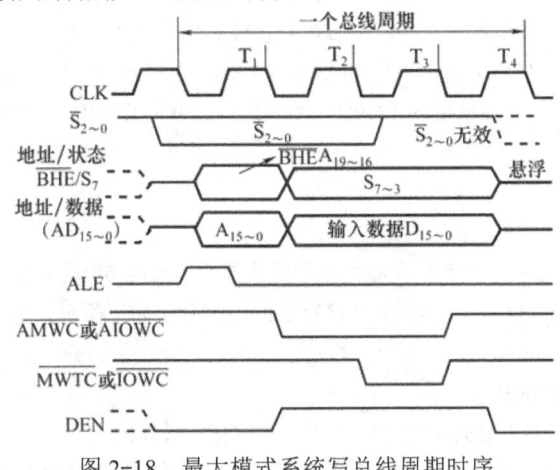

图 2-18 最大模式系统写总线周期时序

3. 总线保持

8086、8087 和 8089 都设有两个双重功能引脚 $\overline{RQ}/\overline{GT_1}$ 和 $\overline{RQ}/\overline{GT_0}$，其中的任一个都既可用来传送总线保持请求，也可发总线保持响应信号和总线释放脉冲。但 $\overline{RQ}/\overline{GT_0}$ 的优先级高于 $\overline{RQ}/\overline{GT_1}$。

CPU 在每个时钟周期的上升沿检测 $\overline{RQ}/\overline{GT_1}$ 和 $\overline{RQ}/\overline{GT_0}$ 引脚，若采样到其中一个有 $\overline{RQ}$ 低电平有效信号，就表明有处理器提出总线保持请求。若 CPU 满足响应条件，就会在本次总线周期的 T_4 状态或空闲周期 T_i 的下降沿利用同一引脚发出授予信号，从而使 $\overline{GT}$ 低电平有效，并使系统总线处于高阻状态，CPU 让出总线控制权，处于保持状态。同样，交出总线使用权的 CPU 仍将继续执行指令队列中已经预取的指令，直至遇到存取总线的指令或指令队列为空为止。请求使用总线的处理器使用完总线后，又利用同一 $\overline{RQ}/\overline{GT}$ 引脚向 CPU 发出负脉冲（释放脉冲），将总线控制权交还给 CPU。CPU 检测到释放脉冲后，又可控制对总线的操作。其中，从总线请求产生（$\overline{RQ}$ 有效）到获得总线授予信号（$\overline{GT}$ 有效）之间的时间延迟范围可以是 3～39 个时钟周期。最大模式系统中总线保持与响应时序如图 2-19 所示。

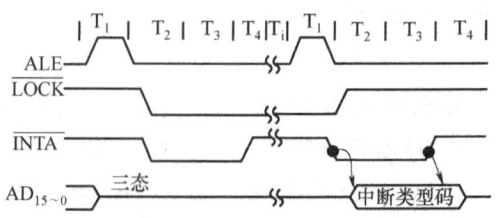

图 2-19 最大模式系统总线保持与响应时序

课后习题

1. 什么是指令周期？什么是总线周期？一个总线周期包括几个时钟周期？
2. 8086 CPU 中有哪些通用寄存器和专用寄存器？说明它们的作用。
3. 8086 CPU 中，标志寄存器包含哪些标志位？各标志位为 "0" 为 "1" 分别表示什么含义？
4. 设（AX）=2345H，（DX）=5219H，请指出两数据相加相减后，标志寄存器中标志位的状态。
5. 系统有一个堆栈区，其地址值为 1250H：00001～1250H：0100H，（SP）=0052H。请问：

（1）栈顶地址的值。

（2）栈底地址的值。

（3）堆栈段寄存器 SS 中段地址是多少？

（4）若把数据 2453H 存入，在堆栈存储区是怎样放置的，此时 SP 是多少？

6. 在 8086CPU 中，已知 CS 寄存器和 IP 寄存器的内容分别如下所示，请确定其物理地址。

（1）CS=1000H　IP=2000H

（2）CS=1234H　IP=0C00H

7. 8086 在最小模式和最大模式下的总线读和写周期有什么异同点？
8. 8086 CPU 在最小模式下构成计算机系统至少应该包括哪几个基本的组成部分？

第 3 章 8086/8088 指令系统

指令系统是汇编语言程序设计的基础,在微处理器设计中,所采用的各种先进技术最终会体现在通过性能优越的指令系统运行各种程序来有效实现更多、更强的功能。指令系统中所设计的每一条指令都对应着微处理器要完成的一种规定的功能操作。16 位微处理器 8086 的指令系统设计得非常成功,32 位微处理器的指令系统是在它的基础上扩展而成的,而且它们兼容了低档微处理器的全部指令。本章以 16 位微处理器 8086/8088 为对象,介绍微处理器指令系统中的指令格式、寻址方式、指令类型、指令的功能与应用。

3.1 8086/8088 的指令格式

计算机程序是由计算机所能识别的、按一定顺序排列的许多基本操作命令组成的,或者说,计算机程序是以实现某些功能为目的的一系列指令的有序集合;其中的指令指的是计算机能够识别和执行的指挥计算机进行操作的命令;而指令系统指的就是计算机所能执行的全部指令的集合。

计算机的指令有两种表示方法:机器码和助记符。机器码也称指令码,是机器能够直接识别、接受的指令形式,但不便于记忆,程序人员使用不方便。助记符则相反,有利于记忆和理解,方便程序编写,但运行前需要转换为机器码。

3.1.1 指令的助记符格式

8086/8088 汇编语言指令的助记符格式由标号、前缀及助记符、操作数和注释等 4 部分组成,而以括号表示的部分是可选项,可以省略。其汇编语言指令的格式为:

[标号:][前缀]助记符[操作数][;注释]

1. 标号

标号即指令语句的标识符,也可理解为给该指令所在地址取的名字(又称符号地址)。标号可由字母(英文 26 个大小写字母)、数字(0~9)及一些特殊符号(@,-,?)组成,但第一个字符只能是字母,"?"不能单独作标识符,且字符总数不得超过 31 个。在标号的字符中间可插入空格或连接符。对于指令语句,标号与后面的助记符之间必须用冒号分隔开。一般来说,跳转指令的目标语句或子程序的首语句必须设置标号。

2. 前缀及助记符

指令码由操作码和操作数组成。前缀及助记符是指令的操作码,用来指示指令语句的操作类型和功能。助记符因通常用一些意义相近的英文缩写来表示可帮助记忆而得名。所有的指令语句都必须有操作码,这是不可缺少的。在一些特殊指令中,有时在助记符前面加前缀,前缀与助记符配合使用,用以实现某些附加操作。

3. 操作数

指令的操作数即参与操作的数据。不同的指令对操作数的要求有所不同,有的指令不带任何操作数，有的指令要求带一个、两个或三个操作数。参数的个数取决于指令操作码，若指令中有两个操作数，中间必须用逗号分隔开，并称逗号左边的操作数为目的操作数，逗号右边的操作数为源操作数。操作数与助记符之间必须以空格分隔。例如：

该指令的功能是把[BX]表示的源操作数传送（MOV）到 AX 目的操作数中。

4. 注释

注释是对有关指令语句及程序功能的标注和说明，用以增加程序的可读性。既可采用英文注释，也可用中文注释。注释不影响程序的执行，也并非所有的语句都要加注释。注释与操作数之间用分号分隔，即用分号作为注释的开始。

3.1.2 指令的机器码格式

指令机器码格式通常包含操作码和操作数两部分，操作码表示计算机执行什么操作，是数据传送还是算术/逻辑操作等。操作数指明了参与操作的数的本身，或规定了操作数的地址。

图 3-1 中给出了 8086 指令机器码的一般形式。其指令由 1~6 个字节组成，它由操作码、寻址方式以及操作数组成，除操作码字节外，其余均属可选字节。

| 操作码字节 | 寻址方式字节 | 位移量字节（1~2） | 立即数字节（1~2） |

图 3-1 8086 CPU 指令编码的一般形式

1. 操作码字节

操作码字节是指令的第一字节，规定指令的操作类型，是指令的必选字节，字节内容如下：

| D_7 D_6 D_5 D_4 D_3 D_2 | D_1 | D_0 |
| OP | D | W |

OP：表示指令操作码，D_2~D_7 位可表示 64 种不同的操作码。

D：表示指令中数据传送的方向，如果 D=0，则寻址方式字节中的 REG 域指定的寄存器用作源操作数；若 D=1，则由 REG 域指定的寄存器为目的操作数。

W：表示操作数类型，若 W=0，指令中两个操作数均是 8 位数，指令按字节进行操作；若 W=1，则为 16 位数，指令按字进行操作，详见表 3-1 和表 3-2。

2. 寻址方式字节

寻址方式字节是指令的第二字节，规定操作数的寻址方式，是指令的可选字节，字节内容如下：

| D_7 D_6 | D_5 D_4 D_3 | D_2 D_1 D_0 |
| MOD | REG | R/M |

MOD：表示方式域，D_7、D_6 位可表示 4 种不同的方式。MOD 值与方式之间的对应关系详见表 3-1。

REG：表示寄存器域，D_5、D_4、D_3 位可表示 8 种不同的寄存器，REG 值与寄存器之间的对应关系详见表 3-2。

R/M：表示寄存器/存储器域，D_2、D_1、D_0 位可表示 8 种不同的寄存器/存储器，R/M 与方式 MOD 的组合可以确定另一个操作数的寻址方式，可产生 32 种具体的寻址操作，对应关系详见表 3-3。

表 3-1　MOD 值与方式之间的对应关系

MOD	方　式
00	存储器编址，没有偏移量
01	存储器编址，有 8 位偏移量
10	存储器编址，有 16 位偏移量
11	寄存器编址，没有偏移量

表 3-2　REG 值与寄存器之间的对应关系

REG	W=1（字操作）	W=0（字节操作）
000	AX	AL
001	CX	CL
010	DX	DL
011	BX	BL
100	SP	AH
101	BP	CH
110	SI	DH
111	DI	BH

表 3-3　MOD 与 R/M 域所组合的寻址方式

R/M MOD	存储器寻址			寄存器寻址	
	逻辑地址的计算公式			W=0	W=1
	MOD=00B	MOD=01B	MOD=10B	MOD=11B	
000	DS：[BX+SI]	DS：[BX+SI+disp8]	DS：[BX+SI+disp16]	AL	AX
001	DS：[BX+DI]	DS：[BX+DI+disp8]	DS：[BX+DI+disp16]	CL	CX
010	SS：[BP+SI]	SS：[BP+SI+disp8]	SS：[BP+SI+disp16]	DL	DX
011	SS：[BP+DI]	SS：[BP+DI+disp8]	SS：[BP+DI+disp16]	BL	BX
100	DS：[SI]	DS：[SI+disp8]	DS：[SI+disp16]	AH	SP
101	DS：[DI]	DS：[DI+disp8]	DS：[DI+disp16]	CH	BP
110	DS：[disp16]	DS：[disp16+disp8]	DS：[disp16+disp16]	DH	SI
111	DS：[BX]	DS：[BX+disp8]	DS：[BX+disp16]	BH	DI

3．位移量字节

位移量字节是指令的第三、四字节，属于指令的可选字节，给出了存储器操作数的位移量。表 3-3 中的 disp8、disp16 分别是 8 位或 16 位的位移量，当不给定位移量时，就不需要第三、四字节；当给定 8 位位移量时，只有第三字节；当给定 16 位位移量时，就需要第三、四字节。

4．立即数字节

立即数字节是指令的可选字节，给出了指令的立即数。当有位移量字节时，它位于其后，否则位于指令的第三、四字节，同样有 8 位和 16 位之分，即占据 1B 或 2B。

8086 指令编码格式的类型如图 3-2 所示。

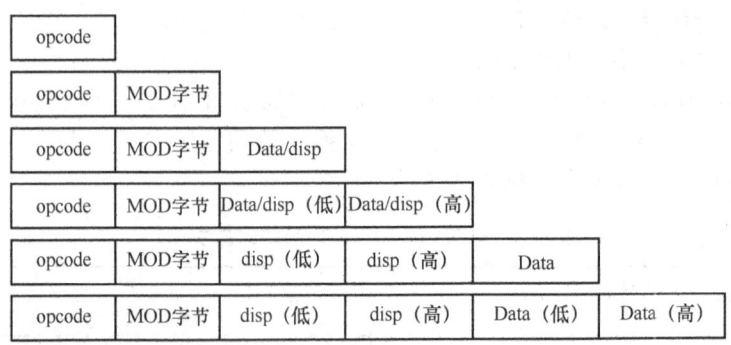

图 3-2 8086 不同字长的指令格式类型

操作数可以放在寄存器中，也可以放在内存或 I/O 端口中，还可以放在指令字节中。通常将指令执行过程中保持原值不变的操作数称为源操作数；若操作数原值不保留，而将存放此操作数的地址用来存放运行结果值，则称此操作数为目的操作数。

3.2 8086/8088 的寻址方式

寻址方式就是寻找指令或操作数存放地址的方法。涉及寻址方式的情况有两种：一种是用来对操作数进行寻址，另一种是用来对转移地址或调用地址进行寻址，即对指令地址进行寻址。

3.2.1 操作数的寻址方式

在 8086 CPU 中，指令的操作数存放位置有下列 4 种：

1）操作数直接包含在指令字节中。即指令格式含有的操作数部分就是操作数本身，这种寻址方式称为立即寻址，该操作数就称为立即数。

2）操作数存放在 CPU 的某个内部寄存器中。此时指令格式含有的操作数部分是 CPU 内部寄存器的一个编码，这种寻址方式称为寄存器寻址。

3）操作数在内存的数据区中。处理器可根据指令字节中给出的地址信息求出存放操作数的内存地址（有效地址 EA），这种寻址方式称为存储器寻址。

4）操作数存放在 I/O 端口中，这是一种特殊的 I/O 端口寻址。

1. 立即寻址

特点：操作数就在指令中，跟在操作码后面，称为立即数。当立即数寻址时，只允许源操作数为立即数，目的操作数必须是寄存器或存储器，其功能是给寄存器或存储单元赋值。

执行过程中，CPU 不必执行总线周期，所以立即数寻址的显著特点是指令执行速度快，但立即数只能是整数。对于 16 位立即数，当作为指令码一部分存入程序存储区时，立即数低 8 位字节应紧跟在操作码之后，然后才是立即数的高 8 位字节。

例如：

MOV　AL，0AH　　　；AX←0AH
MOV　AX，0204H　　；AX←0204H

这两条指令的指令码在内存中的存放格式及指令执行过程如图 3-3 所示。

第3章 8086/8088 指令系统

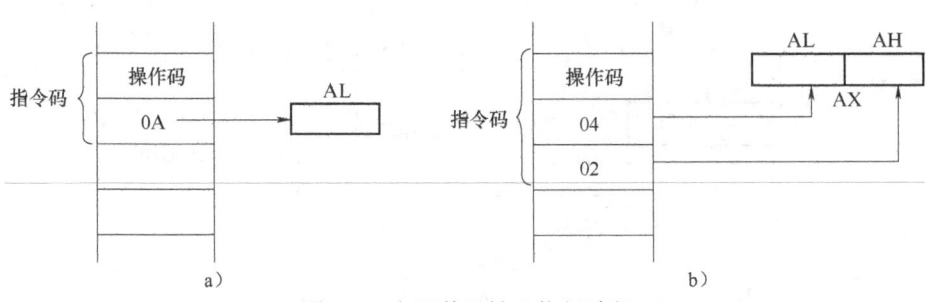

图 3-3 立即数寻址及执行过程
a) MOV AL, 0AH b) MOV AX, 0204H

2. 寄存器寻址

特点：指令中所需的操作数在 CPU 内部的某个寄存器中。对 16 位操作数来说使用的寄存器可以是 AX、BX、CX、DX、SI、DI、SP、BP、CS、DS、SS 和 ES 寄存器之一。而对 8 位操作数来说，寄存器可为 AH、AL、BH、BL、CH、CL、DH 和 DL 寄存器之一。

采用寄存器寻址方式不但可以减少指令码的长度，而且由于操作数已存于寄存器中，执行速度较快。寄存器寻址方式常用于 CPU 内部传送数据。寄存器既能作为源操作数，又能作为目的操作数，但 CS 寄存器只能用作源操作数不能用作目的操作数。

例如：

MOV　　AX, CX　　; AX←CX

该指令的寻址及执行过程如图 3-4 所示。

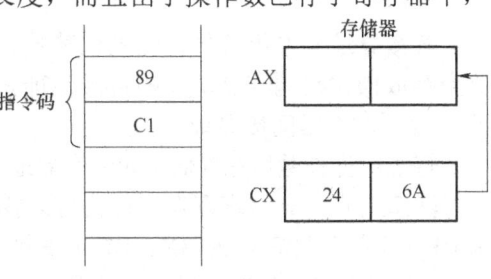

图 3-4 寄存器寻址及执行过程

3. 存储器寻址

操作数在内存的数据区中。指令给出了操作数在数据区中的地址信息，处理器据此求出存放操作数的有效地址 EA。根据有效地址 EA 的不同给出方式，可分为以下五种不同的存储器寻址方式：

（1）直接寻址

特点：操作数一般存放在存储单元中，而操作数的有效地址 EA 由指令直接给出。存放操作数的存储单元其实际物理地址是由段寄存器内容和指令码中直接给出的有效地址之和形成的。如果指令前面没有用前缀指令指明操作数在哪一段，则通常默认的段寄存器是数据段寄存器 DS。

物理地址 =（DS）×16＋EA

例如：

MOV　　AX, [7834H]　　; AX←（DS：7834H）

在汇编语言中，带方括号"[]"的操作数表示存储器操作数，括号中的内容作为存储单元的有效地址 EA；注释中的 DS:7834H 表示内存单元地址；（DS:7834H）表示地址是 DS:7834H 的内存单元的内容。存储器操作数本身并不能表明数据的类型，而需通过另一个寄存器操作数的类型或别的方式来确定。由于此例中目的操作数 AX 为字类型，源操作数也就应该与之相配合，所以，有效地址 EA=7834H，为字单元。设 DS=2000H，则物理地址=2000H×16+7834H= 27834H，即将存储器 27834H 和 27835H 两个存储单元的内容送到 AX 寄存器中。其中，AX 高位字节对应较高的地址，AX 低位字节对应较低的地址。该指令的寻址及执行过程如图 3-5 所示。

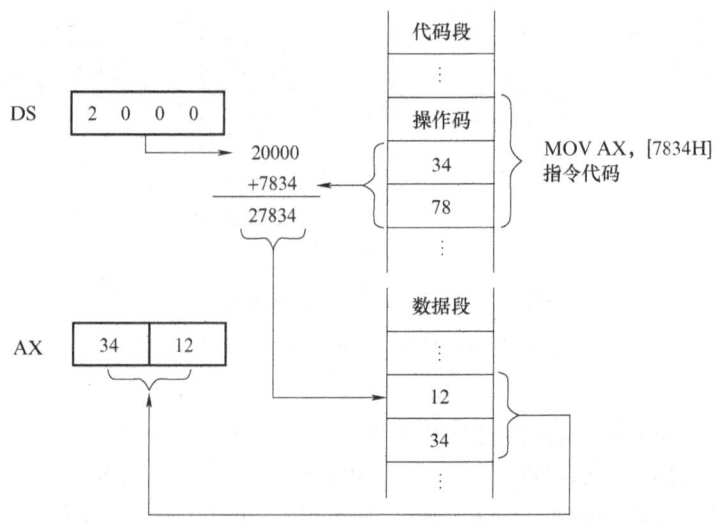

图 3-5　直接寻址及执行过程

直接寻址允许用符号地址来代替数值地址,如"MOV AX, [DATA]",其中,变量 DATA 即为存放操作数的存储单元的符号地址。

（2）寄存器间接寻址

特点：操作数所在存储单元的有效地址 EA 由 CPU 中的基址寄存器或变址寄存器给出。

注意两点：一是寄存器中的内容是操作数的有效地址,而不是操作数本身；二是只能用 CPU 中的基址寄存器 BX、BP 或变址寄存器 DI、SI 来间接寻址,不能用别的寄存器,当用 BP 来间接寻址时,其段寄存器为 SS。如果指令前面没有用前缀指令指明操作数在哪一段,则通常默认段寄存器为 DS。即：

物理地址 =（DS）×16 +（BX / SI / DI）

物理地址 =（SS）×16 +（BP）

例如：

MOV　AX, [BX]　　;AX←（DS：BX）

设 DS=1234H,BX=2468H,则该指令寻址及执行过程如图 3-6 所示。

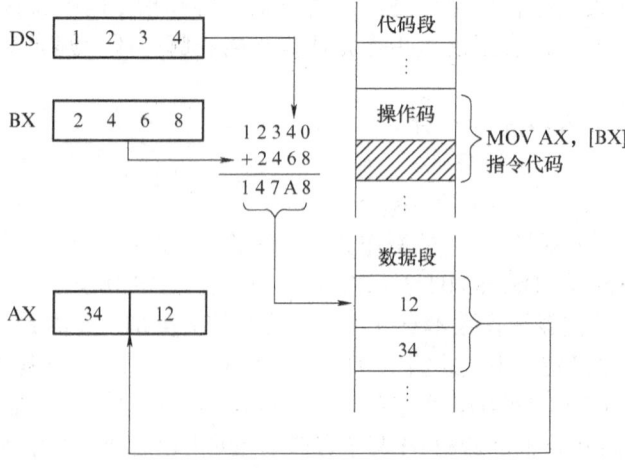

图 3-6　寄存器间接寻址及执行过程示意

（3）寄存器相对寻址

特点：操作数所在存储单元的有效地址 EA 由指令码中指定的基址寄存器或变址寄存器的内容和一个带符号的 8 位或 16 位的位移量相加之和给出。注意点与寄存器间接寻址一样。即：

物理地址 =（DS）×16 +（BX / SI / DI）+ 8/16 位位移量

物理地址 =（SS）×16 +（BP）+ 8/16 位位移量

例如：

MOV　　AX，[BX+6824H]　　；AX←（DS:BX+6824H）

该指令将 BX 中的内容再加上位移量 6824H 后作为有效地址，对该有效地址进行字的读操作，并传送到 AX 中。注意这种方式仍然是间接寻址，仅是比寄存器间接寻址多了一项位移量而已。该指令寻址及执行过程如图 3-7 所示。

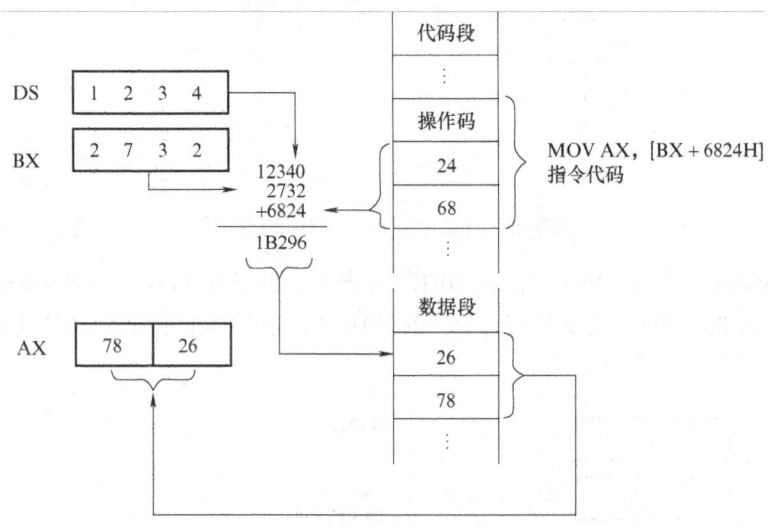

图 3-7　寄存器相对寻址及执行过程示意

（4）基址加变址寻址方式

特点：操作数所在存储单元的有效地址 EA 由一个基址寄存器和一个变址寄存器的内容之和给出。注意点与寄存器间接寻址一样。即：

物理地址 =（DS）×16 +（BX）+（SI/DI）

物理地址 =（SS）×16 +（BP）+（SI/DI）

例如：

ADD　　AX，[BX+SI]　　；AX←（DS：BX+SI）

该指令将 BX 中的内容加上 SI 中的内容作为有效地址，对该有效地址进行字的读操作，将读取结果与 AX 中的内容相加，结果传送到 AX 中。该指令寻址及执行过程如图 3-8 所示。

（5）相对的基址和变址寻址方式

特点：操作数所在存储单元的有效地址 EA 由基址寄存器内容和变址寄存器内容及一个带符号的 8 位或 16 位位移量三部分之和给出。注意点与寄存器间接寻址一样。即：

物理地址=(DS)×16+(BX)+(SI/DI)+8/16位位移量
物理地址=(SS)×16+(BP)+(SI/DI)+8/16位位移量
例如：

MOV　　AH，[BX+SI+2468H]　　；AX←（DS:BX+SI+2468H）

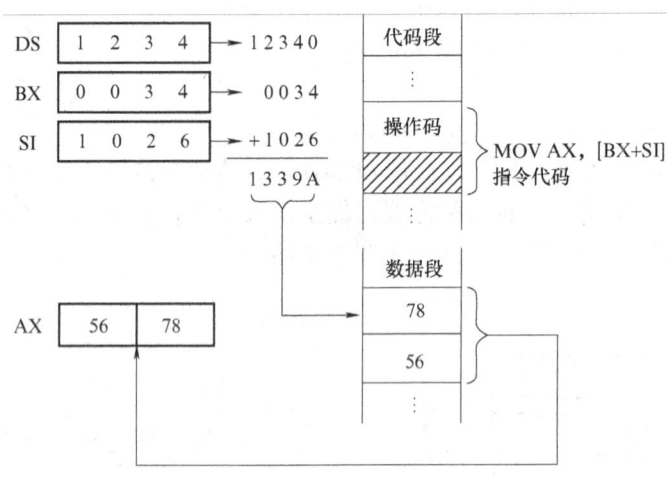

图 3-8　基址加变址及执行过程示意

若 DS=2000H，BX=0100H，SI=0110H，则此指令计算出的有效地址 EA=2678H，操作数的物理地址为 22678H，指令执行后将 22678H 单元中的内容传送至 AH 寄存器中。该指令寻址及执行过程如图 3-9 所示。

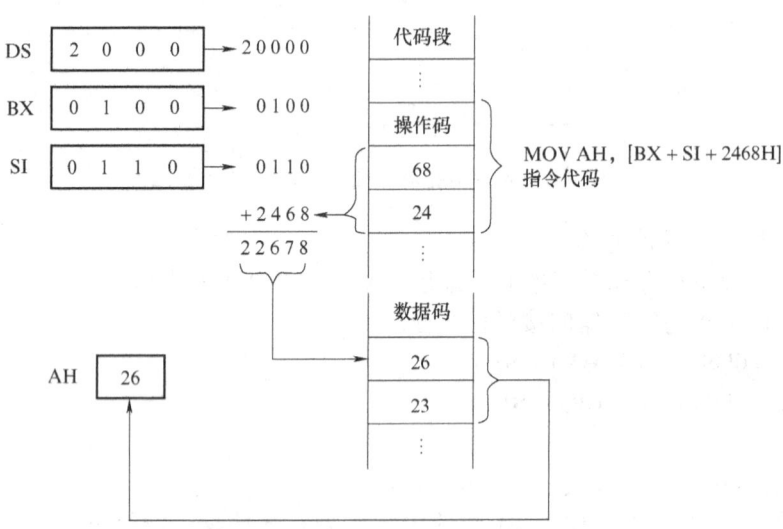

图 3-9　相对的基址和变址及执行过程示意

4. I/O 端口寻址

8086 微处理器允许使用地址总线的低 16 位 $A_{15} \sim A_0$ 来访问 I/O 端口，共有 65536（2^{16}）个，其地址范围为 0000H～0FFFFH。操作数在 I/O 端口中。指令给出了操作数在 I/O 端口中的端口地址信息，处理器据此求出存放操作数的端口地址。I/O 端口地址有两种编址方式:与存储器统一编址方式和独立的 I/O 空间编址方式。如果是与存储器统一编址方式,则 I/O 端口地址是存储器空间的一部分,上述五种存储器寻址方式均可采用。如果是独立的 I/O 空间编址方式,则对 I/O 端口有以下两种寻址方式:

(1) 直接端口寻址方式

特点:端口地址的寻址范围是 0~0FFH,端口地址直接由指令给出。

例如:

IN AL,27H

此指令表示从 I/O 地址号为 27H 的端口中读取数据送到 AL 中。注意两点:一是端口地址的寻址范围;二是操作数在指令中的表示形式,它与立即数寻址方式和直接寻址方式在指令表示形式上的区别,指令中的 27H 不是立即数,而是端口地址,但它不需要加方括号"[]"。

(2) 间接端口寻址方式

特点:端口地址的寻址范围是 0~0FFFFH,端口地址由 DX 寄存器给出。

例如:

MOV　DX,2000H

OUT　DX,AL

此指令表示将 AL 中的内容输出到地址由 DX 寄存器内容所指定的端口中。注意两点:一是使用专用寄存器 DX,不能使用其他寄存器;二是操作数在指令中的表示形式,指令中 DX 不是寄存器寻址,而是寄存器间接寻址,但它也不需要加方括号"[]"。

3.2.2　指令地址的寻址方式

由 CPU 结构学习可知,通常程序的执行是由代码段寄存器 CS 和指令指针 IP 的内容所决定的。所以在正常情况下,每当 BIU 完成一条指令的取指周期后,就能自动改变指令指针 IP 的内容以指向下一条指令的地址。使程序按预先存放在程序存储器中的指令的次序,由低地址到高地址读取指令顺序执行。若遇到转移指令或调用指令时,就需要修改 IP 内容或同时修改 CS 的内容,从而将程序转移到指令所规定的转移地址。指令地址的寻址方式就是找出程序转移的地址号,而不是操作数。转移地址可以在段内,也可以在段外。这类寻址方式共有以下 4 种:

(1) 段内直接寻址方式

特点:转向的有效地址是当前 IP 内容和指令指定的 8 位或 16 位位移量之和。当位移量是 8 位时,称为短程转移,经常在转向的符号地址前加操作符 SHORT;当位移量是 16 位时,称为近程转移,经常在转向的符号地址前加操作符 NEAR PTR。

例如:

JMP　SHORT LOOP1

JMP　NEAR PTR LOOP2

其中,LOOP1 和 LOOP2 均为程序转向的符号地址。

(2) 段内间接寻址方式

特点:转向的有效地址存放在寄存器或存储单元中。指令执行时,可用寄存器或存储单元中的内容去更新指令指针 IP 的值,从而正确地实现程序转移。

例如:

JMP　BX

以上两种寻址方式均为段内寻址。由于转向的目标地址与跳转指令在同一个代码段中，所以无须修改 CS 的内容，仅需修改指令指针 IP 的内容，根据指令的寻址方式求得转向的有效地址 EA，并送到 IP 寄存器即可。转向的物理地址计算公式为：

物理地址 =（CS）×16 + IP

（3）段间直接寻址方式

特点：在跳转指令中直接给出了转向的段基址和偏移地址，16 位的段基址用来更新 CS，16 位的偏移地址用来更新 IP，从而完成从一个段到另一段的转移。在这种寻址方式的指令中，常在转向的符号地址前加上操作符 FAR PTR。

例如：

JMP   FAR PTR LOOP3   ；LOOP3 为转向的符号地址

（4）段间间接寻址方式

特点：由指令寻址方式确定的连续两个字的内容来取代 IP 和 CS 寄存器中的原有内容。低位字单元中的 16 位数据作为转向的偏移地址用以取代 IP 的内容，高位字单元中的 16 位数据作为段基址用以取代 CS，从而实现段间程序转移。

以上两种寻址方式均为段间寻址。由于跳转指令和转向地址分别处在两个不同的代码段，所以，既需要修改 IP 的内容，又需要修改 CS 的内容，才能实现段间转移。

3.3 8086/8088 的指令系统

指令对于汇编语言而言，如同人们说话和写作时使用的文字与必须遵循的语法。掌握好指令的功能及其格式，是进行汇编程序设计的基础。

8086 CPU 指令系统包含有 133 条基本指令，按功能可分为如下 6 类指令：

① 数据传送类指令。
② 算术运算类指令。
③ 逻辑运算与移位类指令。
④ 串操作类指令。
⑤ 控制转移类指令。
⑥ 处理器控制类指令。

为了表示方便，约定了一些符号，见表 3-4。

表 3-4 符号约定及含义

符号	含义
i8	一个 8 位的立即数
i16	一个 16 位的立即数
imm	一个 8 位或 16 位的立即数
r8	一个 8 位的通用寄存器：AH、AL、BH、BL、CH、CL、DH、DL
r16	一个 16 位的通用寄存器：AX、BX、CX、DX、BP、SP、SI、DI
reg	一个 8 位或 16 位的通用寄存器
seg	一个段寄存器：DS、ES、SS、CS
m8	一个 8 位的存储器操作数（包括所有的内存寻址方式）
m16	一个 16 位的存储器操作数（包括所有的内存寻址方式）
mem	一个 8 位或 16 位的存储器操作数（包括所有的内存寻址方式）

(续)

符 号	含 义
m32	一个 32 位的存储器操作数(包括所有的内存寻址方式)
dest	目的操作数
src	源操作数
port	I/O 端口号
disp	位移量

3.3.1 数据传送类指令

数据传送类指令用于实现 CPU 内部寄存器之间、CPU 与存储器之间、CPU 与 I/O 端口之间的字节或字的传送。它分为四类,每一类又包含若干条指令,数据传送类指令归纳为表 3-5。

表 3-5 数据传送指令

类 型	格 式	名 称
通用数据传送指令	MOV dest,src PUSH src POP dest XCHG dest,src XLAT	数据传输 进栈 出栈 交换 换码
目标地址传送指令	LEA r16,mem LDS r16,m32 LES r16,m32	取有效地址 将地址指针装入 DS 将地址指针装入 ES
标志位传送指令	LAHF SAHF PUSHF POPF	标志读取 标志设置 标志入栈 标志出栈
输入/输出指令	IN AL/AX,port OUT port,AL/AX	输入 输出

数据传送指令中,除第三类标志位传送指令会对标志位产生影响外,其余的指令均不影响标志位。所以在下面的阐述中,对于 1、2、4 类指令,将不再说明他们对标志位的影响。

1. 通用数据传送指令

(1)数据传送指令 MOV

格式:MOV dest,src

功能:将源操作数的内容传送给目的操作数,即(dest)←(src)。其中,src 可以为:reg,mem,seg,imm;dest 可以为:reg,mem,seg。

MOV 可以实现字节或字的传送,但要求 dest 和 src 类型相同,即长度相等。数据允许的传送如图 3-10 所示。

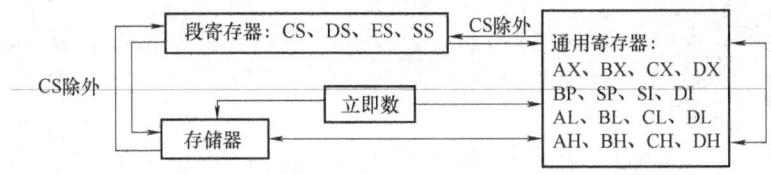

图 3-10 MOV 指令数据传送方向示意

例如:

① MOV AL,BL   ;AL←BL
② MOV ES,DX   ;ES←DX

③ MOV AL，[BX]   ；AL←（DS：BX）
④ MOV [DI]，AX   ；（DS：DI）←AX
⑤ MOV CX，[1000H]   ；CX←（DS：1000H）
⑥ MOV BL，40   ；BL←40
⑦ MOV DX，504   ；DX←504
⑧ MOV WORD PIR [SI]，1234H   ；（DS：SI）←1234H，WORD PTR 为伪指令
⑨ MOV WORD PTR [BP]，2345H   ；（SS：BP）←2345H

说明：

1）通用传送指令的源操作数和目的操作数都是寄存器时，则寄存器的位数必须一致。

2）不能在两个内存单元之间直接传送数据。

3）在通用传送指令中，寄存器既可以作为源操作数，也可以作为目的操作数，但 CS 和 IP 这两个寄存器不能作为目的操作数。

4）用 BX、SI、DI 来间接寻址时，默认的段寄存器为 DS，而用 BP 来间接寻址时，默认的段寄存器为 SS。

（2）堆栈操作指令 PUSH、POP

在子程序调用和中断处理过程时，分别要保存返回地址和断点地址，在进入子程序和中断处理程序后，还需要保留通用寄存器的值；子程序返回和中断处理返回时，则要恢复通用寄存器的值，并分别将返回地址或断点地址恢复到指令指针寄存器中。这些功能都要通过堆栈来实现，其中寄存器值的保存和恢复需要由堆栈指令来完成。

在学习堆栈操作指令前，首先应搞清楚堆栈的概念。堆栈是一种数据结构，是在内存中开辟的一个比较特殊的存储区，这个区域中数据的存取采用"后进先出"的原则。8086 CPU 在存储器分段管理时，划分了一个专门的堆栈区，称作堆栈段。堆栈段在存储区中的位置由堆栈段寄存器 SS 来确定，堆栈段中具体数据的地址由段寄存器 SS 和堆栈指针 SP 来寻址。SS 存放堆栈段首地址的高 16 位，SP 表示栈顶离段首址的位移量。只有栈顶与栈底之间单元中的内容才是堆栈段的有效数据。堆栈操作有 PUSH 入栈和 POP 出栈两种，都是 16 位的字操作，其操作过程详见图 3-11。

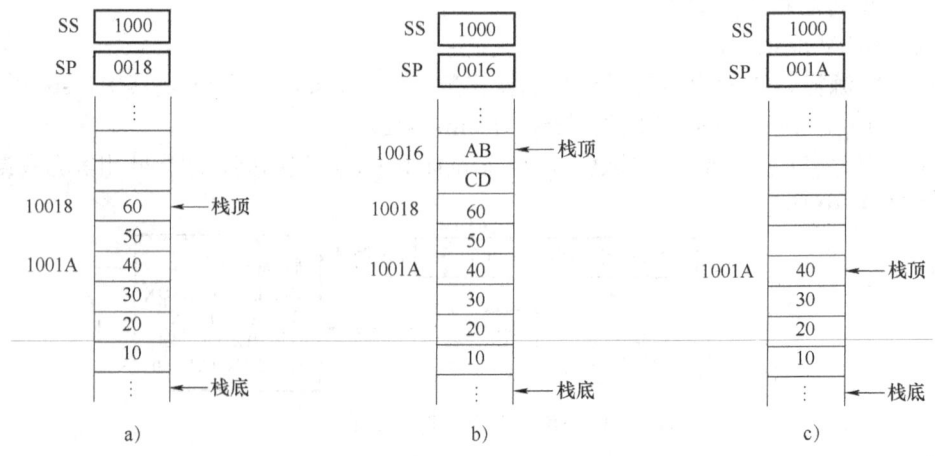

图 3-11 8086 系统堆栈及其操作

a）堆栈原始状态 b）执行 PUSH AX 后的状态 c）执行 POP AX 后的状态（AX）=CDABH

8086 CPU 指令系统提供了专用的堆栈操作指令。

格式：PUSH　　src　　；SP←SP−2
　　　　　　　　　　　；(SP+1，SP)←(src)
　　　　POP　　dest　；(dest)←(SP+1，SP)
　　　　　　　　　　　；SP←SP+2

功能：PUSH 是将源操作数压入堆栈，src 可以为：r16，seg，m16；POP 是将栈顶两单元的内容送到目的操作数，dest 可以为：r16，seg，m16。

例如：

PUSH　AX

设指令执行前 SS=6000H，SP=2500H，AX=4680H，则指令执行过程及堆栈操作如图 3-12 所示。

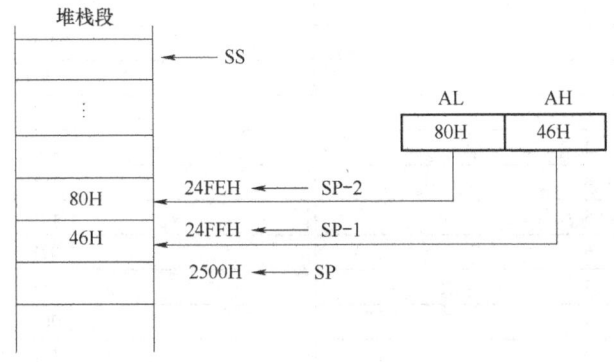

图 3-12　PUSH AX 指令执行过程及堆栈操作

说明：

1）8086 CPU 的堆栈操作总是按字进行的。即：PUSH AH、POP BL 这样的字节操作指令是错误的。

2）每执行一条压入堆栈指令，堆栈地址指针 SP 减 2，压入堆栈的数据放在栈顶，低位字节放在较低地址单元，高位字节放在较高地址单元。执行弹出指令时，正好相反，每弹出 1 个字，栈顶指针 SP 的值加 2。

3）源操作数和目的操作数可以是寄存器、存储器。CS 寄存器可以作为源操作数，不能作为目的操作数，即：POP CS 是错误的。

(3) 交换指令 XCHG

格式：XCHG　dest，src

功能：源操作数与目的操作数相互交换。dest 可以为：reg，mem；src 可以为：reg，mem，但 dest 和 src 不能同时为 mem。交换指令可以实现字节交换，也可以实现字交换。

例如：

① XCHG AL，DL　　　　　；AL 和 DL 之间进行字节交换
② XCHG BX，CX　　　　　；BX 和 CX 之间进行字交换
③ XCHG [1234H]，CX　　　；CX 中的内容和 1234H、1235H 单元的内容交换

说明：

1）源操作数与目的操作数不能均为内存单元。即：XCHG [1234H]，[BX]是错误的。

2）CS 寄存器和 IP 寄存器不能作为交换指令的操作数。即：XCHG BX，CS 是错误的。

3）源操作数与目的操作数都不能为立即数。即：XCHC BX，1234H 是错误的。

（4）换码指令 XLAT

这是一条较为复杂的传送指令，该指令用来将一个代码值转换成相应的另一种代码值，如将 BCD 码转换成相应的字形代码。

格式：XLAT

功能：将数据段 DS 中的偏移地址为 BX+AL 的内存单元的内容送到 AL 中，即 AL←(BX+AL)。源操作数、目的操作数均隐含。

例如：若要将十进制数 0～9 转换成共阳极 LED 显示的字形代码，则先列出如表 3-6 所示的代码转换表。

表 3-6　十进制数 0～9 转换成共阳极 LED 显示的字形代码

十进制数（BCD 码）	字 形 代 码
0	40H
1	79H
2	24H
3	30H
4	19H
5	12H
6	02H
7	78H
8	00H
9	18H

设 BCD 码存放在内存的首地址以标号 BCDT 表示。字形代码存放在内存的首地址为 300H。现要求将 BCD 码某数（如 7）转换成相应的字形代码存入 AL 中，借助 XLAT 指令实现上述转换的步骤如下：

1）将字形代码表的首地址置于 BX 中。

2）将欲转换的 BCD 码某数（如 7）相对于表首地址 BCDT 的偏移量（字节长度）求出，并置于 AL 中。本例中偏移量为 07H。

3）执行 XLAT 指令。本指令的功能是求出 EA=（BX）+（AL）。在本例 EA=300H+07H。最终执行结果是将 7 的 BCD 字形代码送入 AL 中。其执行过程如图 3-13 所示。

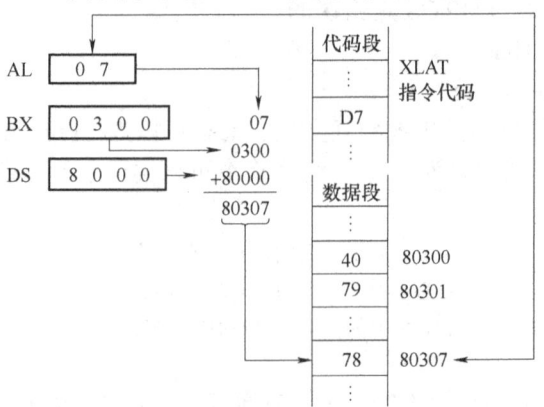

图 3-13　XLAT 指令执行过程

说明：

1) XLAT 指令应用时，首先对应列出两种代码的表格。

2) 使用换码指令之前，要求 BX 寄存器指向表的首地址，AL 中为表中某一项与表格首地址之间的位移量。

2. 目标地址传送指令

目标地址传送指令共有 3 条：取有效地址指令 LEA、将地址指针装入 DS 指令 LDS 和将地址指针装入 ES 指令 LES。

（1）取有效地址指令 LEA

格式：LEA r16, mem

功能：把源操作数的有效地址 EA 送到 16 位寄存器中，即 r16←EA（mem）。

例如：

LEA BX, [SI]

设指令执行前，SI=3600H，则 EA=3600H；指令执行后，BX=3600H。

该指令的执行结果是将源操作数确定的存储单元的有效地址 3600H 传送到目的操作数确定的寄存器 BX 中。这里关注的是存储单元的有效地址，而不是其中的内容，所以要特别注意指令"LEA BX, [SI]"和指令"MOV BX, [SI]"的区别。前者是将 SI 的内容 3600H 作为存储器的有效地址送入 BX 中；后者则是将 SI 寄存器间接寻址方式确定的相继两个存储单元中的内容送入 BX 中。若设 DS=5000H，该数据段中 53600H 字单元中的内容为 2468H，则这两条指令的操作过程如图 3-14 所示。

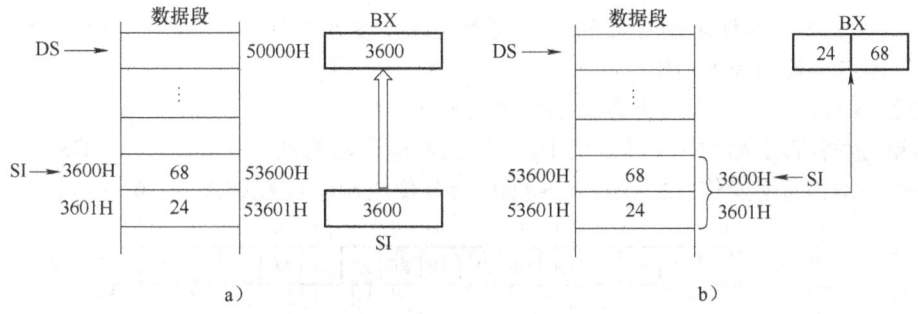

图 3-14 LEA 和 MOV 指令的执行过程示意

a）LEA BX, [SI]指令执行过程 b）MOV BX, [SI]指令执行过程

（2）将地址指针装入 DS 指令 LDS

格式：LDS r16, m32

功能：把内存中的 32 位源操作数中低 16 位送到指定寄存器 r16 中，高 16 位送到段寄存器 DS 中。即 r16←m32 低 16 位；DS←m32 高 16 位。

例如：

LDS   BX, LOP[DI]

设 DS=6000H，DI=0200H，LOP=0010H，则该双字操作数存储单元的物理地址为：

物理地址=DS×16+DI+LOP=60000H+0200H+0010H=60210H

指令执行前，BX=30A0H，双字操作数在数据段中的存放情况如图 3-15a 所示。则指令执行后，BX=2030H，DS=8000H，如图 3-15b 所示。

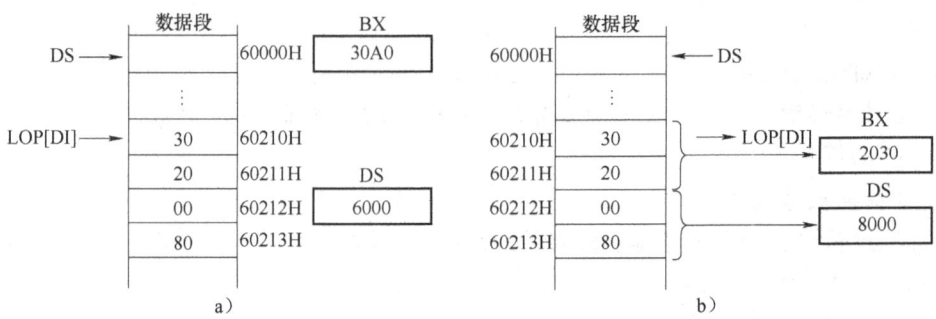

图 3-15 LDS BX，LOP[DI]的执行前后情况示意
a) LDS 指令执行前　b) LDS 指令执行后

（3）将地址指针装入 ES 指令 LES

格式：LES　r16，m32

功能：将 LDS 指令格式中的 DS 换成 ES，即成为 LES 指令格式。

3. 标志位传送指令 LAHF、SAHF、PUSHF、POPF

标志寄存器用于记载指令执行引起的状态变化及一些特殊控制位，以此作为控制程序执行的依据。所以，标志寄存器是特殊寄存器，不能像一般数据寄存器那样随意操作，以免其中的值发生变化。8086 CPU 指令系统中提供了 4 条对标志寄存器的传送指令，通过这些指令的执行可以读出当前标志寄存器中的内容，也可以对标志寄存器设置新值。

（1）标志读取指令 LAHF

格式：LAHF　　　；AH←标志寄存器的低 8 位

功能：把 16 位的标志寄存器的低 8 位送至寄存器 AH 中，即 AH←（FLAGS）$_{0\sim7}$。

（2）标志设置指令 SAHF

格式：SAHF　　　；标志寄存器的低 8 位←AH

功能：把寄存器 AH 中内容送至 16 位的标志寄存器的低 8 位，即（FLAGS）$_{0\sim7}$←AH。此操作是 LAHF 的逆操作，LAHF 和 SAHF 指令传送操作过程如图 3-16 所示。

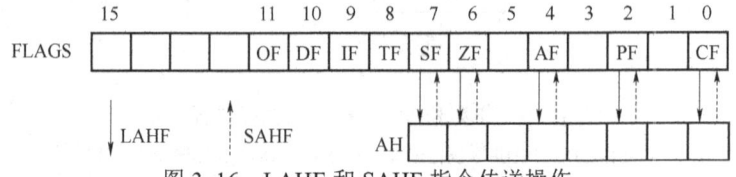

图 3-16 LAHF 和 SAHF 指令传送操作

▶【例题 3-1】利用 LAHF、SAHF 把标志位 CF 求反，其他位不变。

```
LAHF              ；取标志寄存器的低 8 位
XOR  AH，01H      ；最低位求反，其他位不变
SAHF              ；送入标志寄存器的低 8 位
```

（3）标志入栈指令 PUSHF

格式：PUSHF　　　　　　　；SP←SP−2

　　　　　　　　　　　　　；（SP+1，SP）←FLAGS

功能：标志寄存器入栈。

（4）标志出栈指令 POPF

格式：POPF　　　　　　　 ；FLAGS←（SP+1，SP）

                                    ；SP←SP+2

功能：数据出栈到标志寄存器。此操作是 PUSHF 的逆操作。

【例题 3-2】 把标志寄存器 TF 位清零，其他标志位不变。

PUSHF   ；标志寄存器入栈
POP   AX   ；取标志寄存器内容
AND   AX，0FEFFH   ；TF 清零，其他位不变
PUSH AX   ；新值入栈
POPF   ；送入标志寄存器

4．输入/输出指令 IN、OUT

8086 微处理器的输入/输出指令只能在 AL 或 AX 寄存器与 I/O 端口之间进行数据传送。对外设的寻址方式有两种：直接寻址和 DX 寄存器间接寻址。

（1）输入指令 IN

格式：IN   AL / AX，port

功能：输入指令允许把一个字节或字数据由指令指定的输入端口传送到 AL（字节）或 AX（字）。

（2）输出指令 OUT

格式：OUT port，AL / AX

功能：输出指令把预先存放在 AL 中的一个字节数据或 AX 中的一个字数据传送到指令指定的输出端口。

对于输入/输出指令，若端口地址采用直接寻址方式，则可用 8 位立即数直接给出，可以寻址 0～255 共 256 个端口；若端口地址采用 DX 寄存器间接寻址方式，则可间接寻址 65536 个 16 位长端口地址。

例如：

① IN   AL，60H   ；AL←（60H 端口）
② IN   AL，DX   ；AL←（（DX）端口）
③ OUT 44H，AL   ；（44H 端口）←AL
④ OUT DX，AL   ；（（DX）端口）←AL

说明：

1）累加器可以是 8 位 AL，也可以是 16 位 AX，但只能用累加器作为执行输入/输出过程的寄存器，不能用其他寄存器代替。例如：IN BL，50H 是错误的。

2）用直接端口寻址的输入/输出指令时，寻址范围为 0～255，即 16 进制数 FFH 是直接端口寻址输入/输出指令中允许使用的最大端口号。例如：OUT 144H，AL 是错误的。

3）通过 DX 寄存器间接寻址的输入/输出指令时，寻址范围为 0～65535，即 16 进制数 FFFFH 是间接端口寻址输入/输出指令中允许使用的最大端口号。但不能用其他寄存器代替 DX，且不能加"[]"。例如：OUT BX，AL 和 IN AX，[DX]是错误的。

4）当 I/O 端口与内存统一编址时，不能用输入/输出指令，可采用访问存储器的指令来访问 I/O 端口。

3.3.2 算术运算类指令

8086 微处理器的算术运算类指令包括二进制数运算及十进制数运算两种。指令系统中提

供了加、减、乘、除 4 种基本算术操作，用于字节或字的运算、带符号数与无符号数的运算，如果是带符号数，则用补码来表示；指令系统中还提供了各种校正操作指令，可以进行 BCD 码或 ASCII 码表示的十进制数的算术运算。在学习这类指令时，除应掌握指令的格式和操作功能外，还要注意掌握指令对标志位的影响。8086 指令系统的算术运算指令归纳为表 3-7。

表 3-7 算术运算类指令

类型	格式	名称	状态标志位					
			OF	SF	ZF	AF	PF	CF
加法	ADD dest，src	不带进位的加法	☆	☆	☆	☆	☆	☆
	ADC dest，src	带进位的加法	☆	☆	☆	☆	☆	☆
	INC dest	加 1	☆	☆	☆	☆	☆	※
减法	SUB dest，src	不带借位的减法	☆	☆	☆	☆	☆	☆
	SBB dest，src	带借位的减法	☆	☆	☆	☆	☆	☆
	DEC dest	减 1	☆	☆	☆	☆	☆	※
	NEG dest	求补	☆	☆	☆	☆	☆	1
	CMP dest，src	比较	☆	☆	☆	☆	☆	☆
乘法	MUL src	无符号数乘法	☆	x	x	x	x	☆
	IMUL src	有符号数乘法	☆	x	x	x	x	☆
除法	DIV src	无符号数除法	x	x	x	x	x	x
	IDIV src	有符号数除法	x	x	x	x	x	x
	CBW	字节扩展成字	※	※	※	※	※	※
	CWD	字扩展成双字	※	※	※	※	※	※
十进制调整	AAA	加法的 ASCII 码调整	x	x	☆	☆	x	1
	DAA	加法的十进制调整	x	☆	☆	☆	☆	☆
	AAS	减法的 ASCII 码调整	x	x	x	☆	x	☆
	DAS	减法的十进制调整	x	☆	☆	☆	☆	☆
	AAM	乘法的 ASCII 码调整	x	☆	☆	x	☆	x
	AAD	除法的 ASCII 码调整	x	☆	☆	※	☆	x

注：☆表示运算结果影响标志位，※表示运算结果不影响标志位，x 表示标志位为任意值，1 表示将标志位置 1，0 表示将标志位清 0。

1. 加法指令

加法指令共有 3 条：ADD 指令、ADC 指令和 INC 指令。

（1）不带进位的加法指令 ADD

格式：ADD dest, src   ;(dest) ← (dest)+(src)

功能：将源操作数的内容和目的操作数的内容相加，结果保存在目的操作数中，并根据结果置标志位。ADD 指令完成半加器的功能。

例如：

ADD AL,BL

设指令执行前：AL=67H，BL=22H。指令执行：

```
     0110 0111
 +)  0010 0010
     1000 1001
```

指令执行后：AL=89H，BL=22H。

影响标志位的情况：CF=0，ZF=0，SF=1，AF=0，OF=1，PF=0。

（2）带进位的加法指令 ADC

格式：ADC dest, src   ;(dest) ← (dest)+(src)+CF

功能：与 ADD 指令的功能唯一不同的是，还要加上当前进位标志的值。ADC 指令完成全加器的功能，主要用于两个多字节（或多字）二进制数的加法运算。

📖【例题 3-3】BX–AX 组成的双字与 DX–CX 组成的双字相加，和保存在 BX–AX 中。
ADD　AX，CX
ADC　BX，DX

（3）加 1 指令 INC

格式：INC dest　　　　　　　；(dest) ← (dest) +1

功能：将目的操作数当作无符号数，将其内容加 1 后，又送回目的操作数中。目的操作数可以是 8/16 位的通用寄存器或存储器操作数，但不允许是立即数和段寄存器。INC 指令的执行不影响 CF 标志位，通常用于在循环过程中修改指针和循环次数。

例如：
MOV　AL，0FFH
INC　AL　　　　　　　　；AL=00H，OF=0，SF=0，ZF=1，AF=1，PF=1，CF 不变

说明：

1) ADD 和 ADC 指令除了是否带进位的区别以外，其余都相同。它们的源操作数和目的操作数的寻址方式是一样的，目的操作数不能是立即数、CS、IP。
2) ADC 指令为实现多字节的加法运算提供了方便。
3) INC 指令影响标志位 AF、OF、PF、SF 和 ZF，但不影响进位标志 CF。
4) ADD 和 ADC 指令影响标志位 OF、SF、ZF、AF、CF、PF。

2. 减法指令

减法指令共有 5 条：SUB 指令、SBB 指令、DEC 指令、NEG 指令和 CMP 指令。

（1）不带借位的减法指令 SUB

格式：SUB　dest，src　　　；(dest) ← (dest) – (src)

功能：将目的操作数的内容减去源操作数的内容，结果存入目的操作数中，并根据结果置标志位。与 ADD 指令一样，SUB 指令可以是字操作，也可以是字节操作。

例如：SUB　　AL，[BP+8]

设 SS=5000H，BP=2000H，则源操作数存储单元的物理地址为：物理地址=SS×16+BP+8=50000H+2000H+8=52008H。设指令执行前：AL=45H，(52008H)=87H。指令执行：

```
          0100 0101         AL
        -)1000 0111       (52008H)
      CF←1  1000 1001       AL
```

指令执行后：AL=BEH，(52008H)=87H。标志位的情况：CF=1，ZF=0，SF=1，AF=1，OF=1，PF=1。

（2）带借位的减法指令 SBB

格式：SBB　　dest，src　　；(dest) ← (dest) – (src) – CF

功能：目的操作数减去源操作数再减去借位，结果送回目的操作数中。在实际应用中，SBB 指令主要用于两个多字节或多字二进制数的相减过程。

（3）减 1 指令 DEC

格式：DEC dest　　　；(dest) ← (dest) –1

功能：将目的操作数的内容减 1，结果送回目的操作数中。与 INC 指令一样，DEC 指令通常也用于在循环过程中修改指针和循环次数。

（4）求补指令 NEG

格式：NEG dest   ;（dest）←0－（dest）

功能：对一个操作数求补实际上也相当于用零减去该操作数的内容，NEG 指令执行的也是减法（dest）←0－（dest），目的操作数的规定与 INC、DEC 指令的相同。

例如：

MOV DL，01111000B   ;DL=120

NEG DL   ;结果：DL=00000000－01111000=10001000B=－120

（5）比较指令 CMP

格式：CMP dest，src   ;（dest）－（src）

功能：CMP 指令的操作功能、操作数的规定以及影响标志位的情况类似于 SUB 指令，唯一不同的是，CMP 指令不保存相减以后的结果，即该指令执行后，两个操作数原先的内容不会改变，只是根据相减操作的结果设置标志位。CMP 指令通常用在分支程序结构中比较两个数的大小，在该指令之后经常安排一条条件转移指令，根据比较的结果让程序转移到相应的分支去执行。

3. 乘法指令

乘法共有两条指令：MUL 指令和 IMUL 指令。

（1）无符号数的乘法指令 MUL

格式：MUL src   ;src 为字节操作数 AX←AL×（src）

              ;src 为字操作数 DX，AX←AX×（src）

功能：MUL 是无符号数相乘，功能是 AL 乘以源操作数，16 位乘积存放在 AX 中，或 AX 乘以源操作数，32 位乘积存放在 DX、AX 中，乘法操作的过程如图 3-17 所示。

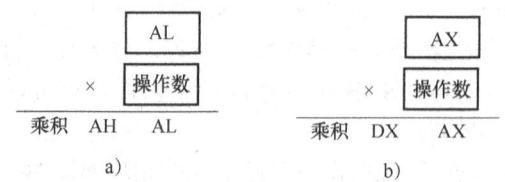

图 3-17 乘法运算操作数及其运算结果间关系
a) 字节操作数 b) 字操作数

例如：

MOV AL，64H   ;AL=64H=100

MOV BL，0A5H   ;BL=0A5H=165

MUL BL   ;AX=4074H=16500，OF=CF=1

（2）有符号数的乘法指令 IMUL

格式：IMUL src   ;src 为字节操作数 AX←AL×（src）

               ;src 为字操作数 DX，AX←AX×（src）

功能：IMUL 指令执行的操作与 MUL 指令的基本相同，不同之处在于，MUL 指令中的操作数为无符号数，而 IMUL 指令中的操作数为有符号数。

例如：

MOV AL，64H   ;AL=64H=100

MOV BL，0A5H   ;BL=0A5H=－91

MUL BL ；AX=0DC74H=-9100，OF=CF=1

无符号数和有符号数的乘法指令的执行结果是不同的。例如，两个 4 位二进制数 1110 和 0011，如果理解为不带符号数，用 MUL 指令运算，则 1110B×0011B=2AH（即十进制数的 14×3=42）。如果理解为带符号数，用 IMUL 指令运算，则 1110 还原的原码为 1010B（即十进制数的-2），0011B 的原码仍为 0011B（即十进制数的+3），运算时，先去掉符号位，将两数绝对值相乘，0010B×0011B=00000110B，其结果的符号按两数符号位"异或"运算规则确定，1⊕0=1 结果为负，再将相乘所得的结果取补码，所以，最后相乘的结果为 11111010B=FAH（对应十进制数-2×3=-6）。

乘法指令的操作影响 OF 和 CF 标志位，对其余的标志位无定义（指令执行后，这些标志位的状态不确定）。对于 MUL 指令，如果乘积的高一半数位为零，即字节操作时 AH=0，字操作时 DX=0，则操作结果使 CF=0，OF=0；否则，若 AH≠0 或 DX≠0 时，则 CF=1，OF=1，这种情况的标志位状态可以用来检查字节相乘的结果是字节还是字，字相乘的结果是字还是双字。而对于 IMUL 指令，如果乘积的高一半数位是低一半符号位的扩展时，CF=0，OF=0；否则，CF=1，OF=1。

4. 除法指令

除法共有 4 条指令：DIV 指令、IDIV 指令、CBW 指令和 CWD 指令。

（1）无符号数的除法指令 DIV

格式：DIV src ；进行字节操作时，AL←AX/(src) 的商

AH←AX/(src) 的余数

；进行字操作时，AX←(DX，AX)/(src) 的商

DX←(DX，AX)/(src) 的余数

功能：DIV 是无符号数除法，功能是 DX 和 AX 表示的 32 位数除以源操作数，得到 16 位的商放在 AX 中，16 位的余数放在 DX 中。或 AX 表示的 16 位数除以源操作数，得到 8 位的商放在 AL 中，8 位的余数放在 AH 中，如图 3-18 所示。

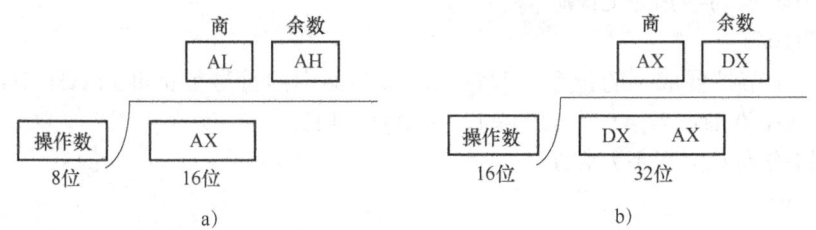

图 3-18 除法运算操作数及其运算结果存放关系

a) 字节操作数 b) 字操作数

例如：

MOV DX，4

MOV AX，3   ；(DX.AX)=40003H=262147

MOV BX，8000H ；BX=8000H=32768

DIV BX   ；商 AX=8，余数 DX=3

（2）有符号数的除法指令 IDIV

格式：IDIV src ；进行字节操作时，AL←AX/(src) 的商

AH←AX/(src) 的余数

　　　　　　　　；进行字操作时，AX←（DX，AX）/（src）的商
　　　　　　　　　　　　　　　　DX←（DX，AX）/（src）的余数

　　功能：与 DIV 指令的相同，只是被除数、除数、商和余数均为有符号数，且余数的符号和被除数的符号相同。

　　例如：
　　MOV　DX，4
　　MOV　AX，3　　　　　　　；（DX.AX）=40003H=262147
　　MOV　BX，8000H　　　　；BX=8000H=−32768
　　DIV　BX　　　　　　　　；商 AX=0FFF8H=−8，余数 DX=3

　　说明：

1）除法指令执行后，标志位 AF，OF，CF，PF，SF 和 ZF 都是不确定的。

2）用 IDIV 指令时，如果是一个双字除以一个字，则商的范围为−32728～+32727；如果是一个字除以一个字节，则商的范围为−128～+127。如果超出这个范围，那么会产生 0 型中断，以除数为 0 的情况来处理，而不是使溢出标志 OF 置 1。

3）IDIV 指令运算时与有符号数的乘法指令类似，先将数变为原码，并去掉符号位，然后再将两数（绝对值）相除。其结果，商的符号按两符号位"异或"运算规则确定，如符号位为 1，再取补码。

　　由于除法指令的字节操作要求被除数为 16 位，字操作要求被除数为 32 位，当实际数据不满足以上要求时，就需要进行被除数位数的扩展。对于无符号数除法指令 DIV 来说，只需将字节操作时被除数的高 8 位 AH 和字操作时被除数的高 16 位 DX 清 0 即可。对于有符号数除法指令 IDIV 来说，AH 和 DX 的扩展是将其低位字节或低位字的符号位扩展，即把 AL 中的最高位扩展到 AH 的 8 位中（正数为 00H，负数为 FFH），或者把 AX 中的最高位扩展到 DX 的 16 位中（正数为 0000H，负数为 FFFFH）。为此，8086 指令系统提供了专门的符号扩展指令 CBW 和 CWD。

　　（3）字节转换为字指令 CBW

　　格式：CBW

　　功能：将字节扩展成字的指令，即将 AL 寄存器中的符号位扩展到 AH 中。若 AL 中的 $D_7=0$，则 AH=00H；若 AL 中的 $D_7=1$，则 AH=FFH。

　　（4）字转换为双字指令 CWD

　　格式：CWD

　　功能：将 AX 中的被除数扩展成字，即把 AX 中的符号位扩展到 DX 中。若 AX 中的 $D_{15}=0$，则 DX=0000H；若 AX 中的 $D_{15}=1$，则 DX=0FFFFH。

　　注意：CBW 和 CWD 指令执行结果都不影响标志位。

　　例如：
　　MOV AL，82H　　　　　；82H 送 AL
　　CBW　　　　　　　　　；AH 扩展成 FF
　　MOV AX，8600H　　　；8600H 送 AX
　　CWD　　　　　　　　　；DX 扩展成 FFFF

　　5. BCD 码调整指令

　　上面介绍过的算术运算指令都是二进制数的运算指令，如果要进行十进制数的运算就

必须先把十进制数转换为二进制数,用相应的二进制运算指令进行运算,然后再将运算得到的二进制结果转换为十进制数加以输出。为了便于十进制数的运算,8086 指令系统中提供了一组专门用于十进制调整的指令,它们可对由二进制运算指令得到的结果进行调整,从而得到十进制数的结果。

表示十进制数的 BCD 码(以 8421 BCD 码为例)分为两种:压缩 BCD 码和非压缩 BCD 码。压缩 BCD 码用 4 位二进制数表示一个十进制数位,整个十进制数形式为一个顺序的以 4 位为一组的数串。例如,十进制数 8564 的压缩 BCD 码形式为 1000 0101 0110 0100B,用十六进制表示为 8564H。非压缩 BCD 码以 8 位二进制数为一组,表示一个十进制数位,8 位中的低 4 位表示一位 BCD 码,而高 4 位则没有意义,通常将高 4 位清 0。例如,8564 的非压缩 BCD 码形式为 00001000 00000101 00000110 00000100B,用十六进制表示为 08050604H,为 4 字节数据。

⮕【例题 3-4】非压缩 BCD 码调整:9+8=17

```
    0000 1001          9H
+)  0000 1000          8H
    0001 0001          11H,结果错,因为低位向高位有进位(AF=1)
+)  0000 0110          需加 6 调整
    0001 0111          17H,正确结果
```

可见,加法运算中,若和大于 9 或有辅助进位(AF=1)就需"加 6 调整"。同理,减法运算中,若差大于 9 或有辅助借位(AF=1),就需"减 6 调整"。

⮕【例题 3-5】压缩 BCD 码调整:19+98=117

```
    0001 1001          19H
+)  1001 1000          98H
    1011 0001          B1H,结果错,因为低位向高位有进位(AF=1)
+)  0000 0110          需加 6 调整
    1011 0111          B7H,正确错误,因为高位 1011>9,需加 60
+)  0110 0110          调整
  1 0001 0111
```

可见,在压缩 BCD 码加法运算时,若低 4 位和大于 9 或辅助进位(AF=1)就需在低 4 位"加 6 调整";若高 4 位和大于 9 或有进位(CF=1)就需在高 4 位"加 6 调整"。同理,在减法运算中,若低 4 位差大于 9 或有辅助借位(AF=1),就需在低 4 位"减 6 调整";若高 4 位差大于 9 或有借位(CF=1),就需在高 4 位"减 6 调整"。

BCD 码调整指令共有 6 条指令:DAA 指令、AAA 指令、DAS 指令、AAS 指令、AAM 指令和 AAD 指令。

(1)压缩 BCD 码调整指令

1)加法的十进制调整指令 DAA

格式:DAA

功能:DAA 指令必须紧跟在二进制加法指令 ADD 或 ADC 之后,将二进制加法的结果(必须放在 AL 中)调整为压缩 BCD 码格式,再存回 AL 中。DAA 指令对 OF 标志无定义,但却影响其他所有标志。执行流程如图 3-19 所示。

⮕【例题 3-6】39+17=56

    MOV   AL,39H

```
ADD    AL, 17H      ; AL=50H, AF=1, CF=0
DAA                 ; AL=56H
```

2）减法的十进制调整指令 DAS

格式：DAS

功能：DAS 指令必须紧跟在二进制减法指令 SUB 或 SBB 指令之后，将二进制减法的结果（必须放在 AL 中）调整为压缩 BCD 码格式，又存回 AL 中。DAS 指令的调整方法类似于 DAA，只是在需要进行十进制调整时，DAA 指令是加 6 调整，而 DAS 指令是减 6 调整；对标志位的影响也与 DAA 指令的相同。执行流程如图 3-20 所示。

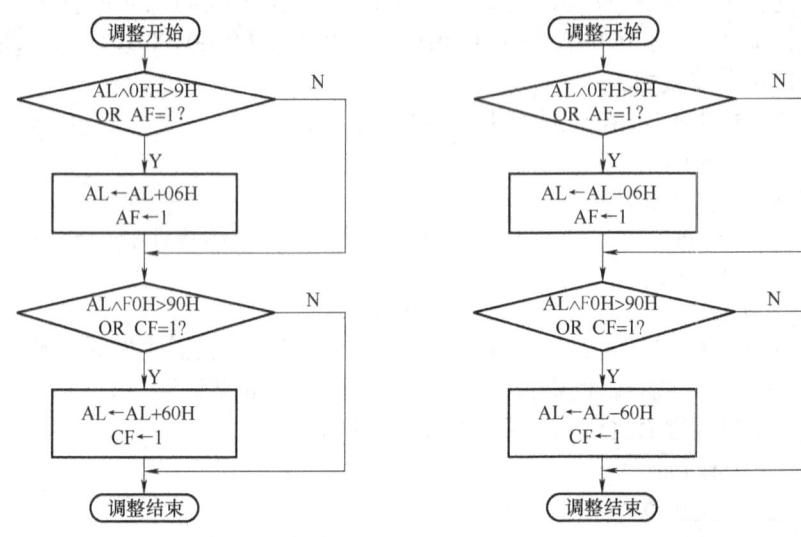

图 3-19 DAA 执行流程　　　　图 3-20 DAS 执行流程

【例题 3-7】 37-19=18
```
MOV    AL, 37H
SUB    AL, 19H      ; AL=1EH, AF=1, CF=0
DAS                 ; AL=18H, AF=1
```

（2）非压缩 BCD 码调整指令

非压缩 BCD 码用 8 位二进制数表示 1 位十进制数，通常只用低 4 位，高 4 位置 0。'0'～'9'的 ASCII 码为 30H～39H，其低 4 位的编码一致，所以又把非压缩 BCD 码调整称为 ASCII 码调整。非压缩 BCD 码调整指令有 4 种：加法的 ASCII 码调整指令（AAA）、减法的 ASCII 码调整指令（AAS）、乘法的 ASCII 码调整指令（AAM）和除法的 ASCII 码调整指令（AAD）。

3.3.3 逻辑运算与移位类指令

为了处理字节（8 位）或字（16 位）中各位的信息，8086 CPU 指令系统提供了两组处理指令：逻辑运算指令和移位指令。逻辑运算与移位类指令可分为 3 种类型，逻辑运算与移位指令归纳为表 3-8。

第3章 8086/8088 指令系统

表 3-8 逻辑运算与移位指令

类型	格式	名称	状态标志位					
			OF	SF	ZF	AF	PF	CF
逻辑运算	AND dest，src	"与"（字节/字）	0	☆	☆	x	☆	0
	OR dest，src	"或"（字节/字）	0	☆	☆	x	☆	0
	XOR dest，src	"异或"（字节/字）	0	☆	☆	x	☆	0
	NOT dest	"非"（字节/字）	※	※	※	※	※	※
	TEST dest，src	"测试"（字节/字）	0	☆	☆	x	☆	0
移位	SAL dest，1/CL	算数左移（字节/字）	☆	☆	☆	x	☆	☆
	SAR dest，1/CL	算数右移（字节/字）	☆	☆	☆	x	☆	☆
	SHL dest，1/CL	逻辑左移（字节/字）	☆	☆	☆	x	☆	☆
	SHR dest，1/CL	逻辑右移（字节/字）	☆	☆	☆	x	☆	☆
循环移位	ROL dest，1/CL	循环左移（字节/字）	☆	※	※	x	※	☆
	ROR dest，1/CL	循环右移（字节/字）	☆	※	※	x	※	☆
	RCL dest，1/CL	带进位位循环左移（字节/字）	☆	※	※	x	※	☆
	RCR dest，1/CL	带进位位循环右移（字节/字）	☆	※	※	x	※	☆

1. 逻辑运算指令

逻辑运算指令共有 5 条：AND 指令、OR 指令、XOR 指令、NOT 指令和 TEST 指令。

（1）逻辑"与"指令 AND

格式：AND dest，src ；(dest) ← (dest)∧(src)

功能：将目的操作数和源操作数按位进行"与"运算，结果送回目的操作数。指令执行后，将使 CF=0，OF=0，AF 位无定义，并影响 SF、ZF 和 PF 标志位。

AND 指令常用于将操作数的某些位清 0，而其余位维持不变。需要清 0 的位和 0 相"与"，需要维持不变的位和 1 相"与"。

➥【例题 3-8】：将 AL 寄存器中的 D1 位、D5 位清 0，其余位保持不变。

AND AL，0DDH ；将 D1 位、D5 位和 0 相"与"，其他位和 1 相"与"

设指令执行前：AL=6EH。

指令执行：

```
        0110 1110 → AL 的内容 6EH
   ∧)   1101 1101 → DDH
        0100 1100 → 4CH
```

指令执行后：AL=4CH。

（2）逻辑"或"指令 OR

格式：OR dest，src ；(dest) ← (dest)∨(src)

功能：将目的操作数和源操作数按位进行"或"运算，结果送回目的操作数。对标志位的影响同 AND 指令。

OR 指令可将操作数的某些位置 1，而其余位不变。需要置 1 的位和 1 相"或"，需要维持不变的位和 0 相"或"。利用"或"运算，也可对两个操作数进行组合（称为拼字）。

➥【例题 3-9】使 AL 寄存器中的最高位和次高位置 1，其余位不变。

OR AL，C0H

设指令执行前：AL=4FH。

指令执行：

$$
\begin{array}{r}
0100\ 1111 \rightarrow \text{AL 的内容} \\
\vee)\ 1100\ 0000 \rightarrow \text{C0H} \\
\hline
1100\ 1111 \rightarrow \text{CFH}
\end{array}
$$

指令执行后：AL=CFH。

（3）逻辑"异或"指令 XOR

格式 XOR　dest，src　　；(dest) ← (dest) ⊕ (src)

功能：XOR 指令可将两个操作数按位相"异或"，并将结果保存在目的操作数中。对标志位的影响同 AND 指令。

利用 XOR 指令，可将操作数的某些位求反，某些位不变。维持不变的位与 0 相"异或"，需要求反的位与 1 相"异或"。

➡【例题 3-10】使 BL 寄存器的高 4 位维持不变，而将低 4 位求反。

XOR　BL，0FH

设指令执行前：BL=89H。

指令执行：

$$
\begin{array}{r}
1000\ 0110 \rightarrow \text{BL 的内容} \\
\oplus)\ 0000\ 1111 \rightarrow \text{0FH} \\
\hline
1000\ 1001 \rightarrow \text{89H}
\end{array}
$$

指令执行后：BL=89H。

（4）逻辑"非"指令 NOT

格式：NOT dest　　；(dset) ← ($\overline{\text{dest}}$)

功能：NOT 指令可将操作数的内容按位求反，并将结果保存在源操作数中，其执行结果不影响任何标志位。

例如：

NOT AL

设指令执行前：AL=33H，指令执行后：AL=CCH。

（5）测试指令 TEST

格式：TEST　dest，src　　；(dest) ∨ (src)

功能：TEST 指令完成的操作、操作数的约定，以及对标志位的影响与 AND 指令的相同，只是 TEST 指令不把结果回送到目的操作数。

使用 TEST 指令，通常是在不希望改变原有操作数的情况下，检测某一位或某几位的状态，所以，常被用于条件转移指令之前，根据测试的结果使程序发生跳转。

说明：

1）所有的指令都对其操作数按位进行逻辑操作，操作数可以是字节或字。

2）目的操作数不能是立即数；当有两个操作数时，则不能同时都是存储器操作数。

3）TEST 指令的功能和 AND 指令功能相似，将两数进行逻辑"与"操作，但结果不返回目的操作数中，仅影响 SF、ZF 和 PF 标志位。

2. 移位指令

8086 CPU 有 8 条移位指令，分为两大类：非循环移位指令和循环移位指令。通过这 8 条指令，可以对寄存器或者内存单元中的 8 位或 16 位操作数进行移位。

其功能如图 3-21 所示。

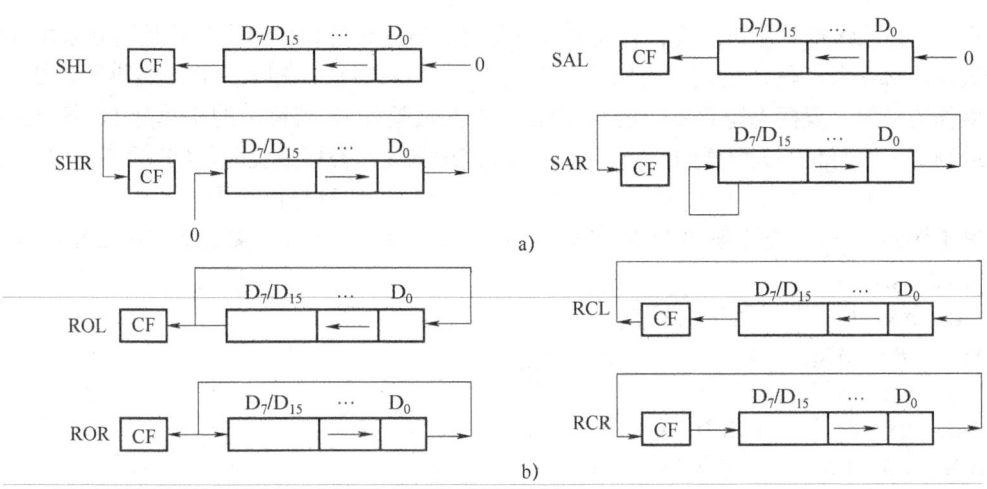

图 3-21 移位与循环移位指令功能
a) 移位指令 b) 循环移位指令

指令中的操作数 dest 可以是 8/16 位的通用寄存器和任何寻址方式的存储器操作数,而不允许使用立即数和段寄存器。移位次数由可取 1 或 CL 寄存器操作数,次数为 1 时每执行一条指令,可将操作数的内容移一位;若需要移位的次数大于 1 时,则可在移位指令前面,将移位次数置于 CL 中;当移位结束后,CL=0。

（1）移位指令

1）逻辑左移指令 SHL

格式：SHL dest，count

功能：SHL 指令可将操作数的内容向左移位,移位的次数由 count 给定,每左移一位,操作数最高位的状态移入 CF 标志位,低位补 0。

例如：

MOV   CL，4

SHL   AL，CL

SHL 指令执行后,可使 AL 中的内容左移 4 位,即 AL 中低 4 位的状态移入高 4 位,并将低 4 位清 0。

2）逻辑右移指令 SHR

格式：SHR dest，count

功能：SHR 指令的操作和 SHL 指令相反,可将操作数的内容向右移位,每右移一位,操作数最末位移入 CF 标志,高位补 0。

3）算术左移指令 SAL

格式：SAL dest，count

功能：与 SHL 指令的完全相同。

4）算术右移指令 SAR

格式：SAR dest，count

功能：将操作数的内容向右移位,每右移一位,操作数最末位移入 CF 标志位,最高位移入次高位的同时其值不变,这样移位后最高位和次高位的值相同,符号位始终保持不变。

由此可知,移位指令分为算术移位和逻辑移位。算术移位只对带符号数进行移位,在移位过程中，必须保持符号位不变；而逻辑移位是对无符号数移位。移位时总是用 0 来填补已空出的数位。每左移一位，相当于将原数据乘以 2；每右移一位，相当于将原数据除以 2。根据移位操作的结果，置标志寄存器中的状态标志（AF 位除外）。若移位的次数是 1，移位的结果又使最高位（符号位）发生变化，则将溢出标志 OF 置 1。若移多位时，OF 标志无效。这样，对于有符号数而言，可由此判断移位后的符号位和移位前的符号位是否相同。

⮕【例题 3-11】设无符号数 X 在寄存器 AL 中，用移位指令实现 X×10 运算。

```
MOV  AH, 0
SAL  AX, 1      ; 计算 2X
MOV  BX, AX
MOV  CL, 2
SAL  AX, CL     ; 计算 8X
ADD  AX, BX     ; 计算 2X+8X=10X
```

（2）循环移位指令

1）循环左移指令 ROL

格式：ROL dest，1 / CL

功能：目的操作数循环左移 1 / CL 次，最高位移至最低位的同时移至标志位 CF 中。

2）循环右移指令 ROR

格式：ROR dest，1 / CL

功能：目的操作数循环右移 1 / CL 次，最高位移至最低位的同时移至标志位 CF 中。

3）带进位循环左移指令 RCL

格式：RCL dest，1 / CL

功能：目的操作数及标志位 CF 一起循环左移 1 / CL 次。

4）带进位循环右移指令 RCR

格式：RCR dest，1 / CL

功能：目的操作数及标志位 CF 一起循环右移 1 / CL 次。

由此可知，循环移位指令也有两类。ROL 和 ROR 指令在执行时，没有把 CF 套在循环中，常称为小循环移位；而 RCL 和 RCR 指令在执行时，连同 CF 一起进行循环移位，常称为大循环移位。以上 4 条指令仅影响标志位 CF 和 OF，且对 OF 的影响是：ROL 和 RCL 指令在执行一次左移后，如果操作数的最高位与 CF（原符号位）不等，说明新的符号位与原符号位不同了，则使 OF=1，表明左移循环操作造成了溢出；同样，ROR 和 RCR 指令在执行一次右移后，如果操作数的最高位和次高位不等，也表明移位后新的数据符号与原符号不同了，此时也会使 OF=1，产生溢出。

⮕【例题 3-12】设 AL=0101 0100B，CF=1，CL=4，分别写出下列循环移位指令的结果。

① ROL AL, 1   ; AL=1010 1000B，CF=0，OF=1
② ROR AL, 1   ; AL=0010 1010B，CF=0，OF=0
③ RCL AL, 1   ; AL=1010 1001B，CF=0，OF=1
④ RCR AL, CL   ; AL=1001 0101B，CF=0，OF 无定义

3.3.4 串操作类指令

串操作类指令就是用一条指令实现对一串字符或数据的操作。8086 CPU 提供了串操作指令可对一系列含有字母、数字的字节（也称字符串）进行操作和处理，如传送、比较、

查找、读取、存储等。串操作指令是指令系统中唯一可在存储器内的源操作数与目的操作数之间进行操作的指令，所有串操作指令均可以处理字或字节。串操作指令归纳为表3-9。

表3-9 串操作指令

名 称	格 式	状态标志位					
		OF	SF	ZF	AF	PF	CF
串传送	MOVS d, s MOVSB/MOVSW	※ ※	※ ※	※ ※	※ ※	※ ※	※ ※
串读取	LODS s LODSB/LODSW	☆ ☆	☆ ☆	☆ ☆	☆ ☆	☆ ☆	☆ ☆
串存储	STOS d STOSB/STOSW	☆ ☆	☆ ☆	☆ ☆	☆ ☆	☆ ☆	☆ ☆
串比较	CMPS d, s CMPSB/CMPSW	※ ※	※ ※	※ ※	※ ※	※ ※	※ ※
串扫描	SCAS d SCASB/SCASW	※ ※	※ ※	※ ※	※ ※	※ ※	※ ※

为缩短指令长度，串操作指令均采用隐含寻址方式：源串一般存放在当前数据段中，即由DS段寄存器提供段基址，其偏移地址必须由源变址寄存器SI提供；目的串必须存放在附加段中，即由ES段寄存器提供段基址，其偏移地址必须由目的变址寄存器DI提供；如果要在同一段内进行串操作，必须使DS和ES指向同一段。字符串长度必须存放在CX寄存器中。所以，在串指令执行之前，必须对SI、DI和CX预置初值，即将源串和目的串的首元素或末元素的偏移地址分别置入SI和DI中，将字符串长度置入CX中。这样，在CPU每处理完一个字符串元素时，就自动修改SI和DI寄存器的内容，以指向下一个元素。

为加快串操作的执行速度，可在串操作指令前加上重复前缀（共有5种，见表3-10）。带有重复前缀的串操作指令，每处理完一个字符串元素后，自动修改CX的内容（按字节/字处理，减1或减2），以完成计数功能。当CX≠0时，继续操作；直到CX=0时，操作才结束。

表3-10 常用的重复前缀

重复前缀类型	重复前缀格式	应 用	功 能
无条件重复	REP	MOVS，STOS	不是串尾时重复CX≠0
相等/为零时重复	REPE/REPZ	CMPS，SCAS	不是串尾且串相等时重复CX≠0且ZF=1
不等/不为零时重复	REPNE/REPNZ	CMPS，SCAS	不是串尾且串不等时重复CX≠0且ZF=0

串操作指令对SI和DI寄存器的修改与两个因素有关。一是与被处理的字符串是字节串还是字串有关；二是与当前的方向标志DF的状态有关。当DF=0时，表示串操作由低地址向高地址进行，SI和DI内容应递增，其初始值应该是源串和目的串的首地址；当DF=1时，则情况正好相反。

1. 串传送指令

格式：MOVSB　　；(ES:DI)←(DS:SI)
　　　　　　　　　；DI±1，SI±1
　　　MOVSW　　；(ES:DI)←(DS:SI)
　　　　　　　　　；DI±2，SI±2

功能：MOVSB/MOVSW是将DS:SI逻辑地址所指存储单元的字节/字传送到ES:DI逻

辑地址所指的存储单元中。

▶【例题 3-13】将自 SOURCE 开始处的 100B 长的数据串传送到 DESTINATION 开始的区域。

```
        MOV  SI, OFFSET SOURCE
        MOV  DI, OFFSET DESTINATION
        MOV  CX, 100            ；CX←传送次数
        CLD                     ；置 DF=0，地址增加
AGAIN:  MOVSB                   ；传送一个字节
        DEC  CX                 ；传送次数减 1
        JNZ  AGAIN              ；判断传送次数 CX 是否为 0，不为 0 则到 AGAIN
                                 位置执行指令，否则，结束
```

将重复前缀指令应用到【例题 3-13】中，程序如下：

```
        MOV  SI, OFFSET SOURCE
        MOV  DI, OFFSET DESTINATION
        MOV  CX, 100
        CLD
        REP  MOVSB
```

说明：

在使用 MOVSB 或 MOVSW 指令前，对 DS、ES、SI、DI、CX 以及 DF 的设置是必需的，否则，只要有一个参数未知，程序将会出错。

CX 中的值是元素个数，使用 MOVSB 指令时，该值是字节数；使用 MOVSW 指令时，该值是字数。

2. 串读取指令

格式：LODSB   ；AL←（DS:SI）
                     ；SI ±1
      LODSW   ；AX←（DS:SI）
                     ；SI ±2

功能：LODSB/LODSW 将逻辑地址 DS:SI 所指单元中的字节/字取到 AL/AX 中。

▶【例题 3-14】将 2000H:0700H 单元开始的 5B 的内容逐一取出，放在累加器中进行处理，处理以后再送到 2000H:0700H 的内存区域。

```
            CLD                 ；方向标志清 0
            MOV DS, 2000H       ；置 DS 为 2000H
            MOV SI, 0700H       ；SI 作为地址指针
            MOV CX, 5           ；共处理 5B
    L1:     LODSB               ；取 1B 到 AL 中，且地址
                                 增 1
            PUSH CX             ；保留计数值
              ⋮                 ；处理字符
            POP CX              ；恢复计数值
            DEC CX              ；计数值减 1
            MOV [SI], AL        ；送回处理结果
```

```
        JNZ L1                    ;如未处理完,则继续
```
说明:

1) LODSB / LODSW 指令前不能加前缀,否则,AL 或 AX 中的内容会被后一次取字符操作所覆盖。实际使用时,LODSB / LODSW 指令一般用在循环程序中。

2) 源操作数必须由 DS:SI 给出,取数方向必须由方向标志 DF 给出。

3. 串存储指令

```
格式:STOSB         ;(ES:DI)←AL
                   ;DI ±1
     STOSW         ;(ES:DI)←AX
                   ;DI ±2
```

功能:STOSB / STOSW 是把 AL / AX 中的字节/字存到将逻辑地址 ES:DI 所指单元中。

【例题 3-15】 将 2000H:40H 开始的 256 个单元清 0。

```
CLD                ;清除方向标志
MOV ES, 2000H      ;置 ES 为 2000H
LEA DI, [040H]     ;将目的地址 040H 送 DI
MOV CX, 0080H      ;共有 128 个字
XOR AX, AX         ;AX 清 0
REP STOSW          ;将 256B 清 0
```

4. 串的比较指令

```
格式:CMPSB              ;(DS:SI)-(ES:DI)
                        ;SI←SI ±1,DI←DI ±1
     CMPSW              ;(DS:SI)-(ES:DI)
                        ;SI←SI ±2,DI←DI ±2
```

功能:CMPSB / CMPSW 是将 DS:SI 逻辑地址所指存储单元中的字节/字与 ES:DI 逻辑地址所指存储单元中的字节/字相比较。该条指令都是通过影响标志位 AF、CF、OF、PF、SF 和 ZF 来反映比较结果,不改变被比较的两个操作数。

【例题 3-16】 编程比较从逻辑地址 2000H:100H 开始的 10B 与逻辑地址 4000H:200H 开始的 10B 是否对应相等,相等则转 DONE。

```
MOV DS, 2000H      ;置 DS 为 2000H
MOV ES, 4000H      ;置 ES 为 4000H
MOV DI, 200H       ;DI 寄存器指向 200 单元
MOV SI, 100H       ;SI 寄存器指向 100 单元
CLD                ;清方向标志
MOV CX, 10         ;计数器为 10
REPZ CMPSB         ;如比较结果相等,则继续比较下一个字节,此时 DI 和 SI 分别加 1,
                   ; CX 减 1
JZ   DONE          ;如 10B 都相等
RET                ;否则返回
DONE:              ;后续处理
```
说明:

CMPSB / CMPSW 指令的前缀可以有 REPNZ / REPNE 或 REPZ / REPE。加上前一种前

缀时，表示两个字符串的字节（或字）比较不等时，继续下一组字节（或字）的比较。加上后一种前缀时，则表示两个字符串的字节（或字）比较相等时，继续下一组字节（或字）的比较。每一种前缀都有两种形式，比如 REPNZ 和 REPNE，它们的功能一样，使用时可以任意选择。

5. 串扫描指令

格式：SCASB　　　　　　；AL-（ES:DI）
　　　　　　　　　　　　；DI←DI±1
　　　　SCASW　　　　　；AX-（ES:DI）
　　　　　　　　　　　　；DI←DI±2

功能：SCASB/SCASW 在字符串中查找一个与已知数值相同或不同的元素。该条指令都是通过影响标志位 AF、CF、OF、PF、SF 和 ZF 来反映比较结果，不改变被比较的两个操作数。

▶【例题 3-17】从逻辑地址 9000H:100H 开始的 10 个单元中如果有一个单元的内容为 2CH，则 BX 加 1。

```
MOV     ES，9000H       ；置 ES 为 9000H
MOV     DI，100H        ；目的字符串首地址送到 DI
CLD                     ；方向标志清 0
MOV     CX，10          ；字符串中共有 10B
MOV     AL，2CH         ；2CH 送 AL
REPNZ   SCASB           ；比较结果不等，则继续往下比
JNZ     AAA             ；AL 中的值和字符串中的所有字节都不等，则转 AAA
INC     BX              ；使 BX 加 1
AAA：   ⋮               ；后续处理
```

3.3.5 控制转移类指令

从 CPU 的基本工作原理可知，指令的执行有两种情况：一是按顺序逐条地执行指令，二是要改变程序执行的正常顺序并转移到所要求的程序地址执行；第二种情况就是由控制转移类指令来实现的。8086 CPU 有 5 种转移指令：无条件转移指令、条件转移指令、循环控制指令、子程序调用和返回指令、中断指令。

1. 无条件转移指令

格式：JMP 目的标号

功能：JMP 可以使程序无条件地跳转到程序存储器中某目的地址。目的单元既可以在当前代码段内（段内转移），也可在其他代码段中（段间转移）。根据目的地址的位置与寻址方式的不同，有 4 种基本指令格式：段内直接转移、段内间接转移、段间直接转移、段间间接转移。

（1）段内直接转移

1）段内直接短程转移

格式：JMP SHORT 目的标号　　　　　；IP←IP+D8

功能：SHORT 为属性操作符，表明指令代码中的操作数是一个以字节二进制补码形式表示的偏移量，它只能在 −128～+127 取值。指令执行时，转移的目的地址由当前的 IP 值（即跳转指令的下一条指令的首地址）与指令代码中 8 位偏移量之和决定（SHORT 在指令中可以省略）。

2）段内直接近程转移

格式：JMP　NEAR PTR　目的标号　　　　　　　；IP←IP+D16

功能：NEAR PTR 为近程转移的属性操作符。段内直接近程转移指令控制转移的目的地址由当前 IP 值与指令代码中 16 位偏移量之和决定，偏移量的取值范围为-32768～+32767。转移的过程和短程转移过程基本相同（属性运算符 NEAR PTR 在指令中可以省略）。

（2）段内间接转移

格式：JMP　WORD PTR OPR　　　　　　　　；IP←（EA）

功能：OPR 可为存储器或寄存器操作数。将段内转移的目的地址预先存放在某寄存器或存储器的某两个连续地址中，指令中只需给出该寄存器号或存储单元地址，这种方式称为段内间接转移（OPR 为寄存器时，不加 WORD PTR）。

例如，JMP BX 指令是由寄存器间接表示转移的目的地址。设 CS=1000H，IP=3000H，BX=0102H 时，该指令的执行首先以寄存器 BX 的内容取代 IP 的内容，然后，CPU 将转移到物理地址=CS×16+IP=10102H 单元中去执行后续指令。

以上 3 种转移方式均为段内转移，指令执行时，用指令提供的信息修改指令指针 IP 的内容，CS 的值不变。

（3）段间直接转移

格式：JMP　FAR PTR　目的标号　　　　；IP←目的标号的偏移地址

　　　　　　　　　　　　　　　　　　　　CS←目的标号所在段的段基址

功能：FAR PTR 为属性运算符，表示转移是在段间进行。目的标号在其他代码段中，指令中直接给出目的标号的段基址和偏移地址，分别取代当前 IP 及 CS 的值，从而转移到另一代码段中相应的位置去执行（在指令中，FAR PTR 也可不写）。

（4）段间间接转移

格式：JMP　DWORD PTR OPR　　　　　；IP←（EA）

　　　　　　　　　　　　　　　　　　　　CS←（EA+2）

功能：OPR 只能是存储器操作数。指令中由操作数 OPR 的寻址方式确定一个有效地址 EA，指向存放转移地址的偏移地址和段基址的单元，根据寻址方式求出 EA 后，访问相邻的 4 个字节单元，低位字单元的 16 位数据送到 IP 寄存器，高位字单元中的 16 位数据送到 CS 寄存器，从而找到要转移去的目的地址，实现段间间接转移的目的。

说明：

1）指令目的地址若在 JMP 指令所在的代码段内，属段内跳转，指令只修改 IP 内容。指令目的地址若在 JMP 指令所在的代码段外，属段间跳转，CS 及 IP 均要修改。

2）无条件跳转指令的执行结果不影响标志位。

2. 条件转移指令

条件转移指令根据对标志位状态的测试结果来决定程序走向。当满足测试条件时控制程序跳转到目的标号指出的那个目的单元；否则程序依然顺序向下执行。所有的条件跳转指令均是偏移量为 8 位的段内相对寻址方式。实际应用时，当程序跳转范围超过-128～+127B 时，只能采用无条件跳转指令。

条件转移指令共有 18 条，分为 3 类：①根据两个无符号数比较/相减的结果决定是否转移；②根据有符号数的比较/相减结果决定是否转移；③根据单个标志位的值来决定程序是否转移。条件转移指令归纳为表3-11。

表3-11 条件转移指令一览表

名 称			格 式		测 试 条 件
对无符号数	高于/不低于也不等于	转移	JA/JNBE	目的标号	CF OR ZF=0
	高于或等于/不低于	转移	JAE/JNB	目的标号	CF=0
	低于/不高于也不等于	转移	JB/JNAE	目的标号	CF=1
	低于或等于/不高于	转移	JBE/JNA	目的标号	CF AND ZF=1
对带符号数	大于/不小于也不等于	转移	JG/JNLE	目的标号	(SF XOR OF) OR ZF=0
	大于或等于/不小于	转移	JGE/JNL	目的标号	SF XOR OF=0 OR ZF=1
	小于/不大于也不等于	转移	JL/JNGE	目的标号	SF XOR OF-1 AND ZF=0
	小于或等于/不大于	转移	JLE/JNG	目的标号	(SF XOR OF) OR ZF=1
对单个条件标志	等于/结果为零	转移	JE/JZ	目的标号	ZF=1
	不等于/结果不为零	转移	JNE/JNZ	目的标号	ZF=0
	有进位/有借位	转移	JC	目的标号	CF=1
	无进位/无借位	转移	JNC	目的标号	CF=0
	溢出	转移	JO	目的标号	OF=1
	不溢出	转移	JNO	目的标号	OF=0
	奇偶位为1/偶状态	转移	JP/JPE	目的标号	PF=1
	奇偶位为0/奇状态	转移	JNP/JPO	目的标号	PF=0
	符号位为1	转移	JS	目的标号	SF=1
	符号位为0	转移	JNS	目的标号	SF=0

【例题3-18】 设有10个带符号数据存放在以2000H单元为首地址的数据缓冲区中，试编写要求找出其中的最大数并存入2100H单元的程序。

```
MAXSTA: MOV  BX, 2000H    ; 首址 2000H→BX 中
        MOV  AL, [BX]     ; 取第一个数据
        MOV  CX, 9        ; 数据块长度→CX
LAB1:   INC  BX           ; 修改指针，指向下一个数据
        CMP  AL, [BX]     ; 和下一个数相比较
        JGE  LAB2         ; 如果比下一个数大或相等，转LAB2
        MOV  AL, [BX]     ; 如果下一个数大，则将下一个数取至AL中
LAB2:   DEC  CX           ; CX中计数值减1，如不为0，转LAB1
        JNZ  LAB1
        MOV  BX, 2100H    ; 如比较完毕，则将最大数送至2100
        MOV  [BX], AL
```

3. 循环控制指令

循环控制指令又称为迭代控制指令，用来管理程序循环的次数。循环控制指令与一般的条件转移指令相同之处是：也要依据给定的条件是否满足来决定程序的走向，当满足条件时，发生程序转移；若不满足条件时，则顺序向下执行程序。循环控制指令与条件转移

指令不同之处是：循环指令要对 CX 寄存器的内容进行测试，用 CX 的内容是否为 0 作为转移条件，或把 CX 的内容是否为 0 与 ZF 标志位的状态相结合作为转移条件。所有循环指令程序转移的范围只能在 –128～+127B，具有短距离（SHORT）属性。循环控制指令归纳为表 3-12。

表 3-12 循环控制指令

助 记 符	名 称	测 试 条 件
LOOP	循环	CX←CX–1，CX≠0
LOOPE/LOOPZ	相等/结果为 0 时循环	CX←CX–1，CX≠0 且 ZF=1
LOOPNE/LOOPNZ	不等/结果不为 0 时循环	CX←CX–1，CX≠0 且 ZF=0
JCXZ	CX 为 0 时循环	CX=0

由表 3-12 可知，JCXZ 指令执行中不影响 CX 的内容；而其他的循环指令执行时，都先使 CX 寄存器的内容自动减 1，然后再判断 CX 的内容是否为 0，CX≠0 时才可能转移。

【例题 3-19】 在 40 个元素构成的数组中寻找第一个非 0 元素。

```
        MOV   CX, 28H        ; 数组长度为 28H，即 40 个元素
        MOV   SI, 0FFH       ; 数组元素序号从 0 开始，先设为 FFH
NEXT:   INC   SI             ; 当前数组元素序号放在 SI 中
        CMP   BYTE PTR[SI], 0 ; 判断此元素是否为 0
        LOOPZ NEXT           ; 当 ZF=1 且 CX≠0 时再循环，且未找完
                             ;   时，则再寻找
        JNZ   OKK            ; 当找到一个非 0 元素时，转 OKK
        CALL  DISPLAY1       ; 如未找到任何一个非 0 元素，则转显示程序
                             ;   显示出错信息，再返回
        RET
OKK:    CALL  DISPLAY2       ; 如找到非 0 元素，则转显示程序，显示此元
                             ;   素，且返回
        RET
```

说明：

1）循环控制指令所控制的目的地址都是在 –128～+127。

2）在循环控制指令前，一定有对 CX 寄存器设置初值的指令。

3）用 LOOP 指令进行循环延迟，继续循环时访问该指令需用 9 个时钟周期，退出循环指向下一条指令时，需用 5 个时钟周期。由此，程序员只要根据 CX 中设置的循环初值，就可以估计出延迟程序的延迟时间。

4）对 LOOPZ/LOOPE 和 LOOPNZ/LOOPNE 指令，CX 中的值为 0 时，并不会影响标志位 ZF，ZF 是否为 1 是由前面其他指令的执行决定的。举例中的 ZF 是由 CMP 指令设置的，而与 CX 减 1 动作无关。

4. 子程序调用和返回指令

子程序通常是一个完整的、独立的有一定名称（标号）的程序段，它可以多次被其他程序调用，并在这个程序段执行完后可返回原先调用的程序。调用子程序的程序称为主程序。调用子程序的过程如图 3-22 所示。

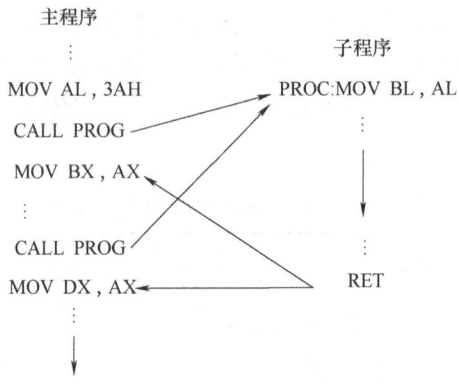

图 3-22 调用子程序的过程

8086 CPU 提供了子程序调用指令 CALL 和返回指令 RET，子程序调用指令归纳为表 3-13。

表 3-13 子程序调用指令

调用类型	寻址方式	格 式	操 作	示 例	说 明
段内调用	直接	CALL proc-name CALL disp16	① IP 入栈 ② IP←IP+偏移量	CALL SUB1	①段内调用 CS 不变 ②FAR PTR 表示段间调用 ③DWORD PTR 表明内存操作数属性为双字，用于段间调用
段内调用	间接	CALL r16/m16	① IP 入栈 ② IP←（r16）/（m16）	CALL BX CALL WORD PTR[BX]	
段间调用	直接	CALL FAR proc-name	① CS 入栈 ② IP 入栈 ③ CS←过程的段地址 ④ IP←过程的偏移地址	JMP FAR PTR NEXT	
段间调用	间接	CALL mem32	① CS 入栈 ② IP 入栈 ③ CS←（EA+1，EA） ④ IP←（EA+3，EA+2）	CALL DWORD PTR[BX]	

返回指令归纳为表 3-14。

表 3-14 返回指令

返回类型	格 式	操 作	说 明
段内	RET	IP 出栈	①格式 RET 参数，允许在返回的同时，修改堆栈指针 ②参数需为偶数
段内	RET 参数	① IP 出栈 ② SP←SP+参数	
段间	RET	① IP 出栈 ② CS 出栈	
段间	RET 参数	① IP 出栈 ② CS 出栈 ③ SP←SP+参数	

➤【例题 3-20】

① CALL   1000H   ；段内直接调用，调用地址在指令中给出
② CALL   BX   ；段内间接调用，调用地址由 BX 给出
③ CALL   2500H：3600   ；段间直接调用，调用的段地址和偏移量都在指令中给出，
                                   在实际编程中是一个远程标号
④ CALL   DWORD PTR [DI]   ；段间间接调用，调用地址在 DI、DI+1、DI+2、DI+3 所指的内
                                   存单元中，前 2 个字节为偏移量，后 2 个字节为段地址

⑤ RET 4 　　　　　　　　　　　；返回断点地址，SP+4 送 SP

说明：

1) 调用指令与 JMP 指令不同，CALL 指令执行时，必须保存 CALL 指令后面的第一条指令地址，即保存断点地址。

2) 目的地址是由汇编程序在汇编时确定的，如果目的地址在段内，属段内调用和段内返回；如果目的地址在段外，属段间调用和段间返回。举例中的目的地址在编程时直接给出。在汇编语言中，不管是段间还是段内返回指令，指令形式仅可写成 RET，是段内调用还是段间调用可用汇编语言中的伪指令给出。

3) 带参数的返回指令可以为 0～FFFFH 范围中的任何一个偶数，不能是奇数。如【例题 3-20】⑤中的参数 4 不能是奇数。

5. 中断指令

中断指计算机暂时中止正在执行的程序而转向处理某件事，处理完后再返回被中止的程序中继续执行的过程。对某件事的处理执行一段例行程序，该程序被称为中断处理程序或中断服务程序。8086/8088 的中断分为内部中断和外部中断。中断指令共有 3 条，归纳为表 3-15。

表 3-15 中断指令

名　称	格　式
中断	INT 中断类型码
溢出中断	INTO
中断返回	IRET

（1）中断指令 INT

格式：INT n 　　　　　　　；SP←SP−2
　　　　　　　　　　　　　　（SP+1），（SP）←FR
　　　　　　　　　　　　　　SP←SP−2
　　　　　　　　　　　　　　（SP+1），（SP）←CS
　　　　　　　　　　　　　　SP←SP−2
　　　　　　　　　　　　　　（SP+1），（SP）←IP
　　　　　　　　　　　　　　IP←（TYPE×4）
　　　　　　　　　　　　　　CS←（TYPE×4+2）

功能：产生一个类型为 n 的软中断，即 IP←（0:4n+1，0:4n）；CS←（0:4n+3，0:4n+2）。

（2）溢出中断指令 INTO

格式：INTO 　　　　　　　　；若 OF=1，则
　　　　　　　　　　　　　　SP←SP−2
　　　　　　　　　　　　　　（SP+1），（SP）←FR
　　　　　　　　　　　　　　SP←SP−2
　　　　　　　　　　　　　　（SP+1），（SP）←CS
　　　　　　　　　　　　　　SP←SP−2
　　　　　　　　　　　　　　（SP+1），（SP）←IP
　　　　　　　　　　　　　　IP←（0010H）

CS←（0012H）

若 OF=0，则溢出中断指令执行空操作

功能：检测 OF 标志位，当 OF=1 时，产生中断类型为 4 的中断；当 OF=0 时，不起作用。

（3）中断返回指令 IRET

格式：IRET   ；IP←（SP+1），（SP）

SP←SP+2

CS←（SP+1），（SP）

SP←SP+2

FR←（SP+1），（SP）

SP←SP+2

功能：从中断服务程序返回断点处，继续执行原程序，用于中断处理程序中。

3.3.6 处理器控制类指令

处理器控制类指令用于控制 CPU 的动作，修改标志寄存器的标志位，实现对 CPU 的管理。共有 12 条指令，归纳为表 3-16。

表 3-16 处理器控制类指令

类型	名称	格式	FR 标志位							
			OF	DF	IF	TF	SF	ZF	AF	PF	CF
对标志位操作	清除进位标志	CLC	※	※	※	※	※	※	※	※	0
	置进位标志为 1	STC	※	※	※	※	※	※	※	※	1
	取反进位标志	CMC	※	※	※	※	※	※	※	※	CF
	清除方向标志	CLD	※	0	※	※	※	※	※	※	※
	置方向标志为 1	STD	※	1	※	※	※	※	※	※	※
	清除中断标志	CLI	※	※	0	※	※	※	※	※	※
	置中断标志为 1	STI	※	※	1	※	※	※	※	※	※
同步控制	等待	WAIT	※	※	※	※	※	※	※	※	※
	交权	ESC	※	※	※	※	※	※	※	※	※
	封锁总线	LOCK	※	※	※	※	※	※	※	※	※
其他	暂停	HLP	※	※	※	※	※	※	※	※	※
	空操作	NOP	※	※	※	※	※	※	※	※	※

1. 对标志位操作指令

（1）对 CF 标志位进行操作的指令有三条

CLC   ；CF←0，将 CF 标志位清 0

STC   ；CF←1，将 CF 标志位置 1

CMC   ；CF←CF，将 CF 标志位求反

（2）对 DF 标志位进行操作的指令有两条

CLD   ；DF←0，将 DF 标志位清 0

STD   ；DF←1，将 DF 标志位置 1

(3) 对 IF 标志位进行操作的指令有两条

CLI　　　　　　　　　　　　　　　；IF←0，将 IF 标志位清 0，关中断
STI　　　　　　　　　　　　　　　；IF←1，将 IF 标志位置 1，开中断

2. 同步控制指令

同步控制指令有 3 条：WAIT 指令、ESC 指令、LOCK 指令。它们的操作均不影响标志位。

（1）等待指令 WAIT

WAIT 指令可使处理器处于空转状态，也可用来等待外部中断发生，但中断结束后仍返回 WAIT 指令继续等待。

（2）处理器交权指令 ESC

这条指令主要用于与协处理器配合工作。当 CPU 读取 ESC 指令后，利用 6 位外部操作码来控制协处理器，使它完成某种指定的操作，而协处理器则可以从 CPU 的程序中取得一条指令或一个存储器操作数。这相当于在 CPU 执行 ESC 指令时，取出源操作数交给协处理器。

（3）封锁总线指令 LOCK

LOCK 不是一条独立的指令，常作为指令的前缀，可位于任何指令的前端。凡带有 LOCK 前缀的指令，在该指令执行过程中，都禁止其他协处理器占用总线，故将它称为总线锁定前缀。

3. 其他控制指令

暂停和空操作两条指令的操作不影响标志位。

（1）暂停指令 HLT

HLT 指令迫使 CPU 暂停执行程序，只有当下面 3 种情况之一发生时，CPU 才退出暂停状态：CPU 的复位输入端 RESET 线上有有效的复位信号；非屏蔽中断请求 NMI 端出现请求信号；可屏蔽中断输入端 INTR 线上出现请求信号，且中断允许标志位 IF=1，CPU 允许中断。

（2）空操作指令 NOP

NOP 指令并不使 CPU 完成任何有效功能，只是每执行一次该指令需要占用 3 个时钟周期的时间，常用来作为延时或取代其他指令调试之用。

课后习题

1. 选择题

（1）下列指令中，不含有非法操作数寻址的指令是（　　）。
　　A．ADC　　[BX]，[3000]　　B．ADD　　[SI] [DI]，BX
　　C．SBB　　AX，BL　　　　　D．SUB　　[3000H]，3000H

（2）以下指令中可以使寄存器 AX 和 CF 同时清零的是（　　）。
　　A．OR　AX，AX　　　　　　B．MOV　AX，0
　　C．SUB　AX，AX　　　　　 D．PUSH　AX

（3）以下指令中不可能改变 CS 内容的是（　　）。
　　A．JCXZ PROG1　　　　　　B．INT 21H
　　C．IRET　　　　　　　　　 D．RET 4

（4）将十进制数 52 以压缩 BCD 码格式送 AL，正确的传送指令是（　　）。

  A．MOV AX，0052H   B．MOV AX，0052

  C．MOV AX，0502H   D．MOV AX，0502

2．填空题

（1）执行 CLD 指令后，串操作地址采用按_____方向修改。

（2）已知（AL）=5EH，（BL）=0FEH，执行指令 SUB AL，BL 后，（AL）=_____，OF=_____。

（3）设（SS）=1EFFH，（SP）=40H，依次执行 PUSH AX，PUSH BX 后，栈顶单元的物理地址为_____H。

3．简答题

（1）8086 有哪些数据类型？它们分别是如何存储的？

（2）8086 指令系统中有哪几种指令格式？

（3）为什么目的操作数不能是立即数？

（4）8086 中无条件转移指令有哪几种类型？请分别举例说明。

4．请指出下列指令中源操作数和目的操作数的寻址方式。

（1）MOV SI，120   （2）MOV [SI]，120

（3）MOV BP，[AX]   （4）MOV BP，AX

（5）PUSH DS   （6）POP BX

（7）AND DL，[BX+SI+30H]   （8）MOV EAX，[EDX]

（9）IMUL AX，BX，67H   （10）JMP LABEL

5．请写出如下程序片段中每条逻辑运算指令执行后标志 ZF、SF 和 PF 的状态：

  MOV AL，0AH

  AND AL，0FH

  OR AL，04BH

  XOR AL，AL

6．请写出如下程序片段中每条算术运算指令执行后标志 CF、ZF、SF、OF、PF 和 AF 的状态：

  MOV AL，54H

  ADD AL，4FH

  CMP AL，0C1H

  SUB AL，AL

  INC AL

7．（DS）=3000H，（SS）=1500H，（SI）=010CH，（BX）=0870H，（BP）=0500H，指出下列指令的目的操作数字段寻址方式，并计算目的操作数字段的物理地址。

（1）MOV [BX]，CX

（2）MOV [1000H]，BX

（3）MOV [BP]，BX

（4）MOV [BP+100]，BX

（5）MOV [BX+100] [SI]，AX

8．请指出如下指令哪些是错误的，并说明原因：

（1）MOV [SP]，BX   （2）MOV CS，BX

（3）POP CS   （4）JMP BX

(5) SUB　　[BP+DI-1000]，AL　　　　(6) SHL AX，CX

(7) XCHG　　ES：[BX]，AL　　　　　(8) LEA AX，[BX+DI]

9. 已知（SS）=2800H，（SP）=0010H，（AX）=0FA0H，（BX）=1002H。下列指令连续执行，请指出每条指令执行后 SS、SP、AX、BX 寄存器中的内容是多少？

　　PUSH　　AX

　　PUSH　　BX

　　POP　　AX

　　POP　　BX

10. 阅读下列各小题的指令序列，在后面空格中填入该指令序列的执行结果：

（1）MOV　　BL，26H

　　　MOV　　AL，95H

　　　ADD　　AL，BL

　　　DAA

　　　AL=_____BL=_____CF=_____

（2）MOV　　AX，1E54H

　　　STC

　　　MOV　　DX，95

　　　XOR　　DH，0FFH

　　　SBB　　AX，DX

　　　AX=_____CF=_____

11. 已知程序段如下：

　　CMP　　AX，BX

　　JNC　　K1

　　JNO　　K2

　　JMP　　K3

假设有以下三组 AX，BX 值，那么在程序执行后，分别转向哪里？

（1）（AX）=E301H，（BX）=8F50H

（2）（AX）=8F50H，（BX）=E301H

（3）（AX）=147BH，（BX）=80DCH

12. 设 DAT1 存放在 AL 的低 4 位，DAT2 存放在 AH 的低 4 位，DAT3 存放在 SI 的低 4 位，DAT4 存放在 SI 的高 4 位。请编写程序段，将这四个数据按如下要求合并存放到 BX 寄存器中。

　　BX

| DAT1 | DAT2 | DAT3 | DAT4 |

13. 请用串操作指令实现将 100～199 这 100 个数从 3000H 开始的内存单元搬到 2134H 开始的内存单元处。

第 4 章 汇编语言程序设计

在第 3 章中，我们详细介绍了 8086 的指令系统。本章中将具体介绍如何利用这些指令编写完整的汇编语言程序。由于程序是以文本的方式编写的，但计算机并不能识别直接文本格式的指令，因此在运行程序前，还需要将这些文本格式的指令"翻译"成机器能识别的二进制代码，之后计算机才能执行。这个翻译的过程称为"汇编"，而完成翻译工作的语言加工程序称为汇编程序。

本章将按照微软公司的宏汇编程序 MASM 作为编译器时对汇编语言源程序的格式要求，来介绍 8086 的汇编语言程序设计方法。

4.1 汇编语言概述

4.1.1 机器语言、汇编语言和高级语言

任何计算机都必须在程序控制之下才能进行有效的工作，根据各种程序编制的需要，产生了各种各样的程序设计语言。各种语言都有自己的特点、优势及运行环境，有自己的应用领域和针对性。从使用者的角度看，计算机程序设计语言一般可分为三种：机器语言、汇编语言和高级语言。

机器语言：任何计算机只能直接识别微处理器规定好的一整套用"0""1"数字代码表示的机器指令。机器语言程序设计就是直接用机器指令来编制计算机程序，不同类型的 CPU，其机器语言是不同的。直接用机器语言编程的方法难度大，阅读、查错和修改程序也很不方便。

汇编语言：是一种面向机器的程序设计语言，和机器语言相比，汇编语言编写程序可以用助记符来表示指令的操作码和操作数，也可以用标号来代替地址、常量和变量，还引入了新的汇编指令——伪指令和宏指令。由于汇编语言不能独立于具体的机器，因而仍属于非通用性的低级程序设计语言，编程的难度及工作量相当大。

高级语言：高级程序设计语言使用了更接近于人的自然语言和习惯的教学语言来描述具体的算法，使编写的程序更加直观和简练。高级语言通常都包含有各种函数计算、字符串处理、数据 I/O 等功能。高级语言是独立于具体机器的，程序员可不必了解机器的指令系统和内部的具体结构，可以把精力集中在正确掌握语言的语法规则和编程算法上。编写的程序很容易被阅读和修改。但无论哪种高级语言，其源程序经编译后所形成的目标程序往往不够紧凑，执行起来也就要花费更多时间。且高级语言的编译程序本身占据内存空间就较大，并要求有充分的外围设备予以支持。

高级语言给人一种"易学易用"的感觉，为什么还要学习和使用汇编语言呢？主要有三点原因：第一，汇编语言非常接近机器语言，通过编制汇编语言程序，可以更清楚

地了解计算机的工作过程。在此基础上,程序设计人员能更充分地利用机器硬件的全部功能,发挥机器长处。第二,在微型计算机系统中,底层的一些功能仍然靠汇编语言程序来实现。例如机器的自检、系统初始化、实际的输入输出操作,至今仍然用汇编语言编制的程序来完成。第三,汇编语言程序比高级语言程序的目标代码短且运行速度快。在要求节省内存空间和提高程序运行速度的重要场合(如实时控制等)常用汇编语言来编制。

4.1.2 汇编语言程序结构

汇编语言程序是由若干个段组成,段由若干条语句组成,每段定义一个段名。下面用一个具体的实例来说明汇编语言程序的格式。

这个程序能在屏幕上显示"HELLO WORLD!"。

我们知道,8086系统的存储器都是分段编址的。相应的,汇编语言的源程序通常也是分段的,程序中可能包含的段有4种:数据段、代码段、堆栈段和附加段,其中代码段是必不可少的。

源程序中的每个段都由一系列的语句行组成。在这些语句中,像"BEGIN:MOV AX,DATA"之类的语句我们是比较熟悉的,因为这些语句的核心部分都是一条指令,汇编程序将指令翻译成机器指令,从而生成目标程序。这种语句称为指令性语句。

程序中的其他语句,都不包含指令,因此也不会被翻译成机器指令。实际上,这些语句中都包含着一个伪指令,用于指导汇编程序怎样去翻译指令语句、怎样去分配内存和初始化存储器等。例如,"DATA SEGMENT"和"DATA ENDS"中伪指令 SEGMENT、ENDS定义了一个名"DATA"的段。这类语句被称为指示性语句,或伪指令语句。

继续细分下去,每个语句都由一些有特定含义的词、数字和界符(如逗号、空格)等元素组成。语句中的词有两类,一类是汇编语言中约定俗成,不能随意改变的,如指令助记符 MOV、寄存器名 AH 等;另一类是由程序员自由命名的,如段名 DATA 等,语句中的数字可以用不同的进制表示,如十进制、十六进制等。汇编语言对这些语句的基本元素都有一定的格式要求。

4.2 汇编语言语句的组成

本节介绍汇编语言程序的语句中含有哪些元素，这些元素具有什么功能，以及如何使用它们。

4.2.1 字符集

在宏汇编中，源程序允许使用的字符包括：
① 字母，包括大写字母 A～Z 和小写字母 a～z。
② 数字，包括 0～9。
③ 特殊字符，包括+、-、*、/、、=、()、[]、<>、;、,、'、"、.、:、? 、@、$、&及空格、制表符、回车、换行等。

在汇编语言中，除了字符串，字母都是不区分大小写的，例如，MOV 和 mov 是一样的，但字符串 'A' 和 'a' 则有区别，'A'=41H，'a'=61H。编写程序时，程序中一系列相连的空格、制表符效果相当于一个空格；一系列相连的回车换行相当于一次回车换行。通常利用它们来对齐程序，使程序更美观易读。在程序中，分号 ";" 后一直到行尾的内容都是注释。注释是对当前的语句或程序段的解释，它能让程序更易于读懂。在汇编过程中，汇编程序并不理会这些注释。另外，字符 "&" 若用于某行的开头，则表示该行是上一行的续行，汇编程序把它当成空格，而把换行去掉。例如，语句

ASSUME   CS:CODE, DS:DATA,
&   SS:STACK, ES: EXTRA

与下面的语句完全相同：

ASSUME   CS:CODE, DS: DATA, SS: STACK, ES:EXTRA

4.2.2 保留字与标识符

1. 保留字

保留字是在汇编语言中有特定意义的词。保留字可分成以下几类：
① 指令助记符及指令前缀，如 MOV、ADD、REP 等。
② 寄存器名，如 AX、BX、CL 等。
③ 伪指令助记符，如 DB、SEGMENT 等。
④ 其他保留字，包括运算符、操作符等，如 EQ、LT、OFFSET、SEG 等。

2. 标识符

标识符是由程序员自由建立起来的，有特定意义的字符序列，如变量名、标号、段名、过程名、由符号定义伪指令所定义的符号名等。标识符有一定的命名规则：
① 标识符必须由字母、数字和几个特殊字符（包括_、@、$、?、:）组成，而且第 1 个字符不能是数字（否则可能与十六进制的数字混淆）。
② 标识符不能与某个保留字相同，以免混淆。
③ 尽量用有意义的英文单词或缩写来命名，以增加程序的可读性。

4.2.3 常量、变量与标号

1. 常量

常量是一个固定的数值，它在整个程序运行的过程中都不会改变。常量分数字常量和

字符串常量两种。

1）数字常量。在宏汇编中，数字常量只能是整数。数字可以用二、八、十、十六进制来表示，但需在数值的最后接上字母 B、Q、D、H 加以区分。如果不加字母区分，则默认为十进制数。另外，对于十六进制数，如果常量是以 A~F 开头，则必须在前面加 "0"，否则会与标识符混淆。

2）字符串常量。字符串常量是用单引号或双引号引起来的一个或多个 ASCII 字符。汇编程序把字符串当成一系列的字节，每个字节的值等于对应字符的 ASCII 码值。如字符串 'A' 相当于 41H（1B），字符串 '12' 相当于 31H、32H（2B）。只有在初始化存储器的时候才能使用长度超过 2B 的字符串常量，例如，在 4.1.2 小节的例子中，数据段中就定义了一个字符串常量 'HELLO WORLD!'。

2. 变量

变量与常量不同，它是存放在存储器中的操作数，指令可以通过变量的地址来访问该变量。在程序中给变量命名，以后就可以通过变量的名字来访问它。一个变量具有 3 个属性：

1）段属性（SEG）：即变量所在的段的基地址。
2）偏移量属性（OFFSET）：即变量相对于段的起始地址的偏移量。
3）类型属性（TYPE）：包括 BYTE（字节）、WORD（字）、DWORD（双字）、FWORD（6B）、QWORD（8B）、TBYTE（10B）等。

3. 标号

标号是一条指令性语句的起始地址。编程时，有时需要程序转向一条指令语句，这时就可以为该指令语句设置标号。这些标号可以直接作为转移类指令（如 JMP、CALL 等）的操作数，即转移地址。标号与变量相似，都是对应于存储单元中的一个地址，不过，变量对应的地址中存放的是数据，而标号对应的地址则存放指令。标号也有 3 个属性，即段属性、偏移量属性和类型属性。

1）段地址（SEG）：与标号对应的指令首字节所在的段地址。
2）偏移地址（OFFSET）：与标号对应的指令首字节所在的偏移地址。
3）类型（TYPE）：标号的类型属性有两种，即 NEAR 和 FAR 类型。当标号定义成 NEAR 类型，则表示标号是近标号，只能在本段内被引用；当标号定义成 FAR 类型，表示标号是远标号，可以在段间引用。例如，在指令：

AGAIN：…
LOOP　　AGAIN

中，给指令加上标号 AGAIN 之后，LOOP 指令的操作数就可以直接用这个标号。在编程过程中，可以不去理会这个标号的实际地址偏移量，因为汇编程序会根据标号的属性，来确定指令的真正转移地址。

4.2.4 表达式及运算符

表达式常作为指令或伪指令的操作数，由运算对象和运算符组成。在汇编时由汇编程序对它进行运算，运算对象可以是常数、变量和标号，运算结果可以是常数，也可以是存储器的地址，若该地址中存放的是数据则称它为变量，若该地址中存放的是指令则称它为标号。

汇编语言中有 6 类运算符，即：①算术运算符（Arithmetic Operators），②逻辑运算符

(Logical Operators)，③关系运算符（Relational Operators），④属性运算符（Modifing attribute Operators），⑤分析运算符（Analytic Operators），⑥其他运算符（Other Operators）。

1. 算术运算符

算术运算符包括加（+）、减（−）、乘（*）、除（/）、取模运算（MOD）五种。加（+）、减（−）、乘（*）、除（/）是读者十分熟悉的算术运算符。取模运算（MOD）是取两数相除的余数，但运算对象必须为正整数。例如：

92 MOD 16　　结果为 12（相当于取低 4 位的值）
97H MOD 20H　结果为 23（相当于取低 5 位的值）
33H MOD 7　　结果为 2

算术运算符既可用于数字表达式，也可用于地址表达式。但只有有明确物理意义的地址表达式才是被允许的。例如，对于在同一个段中的两个地址可以相减，结果表示两个地址的相对偏移量。另外，一个地址也可以加上或减去一个常数。下面几个地址表达式都是有效的（假设 ADDR1 与 ADDR2 在同一个段中）：

ADDR1−ADDR2
ADDR1+1
ADDR2−2

但是，两个地址不能相加；地址不能进行乘、除操作；常数减去一个地址的结果是没有意义的；处在不同段中的两个地址也不能相减。以下几个地址表达式都是无效的（假设 SEG1_A 与 SEG2_B 不在同一个段中）：

ADDR1+ADDR2
ADDR1*ADDR2
ADDR1/2
100−ADDR1
SEG1_A−SEG2_B

➡【例题 4-1】源程序包含除法、减法、模运算和移位运算的表达式。

```
DATA            SEGMENT
KA              EQU   800        ；EQU 是伪指令
DATA            ENDS
CODE            SEGMENT
MOV BX,         KA−80
MOV AX,         KA   MOD 100
MOV CX,         KA/100
MOV DH,         01100100B  SHR  2
                       M
CODE            ENDS
```

在【例题 4-1】中含有表达式 KA−80、KA MOD 100、KA/100 和 01100100B SHR 2，汇编时，汇编程序对表达式进行计算，汇编后相应的指令变成：

MOV　BX, 720
MOV　AX, 0
MOV　CX, 8
MOV　DH, 19H

2. 逻辑运算符

逻辑运算符包括 AND（与）、OR（或）、XOR（异或）、NOT（非）、SHL（逻辑左移）、SHR（逻辑右移）6 种运算操作，是按位运算的，只能对常数进行运算，其结果也是常数。

【例题 4-2】 AND、OR、NOT、XOR 逻辑运算的表达式。

```
DATA      SECMENT
PORT      EQU    81H                    ; PORT 为输入端口号
DATA      ENDS
CODE      SEGMENT
          MOV    AL, NOT  0FFH          ; 含有表达式 NOT 0FFH
          MOV    BL, 8CH  AND  73H      ; 含有表达式 8CH AND 73H
          MOV    AH, 8CH  OR   73H      ; 含有表达式 8CH OR 73H
          MOV    CH, 8CH  XOR  73H      ; 含有表达式 8CH XOR 73H
                    ⋮
          IN     AL, PORT
          AND    DX, PORT AND 0FEH      ; 含有表达式 PORT AND 0FEH
          OUT    DX, AX                 ; DX 为输出端口号
                    ⋮
CODE      ENDS
```

在【例题 4-2】中含有 AND、OR、NOT、XOR 表达式，汇编时，汇编程序对表达式进行计算，汇编后相应的指令变成：

```
MOV       AL, 0
MOV       BL, 0
MOV       AH, 0FFH
MOV       CH, 0FFH
IN        AL, PORT
AND       DX, 80H
OUT       DX, AX
```

需要注意的是，这些运算符与 8086 指令系统中的逻辑操作指令的助记符写法相同，但它们之间有很大的区别：逻辑运算符是在汇编阶段就计算出来的，而指令要在程序运行时才计算。另外，它们的格式也不相同。例如，对于语句：

```
AND       AL,12H AND 34H
```

汇编程序先求出表达式"12H AND 34H"的值（=10H），然后再把指令"AND AL，10H"翻译成机器指令。逻辑运算符只能用于数字表达式，不能用于地址表达式。

3. 关系运算符

关系运算符包括 EQ（Equal，相等）、NE（Not Equal，不等）、LT（Less Than，小于）、LE（Less than or Equal，小于或等于）、GT（Great Than，大于）、GE（Great than or Equal，大于或等于）6 种。关系运算符用于比较两个常数的大小关系，如果关系为真，则运算结果为 0FFFFH；如果为假，则运算结果为 0。例如：

```
MOV       BX,1 EQ 2          ; 1 EQ 2=0，BX←0
MOV       AX,(3 LT 4)AND 1   ; 3 LT 4=0FFFFH,0FFFFH AND 1=1，AX←1
```

关系运算符只能用于数字表达式，不能对地址进行运算。

4. 属性运算符

也称作综合运算符。属性运算符共有六种：段操作符、PTR、THIS、HIGH、LOW、SHORT。在程序运行过程中，通过属性运算符来修改变量或标号的属性，包括段属性、偏移地址属性、类型属性等。

（1）段操作符

格式：段前缀：变量或地址表达式

段前缀有段寄存器 CS、DS、ES、SS 后跟冒号"："，用来表示某个变量或地址被修改到哪个段寄存器提供的段基址中。例如：带段操作符的指令 MOV AX，ES：[SI]，若原来 [SI]操作数在 DS 段中，而现在的[SI]操作数则在 ES 段中。

（2）类型重新指定操作符 PTR

格式：数据类型　　PTR　　变量
　　　转移距离　　PTR　　标号

功能：将 PTR 左边的类型（或距离）属性赋给右边的变量（或标号）。

注意：PTR 本身并不分配存储单元，仅给已分配的存储单元赋予新的属性，这样可以保证运算时操作数类型的匹配，PTR 能修改或指定的数据类型包括 BYTE、WORD、DWORD、FWORD、QWORD、TBYTE，能修改的转移类型包括 NEAR 或 FAR。这是程序设计中常用的运算符。

↘【例题 4-3】带 PTR 表达式的变量。

```
DATA      SECMENT
CC1       DB        16H, 36H
CC2       DW        1122H, 3344H
DATA      ENDS
CODE      SEGMENT
LL1:      MOV       AX, WORD PTR CC1        ; ①
          MOV       BL, BYTE PTR CC2        ; ②
          MOV       BYTE PTR [BX],10H       ; ③
          MOV       WORD PTR [BX], 10H      ; ④
          M
          JMP       FAR  PTR  LL1           ; ⑤
          M
CODE      ENDS
```

在【例题 4-3】程序的数据段中把 CC1 定义成字节变量，CC2 定义成字变量。在代码段中指令①为了使 CC1 类型转换成字与 AX 类型匹配，使用了 PTR 表达式：WORD PTR CC1。指令②为了使 CC2 类型转换成字节与 BL 类型匹配，使用了 PTR 表达式：BYTE PTR CC2。同理，运用了 PTR 表达式，指令③把 10H 以字节存储，指令④把 10H 以字存储。指令⑤用 PTR 来改变距离属性，在 JMP 语句中将标号 LL1 改为 FAR。

（3）类型指定操作符 THIS

格式：变量　　EQU　　THIS　　类型
　　　标号　　EQU　　THIS　　距离

功能：THIS 与 EQU 一起将 EQU THIS 右边的类型赋给左边的变量或将 EQU THIS 右

边的距离赋给左边的标号。例如：

DATA1　EQU　THIS BYTE
TABLE　DW　200 DUP(?)

这里 DATA1 的偏移地址与 TABLE 的偏移地址相同，但 DATA1 变量为字节类型，而 TABLE 变量为字类型。

又如：

LL1　　EQU　THIS FAR
LL1:　MOV　AX, 100

这里的指令 MOV AX, 100 前有标号 LL1，并赋予 FAR 属性，允许其他段的 JMP 指令跳到本标号地址 LL1 上。

（4）短转移操作符 SHORT

格式：SHORT 标号

功能：SHORT 用来指出转移类指令中目的地址的属性，并规定要转的目的地址与本指令之间距离在 –128～+127，一般用在 JMP 指令中。例如：

LL1:　JMP　SHORT　LL2
　　　⋮
LL2:　MOV　BX,0

"SHORT　LL2" 表达式指出 LL1 与 LL2 之间距离在 –128～+127。

（5）字节分离运算符 HIGH 和 LOW

格式：HIGH　　变量或标号
　　　LOW　　变量或标号

功能：对一个数或地址表达式，HIGH 从中分离出高位字节，LOW 分离出低位字节。

↘【例题 4-4】带 HIGH 和 LOW 表达式的变量。

DATA　　SEGMENT
BB1　　EQU　1234H
BB2　　EQU　0A0B0H
DATA　　ENDS
CODE　　SEGMENT
　　　　MOV AH, HIGH　BB1
　　　　MOV BL, LOW　BB2
CODE　　ENDS

【例题 4-4】程序代码段中的指令在汇编时形成下列指令：

MOV AH, 12H

MOV BL, 0B0H

注意：HIGH 和 LOW 只能用于常量或结果为常量的表达式中，不能用于变量或寄存器，例如，类似 "HIGH AX" 的写法是错误的。

5. 分析运算符

又称数值返回运算符，分析运算符包括 OFFSET、SEG、TYPE、LENGTH、SIZE 5 种。它们加在变量或标号前，返回运算对象的某个参数值，即返回偏移地址值、段地址值、类型属性以及变量包含的单元数。

（1）OFFSET

格式：OFFSET 变量或标号

功能：OFFSET 返回标号或变量的偏移地址值，这是程序设计中常用的运算符。

◆【例题 4-5】用 OFFSET 返回标号或变量偏移地址值的表达式。

```
DATA     SEGMENT
            M
DAT1     DB    81H
DATA     ENDS
CODE     SEGMENT
            MOV   SI, OFFSET  LAB1
            M
LAB1:    MOV   BX, OFFSET  DAT1
            M
CODE     ENDS
```

在【例题 4-5】中 DAT1 为数据段中一个变量名，MOV BX, OFFSET DAT1 为代码段中的一条指令，它的源操作数是 OFFSET DAT1，汇编程序将变量 DAT1 的偏移地址求出并作为该指令的源操作数，整个指令的作用是把变量 DAT1 的偏移地址送到 BX 中。LAB1 为代码段中一个标号，OFFSET LAB1 是"MOV SI, OFFSET LAB1"指令的源操作数，汇编程序同样将标号 LAB1 的偏移地址求出并作为该指令的源操作数。

（2）SEG

格式：SEG   变量或标号

功能：SEG 返回标号或变量的段基值。

如果把【例题 4-5】中的指令"MOV BX, OFFSET DAT1"改为"MOV BX, SEG DAT1"，则把 DATA 数据段的基址送到 BX 中，把指令"MOV SI, OFFSET LAB1"改为"MOV SI, SEG LAB1"，则把 CODE 代码段的基址送到 SI 中。

（3）TYPE

格式：TYPE   变量或标号

功能：TYPE 加在变量前，返回变量的类型属性；TYPE 加在标号前，返回标号的距离属性。变量或标号的返回值见表 4-1。

表 4-1 TYPE 运算符返回值

项目	变量					标号	
类型	DB	DW	DD	DQ	DT	NEAR	FAR
返回值	1	2	4	8	10	−1	−2

◆【例题 4-6】TYPE 加在变量和标号前的表达式。

```
DATA     SEGMENT
AA1      DB           20H, 30H
AA2      DW           0438H
AA3      DD           ?
DATA     ENDS
CODE     SEGMENT
LL1:     MOV          AH, TYPE AA1
```

```
                MOV         BH, TYPE AA2
                ADD         AL, TYPE AA3
                MOV         BL, TYPE LL1
CODE            ENDS
```

在【例题 4-6】中含有 TYPE 表达式，汇编时，汇编程序对表达式进行计算，汇编后相应的指令变成：

```
LL1:    MOV     AH, 1
        MOV     BH, 2
        ADD     AL, 4
        MOV     BL, 0FFH
```

（4）LENGTH

格式： LENGTH 变量

功能：当变量中使用 DUP 时，LENGTH 返回该变量所含数据的个数（不是字节数），否则返回 1。

↘【例题 4-7】LENGTH 加变量的表达式。

```
DATA    SEGMENT
BB1     DW          100 DUP (?)
BB2     DW          1, 2, 3
BB3     DB          'A B C D'
DATA    ENDS
CODE    SEGMENT
        MOV         CX, LENGTH    BB1
        MOV         BL, LENGTH    BB2
        MOV         AL, LENCTH    BB3
CODE    ENDS
```

在【例题 4-7】中含有 LENGTH 表达式，汇编时，汇编程序对表达式进行计算，汇编后相应的指令变成：

```
MOV     CX, 100     ;返回此变量包含 100 个字数据
MOV     BL, 1
MOV     AL, 1
```

（5）SIZE

格式：SIZE 变量

功能：SIZE 运算符加在变量前，返回该变量包含的总字节数。

SIZE、LENGTH、TYPE 三者之间的关系是：SIZE= LENGTH×TYPE

把【例题 4-7】中含有 LENGTH 表达式改为 SIZE 表达式，即：

```
MOV     CX，SIZE   BB1
MOV     BL，SIZE   BB2
MOV     AL, SJZE   BB3
```

汇编时形成指令：

```
MOV     CX，200     ;返回此变量包含 200 个字节单元
MOV     BL,2
MOV     AL,1
```

6. 其他运算符

其他运算符如圆括号、尖括号、方括号、圆点符、WIDTH、MASK 等，这里不作详细介绍。

表达式和运算符在使用的过程中应注意以下两点：

（1）注意表达式中各运算符和操作符的优先级

在汇编语言中各种运算符和操作符的优先级从高到低排列见表 4-2。

表 4-2 运算符的优先级

优 先 级	运 算 符
1（最高）	0, []
2	LENGTH, SIZE
3	PTR, THIS, SEG, OFFSET, TYPE
4	HIGH, LOW
5	*, /, MOD, SHL, SHR
6	+, -
7	EQ, NE, LT, LE, GT, GE
8	NOT
9	AND
10	OR, XOR
11（最低）	SHORT

（2）注意数制统一

计算时必须将数据统一成同一进制数表示，有时往往需要化为二进制数才能写出结果。

4.3 伪指令语句

在汇编语言中，语句可分为两大类：指令性语句和指示性语句。指令性语句包含指令，会被汇编程序翻译成机器指令；指示性语句不含指令，但包含伪指令，能指导汇编程序完成翻译工作。

伪指令语句没有对应的机器代码，经汇编程序汇编后并不产生目标代码，它并不能像指令性语句那样由 CPU 来执行，而是由汇编程序对源程序在汇编期间进行处理的。其主要功能是完成变量的定义、存储器的分配、段结构的定义、段的分配、过程的定义、程序开始和结束的指示等。指示性语句的一般格式为：

[名字]   伪指令符   操作数，操作数，…   [；注释]

1）名字：对不同的伪指令，名字的作用是不同的。如在数据定义伪指令中，它是变量名；在段定义伪指令中，它则是段名。名字后面不能加冒号，它与指令的标号不同，并不代表指令地址，因为指示性语句是不会编译成机器指令的。

2）伪指令符：伪指令符指定汇编程序要完成的具体操作，如数据定义伪指令 DB、DW、DD，段定义伪指令 SEGMENT、ENDS，等等。

3）操作数：伪指令后面的操作数可以是常量、变量或表达式等，不同伪指令的操作数个数不同。

4）注释：用于说明、解释当前语句的作用，使程序更清晰易懂。

从作用上看，常用的伪指令有：
1）处理器选择伪指令。
2）数据定义伪指令，包括 DB、DW、DD、DF、DQ、DT。
3）符号定义伪指令，包括 EQU、=。
4）段定义伪指令 SEGMENT、ENDS。
5）段组定义伪指令 GROUP。
6）假定伪指令 ASSUME。
7）地址对准伪指令 ORG、EVEN、ALIGN。
8）定义符号名伪指令 LABEL。
9）过程定义伪指令 PROC、ENDP。
10）源程序结束伪指令 END。
11）高级数据结构定义伪指令。

4.3.1 处理器选择伪指令

在 80×86 系列的处理器中，不同处理器的指令系统并不完全相同，高档的处理器总比低档的处理器增加一些新的指令。对于不同的处理器指令，或相同处理器工作在不同的模式下，汇编程序的编译过程是不一样的。因此，在程序的最开始，必须先通过伪指令告诉汇编程序所用的处理器，以及处理器的工作模式。处理器选择伪指令包括：

① 8086：选择 8086 指令系统。
② 286：选择 80286 指令系统。
③ 286P：选择 80286 指令系统，且系统工作在保护模式下。
④ 386：选择 80386 指令系统。
⑤ 386P：选择 80386 指令系统，且系统工作在保护模式下。
⑥ 486：选择 80486 指令系统。
⑦ 486P：选择 80486 指令系统，且系统工作在保护模式下。
⑧ 586：选择 Pentium 指令系统。
⑨ 586P：选择 Pentium 指令系统，且系统工作在保护模式下。

此外，还有协处理器选择伪指令，如.8087、.287、.387 等。
如果程序没有使用伪指令来选择处理器，则默认使用 8086 的指令系统。

4.3.2 数据定义伪指令

数据定义伪指令的作用是为变量分配存储空间。其一般格式为
[变量名]伪指令符   操作数，操作数，…   [；注释]
其中，变量名必须是一个合法的标识符，变量名是可选的。伪指令符主要有以下几种：

1）**DB**（字节定义）：每个操作数占 1B。
2）**DW**（字定义）：每个操作数占 1 个字，即 2B。操作数在存储单元中遵循"高地址存放高位字节"的原则。
3）**DD**（双字定义）：每个操作数的长度为双字，即 4B，同样遵循"高地址存放高位字节"的原则。
4）**DF**（6 字节定义）：每个操作数的长度为 6B。

5）DQ（4字定义）：每个操作数的长度为4字，即8B。
6）DT（10字节定义）：每个操作数的长度为10B。

【例题4-8】 操作数是常数、表达式、字符串数据的定义。

```
NUM      DW   12H, -1              ; 定义两个字，其中-1相当于0FFFFH
STRING   DB   'HELLO', 0DH, 0AH    ; 定义7B的字符串
NUM32    DD   12345H+6789AH        ; 等价于 NUM32  DD 79BDFH
```

有时并不需要对存储单元初始化，这时候可以用问号"？"来作为操作数，还可以用带重复操作符"DUP"的表达式来作为操作数。DUP操作符的格式为：

重复的次数　　DUP　　（重复的内容）

例如：

```
ARRAY    DB   3 DUP(1, 2)          ; 等价于 ARRAY DB 1,2,1,2,1,2
BUF_W    DW   100  DUP(?)          ; 定义100个字，但不初始化
ARRAY2   DB 2 DUP (1,3 DUP (0))    ; 等价于 ARRAY2 DB 1,0,0,0,1,0,0,0
```

对于伪指令DW和DD，其操作数还可以是地址表达式，如变量、标号等。汇编程序在初始化存储单元时，自动把地址的偏移量（使用DW时）或整个地址（使用DD时）存入相应存储单元中。例如（假设ADDR1为某个指令语句的标号）：

```
DATA1    DW   ADDR1+1              ; 把ADDR1偏移量加1后存放到DATA1对
                                     应的存储单元中
DATA2    DD   DATA1                ; 把DATA1的偏移量和段地址存放到DATA2
                                     对应的存储单元中，其中偏移量放低地址，
                                     段地址放高地址
```

4.3.3 符号定义伪指令

1. 等价伪指令 EQU

格式：标识符　EQU　操作数

功能：用来给操作数（可以是变量、标号、常数、指令、表达式等）定义一个标识符，程序中用到EQU左边的标识符时可用右边的操作数代替，在同一个程序模块中，一经定义不能重新再定义。

汇编时，汇编程序并不给符号名分配存储空间，而只是把表达式代回到程序中有符号名的地方。在程序中，给表达式定义符号名之后，就可以直接用符号名来代替表达式，这使得程序的编写更加简洁明了，同时也增强了程序的可读性和通用性。例如：

```
NUM      EQU   12                  ; 给数值定义符号名
NUM2     EQU   NUM+10               ; 给12+10=22定义符号名
ADDR     EQU   DS:[BX+SI]           ; 给寻址表达式定义符号名
COUNT    EQU CX                     ; 给寄存器CX定义符号名
CLEAR    EQU XOR AX, AX             ; 给指令定义符号名
```

2. 解除伪 PURGE

当某标识符用PURGE语句解除后，就可以用EQU重新定义。EQU伪指令是不能直接对一个符号名重定义的，重定义前必须先用伪指令PURGE来解除。PURGE的格式为：

PURGE　符号名，符号名，…

例如，先解除上例中定义的符号名：
PURGE　　NUM,NUM2,ADDR,COUNT,CLEAR
之后，就可以对它们重定义了，例如：
COUNT　　EQU CL

3. 等号伪指令=

等号伪指令与 EQU 相似，也能为常量、表达式及其他各种符号定义一个等价的符号名，其格式为：

符号名=表达式

等号伪指令允许对符号名多次重复定义，且以最后一次定义的值为准。例如：

```
CONST=1            ;给数值 1 定义符号名 CONST
ADDR= [BP+DI]      ;给寻址表达式定义符号名 ADDR
CONST=0            ;重定义 CONST
```

4.3.4　段定义伪指令 SEGMENT 和 ENDS

1. 段结构定义伪指令 SEGMENT、ENDS

格式：

```
段名    SEGMENT    [定位方式][组合方式]['类名']
        …          ;段中的内容
段名    ENDS
```

功能：将一个逻辑段的内容定义成一个整体。

格式中，段名是为该段起的名字，它表示该段在存储器中的起始位置，即段基地址。SEGMENT 和 ENDS 两个伪指令中的段名必须相同，它们分别表示一个段的开始和结束。例如，若程序中定义了一个段：

```
DATA    SEGMENT
        VAR    DB    ?
DATA    ENDS
```

则以下两条指令的功能是相同的，都能将该段的段地址赋给 AX：

```
MOV    AX, DATA
MOV    AX, SEG VAR
```

SEGMENT 伪指令还可以指明所定义的段的定位方式、组合方式、使用类型和类名。这几项属性都是可选的，空缺时则采用默认方式。

（1）定位方式

定位方式是针对段的起始物理地址而言，它影响该段在存储器中的起始边界。定位方式共有 5 种：

1）BYTE：表示该段可以从任意的绝对地址开始，如起始物理地址为 12345H。

2）WORD：表示该段可以从任何一个字的边界开始，即从偶地址开始，如起始物理地址为 12346H。

3）DWORD：表示该段可以从任何一个双字的边界开始，即起始地址为 4 的倍数，如起始物理地址为 12348H。

4）PARA（默认方式）：表示该段必须从存储器的 16B 的边界开始，即段的起始地址能被 16 整除，如起始物理地址为 12340H（最后一位为 0）。

5）PAGE：表示该段的起始地址必须能被 256 整除，如起始物理地址为 12300H（最后两位为 0）。

（2）类名

类名是一个字符串，必须用单引号括起来。如果程序由多个模块组成，那么连接程序在连接定位时，会将各个程序模块中具有相同类名的逻辑段组合在一起，形成一个完整的物理段。

（3）组合方式

"组合方式"用于指定同类名段的组合方法。主要的组合方式有 NONE（默认方式）、PUBLIC、COMMON、STACK、MEMORY 和 AT 表达式等。各自的作用说明如下：

1）NONE：与组合类型参数省略时相同。

2）PUBLIC：表示该段与其他模块中的同名段连接时，在满足定位类型的前提下依次由低地址到高地址连接起来，连接的顺序由连接程序 LINK 确定。

3）COMMON：该段在连接时与其他模块中的同名段有相同的起始地址，采用覆盖的方式在存储器中存放，连接长度为各分段中最大长度。

4）AT 表达式：定位该段的起始地址在表达式所指定的节（16 的整数倍）边界上。一般情况下，各个逻辑段在存储器中的位置由系统自动分配，当用户要求某个逻辑段在指定节的边界上时，就要用 AT 参数来实现。AT 不能用来指定代码段。

5）STACK：指定该段为堆栈段，此参数在堆栈段中不可省略，多个模块只需设置一个堆栈段，各个模块中的堆栈段采用顺序连接方式组合。

6）MEMORY：当有几个逻辑段连接时，本逻辑段定位在地址最高的存储区。当有多个 MEMORY 逻辑段连接时，除第一个带 MEMORY 参数的逻辑段外，其他带此参数的同名段按照 COMMON 方式处理。

2. 段分配伪指令 ASSUME

格式：

ASSUME 段寄存器：段名[，段寄存器：段名，…]

功能：用来告诉汇编程序段与段寄存器的对应关系。ASSUME 伪指令能告诉汇编程序，在翻译指令时遇到的标号、过程及变量究竟在哪个段中，只有知道它们的段属性，汇编程序才能正确地把指令语句翻译成机器指令。例如：

```
DATA1     SEGMENT
          DB    100   DUP(?)
VAR1      DB    ?      ; VAR1 的偏移量是 100
DATA1     ENDS
DATA2     SEGMENT
VAR2      DB    ?      ; VAR2 的偏移量是 0
DATA2     ENDS
CODE      SEGMENT
          ASSUME    CS: CODE, DS : DATA1, ES : DATA2, SS :NOTHING
BEGIN:    MOV       AX, DATA1
          MOV       DS, AX           ; 初始化 DS
```

```
        MOV    AX, DATA2
        MOV    ES,AX           ；初始化 ES
        MOV    AL, VAR1
        MOV    VAR2 , AL
        …
```

用 ASSUME 伪指令假定 DATA1 是数据段，DATA2 是附加段，当遇到指令"MOV AL，VAR1"时，汇编程序就知道 VAR1 是数据段中的变量，将其翻译成指令"MOV AL，[100]"的机器代码（访问数据段中的数据无须段超越）；当遇到指令"MOV VAR2，AL"时，汇编程序认为 VAR2 是附加段中的变量，将其翻译成指令"MOV ES：[0]，AL"的机器代码（数据在附加段中，因此需要段超越）。显然，如果没有 ASSUME 语句，汇编程序就不能准确地编译这一类指令。

需要注意的是，ASSUME 伪指令只起指示作用，告诉汇编程序怎样编译含有存储器寻址操作或含有地址转移操作的指令，但 ASSUME 伪指令并不修改各个段寄存器的值，即没有完成各个段寄存器的初始化工作。在上面的例子中，还要利用 MOV 指令把 DATA1 和 DATA2 两个段的段地址分别赋给 DS 和 ES。

另外，如果在程序中无须用到某个段寄存器，那么可以用关键字 NOTHNG 代替段名，当然也可以省去不写，如上面例子中对 SS 的指定"SS：NOTHING"可有可无；对于之前已经指定过的某个段寄存器，也可以用 NOTHING 代替段名来取消指定。

3. 段组定义伪指令 GROUP

格式：

段组名　　GROUP　　段名，段名，…

功能：将几个不同段名的段，合并成一个段组，并为该段组命名。

汇编程序在编译程序时，会把段组中所有的段放在同一个物理段中（连续的不超过 64KB 的内存中），而段组名则相当于这个物理段的段基址。这样，段组中的各个段可以看成是在同一个段内，因此，程序中，可以使用同一个段基址来访问段组中不同的段。

例如，假设在程序中定义了两个数据段如下：

```
DATA1      SEGMENT    ；数据段 DATA1
A          DB    ?
DATA1      ENDS
DATA2      SEGMENT    ；数据段 DATA2
B          DB    ?
DATA2      ENDS
```

如果需要访问数据段 DATA1 中的变量 A，必须先将 DATA1 的段基址赋给 DS：

```
MOV    AX, DATA1
MOV    DS,AX
```

如果接下来需要访问 DATA2 中的变量 B，又得将 DATA2 的段基址赋给 DS。当程序需要多次交替访问 A 和 B 时，这种方法是很麻烦的。但是，如果使用 GROUP 将两个数据段组合起来：

DATAGROUP　　GROUP　　DATA1, DATA2

那么，只需将段组的段基址赋给 DS：

```
MOV     AX, DATAGROUP
MOV     DS,AX
```
之后，就可以直接访问变量 A 和 B 了：
```
MOV     AL,A
MOV     AH,B
```

4.3.5 过程定义伪指令 PROC 和 ENDP

格式：
过程名   PROC   [过程属性]
          …
          RET   ;返回指令
过程名   ENDP

功能：用于定义一个过程。其中过程属性可以是 NEAR 或 FAR，默认属性为 NEAR。

如果过程是 NEAR 类型，则是段内调用，用 CALL 指令调用该过程时，只将 IP 入栈，然后把过程的偏移量赋给 IP，而 CS 的值不变，用 RET 指令返回时只弹出 IP 一个字，返回 CALL 指令的下一条指令。

如果过程是 FAR 类型，则是段间调用，用 CALL 指令调用过程时，需要将 CS 和 IP 依次入栈，然后把过程的段地址和偏移量分别赋给 CS 和 IP；用 RET 指令返回时也需要弹出 IP 和 CS。

4.3.6 程序开始与结束伪指令

这类伪指令语句共有 4 条：NAME、TITLE、ORG 和 END。

1. 目标模块命名伪指令 NAME

格式：
NAME   程序名
TITLE   文本名

功能：为源程序目标模块赋一个程序名。

NAME：伪指令助记符，放在程序开始，在输出汇编语言源程序的列表文件时，在每一页的开头打印出该程序名。若源程序中省略 NAME 伪指令，则汇编程序把源程序文件名作为目标模块的程序名。

TITLE：功能与 NAME 伪指令基本相同，将文本名赋给源程序目标模块作名字。

2. 定位伪指令 ORG

格式：
ORG   表达式

功能：给汇编语言程序设置指令位置指针，给出该定位伪指令下一条语句的起始偏移地址。

ORG：伪指令助记符，不可缺省。

表达式：给出偏移地址的值，要求表达式计算的结果必须是正整数。

一般情况下，段定义语句（SEGMENT）指出了段的起点，偏移地址为 0，段内各个语句数据的地址由段地址开始依次类推可确定。当用户要求指定某条指令或数据为某个指定地址时，可用 ORG 语句来改变，ORG 语句可以放在程序的任何位置。

【例题 4-9】 用 ORG 指定数据段和代码段地址。

```
DATA    SEGMENT
X1      DW    20H, 60H
        ORG   100H
X2      DB    10H, 20H, 30H        ；X2 偏移地址为 100H
        ORG   200H
X3      DW    1234H, 4321H         ；X3 偏移地址为 200H
DATA    ENDS
CODE    SEGMENT
        ORG   100H
        ASSUME   CS: CODE, DS: DATA
START： MOV AX，DATA              ；此代码的起始地址偏移 100H
        ...
CODE    ENDS
```

【例题 4-9】中变量 X1 相对 DATA 数据段段首址的偏移地址为 0，变量 X2 相对 DATA 数据段段首址的偏移地址为 100H，变量 X3 相对 DATA 数据段段首址的偏移地址为 200H。显然，ORG 伪指令语句改变了变量 X2、X3 的偏移地址。在代码段，标号 START 相对 CODE 代码段段首址的偏移地址为 100H。

另外，在汇编语言源程序中，可使用地址计数器的值'$'来保存当前正在汇编的指令的地址。如表示从当前地址跳过 6B 的定位伪指令语句为：ORG$+6。

3. 程序结束伪指令 END

格式：

END   标号名

功能：标记汇编语言的源程序结束。

END：伪指令助记符，不可缺省，放在源程序的最后一行，每个模块只有一个 END。汇编程序在汇编时碰到 END 语句就停止汇编。

标号名：该程序中第一条可执行语句的标号名，可以缺省，若一个程序包含多个模块，END 后面带的标号为主程序模块中的标号名称。注意该标号是程序开始执行的起始地址。

【例题 4-10】 程序结束伪指令语句的应用。

```
CODE    SEGMENT
START:  MOV          AX,BX
        MOV          CX,12H
        ...
CODE    ENDS
END              START
```

【例题 4-10】中的程序是从 MOV AX，BX 指令开始执行的。注意 END 与 ENDS 和 ENDP 的区别。

4.3.7 定义符号名伪指令 LABEL

格式：

变量名或标号   LABEL   类型属性

功能：为当前的存储单元定义一个符号名，并指定该符号名的类型属性。对于变量名，

LABEL 指定的类型属性可以是 BYTE、WORD 或 DWORD；对于标号，则类型属性可以是 NEAR 或 FAR。LABEL 伪指令与"EQU THIS"的作用非常类似，都能为数据存储单元定义新变量名，或为指令语句定义新标号。例如：

DATA_W　　LABEL　　WORD
DATA_B　　DB　　100　　DUP(?)

则变量 DATA_W 和 DATA_B 指向同一存储单元地址，只是变量的类型属性不同：通过 DATA_W 可以按字访问该数据区，通过 DATA_B 则是按字节访问。可见，它与语句：

DATA_W　　EQU THIS WORD
DATA_B　　DB　　100　　DUP(?)

是完全相同的。

4.3.8 结构定义伪指令 STRUC

格式：
结构名　　STRUC
　　　　　数据变量序列
结构名　　ENDS

功能：结构定义语句可以把各种不同类型的数据放在同一个数据结构中，便于某些数据处理的需要。

结构名：结构定义的名称，不可缺省，在 STRUC 与 ENDS 前的结构名要相同，不允许超前使用。

STRUC、ENDS：结构定义伪指令助记符，不可缺省，必须成对出现。

数据变量序列：用 DB、DW、DD、DQ 等伪指令语句组成的语句序列。

注意点：

1）结构定义后，在汇编过程中不产生目标代码，也不分配存储空间。结构中各个变量具有各自的局部偏移量，它是指各变量的第一字节与结构起始地址之间的字节距离。它们的类型属性取决于所采用的变量定义语句。只有在结构被预置后，才具有确定的存储单元位置。

2）结构中的变量可以有以下几种类型。

简单变量：变量中只包含一个元素，当结构被引用时，可以被修改成不同内容，但变量类型仍为简单变量不变。

多重变量：变量中包含多个元素，当结构被引用时，不允许对它们进行修改，保持结构定义初值不变。

字符串变量：变量为字符串，当结构被引用时，允许用同样长度的字符串来进行修改。

多重结构：变量本身又是另一个结构。

➥【例题 4-11】定义一个数据表格 TAB 的结构。

TAB　　　　STRUC
DA1　　　　DB　　　'ABCD'　　　　　　；字符串
DA2　　　　DW　　　?　　　　　　　　；简单变量
DA3　　　　DW　　　SEG LIS　　　　　；简单变量
DA4　　　　DW　　　2 DUP (0)　　　　；多重变量
DA5　　　　DW　　　1234H, 4321H　　 ；多重变量
TAB　　　　ENDS

4.4 宏指令语句及其应用

汇编语言除了指令性语句、指示性语句外，还有宏指令语句。宏指令是源程序中具有独立功能的一段程序代码。它可以根据用户的需要，由用户自己在源程序中定义。宏指令只要定义一次，便可在以后的程序中用宏指令语句多次调用。

4.4.1 宏操作伪指令

1. 宏定义

宏指令在使用前必须先进行宏定义。

宏定义格式：

宏指令名　　　　MACRO　　　形式参数1，形式参数2，…
　　　　　　　　宏体
　　　　　　　　ENDM

宏指令名：为宏指令起的一个标识符，不可缺省，是宏调用时需要使用的名字。

MACRO 和 ENDM：宏定义伪指令的助记符，不可缺省。MACRO 表示宏定义的开始，ENDM 表示宏定义的结束，它们必须成对出现。注意在 ENDM 前面没有宏指令名，这一点与过程定义、段定义是有所区别的。

宏体：位于 MACRO 和 ENDM 之间的一段有独立功能的程序代码段，是实现宏指令功能的实体。

形式参数：根据需要而设置，可以有一个或多个，也可以没有。当有多个形式参数时，参数之间必须以","隔开。

2. 宏调用

宏调用格式：

宏指令名　实际参数1，实际参数2，…

宏调用时，只需要在源程序中写上已定义过的宏指令名就算是调用该宏指令了。若宏定义时该宏指令有形式参数，还必须在宏调用时带上实际参数来代替形式参数，原则上实际参数的个数、顺序、类型应与形式参数一一对应，各参数之间必须以","隔开。但汇编程序并不要求实际参数与形式参数在个数上必须相等，若二者的个数不等时，无论是形式参数多还是实际参数多，汇编程序在完成它们一一对应的关系后，便将多余的形式参数作"空"处理，而对多余的实际参数不予考虑。

3. 宏展开

具有宏调用的源程序被汇编时，每个宏调用将被汇编软件 MASM 进行宏展开。其过程是用宏定义时设计的宏体去代替相应的宏指令名，并且用实际参数一一取代形式参数，以形成符合功能且能够实现、执行的程序代码。汇编软件汇编源程序时，在每条插入的宏体指令前带上"+"标记。

虽然宏展开是由汇编软件 MASM 来完成的，但我们只有对宏展开有充分的了解，才能正确进行宏定义与宏调用。下面通过举例来说明宏定义、宏调用及宏展开的具体方法。

↘【例题 4-12】无形式参数的宏定义、宏调用及宏展开。

宏定义：

　　　　PUSHAB　　　MACRO

```
                        PUSH    AX
                        PUSH    BX
                        ENDM
宏调用：                 PUSHAB
宏展开：                 + PUSH  AX
                        + PUSH  BX
```

在【例题 4-12】中，宏定义是无形式参数的情况，宏调用也特别简洁，在程序需要的地方写上宏指令语句 PUSHAB 就可以完成把 AX、BX 压入堆栈。

➥【例题 4-13】带形式参数的宏定义、宏调用及宏展开。

```
宏定义：
LDSF        MACRO   PR, VAR, N, REG, CC
            MOV     PR, VAR
            MOV     AX, [PR]
            MOV     CL, N
            S&CC    REG, CL
            ENDM
宏调用 1：   LDSF    SI, WVAR1, 4, AX, AR
宏调用 2：   LDSF    DI, WVAR2, 3, BX, AL
宏展开 1：   + MOV   SI, WVAR1
            + MOV   AX, [SI]
            + MOV   CL, 4
            + SAR   AX, CL
宏展开 2：   + MOV   DI, WVAR2
            + MOV   AX, [DI]
            + MOV   CL, 3
            + SAL   BX, CL
```

在【例题 4-13】中，宏定义是带有 5 个形式参数的情况，宏调用时特别方便，在程序需要的地方写上宏指令语句 LDSF 和相应的 5 个实际参数，对不同的实际参数就可以完成不同的取数和移位任务。宏调用 1 实现把变量 WVAR1 通过变址寄存器 SI 取到 AX 寄存器中，并算术右移 4 位；宏调用 2 实现把变量 WVAR2 通过变址寄存器 DI 取到 BX 寄存器中，并算术左移 3 位。

在宏定义中，第五个参数"CC"是指令操作码的一部分，因此，在宏体的指令"S&CC"中用符号"&"来分隔 S 与参数"CC"，"&"是一个操作符，它在宏体中作为形式参数的前缀。其余 4 个参数均在操作数域，互相之间必须用","分开。

4. 宏嵌套

宏嵌套有两种情况：一是宏定义中使用宏调用，二是宏定义中包含宏定义。无论哪种情况，所调用的宏指令都必须先定义过。

（1）宏定义中使用宏调用

➥【例题 4-14】设在程序的数据段已经定义了变量 X、Y、Z，试计算 X+Y→Z，并要求保护所有使用的寄存器。

```
宏定义：
DBF         MACRO   P, Q
```

	MOV	BX, P
	MOV	AX, Q
	ADD	AX, BX
	ENDM	
DBFS	MACRO	X1, X2, X3
	PUSH	AX
	PUSH	BX
	DBF	X1, X2
	MOV	X3, AX
	POP	BX
	POP	AX
	ENDM	
宏调用：	DBFS	X, Y, Z
宏展开：	+PUSH	AX
	+PUSH	BX
	+ MOV	BX, X
	+ MOV	AX ,Y
	+ ADD	AX, BX
	+ MOV	Z, AX
	+ POP	BX
	+ POP	AX

（2）宏定义中包含宏定义

↘【例题 4-15】设在程序的数据段中已经定义了变量 X、Y、Z，试共用一个宏定义，计算 X+Y→Z、X AND Y→Z，并要求保护所有使用的寄存器。

宏定义：

DEFM	MACRO	MACN, OPEN
MACN	MACRO	A, B, C
	PUSH	AX
	MOV	AX, A
	OPEN	AX, B
	MOV	C, AX
	POP	AX
	ENDM	

宏调用定义加法：

	DEFM	ADDIT, ADD
宏展开：	+ADDIT	MACRO A, B, C
	PUSH	AX
	MOV	AX, A
	ADD	AX, B
	MOV	C, AX
	POP	AX
	ENDM	

宏调用定义逻辑"与"：
   DEFM   ANDT, AND
宏展开： +ANDT MACRO A, B, C
   PUSH   AX
   MOV   AX, A
   AND   AX, B
   MOV   C, AX
   POP   AX
   ENDM

宏调用实现 X+Y→Z：
   ADDIT X,Y,Z
宏展开： + PUSH AX
   + MOV   AX, X
   + ADD   AX, Y
   + MOV   Z, AX
   + POP   AX

宏调用实现 X AND Y→Z：
   ANDT   X, Y, Z
宏展开： + PUSH AX
   + MOV   AX, X
   + AND   AX, Y
   + MOV   Z, AX
   + POP   AX

在【例题 4-15】中，DEFM 宏指令定义体内包含了一个宏定义 MACN。并且，内层宏定义的宏指令名 MACN 又是外层宏定义的形式参数。由于 MACN 宏指令的定义包含在 DEFM 宏指令的定义体内，要调用 MACN 宏指令，必须先调用 DEFM 宏指令，以便使 MACN 宏指令先得到定义。例中先采用 DEFM 宏调用定义加法、逻辑"与"的宏指令，然后再采用 ADDIT 宏调用实现 X+Y→Z 等。

5. 宏定义中的标号与变量

如果宏定义体中出现标号，该宏指令又需要被多次调用，这时宏展开后程序中将会多次重复出现相同的标号，也就是说会产生重复定义标号的错误，这是不允许的。MASM 宏汇编软件解决这一问题的方法是在宏定义中用 LOCAL 伪指令把要出现在宏体中的标号定义成局部标号。

定义局部标号的格式：

LOCAL 参数 1，参数 2，…，参数 n

功能：局部标号或变量定义后,宏展开时汇编程序用？？0000,？？0001,？？0002,…来依次代替程序中出现的各标号或变量。

参数 1，参数 2，…，参数 n 是指宏体中要用到的标号或变量。

注意：该语句应放在宏体的第一行。

【例题 4-16】 延时宏指令语句。

宏定义：

```
DELAY    MACRO   VALUE1, VALUE2
         LOCAL   AGAIN1, AGAIN2
         PUSH    AX
         PUSH    CX
         MOV     CX, VALUE1
AGAIN1:  MOV     AX, VALUE2
AGAIN2:  DEC     AX
         JNZ     AGAIN2
         LOOP    AGAIN1
         POP     CX
         POP     AX
         ENDM
```

宏调用 1：　　DELAY　　1234H, 5678H
宏调用 2：　　DELAY　　9ABCH, 0DEF0H

宏展开 1：
```
+          PUSH    AX
+          PUSH    CX
+          MOV     CX, 1234H
+??0000:   MOV     AX, 5678H
+??0001:   DEC     AX
+          JNZ     ??0001
+          LOOP    ??0000
+          POP     CX
+          POP     AX
```

宏展开 2：
```
+          PUSH    AX
+          PUSH    CX
+          MOV     CX, 09ABCH
+??0002:   MOV     AX, 0DEF0H
+??0003:   DEC     AX
+          JNZ     ??0003
+          LOOP    ??0002
+          POP     CX
+          POP     AX
```

在【例题 4-16】中，宏体内的标号 AGAIN1 及 AGAIN2 被定义为局部标号，程序进行了两次调用 DELAY 宏指令。标号 AGAIN1 及 AGAIN2 第一次宏调用时，宏展开后出现的编号分别为？？0000 及？？0001，第二次宏调用时，出现的编号分别为？？0002 及？？0003，避免了多次重复出现 AGAIN1 及 AGAIN2 标号的错误。

6. 其他宏指令语句

除了上述宏指令语句外，还有取消宏指令语句、重复执行宏指令语句、带参数的重复执行宏指令语句、带字符串的重复执行宏指令语句。

（1）取消宏指令语句

格式：

PURGE 宏指令名1，宏指令名2，…，宏指令名n

功能：一次可以取消多个宏指令名。宏指令名定义后不允许重新定义，只有取消后，才能重新定义。

PURGE：伪指令助记符，不可缺省。

宏指令名1，宏指令名2，…，宏指令名n：需要取消的宏指令名，有多个宏指令名时，用","将它们分开。

例如已经宏定义了宏指令名为 ADD，在宏调用后，已不需要再调用，但 ADD 宏指令名与指令助记符相同，因宏指令优先，使同名的指令或伪操作失效。因此，宏调用后用 PURGE ADD 取消定义，恢复 ADD 的指令含义。

（2）重复执行宏指令语句

格式：

REPT 表达式

宏体

ENDM

功能：连续重复完成相同的操作。

REPT、ENDM：伪指令助记符，必须成对出现，不可省略。

宏体：需要重复的指令语句序列。

表达式：重复次数。

➥【例题4-17】将1到10分配给连续的10个存储单元。

X=0   ；在重复前设置的始值

REPT 10

X=X+1

DB X

ENDM

宏展开后：　　　+ DB   1

　　　　　　　　+ DB   2

　　　　　　　　⋮

　　　　　　　　+ DB   10

注意：要设置的始值必须在重复执行宏指令语句前。

（3）带参数的重复执行宏指令

格式：

LRP 形式参数 （参数表）

宏体

ENDM

功能：每次重复，依次取参数表中一项，代入宏体中的形式参数。

LRP、ENDM：伪指令助记符，必须成对出现，不可省略。

宏体：要重复的指令语句序列，重复次数由参数个数决定。

参数表：每次重复时所取的参数，参数表用尖括号"<>"括起来。
例如：

    LRP REG <AX, BX, CX, DX>
    PUSH REG
    ENDM

宏展开后： +PUSH AX
    +PUSH BX
    +PUSH CX
    +PUSH DX

（4）带字符串的重复执行宏指令

格式：
LRPC 形式参数 （字符串）
宏体
ENDM

功能：每次重复时，依次用字符串中的每个字符代替宏体中的形式参数。
LRPC、ENDM：伪指令助记符，必须成对出现，不可省略。
宏体：重复执行的指令语句序列，宏体重复次数取决于字符串中字符的个数。
字符串：可用尖括号括起来，也可不用尖括号。
例如：

    LRPC X, <HELLO>
    DB X
    ENDM

宏展开后： + DB 48H
    + DB 45H
    + DB 4CH
    + DB 4CH
    + DB 4FH

展开后将 HELLO 的 ASCII 字符放入存储器当前地址的 5 个连续单元中。

4.4.2 宏指令与子程序的区别

宏汇编是用一条宏指令来代替一个程序段，可有效地缩短源程序的书写长度，且格式清晰，调用方便。在某种意义上，子程序也有类似的功能，但二者之间有明显的区别，主要区别在以下几个方面：

1）宏指令调用比子程序调用执行速度快。因为子程序过程调用时，每调用一次子程序都要保护和恢复返回地址及寄存器内容等，要消耗较多的时间。而宏指令调用时，不需要这些入栈及出栈操作，所以执行速度较快。

2）子程序使用 CALL 语句实现，在 CPU 执行时进行处理，而宏指令调用由宏汇编软件 MASM 中的宏处理程序来处理。

3）子程序比宏指令节省内存空间。过程调用的子程序与主程序分开独立存在，经汇编后在存储器中只占用一个子程序段的空间，主程序转入此处运行，因此目标代码长度短，节省内存空间。而宏调用是在汇编过程中展开，宏调用多少次，就插入多少次宏体，因此

微型计算机原理及应用

目标代码长度长,占内存空间多。

4)宏指令比子程序灵活。子程序的设计,一般是为了完成某一个功能,多次调用完成相同操作,仅入口参数可以改变,而宏指令可以带形式参数,调用时可以用实际参数取代,使不同的调用完成不同的操作,增加了使用的灵活性。

综上所述,当某一需多次访问的程序段较长,速度要求不高,访问次数又不是太多时,选用子程序结构较好。当某一需多次访问的程序段较短,访问次数又很频繁时,而具体操作又希望修改,选用宏指令结构显然要更好些。

4.5 DOS 系统功能调用

我们知道,操作系统是用户和微机系统之间的接口软件,微型计算机的环境必须在操作系统的管理下才能工作。DOS 操作系统提供了输入/输出设备管理和文件管理子程序供用户调用,这些调用通常采用软件中断的形式,我们称之为系统功能调用。所谓 DOS 系统功能调用,主要是一些 DOS 常用的软中断指令,它们存放在系统磁盘上,在系统启动时被装入内存。所谓 BIOS 中断调用,主要是一些被固化在系统 ROM 中的常用软中断指令。调用这些软中断时,只要给定入口参数,接着写一条中断指令 INT n 就可以了。这里仅介绍 DOS 系统的功能调用。

4.5.1 常用 DOS 软中断

常用的 DOS 软中断主要有 INT 20H~INT 2FH,它们的功能及入口参数见表 4-3。所有这些 DOS 软中断中,功能最强的是 INT 21H,它提供了一系列的 DOS 功能调用。DOS 版本越高,所给出的 DOS 功能调用越多,这些调用可以分别实现外围设备的管理、文件的读/写、文件的管理、目录的管理和内存的分配等功能。每个调用对应一个功能号,给定入口或出口参数后,用指令 INT 21H 来调用。可以说 INT 21H 的中断调用几乎包括了整个系统的功能,用户不需要了解 I/O 设备的特性及接口要求就可以利用他们编程,对用户来说非常有用。

表 4-3 常用的 DOS 软中断

软中断指令	功　　能	入　口　参　数	出　口　参　数
INT 20H	程序正常退出	无	无
INT 21H	系统功能调用	AH=功能号,相应入口号	相应出口号
INT 22H	结束退出		
INT 23H	Ctrl+ Break 处理		
INT 24H	出错退出		
INT 25H	读磁盘	AL=驱动器号 CX=读入扇区数 DX=起始逻辑扇区号 DS:BX=内存缓冲区地址	CF=0 成功 CF=1 出错
INT 26H	写磁盘	AL=驱动器号 CX=写入扇区数 DX=起始逻辑扇区号 DS:BX=内存缓冲区地址	CF=0 成功 CF=1 出错
INT 27H	驻留退出	DS:BX=程序长度	

1. 程序结束软中断

当计算机执行用户程序后，一切行为由用户程序来控制，要返回控制台的命令接收状态，可以在用户程序中安排一条程序结束软中断指令。

程序结束软中断有三种实现方法：INT 20H、INT 21H 和 INT 27H。

（1）INT 20H

调用格式举例：

INT 20H

功能：中止当前进程，关闭所有打开的文件，清除磁盘缓冲区，返回控制台的命令接收状态。该指令用来实现程序退出功能时，不需要任何入口参数。它一般被安排在用户程序的最后。

（2）INT 21H

该软中断又有三种情况：无返回程序结束、程序结束并驻留和带返回程序结束。

1）无返回程序结束的调用格式：

MOV   AH,0
INT   21H

该指令用来实现程序退出功能时，需要入口参数：AH=0，也称作调用功能号。

2）程序结束并驻留的调用格式举例：

MOV   AH, 31H
MOV   AL, 1
MOV   DX, 400H
INT   21H

其中，入口参数：AH=31H 是功能号，AL=1 是返回号，DX=400H 是保留从程序段前缀开始的内存长度的字节数。上述调用格式的功能是程序结束并返回代码为 1，同时驻留内存，保留从程序段前缀开始的 16KB 内存。

3）带返回程序结束的调用格式举例：

MOV   AH, 4CH
MOV   AL, 1
INT   21H

其中，入口参数：AH=4CH 是功能号，AL=1 是返回号，上述调用格式的功能是程序结束并传送返回码 1。

（3）INT 27H

调用格式举例：

MOV   DX, XX
INT   27H

其中，入口参数：DX=XX 是设置驻留程序的长度。

用 INT 27H 来退出程序时，DOS 把该用户程序看成是系统的一个组成部分而驻留内存，因此，在其他程序装入运行时，这部分程序不会被覆盖。

2. 磁盘扇区读与写

INT 25H 软中断指令用来实现对磁盘指定扇区进行读操作，INT 26H 用来实现对磁盘指定扇区进行写操作。

调用格式举例：

MOV　　AL, 0
MOV　　CX, 3
MOV　　DX, 4
MOV　　BX, 2000H
INT　　25H

其中，AL 设置读（或写）的驱动器号，CX 设置读（或写）扇区数，DX 设置起始逻辑扇区号，BX 设置读（或写）内存的缓冲区首址。

4.5.2　DOS 系统的功能调用

DOS 系统功能可分为三个方面：设备管理、文件管理和目录管理。设备管理包括键盘输入、显示输出、设置磁盘缓冲器、选择当前盘等功能调用；文件管理包括建立文件、打开文件、读/写文件、删除文件等功能调用；目录管理包括查找目录项、更改目录项、建立子目录、删除子目录等功能调用。所有这些功能调用都是采用 INT 21H 软中断指令来实现的。每个功能调用由一个子程序来实现，每个子程序对应一个功能号，所有的系统功能调用格式是一致的，即：AH 寄存器中设置系统功能号，入口参数送到指定的寄存器中，统一用 INT 21H 软中断指令执行功能调用，功能调用执行情况由出口参数给出。下面介绍一些常用的 DOS 功能调用。

1. 显示功能调用

显示功能调用可实现把程序的运算结果显示在屏幕上。这里仅介绍单字符显示和字符串显示，这些功能都自动向前移动光标。

1）**单字符显示**。2 号和 6 号功能调用可实现将字符在屏幕上显示出来。它们的主要区别在于：2 号功能调用在显示期间检测 Ctrl+Break 键，6 号功能调用不检测 Ctrl+Break 键。这两个功能调用的入口参数是把要显示字符的 ASCII 码值送入 DL 寄存器。

调用格式举例：

MOV　　DL,' *'
MOV　　AH, 2
INT　　21H

调用结果在屏幕上当前光标处显示 '*'。

2）**字符串显示**。9 号功能调用可实现将字符串在屏幕上显示出来。在 9 号功能调用时，要求 DS：DX 指向字符串地址的首址，并且字符串必须以 '$' 字符为结束符。注意回车的 ASCII 码是 0DH，换行的 ASCII 码是 0AH。

➡【例题 4-18】在屏幕上显示 'HOW ARE YOU？' 字符串。

```
DATA        SEGMENT
CR          EQU     0DH
LF          EQU     0AH
DAT1        DB 'HOW ARE YOU?', CR, LF, '$'
DATA        ENDS
CODE        SEGMENT
            ASSUME   CS: CODE, DS: DATA
START       MOV     AX, DATA
```

第4章 汇编语言程序设计

```
          MOV      DS, AX
          MOV      DX, OFFSET DAT1      ；DS:DX 指向字符串 DAT1
          MOV      AH, 9                ；9 号功能调用
          MOV      AH, 4CH              ；返回 DOS
          INT      21H
CODE      ENDS
          END      START
```

2. 键盘功能调用

键盘功能调用可以实现从键盘输入数据。键盘提供了字符键、功能键和控制键。每个键都有对应的值，即标准的 ASCII 码值，通过 DOS 功能调用可读入键值到 AL 寄存器或存储器中，DOS 键盘功能调用的有关命令见表 4-4。这里仅介绍单个字符键盘输入和字符串键盘输入。

表 4-4 DOS 键盘功能调用

AH	功　　能	入 口 参 数	出 口 参 数
1	从键盘输入一个字符，并在屏幕上回显，检查 Ctrl+ Break 键		AL=字符
6	直接控制台输入输出字符，回显，不检查 Ctrl+ Break 键	DL= 0FFH	AL=字符
7	直接键盘输入字符，无回显，不检查 Ctrl+ Break 键		AL=字符
8	键盘输入一个字符，无回显，检查 Ctrl+Break 键		AL=字符
0AH	输入字符串到内存缓冲区	DS:DX=缓冲区首址	
0BH	检查键盘输入状态		AL=FFH 有键入 AL=0 无键入
0CH	清键盘缓冲区，调用键盘输入功能	AL=键盘功能号（1, 6, 7, 8, A）	

1）**单字符键盘输入**。单字符键盘输入的 DOS 功能调用有四种：1、6、7、8 号功能调用。它们都能完成从键盘输入一个字符到 AL 寄存器，差别在于 1 号和 6 号功能调用输入同时在屏幕上显示字符，7 号和 8 号功能调用不回显；1 号和 8 号功能调用检查输入是否为 Ctrl+Break 键，6 号和 7 号功能调用不检查。

调用格式举例：从键盘输入字符并显示。

```
    MOV   AH, 1
    INT   21H
```

执行上述指令后，系统扫描键盘等待键按下，若有键按下，就将键值（ASCII 码）读入，先检查是否为 Ctrl+ Break 键，若是则自动调用中断 INT 23H，执行退出命令，否则将键值送入 AL 寄存器并在屏幕上显示该字符。

2）**字符串键盘输入**。0AH 功能调用可实现从键盘接收字符串到内存的输入缓冲区。要求预先定义一个输入缓冲区，缓冲区的第一个字节指出能容纳字符的最大个数，由用户设置；第二个字节存放实际输入的字符个数，由系统最后自动填入；从第三个字节开始存放从键盘接收的字符，直到 Enter 键结束。若实际键入的字符数大于给定的最大字符数，就会发出'嘟嘟'报警声，并且光标不再向右移动，后面输入的字符被丢失。若键入的字符数小于给定的最大字符数，缓冲区其余部分填 0。0AH 功能调用时，要求将 DS:DX 指向缓冲区第一个字节。

↘【例题 4-19】从键盘输入一个字符串，将输入的字符数送 CL 寄存器，并将指针指向字符串的第一个字符。

```
DATA    SEGMENT
BUFF    DB      200             ;用户定义存放 200B 的缓冲区
        DB      ?               ;系统填入实际输入字符字节数
        DB      200 DUP (?)     ;存放输入字符的 ASCII 码值
DATA    ENDS
CODE    SEGMENT
        ASSUME CS: CODE, DS: DATA
START:  MOV     AX, DATA
        MOV     DS, AX
        MOV     DX, OFFSFT BUFF
        MOV     AH, 0AH
        INT     21H
        MOV     BX, DX
        MOV     CL, [BX+1]      ;取输入字符数送 CL
        ADD     DX,2            ;使指针指向第一个字符
        ⋮
CODE    ENDS
        END     START
```

4.5.3 打印功能调用

若用户在编程时需要使用打印机，运用 DOS 的打印功能调用可以很方便地实现字符打印。打印功能调用可分为两个方面：一是向打印机输出打印字符，二是向打印机输出控制字符。这些都可以采用 5 号功能调用来完成，在 5 号功能调用前必须先将打印机输出的打印字符或控制字符送 DL 寄存器。

↘【例题 4-20】完成一串字符打印，遇到 '$' 结束。打印开始换页，打印结束后换行。

```
DATA    SEGMENT
BUFF    DB      0CH, 'Good', 0DH, 0AH, '$'
DATA    ENDS
CODE    SEGMENT
        ASSUME CS: CODE, DS: DATA
START:  MOV     AX, DATA
        MOV     DS, AX
        MOV     BX, OFFSET BUFF
        MOV     AH, 5
LOOP:   MOV     DL, [BX]
        CMP     DL, '$'
        JE      NEXT
        INT     21H
        INC     BX
        JMP     LOOP
NEXT:   ⋮
```

CODE   ENDS
END START

调用格式举例中的换页与换行控制字符分别为 0CH 和 0AH。

4.5.4 日期与时间功能调用

日期与时间的功能调用可分为日期的设置、日期的读取、时间的设置、时间的读取四种情况。利用这些 DOS 系统的功能调用,能很方便地取得或设置系统的日期和时间。

1. 日期的读取与设置

日期读取的功能号是 2AH,日期设置的功能号是 2BH。2AH 功能调用能取得系统的日期,它没有入口参数,其出口参数规定:CX 中存放当前年号,DH 中存放当前月号,DL 中存放当前日号,均为二进制数。2BH 功能调用能设置系统的日期,它的入口参数规定:CX 中存放当前年号,DH 中存放当前月号,DL 中存放当前日号,均为二进制数。它的出口参数规定:若设置成功,日期有效,AL=0;否则 AL= 0FFH。

➤【例题 4-21】把系统的当前年、月、日均加 1。

```
MOV     AH, 2AH
INT     21H
INC     CX
INC     DH
INC     DL
MOV     AH, 2BH
INT     21H
```

2. 时间的读取与设置

时间读取的功能号是 2CH,时间设置的功能号是 2DH。2CH 功能调用能取得系统的时间,它没有入口参数,其出口参数规定:CH 中存放小时,CL 中存放分,DH 中存放秒,DL 中存放百分之一秒,均为二进制数。2DH 功能调用能设置系统的时间,它的入口参数规定:CH 中存放小时,CL 中存放分,DH 中存放秒,DL 中存放百分之一秒,均为二进制数。它的出口参数规定:若设置成功,时间有效,AL=0;否则 AL= 0FFH。

➤【例题 4-22】设置系统时间为 8 点 12 分 15.7 秒后并读取当前时间。

```
MOV     CH, 08
MOV     CL, 12
MOV     DH, 15
MOV     DL, 70
MOV     AH, 2DH
INT     21H
MOV     AH, 2CH
INT     21H
```

4.6 汇编语言程序设计

4.6.1 汇编语言程序设计步骤

在学习指令系统和汇编语言语法及 DOS 功能调用的基础上,读者可以设计出具有一定

功能的应用程序。编制一个汇编语言程序应按如下步骤进行:

1)明确任务,确定算法。这是非常关键的一步。在接受一个编程任务时,首先必须仔细分析和正确理解任务的要求,并选择合适的算法。如果把任务的要求理解错了或算法选择不合适,就会编出质量低劣甚至不合要求的程序。

2)绘流程图。绘流程图实际上是采用标准的符号,如图 4-1 所示,根据算法把程序设计的大纲绘制出来,以便整体观察设计任务和实现方法,仔细分析和考证各部分之间的关系,找出其中的逻辑错误,及时加以修正和完善。在绘制程序流程图时,通常先画粗框图,在结构模块设计过程中再画具体的细框图。框图一般由起始框、执行框、判断框和终止框组成。

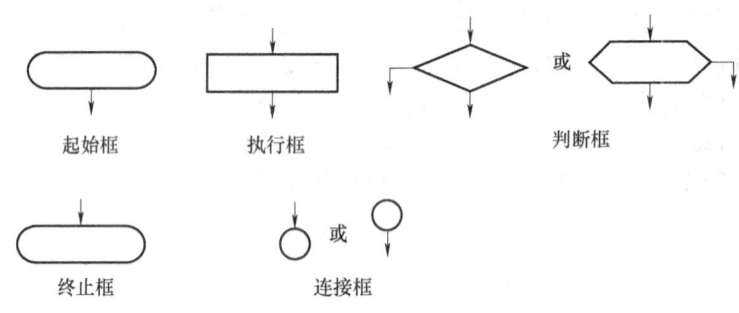

图 4-1　标准流程图符号

3)根据流程图编写汇编语言程序。首先用伪指令分配存储空间及工作单元,即确定数据段、堆栈段、程序段在内存的具体位置,然后按流程图编写程序。

4)上机调试程序。所谓调试程序是指对所编程序进行验证,使其能确保完成任务的要求。调试过程中可采用 DEBUG(动态调试程序)所提供的断点、跟踪、单步等功能,逐条逐段地进行验证、修改和完善,直到程序全部正确为止。

程序的基本结构有 4 种:顺序结构、分支结构、循环结构和子程序结构。本节分别介绍这 4 种结构的程序设计方法。除此之外,还将介绍模块化程序设计的方法。

4.6.2　顺序结构程序设计

顺序结构也称线性结构,其特点是所有的语句被连续执行,其结构流程如图 4-2 所示。其中,执行框 S_1、S_2、S_3 可以是简单的一条指令,也可以是一个完整的程序。顺序程序是最简单的,也是最基本的一种程序结构形式。这种结构的程序从开始到结尾一直是顺序执行的,中途没有任何分支。从这种结构的流程图来看,除了有一个起始框、一个终止框外,就是若干执行框,没有判断框。

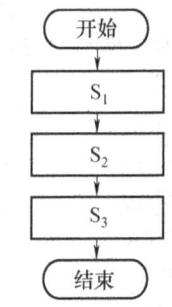

【例题 4-23】用 8086 CPU 的指令实现两个 32 位无符号数乘法的程序设计。

图 4-2　顺序结构流程

1)明确任务,确定算法。在 8086 CPU 指令系统中,只有 16 位的运算指令,两个 32 位数相乘就无法直接用指令实现(在 80386 中有 32 位数相乘的指令),但可以用 16 位乘法指令做 4 次乘法,然后把部分积相加来实现。确定数据段中的数据,设数据区中已经存放了 32 位的被乘数和乘数,并保留了 64 位的空间以存放乘积。

2）绘流程图，如图 4-3 所示。

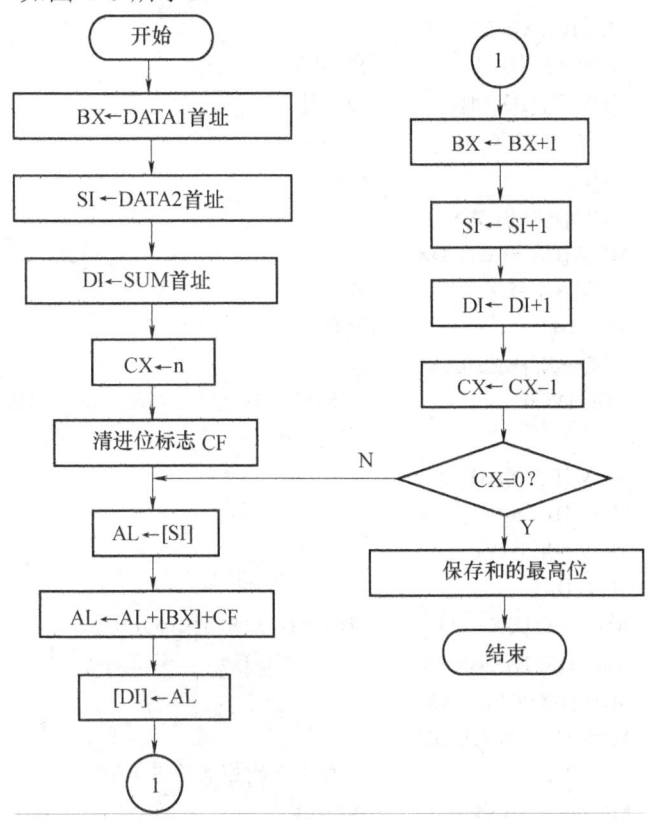

图 4-3 【例题 4-23】流程图

3）根据流程图编写汇编语言程序。

```
1              NAME    32 BIT MULTIPLY
2 DATA         SEGMENT
3 MULNUN       DW      0000，0FFFFH,0000
4                      0FFFFH, 4 DUP (?)
5 DATA         ENDS
6 STACK        SEGMENT PARA STACK'  STACK'
7              DB 100 DUP (?)
8 STACK        ENDS
9 CODE         SEGMENT
10             ASSUME CS： CODE， DS: DATA,
11                    SS: STACK，ES: DATA
12 MAIN        PROC FAR
13 START:      PUSH DS              ;DS 中包含的是程序段前缀的起始地址
14             MOV AX, 0
15             PUSH AX              ;设置返回 DOS 的段值和 IP 值
16             MOV AX, DATA
17             MOV DS, AX
```

18		MOV ES, AX	;置段寄存器初值
19		LEA BX, MULNUM	
20	MULU32:	MOV AX, [BX]	;B→AX
21		MOV SI, [BX+4]	;D→SI
22		MOV DI, [BX+6]	;C→DI
23		MUL SI	;B*D
24		MOV [BX+8], AX	
25		MOV [BX+0AH], DX	
26		MOV AX, [BX+2]	;A→AX
27		MUL SI	;A*D
28		ADD AX, [BX+0AH]	
29		ADC DX,0	;部分积2的一部分与部分积1的相应部分相加
30		MOV [BX+0AH], AX	
31		MOV [BX+0CH], DX	;保存
32		MOV AX, [BX]	;B→AX
33		MUL DI	;B*C
34		ADD AX, [BX+0AH]	;与部分积3的相应部分相加
35		ADC DX, [BX+0CH]	
36		MOV[BX+0AH], AX	
37		MOV [BX+0CH], DX	
38		PUSHF	;保存后一次相加的进位位
39		MOV AX, [BX+2]	;A→AX
40		MUL DI	;A*C
41		POPF	
42		ADC AX, [BX+0CH]	;与部分积4的相应部分相加
43		ADC DX, 0	
44		MOV [BX+0CH], AX	
45		MOV [BX+0EH], DX	
46		RET	
47	MAIN	ENDP	
48	CODE	ENDS	
49		END START	

这里值得注意的是语句13～语句15，这三条语句是为用户程序结束返回DOS操作系统而做的准备，我们称这三条语句为用户程序与DOS操作系统的接口语句，其功能与软中断指令INT 20H的功能一样。其中的原理是这样的，DOS在加载用户程序的目的代码时，建立了一个程序段前缀（简称PSP），在PSP的开始处（第1、2字节）设置了一条软中断"INT 20H"的指令代码，这条指令可实现结束用户程序返回操作系统的功能。DOS在加载用户程序后，将DS、ES寄存器指向PSP的开始处，即指向软中断指令"INT 20H"，因此用语句13的指令"PUSH DS"把DS内容压入堆栈。接着用语句14、15的两条指令把00H压入堆栈。这样，在结束用户程序时，执行语句46的返回指令RET，把原先压入堆栈的PSP段基值和偏移量00H弹出并分别送入CS和IP。执行RET后，就可以转去执行PSP开始处"INT 20H"指令。

4.6.3 分支结构程序设计

在一般的程序设计中，经常会遇到根据不同的条件选择不同的处理方法，这就需要用到分支结构。分支结构中含有判断语句，根据判断结果来选择其中一条分支。一个典型的分支程序段如下。

```
CMP     AL, BL
        JZ      L1              ；相等时转 L1 处理
L1：    …                       ；不等时的处理程序
        JMP     NEXT
L1：    …
NEXT：  …
```

【例题 4-24】 求补码数的绝对值。

1）明确任务，确定算法。设待求补码数放在 XADR 中，计算结果送回原处。
根据补码的定义：

$$[X]_{\dot{\gamma}} = \begin{cases} X & X \geqslant 0 \\ 2^n + X = 0 - |X| & X < 0 \end{cases}$$

可得如下关系式：

$$|X| = \begin{cases} [X]_{\dot{\gamma}} & X \geqslant 0 \\ 0 - [X]_{\dot{\gamma}} & X < 0 \end{cases}$$

当 $X<0$ 时，算式 $0-[X]_{\dot{\gamma}}$ 实际上是对 $[X]_{\dot{\gamma}}$ 再求补。

2）绘流程图，如图 4-4 所示。

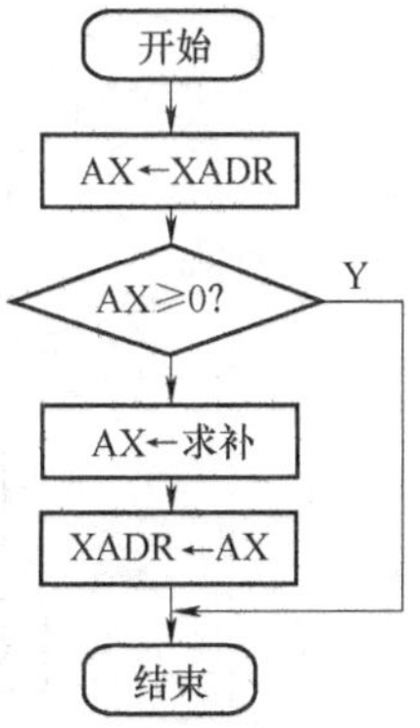

3）根据流程图编写汇编语言程序。

```
STACK   SEGMENT STACK
        DW      300 DUP（？）   ；定义堆栈段，预留 300 个单元
TOP     LABEL   WORD
STACK   ENDS
DATA    SEGMENT
XADR    DW      ?               ；XADR 存放 [X]_补
DATA    ENDS
GODE    SEGMENT
MAIN    PROC    FAR
        ASSUME  CS：CODE, DS：DATA, SS：STACK
        MOV     AX, STACK       ；将堆栈段段地址送 SS
        MOV     SS, AX
        MOV     SP, OFFSET TOP  ；设置栈指针，指向栈底地址
START： PUSH    DS              ；将 PSP 中 INT 20H 指令的执行地址压入栈
        MOV     AX, 0
        PUSH    AX
        MOV     AX, DATA        ；将数据段段地址送 DS
        MOV     DS, AX
        MOV     AX, XADR        ；取 [X]_补 到 AX
        AND     AX, AX          ；设置标志位
```

图 4-4 【例题 4-24】流程图

```
            JNS    DONE              ;若 X≥0，转 DONE
            NEG    AX                ;若 X<0，求补
            MOV    XADR, AX          ;将结果送回原处
    DONE:   RET                      ;返回 PC-DOS 状态
    MAN     ENDP
    CODE    ENDS
            END START
```

4.6.4 循环结构程序设计

在程序设计中经常会碰到某些操作需多次重复执行的情况，这就需要采用循环结构进行程序设计。

1. 循环程序的组成与结构形式

常见的循环程序结构有两种：WHILE-DO 结构（见图 4-5）和 DO-UNTIL 结构（见图 4-6），前者是"先判断，后执行"，后者是"先执行，后判断"。WHILE-DO 结构的主要设计思想是：当循环控制条件满足时，执行循环体程序，否则退出循环。DO-UNTIL 结构的主要设计思想是：先执行循环体程序，再判断循环控制条件是否满足，若不满足则再次执行循环体程序，否则退出循环。这是两种标准的循环程序结构，编程时可根据具体情况选择其中一种。通常，若循环次数有可能为零时，可选择 WHILE-DO 结构。

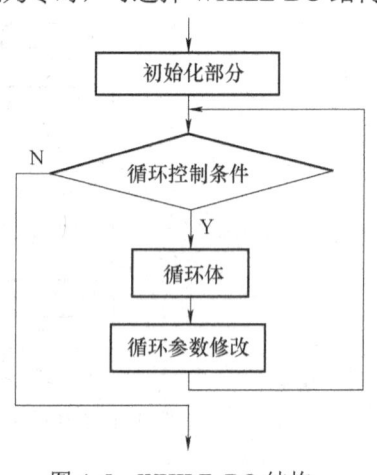

图 4-5 WHILE-DO 结构

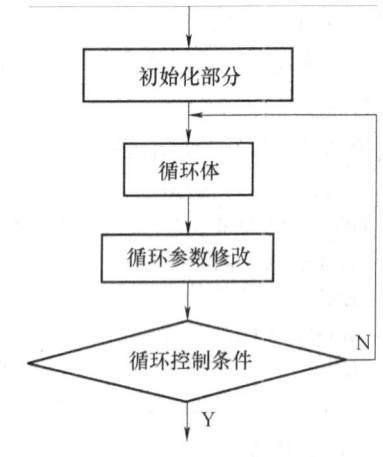

图 4-6 DO-UNTIL 结构

两种循环结构的基本组成部分都一样，其结构都包括四部分：

1) 初始化部分：设置循环初始状态。主要是指设置循环次数的计数初值、变量初值，以及其他为能使循环体正常工作而设置的初始状态等。

2) 循环体部分：该部分是程序中需要多次重复执行的部分，是循环结构的核心，用来实现程序的主要功能。

3) 循环参数的修改部分：是指当程序循环执行时，对一些参数（如地址、变量）等进行有规律的修正。

4) 循环控制部分：循环控制部分是循环程序设计的关键。每个循环程序必须选择一个控制循环程序运行和结束的条件，且如何选择一个合适的循环控制条件对一个循环程序的设计来说也是非常重要的。最常用的循环控制条件是循环次数，即可先预置一个循环次数

初值,每执行一次循环体该计数值减 1,直至循环计数值减到 0 才退出循环。

2. **循环控制方法**

循环程序的控制方法多种多样,程序设计人员可根据问题的需要,找出解决问题的方法,实现循环程序的控制。常用的方法有计数法、条件控制法和逻辑尺控制法。

(1)计数法

对于循环次数已知的循环程序,一般采用计数法来控制循环,这是最简单且最方便的方法。计数法又分为正计数法和倒计数法。

1)正计数法:将计数器的初值设置为 0,每执行一遍循环体,计数器的值加 1,然后与已知的循环次数比较,若相等则跳出循环,否则继续循环。

2)倒计数法:将计数器的初值设置为规定的循环次数,每执行一遍循环体,计数器的值减 1,若计数器的值为 0 则跳出循环,否则继续循环。

▶【例题 4-25】编制程序将两个 nB 的无符号数相加,结果存入 SUM 开始的(n+1)B 存储区中。

1)明确任务,确定算法。设两个 nB 的无符号数分别存放在以 DATA1 和 DATA2 开始的 nB 存储区中。两数按字节相加,共需 n 次。显然,这是一个循环次数已知的循环程序,所以循环程序的控制方法可以采用计数法。

2)绘流程图,如图 4-7 所示。

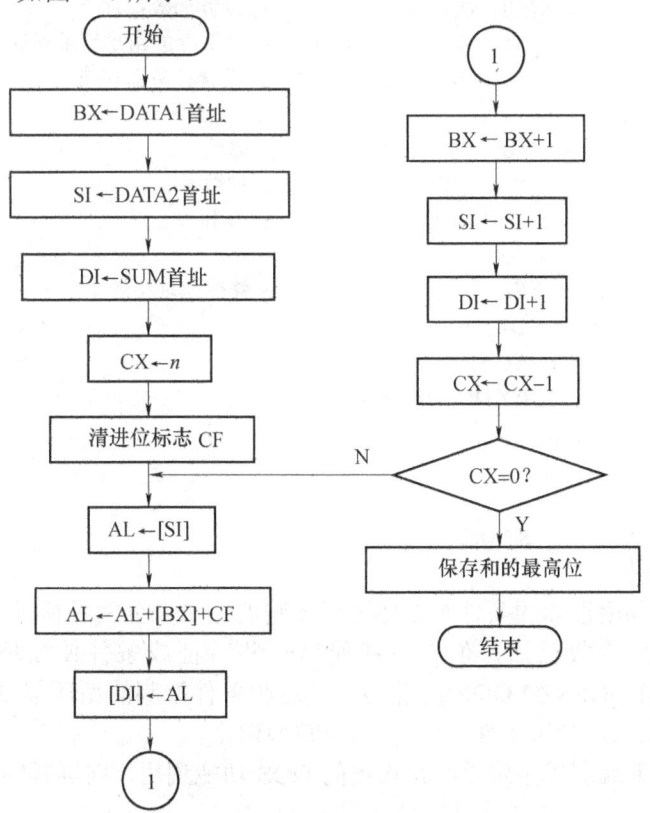

图 4-7 【例题 4-25】流程图

3)根据流程图编写汇编语言程序。

SSEG   SEGMENT   PARA STACK 'SSEG'

```
        STACK    DB            150 DUP（?）
        SSEG     ENDS
        DATA     SEGMENT
        DATA1    DB            N DUP（?）           ;存放 nB 的被加数
        DATA2    DB            N DUP（?）           ;存放 nB 的加数
        SUM      DB            N+1 DUP（?）         ;存放（n+1）B 的和
        DATA     ENDS
        CSEG     SEGMENT
                 ASSUME        CS：CSEG，DS：DATA，SS：SSEG
        MAIN     PROC          FAR
        START    PUSH          DS
                 MOV           AX，0
                 PUSH          AX
                 MOV           AX，DATA
                 MOV           DS，AX
                 MOV           AX，SSEG
                 MOV           SS，AX
                 MOV           SP，SIZE STACK
                 LEA           BX，DATA1            ;设置被加数指针
                 LEA           SI，DATA2            ;设置加数指针
                 LEA           DI，SUM              ;设置存放结果地址指针
                 MOV           CX，N                ;设置计数器初值
                 CLC
        AGAIN：  MOV           AL，[SI]             ;取数
                 ADC           AL，[BX]             ;加数
                 MOV           [DI]，AL             ;存和
                 INC           BX
                 INC           SI                   ;修改地址指针
                 INC           DI
                 LOOP          AGAIN
                 ADC           BYTE PTR [DI]，0
                 RET
        MAIN     ENDP
        CSEG     ENDS
                 END           START
```

（2）条件控制法

条件控制法是利用已知的条件对循环进行控制的方法，分两种情况：

1）如循环最大次数已知，但有可能使用一些特征或条件使循环提前结束。采用 LOOPZ/LOOPE 和 LOOPNZ/LOOPNE 指令，使这种条件控制的循环程序设计很容易实现。

2）循环次数未知，利用条件中的特征结束循环。

➥【例题 4-26】编制程序用单字符输出的 DOS 功能调用，向屏幕输出以"%"结束的字符串。

1）明确任务，确定算法。设字符串存放在以 DATA 开始的存储区中，字符串以"%"结束。虽然字符串长度未知，但可利用条件中的已知特征来结束循环。显然，循环程序的

控制方法可以采用条件控制法。

2）绘流程图，如图 4-8 所示。

3）根据流程图编写汇编语言程序。

```
DSEG     SEGMENT
DATA     DB              'HOW ARE YOU?%'
DSEG     ENDS
SSEG     SEGMENT PARA STACK  'KEG'
STACK    DB 200 DUP (0)
SSEG     ENDS
CSEG     SEGMENT
MAIN     PROC FAR
         ASSUME CS: CSEG, DS: DSEG, SS: SSEG
START:   MOV     AX, DSEG
         MOV     DS, AX
         MOV     AX, SSEG
         MOV     SS, AX
         MOV     SP, SIZE STACK
         LEA     SI, DATA
AGAIN:   MOV     DL, [SI]        ；取一个数据
         CMP     DL, '%'
         JZ      ENDOUT          ；转向结束标志
         MOV     AH，2
         INT     21H
         INC     SI              ；指向下一个数据
         JMP     AGAIN
ENDOUT:  RET
MAIN     ENDP
CSEG     ENDS
         END     START
```

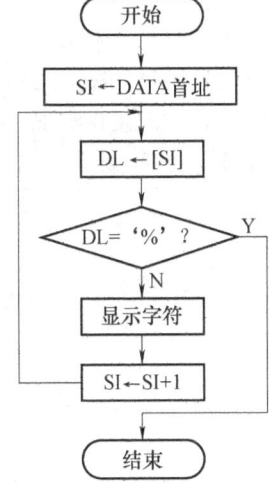

图 4-8 【例题 4-26】流程图

（3）逻辑尺控制法

在设计汇编程序时，有时会遇到在循环体内具有多分支结构的循环程序，在每次执行循环体时，程序都需要根据规定好的次序去决定执行哪一个分支。例如，在某个程序中，需要控制执行循环 16 次，其中执行第 1、3、7、12、16 次循环要求调用过程 PROC0，执行其他次循环时则要求调用过程 PROC1。对于这种情况下的循环程序设计，必须确定一个标志，用以表示是调用 PROC0 还是调用 PROC1。在该问题中，由于分支只有两个，故只需采用一位二进制数的"0"或"1"分别表示调用 PROC0 还是 PROC1。

设计程序时，可以用一个 16 位的存储单元 LOG_RUL，来标志 16 次分支所选择的支路。如在上例中，令 LOG_RUL 中的内容为 0101110111101110B。在程序中，只需将 LOG_RUL 的值进行左移，通过进位标志位 CF 为 0 或为 1，来决定调用过程 PROC0 或 PROC1，直到循环结束。

可见，存储单元 LOG_RUL 的作用相当于一把尺子，用于判别调用 PROC0 或 PROC1 的标志，我们把该尺子称作逻辑尺，并将逻辑尺的值称为逻辑尺常数。

下面通过一个具体的例子来说明逻辑尺的应用。

↘**【例题 4-27】** 设在某温度测量系统中，温度传感器每采集到一个温度后，通过 A/D 转换得到 1 个 0~255 的数值，并以字节的方式存放到缓冲区 BUF 中。现需对 BUF 中 16 个量化温度值进行线性补偿，补偿的方法是，将第 1、3、7、12、16 个数据的值减 2，将其他数据的值加 3。

在程序中，利用逻辑尺控制的方法来实现温度补偿功能。令逻辑尺常数为 0101110111101110B（5DEEH），每次左移逻辑尺时，如果移入进位标志 C 的值为 0，则跳转到程序段 PROC0 实现"减 2"功能；如果移入 C 的值为 1，则跳转到程序段 PROC1 实现"加 3"功能。程序流程图如图 4-9 所示。程序如下。

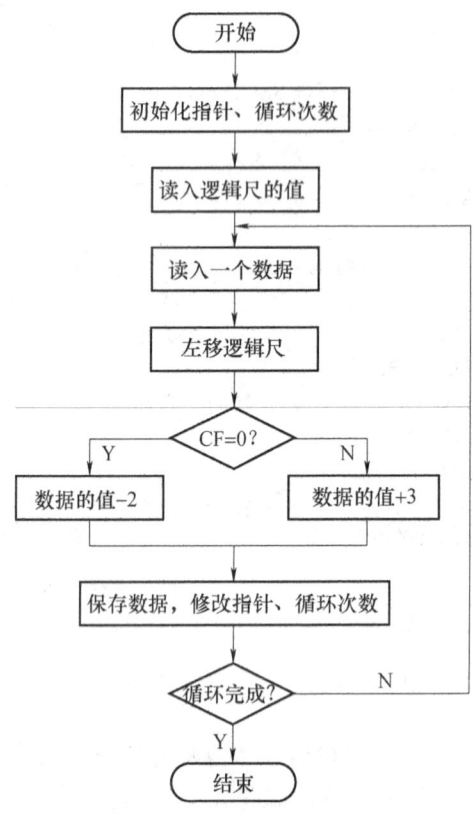

图 4-9 【例题 4-27】流程图

```
        DATA    SEGMENT
        BUF     DB   12,23,34,45,56,67,78,89,98,87,76,65,54,43,32，21  ；量化温度值
        RES     DB   16 DUP(?)           ；存放结果的缓冲区
        LOG_RUL DW   5DEEH                ；逻辑尺
        DATA    ENDS
        CODE    SEGMENT
                ASSUME   CS:CODE, DS:DATA, ES:DATA
        MAIN    PROC     FAR
                PUSH     DS
                MOV      AX,0
                PUSH     AX
```

```
            MOV     AX, DATA
            MOV     DS, AX
            MOV     ES, AX
            LEA     SI, BUF
            LEA     DI, RES
            MOV     BX, LOG—RUL    ;读入逻辑尺常数
            MOV     CX, 16         ;循环次数
    AGAIN:  LODSB                  ;读入温度值
            SHL     BX, 1          ;逻辑尺左移
            JC      PROC1          ;如果 CF=1，转"+3"程序段，
    PROC0:  SUB     AL, 2          ; 否则 CF=0，进行"-2"运算
            JMP     NEXT
    PROC1:  ADD     AL, 3          ;"+3"运算
    NEXT:   STOSB                  ;处理完毕保存结果
            LOOP    AGAIN          ;循环处理
            RET
    MAIN    ENDP
    CODE    ENDS
            END     MAIN
```

关于逻辑尺的设置，需根据具体问题的要求而定。上面程序中循环只需 16 次，且只有两个分支，因此只需 16 个二进制位进行标志。如果问题比较复杂，例如，循环体需要执行 32 次，每次有 4 个分支，则每次循环都需要两位二进制数分别代表 4 种情况。这时，程序需要用 32×2÷8=8B 的单元作为逻辑尺。

4.6.5 子程序结构程序设计

子程序又称"过程"，它是汇编语言中多次使用的一个相对独立的程序段。需要执行这段程序时，就要进行"过程"调用，执行完毕后再返回原来调用它的程序，调用它的程序称为它的主程序。一个主程序可多次调用一个子程序，也可调用多个子程序。在调用子程序时，主程序需要把参数传送给子程序，子程序返回主程序时，有时子程序需要把结果传送给主程序，这就是参数传送的问题。一个子程序也可再调用其他子程序，这称为子程序嵌套，嵌套层数仅受堆栈空间的限制。子程序也可调用本身，这称为递归调用。

1. 子程序的定义、调用和返回

（1）子程序的定义

每一个子程序在被使用前必须先定义。子程序定义的格式就是过程定义的格式，完成子程序功能的程序段就包括在过程定义语句 PROC…ENDP 的中间，子程序的名称就是过程名。在过程定义时，属性 NEAR 或 FAR 的规定是当主程序和子程序在同一代码段中则用 NEAR 属性，不在同一代码段中，则使用 FAR 属性。

在定义一个子程序时，应有子程序的说明，能使该子程序模块结构一目了然。通常子程序说明包括四个方面：

1）描述该子程序模块的名称、功能及性能。
2）说明子程序中用到的寄存器和存储单元。
3）指出子程序的入口参数和出口参数。

4）子程序中调用其他子程序的名称。

在定义一个子程序时，应注意保护与恢复现场。现场是指子程序和主程序中都要使用到的寄存器和存储单元。为实现子程序的正常调用和返回，必须在进入子程序前或在子程序的一开始对现场进行保护，并且在子程序返回调用程序前或退回主程序后恢复现场。因此，保护与恢复现场既可在主程序中完成，也可在子程序中完成，但必须保证保护和恢复的内容相一致。下面举的例子中，保护与恢复现场的工作是在子程序中完成的。保护和恢复现场常用的方法是：利用入栈和出栈指令，将寄存器的内容保存在堆栈中，恢复时再从堆栈中取出。

➥【例题 4-28】定义一个显示两位十六进制数的子程序。

程序说明如下：
; 名称：DISPP
; 功能：显示两位十六进制数
; 所用寄存器 CX，DX
; 入口参数：AL 存放两位十六进制数
; 出口参数：无
; 调其他子程序：DISP1

子程序如下：

```
DISPP   PROC    NEAR
        PUSH    DX
        PUSH    CX
        MOV     DL, AL
        MOV     CL, 4
        ROL     DL, CL
        AND     DL, 0FH
        CALL    DISP1           ; 显示高 4 位
        MOV     DL, AL
        AND     DL, 0FH
        CALL    DISP1           ; 显示低 4 位
        POP     CX
        POP     DX
        RET
DISPP   ENDP
```

（2）子程序的调用和返回

子程序的调用就是过程的调用。主程序通过使用 CALL 指令实现对子程序的调用，子程序通过使用 RET 指令实现返回主程序。由于保护与恢复现场既可在主程序中完成，也可在子程序中完成，如果在子程序中没有做保护与恢复现场的工作，主程序在调用子程序前要做好保护现场的工作，子程序返回主程序后要做好恢复现场的工作。下面通过子程序调用和返回的实例来说明子程序的使用。

➥【例题 4-29】编制显示四位十六进制数的子程序。

1）明确任务，确定算法。设四位十六进制数已经存放在 AX 寄存器中。对四位十六进制数进行逐位显示。由于每位显示的过程是相同的，采用子程序结构进行编程。将四位十六进制数分解成两位显示，再把两位十六进制数分解成一位显示。这样，显示四位十六进制数的子程序调用显示两位十六进制数的子程序，显示两位十六进制数的子程序调用显示一位十六进制数的子程序。

2) 绘流程图，如图 4-10 所示。

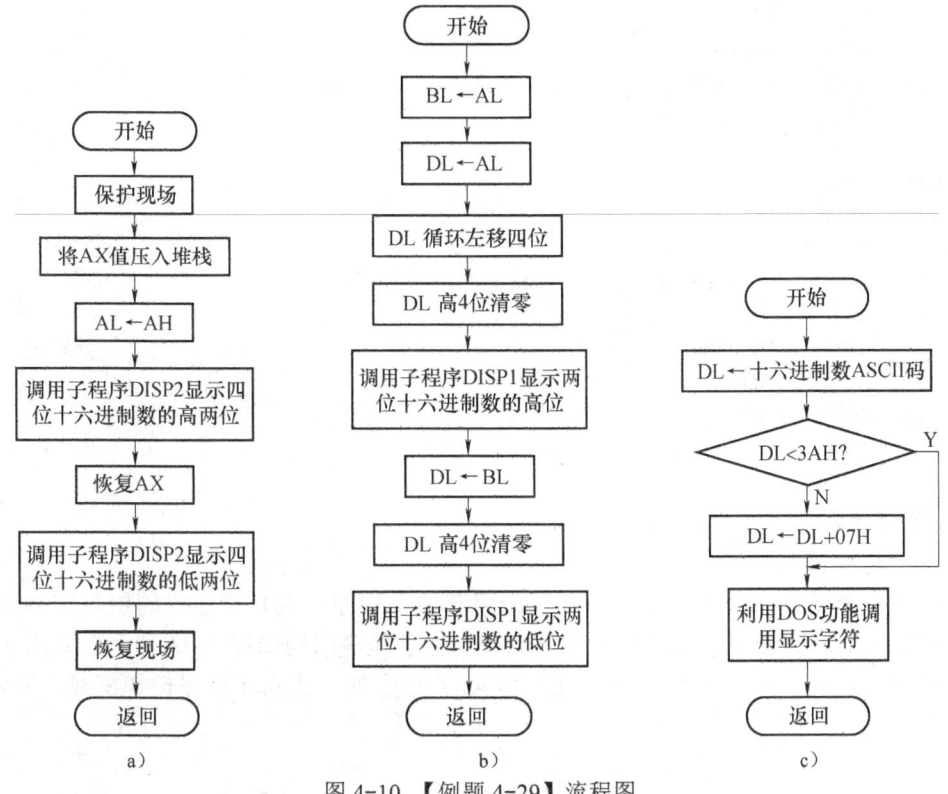

图 4-10 【例题 4-29】流程图
a) 显示四位十六进制子程序 DISP4 流程 b) 显示两位十六进制子程序 DISP2 流程
c) 显示一位十六进制数子程序 DISP1 流程

3) 根据流程图编写汇编语言程序。

```
DISP4   PROC    NEAR
        PUSH    BX
        PUSH    CX
        PUSH    DX          ；保护现场
        PUSH    AX
        MOV     AL, AH
        CALL    DISP2
        POP     AX
        CALL    DISP2
        POP     DX          ；恢复现场
        POP     CX
        POP     BX
        RET
DISP4   ENDP
DISP2   PROC    NEAR
        MOV     BL, AL
        MOV     DL, AL
        MOV     CL, 4
        ROL     DL, CL
```

```
        AND     DL, 0FH
        CALL    DISP1
        MOV     DL, BL
        AND     DL, 0FH
        CALL    DISP1
        RET
DISP2   ENDP
DISP1   PROC
OR      DL, 30H
        CMP     DL, 3AH
        JB      DDD
        ADD     DL, 07H
DDD:    MOV     AH, 2
        INT     21H
        RET
DISP1   ENDP
```

2. 子程序嵌套与递归调用

（1）子程序嵌套

子程序嵌套是指一个子程序的内部再调用其他子程序。嵌套子程序的层数称为嵌套深度。只要堆栈空间允许，嵌套深度不受限制。嵌套子程序结构如图 4-11 所示。采用子程序嵌套进行程序设计，除了正确使用 CALL 和 RET 指令外，还应注意保护和恢复寄存器。

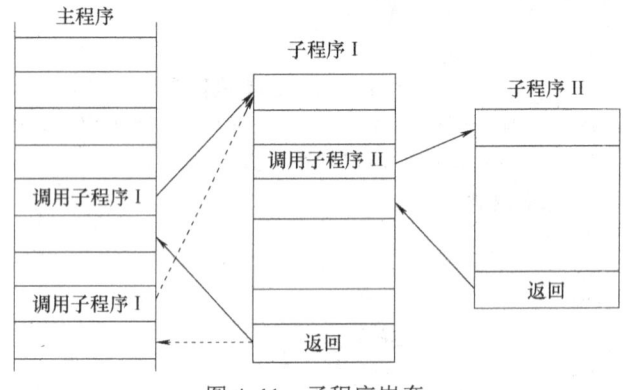

图 4-11 子程序嵌套

（2）递归子程序

当子程序嵌套时，若某子程序要调用的子程序就是该子程序本身，或者在调用过程中间接地调用了本身，把这种现象称为子程序的递归调用。所谓递归子程序就是这种具有递归调用性质的子程序，递归子程序也称作递归过程。递归子程序的设计是一种很有用的程序设计技巧。它对应于数学上对函数的递归定义，应用递归子程序往往能设计出效率较高的程序，完成相当复杂的计算。

但递归子程序的设计较为复杂，必须注意以下两点：

1）注意现场的保护。递归子程序被递归调用时必须保证不破坏上次调用所用到的参数及产生的结果，否则就不能求出最后结果。

2）注意递归结束条件。递归子程序还必须具有递归结束的条件，以便在递归调用一定次数后退出，否则递归调用将无限地嵌套下去。

为了能保留在每次递归调用后所用到的参数,并且不互相冲掉,通常将一次递归调用所存储的信息称为帧(frame),解决递归调用每帧信息存储的最好方法是采用堆栈,每次递归调用时用 PUSH 指令将一帧信息压入堆栈;每次返回时,再从堆栈中弹出一帧信息。

现以阶乘函数为例,说明递归子程序的设计方法。

【例题 4-30】 计算 S=X!+Y! 其中 X、Y 的值在 0~8。

1)明确任务,确定算法。阶乘函数 X!和 Y!是一个递归函数,对于任何一个大于或等于 0 的正整数 N,其函数值定义为:

当 N=0 时,N! =1

当 N>0 时,N! =N×(N–1)!

由阶乘函数的定义可知,求 N!和求(N–1)!其子程序一样,只要把调用参数修改一下即可。算法如下:

设 N!的函数值为 F(N),判断 N 是否为 0,若为 0,则令 F(N)=1 程序结束。当 N>0 时,用堆栈保存 N,并使 N=N–1,调用子程序自身求得 F(N–1)。这样的调用直到 N=0 为止。然后从堆栈中顺序取出 N 值,计算 F(N)=N*F(N–1),直到 N 为设定值为止。

设 X、Y 值存放在 XYVAL 开始的单元中,S 的值存放在 SVAL 开始的单元中,求 F(N)函数的子程序名为 FT,N 的取值范围为 0<N<8。入口参数:N 值在 BX 中;出口参数:N!在 AX 中;受影响的寄存器:AX,BX,DX 及标志寄存器。

2)绘流程图(见图 4-12)。

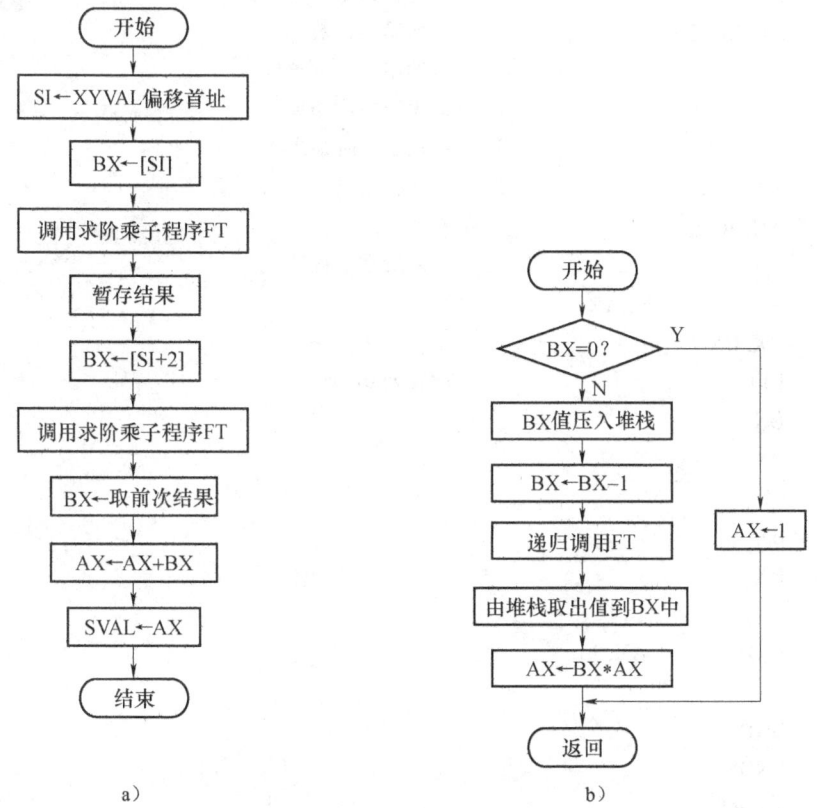

图 4-12 【例题 4-30】流程图

a)主程序流程图 b)FT 子程序流程图

3）根据流程图编写汇编语言程序。

```
DATA      SEGMENT
XYVAL     DW        ?,?
SVAL      DW        0
DATA      ENDS
STACK1    SEGMENT   PARA STACK 'STACK'
TOP       DW        64H DUP (0)
STACK1    ENDS
CODE      SEGMENT
          ASSUME CS: CODE, DS: DATA, SS: STACK1
START:    MOV       AX, DATA
          MOV       DS, AX
          MOV       AX, STACK1
          MOV       SS, AX
MOV       SP, SIZE TOP
MOV       SI, OFFSET XYVAL
MOV       BX, [SI]              ;取第一个数
CALL      FT                    ;调用求阶乘子程序
PUSH      AX                    ;暂存结果
MOV       BX, [SI+2]            ;取第二个数
CALL      FT                    ;调用求阶乘子程序
POP       BX                    ;再取前次结果
ADD       AX, BX                ;求 2 个阶乘之和
MOV       SVAL, AX              ;保存结果
MOV       AH, 4CH
INT       21H                   ;求阶乘子程序
FT        PROC      NEAR
AND       BX, BX
JZ        FT1                   ;若为 0，递归结束
PUSH      BX
DEC       BX
CALL      FT                    ;递归调用
POP       BX
MUL       BX
RET
FT1:      MOV       AX, 1
RET
FT        ENDP
CODE      ENDS
END       START
```

由递归调用的全过程可知，在递归子程序设计中，每次调用总要进行堆栈操作，堆栈

的变化是相当复杂的。虽然采用递归方法来求解递归函数,其程序相当简单,但程序执行速度较低,程序设计也比较困难。

4.7 汇编语言程序的上机过程

4.7.1 源文件的建立和汇编

1. 建立源程序文件

在汇编语言程序中,规定源程序文件的扩展名为 ASM。建文件的方法可以调用全屏幕编辑程序(如 EDIT.EXE、PE.EXE 等),通过键盘输入源程序,但必须注意要按完整的程序编写格式编写源程序,在退出编辑系统时,以扩展名为 ASM 存盘,这样就建立了一个汇编语言的源程序文件。

2. 汇编源程序文件

扩展名为 ASM 的源程序是用汇编语言语句编写的程序,机器不能直接识别它,必须经过汇编软件加以翻译。在 DOS 状态下,调用汇编软件 ASM.EXE 或宏汇编软件 MASM.EXE 对源文件进行汇编,源程序经汇编软件汇编后,产生三个文件:扩展名为 OBJ 的目标文件、扩展名为 LST 的列表文件和扩展名为 CRF 的对照文件。

OBJ 文件是用二进制代码表示的目标文件,它可以存盘但不能直接上机运行,主要是因为它的程序地址为可浮动的相对地址,不是可执行的绝对地址。

LST 文件是把源程序和目标程序都列表显示出来,供打印和检查使用。若发现源程序有语法错误,便返回编辑程序进行修改,直至源程序无语法错误为止。

汇编软件对用户编制的 ASM 文件进行两遍扫描后产生二进制目标代码文件(OBJ 文件)。第一次扫描将源程序中所用各标识符的位置确定下来,第二次扫描产生机器代码。汇编程序主要有以下功能:

1)检查源程序中的语法错误并给出出错信息。
2)产生目标文件(OBJ 文件)、列表文件(LST 文件)和对照文件(CRF 文件)。
3)展开宏指令。

汇编操作过程:

设在当前 C 盘上已经建立了一个扩展名为 ASM 的源程序文件 MYASM,汇编时发出如下命令:

C:> MASM MYASM↙ (或 MASM MYASM.ASM)

则在屏幕上显示汇编软件的版本号和三个输入提示行,用户可以根据提示输入三个文件名,具体的三个输入提示行显示如下:

Object Filename[MYASM.OBJ]:↙
Source Listing[NUL.LST]:(可输入源文件名或省略)↙
Cross Reference [NUL.CRF]:(可输入源文件名或省略)↙

其中,第一个要输入的文件名是目标文件,该文件是必需的,一般情况下用户键入回车即可;第二个要输入的文件名是列表文件,该文件是可选的,若需要列表文件就输入文件名,

微型计算机原理及应用

否则直接回车,不产生此文件;第三个要输入的文件名是交叉索引文件,该文件也是可选的,若需要交叉索引文件就输入文件名,否则直接回车,不产生此文件。

然后汇编软件对源文件进行汇编,屏幕上显示源程序的错误信息,包括错误语句的行号、代码和类型。最后列出警告错误和致命错误的总数。若有致命错误,则不产生目标文件。若无错误信息,则显示如下结果:

0 Warning Errors

0 Severe Errors

其中,列表文件除了同时列出源程序和机器语言清单外,还给出了行号及符号表,在符号表中给出了段名、段的大小、段的属性、用户定义的符号名及其类型和属性等。

交叉索引文件是一张索引表,可以对符号进行前后对照,它给出了用户定义的所有符号、每个符号定义时所在行号及引用时所在行号。一般情况下,交叉索引文件不需要产生。

4.7.2 目标文件的链接

经过汇编软件处理而产生的目标文件是不能直接运行的,因为目标文件中的地址是浮动的,它需要再定位;如果是多模块程序,在分别汇编后还需把它们连接起来。因此,连接软件 LINK 的功能如下:

1)找到要连接的所有目标文件。

2)确定所有段的地址值。

3)确定所有浮动地址和外部符号所对应的存储地址。

4)生成.EXE 可执行文件。

连接软件为 LINK.EXE,它可以把多个模块连接在一起,这些模块可以是库文件,可以是汇编软件产生的目标文件。其过程如下:

设源文件 MYASM.ASM 已经由汇编软件汇编后生成 MYASM.OBJ,其连接命令为:

C:> LINK MYASM 或 LINK MYASM.OBJ

则在屏幕上显示连接软件的版本号和三个输入提示行,用户可以根据提示输入三个文件名,具体的三个输入提示行显示如下:

Run File [MYASM.EXE]:

List File [NUL.MAP]:

Libraries [.LIB]:

其中,第一个要输入的文件名是.EXE 可执行文件,该文件是可直接在操作系统下运行的文件。若生成同名的.EXE 可执行文件,用户键入回车即可。第二个要输入的文件名是.MAP 列表文件,又称为连接映像文件,它给出每个段在存储器中的分配情况。若不需要该文件,用户键入回车即可。第三个要输入的文件名是指明程序在运行时所需要的库文件,它不是由连接软件生成的。若汇编语言程序无特殊的库文件要求时,用户键入回车即可。但当汇编语言与高级语言接口时,高级语言可能需要一定的库文件,此时敲入相应的库文件名就行了。

在连接的过程中,也可能出现错误信息。若有错误被检测到,则应回到编辑状态去修改。然后重新汇编和连接,最后生成正确的可执行文件。

如果是多模块程序,其连接命令为:

C：> LINK 模块 1+模块 2+…+模块 N

其中，模块 1、模块 2、…、模块 N 分别是各自独立汇编生成的.OBJ 文件。

4.7.3 执行文件的调试

汇编语言源程序在汇编及连接过程中只能够检查出语法错误和结构错误，其他错误只有在执行文件的调试运行中才能发现。调试工具 DEBUG 是为汇编语言设计的，它给出了一些调试命令，可通过单步、断点、跟踪等方法有效地进行程序调试。

课 后 习 题

1. 指出以下数据定义伪指令所分配的字节数（8086 系统）。

（1）DATA1   DB   10，?，'A'

（2）DATA2   DW   10 DUP(2,3 DUP(?),1)

（3）DATA3   DB   'HELLO,WORLD!'，'$'

（4）DATA4   DW   DATA4

2. 指出以下指令哪些是无效的，并说明原因。

（1）ADDR   DB $

（2）DATA   DB   F0H，12H

（3）1_DATA   DW   1234H

（4）@VAR   DW   VAR1   ;VAR1 为一个字节变量

（5）MOV   AX,[10−VAR1]   ;VAR1 为一个字变量

（6）MOV   BX,[VAR2*2+1]   ;VAR2 为一个字变量

3. 假设已定义数据段如下。

DATA   SEGMENT

          ORG   10 0H

DATA1   DB   10   DUP(1, 2, 3)

DATA2   DW   DATA1, $

DATA   ENDS

且段寄存器 DS 已初始化为该数据段的段基址（假设段基址为 1234H）。请指出以下指令执行后，相应的寄存器中的内容。

（1）MOV   AX,WORD PTR DATA1   ;(AX)=?

（2）MOV   BX, DATA2   ;(BX)=?

（3）MOV   CX, DATA2+2   ;(CX)=?

（4）MOV   DX, OFFSET   DATA2 ;(DX)=?

（5）MOV   SI, SEG   DATA1   ;(SI)=?

（6）MOV   DI,LENGTH   DATA1   ;(DI)=?

（7）MOV   SP,TYPE DATA1   ;(SP)=?

（8）MOV   BP,SIZE DATA2   ;(BP)=?

4. 在 8086 系统下，编写完整程序，实现从键盘上输入 8 位二进制数，从显示器上显示相应的十六进制数，如从键盘上输入"00010010"，应在显示器上显示"12H"。

5. 在 8086 系统下，编写完整程序，实现从键盘上输入两个 4 位十进制数，从显示器上显示这两个数之和，例如输入"1234""5678"，应在显示器上显示"6912"。

6. 在 8086 系统下，编写完整程序，将数据 0~63 置入内存中以 BUF 为首地址的连续 64 个字节单元中。

7. 在 8086 系统下，编写完整程序，要求在屏幕上回显所按键，并将其 ASCII 码值用二进制数形式显示出来。

8. 在 8086 系统下，编写完整程序，计算两个正整数 25 和 36 的平方根之和，并且将结果保存到 RESULT 中。

第 5 章　输入/输出接口

微型计算机由三大部分组成，它们是微处理器（CPU）、存储器和 I/O 接口。I/O 设备和 I/O 接口连接，它是微型计算机系统的一个重要组成部分。I/O 设备又被称为外部设备（Peripheral），简称外设。我们把 I/O 接口和 I/O 设备合在一起，称作 I/O 系统，它实现处理机和存储器与外部世界的通信。

5.1　I/O 接口概述

从图 5-1 可以看出，各类外部设备和存储器都是通过各自的接口电路接到微机系统总线上的。选用不同的外部设备，配置相应的接口电路，把它们挂到系统总线上，构成不同用途、不同规模的应用系统。

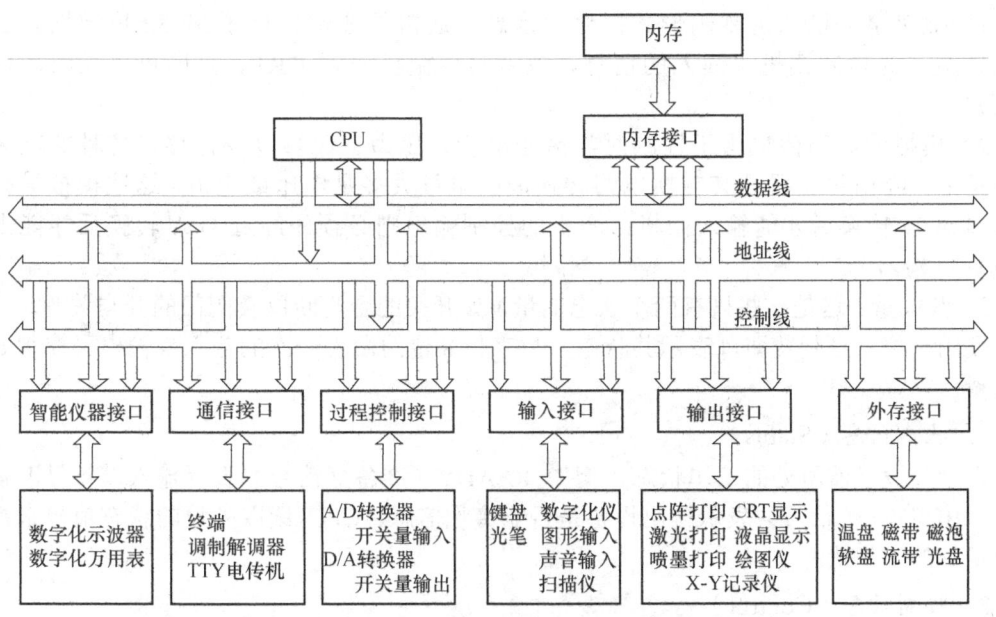

图 5-1　I/O 接口与总线的连接示意图

所谓接口（Interface）就是微处理器与外部设备、存储器或者两种外部设备之间或者两种机器之间通过系统总线进行连接的逻辑电路，它是 CPU 与外界进行信息交换的中转站。例如，原始数据或源程序通过接口从输入设备（如键盘）输入，运算结果通过接口输出到输出设备（如打印机、CRT 显示器），控制命令通过接口送到被控对象（如步进电动机），现场采集的信息通过接口传输进来（如温度值或转速值）。要使各种外部设备正常工作，一是要设计正确的接口电路，二是要编制相应的软件。可以说微机接口技术是采用硬件与软件相结合的方法，研究微处理器如何与外部世界进行最佳耦合与匹配，以便在 CPU 与外部世界之间实现高效、可靠的信息交换技术。

5.1.1 CPU 与 I/O 设备之间交换的信息

一个简单的、基本的外设接口框图如图 5-2 所示。从图 5-2 可见，外设接口一边通过三总线（即 DB、AB、CB）同 CPU 连接，一边通过三种信息（即数据信息、控制信息和状态信息）同外设联系，CPU 通过外设接口同外设交换的信息就是这三种。

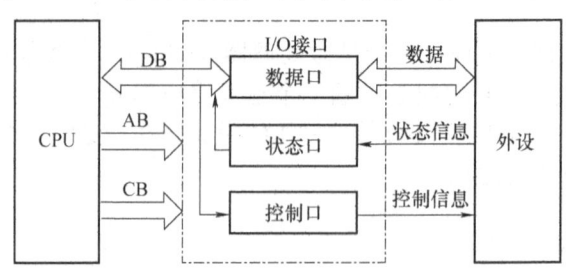

图 5-2 外设接口的简单框图

1. **数据信息**（Data）

微机中的数据信息大致包括三种基本类型。

1）数字量。以二进制码形式提供的信息，通常是 8 位、16 位和 32 位数据。它们是由键盘、光电阅读机等读入的信息，或者是由微机送到 CRT、打印机以及绘图仪等的信息。

2）模拟量。当微机用于控制时，诸如温度、压力、流量以及位移等各种非电量的现场信息，经由传感器及其转换电路转换成的电量大多是电压或电流。这些模拟量必须先经过 A/D 转换后才能输入微机；微机的控制输出则必须先经过 D/A 转换后才能去控制执行机构。

3）开关量。这是一些只有两个状态的量，如开关的合与断以及阀门的开与关等。开关量只要用一位二进制数即可表示其状态，故字长 8 位的微机一次的输入或输出可控制 8 个开关量。

2. **状态信息**（Status）

表示外设当前所处的工作状态，例如 READY（准备好信号）表示输入设备已准备好数据，BUSY（忙信号）表示输出设备是否能接收信息。CPU 读取外设的状态信号来判断外设所处的工作状态。

3. **控制信息**（Control）

控制信息是由 CPU 发出的、用于控制外设接口工作方式以及外设的启动和停止的信息。

数据信息、状态信息和控制信息通常都以数据形式通过 CPU 的数据总线同 CPU 进行传送的，这些信息分别存放在外设接口的不同类型的寄存器中。CPU 同外设间的信息传送实质上是对这些寄存器进行"读"或"写"操作。"接口"中这些可以由 CPU 进行读或写的寄存器被称为"端口"（Port）。按存放信息的类型，这些端口可分为"数据口""状态口"与"控制口"，分别存放数据信息、状态信息和控制信息。在一个外设接口中往往需要有几个端口才能满足和协调外设工作,CPU 通过访问这些端口来了解外设的状态、控制外设的工作以及与外设之间进行数据传输。

5.1.2 I/O 接口的主要功能

功能决定结构。一个接口部件具有什么功能必须由相应的电路来保证。为此我们必须首先了解接口的各种主要功能。

外部设备的种类繁多,可以是机械式的、电子式的、机电式的、磁电式的以及光电式的等。输入/输出的信息多种多样,有数字信号、模拟信号以及开关信号等;信息传输的速度也不相同,手动键盘输入速度为秒级,而磁盘输入可达 1MB/s 至数十 MB/s,不同外部设备处理信息的速度相差悬殊。另外,微型计算机与不同的外围设备之间所传送信息的格式和电平高低等也是多种多样的。这就形成了外设接口电路的多样性和复杂性。CPU 与外设之间的接口主要有如下功能。

1. 数据的寄存和缓冲功能

为了解决主机高速与外设低速的矛盾,避免因速度不一致而丢失数据,充分发挥 CPU 的工作效率,接口内设置数据寄存器或者用 RAM 芯片组成数据缓冲区,使之成为数据交换的中转站。接口的数据保持能力在一定程度上缓解了主机与外设速度差异所造成的冲突,并为主机与外设的批量数据传输创造了条件("数据口")。

2. 对外设的控制和监测功能

接口接收 CPU 送来的命令字或控制字,再由接口电路对命令代码进行识别和分析,并分解成若干个控制命令,实施对外部设备的控制与管理("命令口")。

外部设备的工作状况以状态字或应答信号通过接口返回给 CPU,以"握手联络"过程来保证主机与外设输入/输出操作的同步与协调("状态口")。

3. 设备选择功能

系统中一般带有多种外设,同一种外设也可能有多台,而 CPU 在同一时刻只能与一台外设交换信息,这就要借助接口中的地址译码电路对外设进行寻址。只有被选中的外设才能与 CPU 进行数据交换。

4. 信号转换功能

外部设备大都是复杂的机电设备,其所需的控制信号和所能提供的状态信号往往同微机的总线信号不兼容,尤其是连接不同公司生产的芯片时,信号变换就不可避免。信号转换包括 CPU 的信号与外设信号在逻辑关系上、时序配合上以及电平匹配上的转换。此外,为了防止干扰,通常使用光电耦合技术,使主机与外设在电气上隔离。

主机系统总线上传送的数据与外部设备使用的数据在数据位数以及格式等方面往往也存在很大差异。例如 CPU 所处理的是并行数据(8 位、16 位、32 位或 64 位),而有的外设(如串行通信设备等)只能处理串行数据,这就要求接口完成并-串或者串-并的转换。在很多应用场合,数据的传输或存储要按特定的要求进行,此时要求接口电路有格式化功能、编码解码功能以及校验功能等。

5. 中断管理或 DMA 管理功能

为了满足实时性和主机与外设并行工作的要求,需要采用中断传送的方式。为了提高传送的速率,有时又采用 DMA 传送方式。这就要求接口有产生中断请求和 DMA 请求的能力以及中断管理和 DMA 管理的能力。

6. 可编程功能

对一些通用的、功能齐全的接口电路,应该具有可编程的能力。所谓可编程就是可用软件来选用多功能接口电路的某些功能,以适应具体工作的要求,这也是现代接口电路的发展方向。

上述功能并非每种接口都要求具备,对不同配置和不同用途的微机系统,其接口功能不同,接口电路的复杂程度大不相同。但是,设备选择、数据寄存与缓冲以及输入/输出操作的同步能力是各种接口都应具备的基本功能。

5.1.3 I/O 接口的编址方式

1. 独立编址

独立编址方式的硬件结构及地址空间分配如图 5-3 所示。这种编址方式的特点是:存储器和 I/O 端口在两个独立的地址空间中,I/O 端口不占用存储器空间,I/O 端口的读、写操作由硬件信号 $\overline{IOR}$ 和 $\overline{IOW}$ 来实现,访问外设端口用专用的 IN 指令和 OUT 指令。

独立编址方式的优点是:I/O 端口的地址码较短(一般比同系统中存储单元的地址码短),地址译码器较简单;端口操作指令执行时间少,指令长度短;端口操作指令形式上与存储器操作指令不同,使程序编制和阅读较清晰。它的缺点是:需要有专用的 I/O 指令,这些指令的功能一般不如存储器访问指令丰富,所以程序设计的灵活性较差。

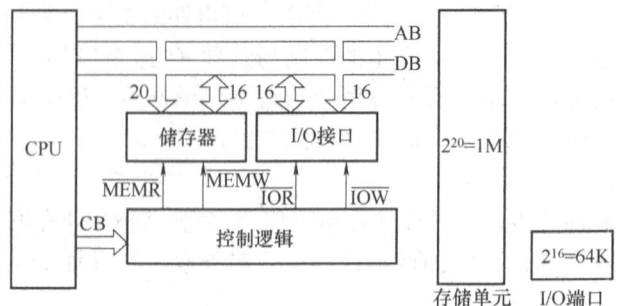

图 5-3 I/O 端口独立编址

2. 统一编址

统一编址方式的硬件结构及地址空间分配如图 5-4 所示。

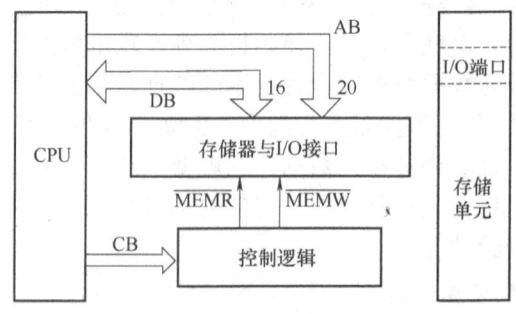

图 5-4 I/O 端口统一编址

这种编址方式的特点是:存储器和 I/O 端口共用统一的地址空间;一个地址空间分配

给 I/O 端口以后，存储器就不能再占用这一部分的地址空间。例如：整个地址空间为 1MB，地址范围是 00000H～FFFFFH，如果 I/O 端口占有 0000H～0FFFFH 这 64KB 个地址，那么存储器的地址空间只有从 10000H～FFFFFH 的 960KB 个地址。在这种编址方式下，I/O 端口的读写操作同时由硬件信号 $\overline{\text{MEMR}}$ 和 $\overline{\text{MEMW}}$ 来实现，用访问内存指令实现访问 I/O。6800 系列、6502 系列、PDP-11 和 Intel MCS-51 等系列单片微型计算机就采用这种编址方式。

统一编址方式的优点是：任何对存储器数据进行操作的指令都可用于 I/O 端口的数据操作，不需要专用的 I/O 指令，从而使系统编程比较灵活；I/O 端口的地址空间是内存空间的一部分，这样 I/O 端口的地址空间可大可小，从而使外设的数目几乎可以不受限制，这对大型控制系统和数据通信系统是很有意义的。它的缺点是：I/O 端口占用了内存空间的一部分，当然内存空间必然减少，影响了系统的内存容量；同时访问 I/O 端口同访问内存一样，由于访问内存时的地址长，指令的机器码也长，执行时间显然增加，并使端口地址译码电路变得复杂。

5.2 I/O 端口读写技术

本节以独立编址的计算机为例来讨论 I/O 端口读写技术。每当 CPU 执行 IN 或 OUT 指令时，就进入输入/输出总线周期，首先是地址信号有效，然后是 I/O 读写信号 $\overline{\text{IOR}}$、$\overline{\text{IOW}}$ 有效。地址译码电路将来自地址总线上的地址码翻译为所需访问的端口地址信号，将此信号与有关的控制信号进行组合，即产生对端口访问所需的读写选择信号。控制信号除 CPU 执行 I/O 指令产生的 $\overline{\text{IOR}}$ 或 $\overline{\text{IOW}}$ 信号外，还应有区分是 DMA 传送还是非 DMA 传送的 AEN 信号。此外，还可用 $\overline{\text{BHE}}$ 信号控制端口奇偶地址，用 $\overline{\text{I/OCS}}$ 信号控制是 8 位还是 16 位 I/O 端口。

5.2.1 I/O 端口地址译码技术

I/O 端口地址译码的方法灵活多样，可由地址和控制信号的不同组合去选择端口地址。一般原则是把地址分为两部分：一部分是高位地址线与 CPU 的控制信号组合，经译码电路产生 I/O 接口芯片片选信号 $\overline{\text{CS}}$，实现片间寻址；另一部分是低位地址线直接连到 I/O 接口芯片，实现 I/O 接口芯片的片内寻址，即访问片内的寄存器。

译码电路的形式可分为固定式和可选式译码；若按译码采用的元器件来分，则可分为门电路译码和译码器译码；若按端口与地址的对应关系，则可分为全译码方式与部分译码方式。

1. **固定式端口地址译码**

所谓固定式译码是指接口中用到的端口地址不能更改。

1）利用门电路进行地址译码。在固定式译码方式中，若仅需一个端口地址时，则采用门电路构成译码电路。例如，要产生端口 2F0H 的译码信号 $\overline{\text{CS}}$，即当地址线出现：

A_9	A_8	A_7	A_6	A_5	A_4	A_3	A_2	A_1	A_0
1	0	1	1	1	1	0	0	0	0

且 AEN 为低时，则 $\overline{\text{CS}}$ 为低，译码电路如图 5-5 所示。

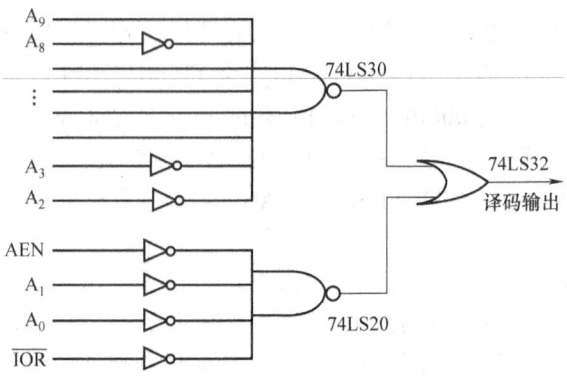

图 5-5 产生端口地址 2F0H 的译码电路

2）采用译码器进行地址译码。若接口电路中需使用多个端口地址时，通常用译码器芯片。译码器的型号很多，常见的译码器有 74LS138、74LS154 等。以下是采用 74LS138 译码器的全译码和部分译码的实例。

全译码法 CPU 的全部地址总线都参与地址译码，因此一个端口对应唯一的一个地址。例如，产生 340H～347H 共 8 个端口地址的译码信号，CPU 输出的地址信号全部参加地址译码，如图 5-6 所示。此时，读写 340H 端口，会使 Y_0 输出低电平；读写 341H 端口，会使 Y_1 产生低电平。译码器的 8 个端口只占主机的 8 个地址，没有地址浪费，但使用的地址线多，电路也比较复杂。

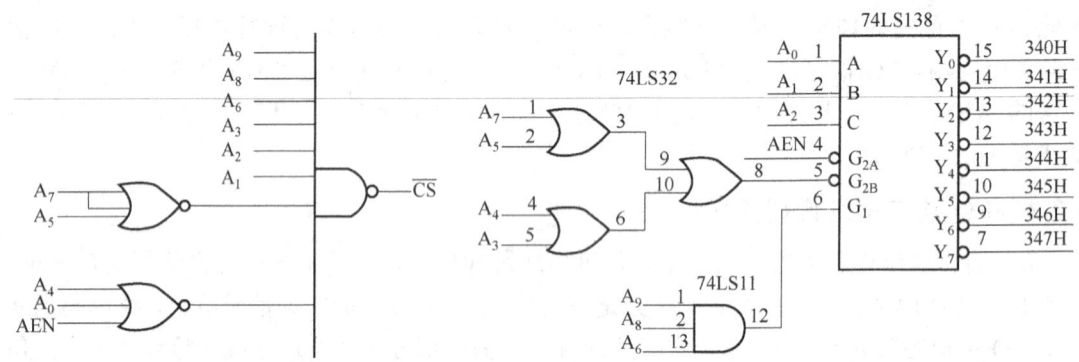

图 5-6 全译码电路

部分译码法 CPU 输出的地址信号只有部分参与地址译码，另一部分（一般为低位地址）未参与，因此一个译码输出对应若干个端口地址，这就是地址重叠现象。这种方法使用的地址线少，电路简单。IBM PC/XT 机中系统板上的外设端口译码电路如图 5-7 所示，大部分地址都被浪费了，如 Y_0 地址范围 00～1FH，实际只使用 00～0FH。

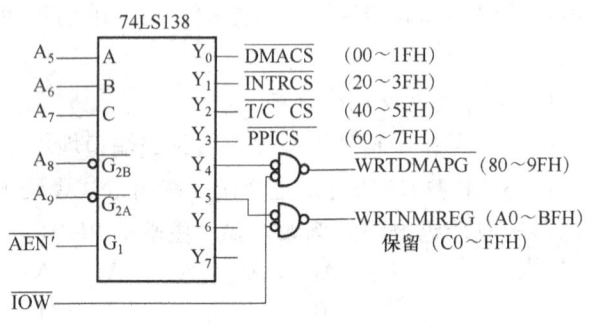

图 5-7 部分译码电路

2. 开关式可选端口地址译码

如果用户要求接口卡的端口地址能适应不同的地址分配场合,可采用开关式(主要采用跳线帽或 DIP 开关)端口地址译码。这种译码方式可以通过开关使接口卡的 I/O 端口地址根据要求加以改变而无须改动线路。

如图 5-8 所示,图中 DIP 开关状态的设置就决定了译码电路的输出,若改变开关状态,则就改变了 I/O 端口地址。电路中使用了一片 8 位比较器 74LS688,它以两组 8 位输入端 $P_{0\sim7}$ 和 $Q_{0\sim7}$ 信号进行比较,形成一个输出端"P=Q"的信号,其规则为:

当 $P_{0\sim7} \neq Q_{0\sim7}$ 时,"P=Q"输出高电平。

当 $P_{0\sim7} = Q_{0\sim7}$ 时,"P=Q"输出低电平。

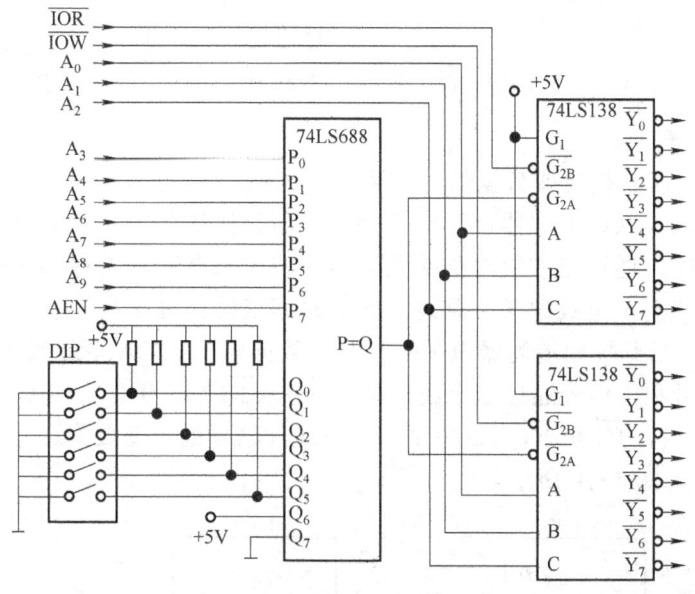

图 5-8 开关式可选端口地址译码

我们把 $P_{0\sim7}$ 连接地址线和控制线,$Q_{0\sim7}$ 连接地址开关,而"P=Q"接到 74LS138 的控制端 $\overline{G_{2A}}$ 上。根据比较器的特性,当输入端 $P_0 \sim P_7$ 的地址与输入端 $Q_0 \sim Q_7$ 的开关状态一致时,输出为低电平,打开译码器 138 进行译码。因此,使用时可预置 DIP 开关为某一值,得到一组所要求的端口地址。图中让 $\overline{IOR}$ 和 $\overline{IOW}$ 信号参加译码,分别产生 8 个读/写端口地址。此电路必须在 A=1,AEN=0 时才是有效译码。

5.2.2 I/O 端口的读写控制

I/O 端口的读写主要通过 I/O 读写信号及地址译码输出信号共同作用,实现端口被选中控制信息。

1. 端口寄存器的写操作

CPU 在向外部输出数据时要进行端口写操作(即执行输出指令),通常选用 D 触发器之类的芯片作为寄存器。在写入控制端 CP 出现上升沿时,就可将 D 端数据写入 Q 端。CP 端用包含 AEN 信号的地址译码信号 $\overline{Y_{240H}}$ 来控制,如图 5-9 所示,利用后沿(上升沿)锁存数据。

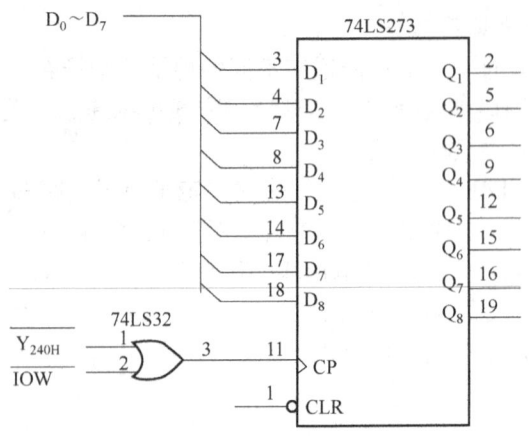

图 5-9 端口写实例

2. 端口读操作

通常会有一些状态信息或数据信息需要输入 CPU，这些数据已存放于寄存器中，通过端口读操作可以读入微处理器。这些寄存器不能直接接到系统数据总线上，以免长时间占用总线，而应该通过三态缓冲器接至数据总线。只有对该寄存器占用的端口进行读操作时才打开三态门，将数据送上总线；其他时间三态门处于高阻状态。常用的三态缓冲器是 74LS244。当其控制端为低电平时打开，数据由 1A、2A 端送到 1Y、2Y，即数据总线上。译码信号和读信号通过一个或门控制 $\overline{1G}$、$\overline{2G}$ 端。例如，当 CPU 执行 IN AL, DX（DX=240H）时，$\overline{1G}$ 和 $\overline{2G}$ 为低电平，三态缓冲器导通，使数据送上数据总线而到达 AL。端口读电路如图 5-10 所示。

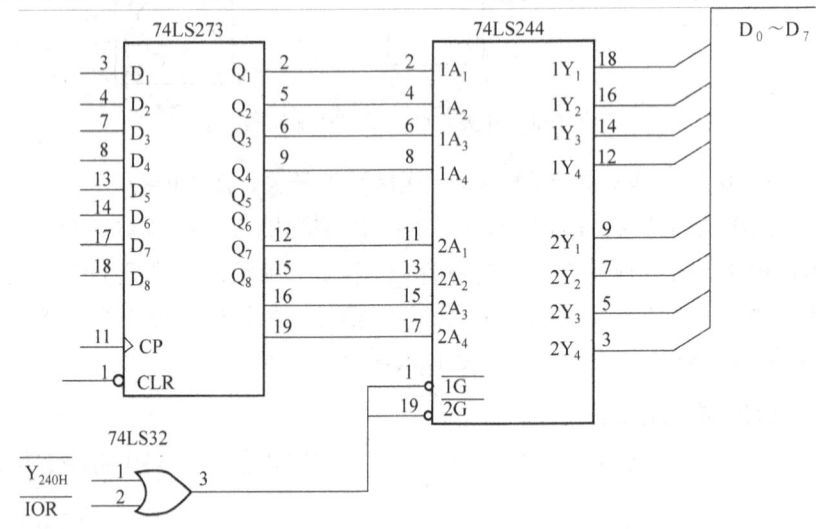

图 5-10 端口读实例

3. 利用端口读写提供控制脉冲

有时对某些端口的读写操作，并非真正对这些端口读写数据，而是利用输入输出指令执行时产生的译码信号和 $\overline{IOR}$、$\overline{IOW}$ 信号产生一定宽度的脉冲以完成某种任务。例如，有的 A-D 转换器需要一个正脉冲的下降沿进行启动，则可以将译码信号 $\overline{Y_{340H}}$ 和 $\overline{IOW}$ 信号进行或非以后加至 A-D 转换器的启动端 START，用一条输出指令 OUT DX，AL（DX=340H），就可以启动 A-D 转换，如图 5-11 所示。

综合上述内容，可以得到图 5-12。此图中 CPU 既可以对寄存器写入，也可以读取其内容，读写的地址均为 240H，还可以通过 241H 来消除寄存器内容。

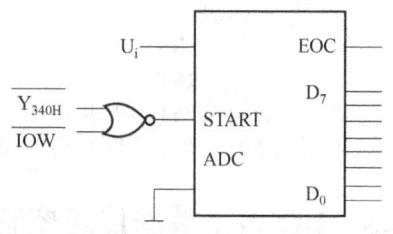

图 5-11　利用端口写操作启动 A-D 转换

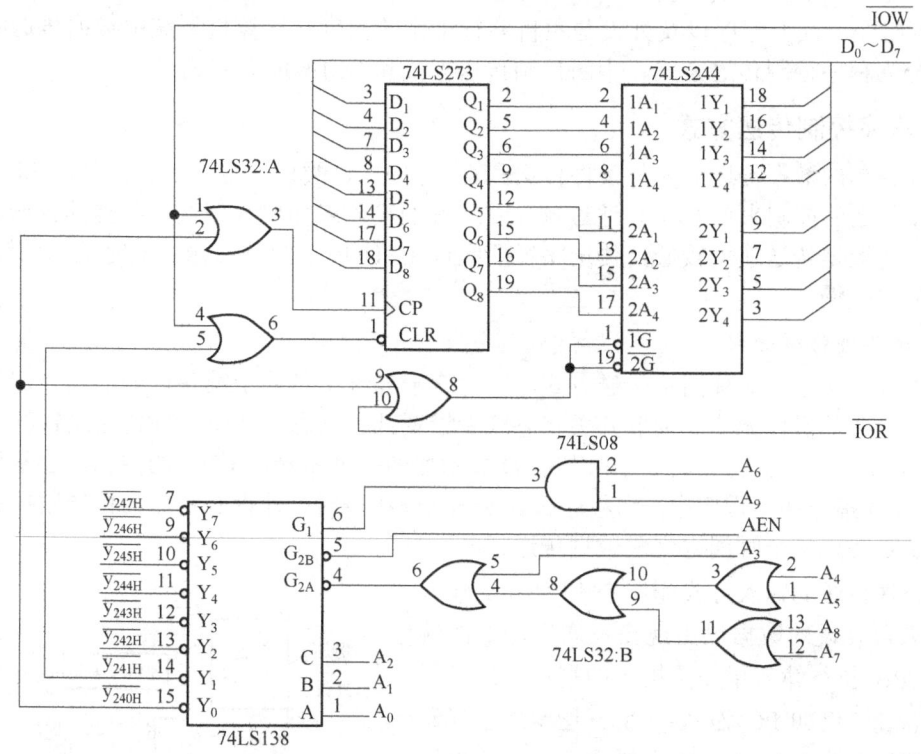

图 5-12　端口读写控制综合实例

对 74LS273 寄存器的写入、读出及清除的汇编语言子程序如下：

```
PORTTEST    PROC    NEAR
            PUSH    AX
            PUSH    DX
            MOV     DX,     240H
            MOV     AL,     54
            OUT     DX,     AL      ;向寄存器输入 54
            IN      AL,     DX      ;读回寄存器内容
            CMP     AL,     54
            JNZ     ERROR           ;AL≠54 转错误显示
            MOV     DX,     241H    ;AL=54 则清除寄存器
            OUT     DX,     AL
            ⋮
```

```
ERROR:
        N
        RET
PORTTEST  ENDP
```
先写入 54，然后读回检查是否正确，正确则清除寄存器，不正确转错误显示。

5.3 I/O 设备数据传送控制方式

在计算机的操作中，最基本和最频繁的操作是数据传送。在微机系统中，数据主要在 CPU、内存和 I/O 接口之间传送，在传送过程中，关键问题是数据传送的控制方式。按照 I/O 控制组织的演变顺序以及外设与主机并行工作的程度，计算机系统中数据传送的控制方式可分为程序控制传送方式、中断控制传送方式和 DMA 传送方式。

5.3.1 程序控制传送方式

程序控制的数据传送分为无条件传送和查询传送。这类传送方式的特点是以 CPU 为中心，数据传送的控制来自 CPU，通过预先编制好的输入或输出程序实现数据的传送。这种传送方式的数据传送速度较低，传送路径要经过 CPU 内部的寄存器，同时数据的输入/输出的响应也较慢。

1. 无条件传送方式

无条件传送方式又称同步传送方式，它适合于外设总是处于准备好的情况。例如，主机对开关设备的操作无非是读取开关状态或者设置开关状态。又如，CPU 通过锁存器及驱动器控制 LED 显示器的数码显示时，LED 显示器随时准备接收 CPU 的控制。通常采用的办法是：I/O 指令插入程序中，当程序执行到该 I/O 指令时，外设必定已为传送数据做好了准备，于是在此指令时间内完成数据传送任务。

无条件传送的输入方式如图 5-13 所示。输入时认为来自外设的数据已出现在三态缓冲器的输入端。CPU 执行输入指令，指定的端口地址经系统地址总线（例如 PC 为 $A_9 \sim A_0$）送至地址译码器，译码后产生 $\overline{Y}$ 信号。$\overline{Y}$ 为低电平，说明地址线上出现的地址正是本端口的地址；AEN 为低电平，说明 CPU 控制总线；端口读控制信号 $\overline{IOR}$ 有效（低电平）时，说明 CPU 正处在端口读周期。三者均为低电平时，经或门（负逻辑与门）后产生低电平，开启三态缓冲器使来自外设的数据进入系统数据总线而到达累加器。

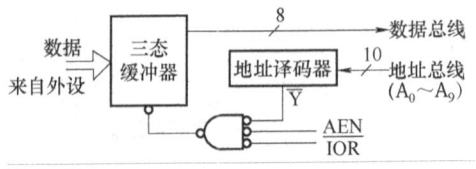

图 5-13 无条件传送的输入方式

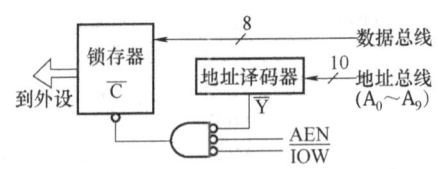

图 5-14 无条件传送的输出方式

无条件传送的输出方式如图 5-14 所示。在输出时，CPU 的输出数据经数据总线加至输出锁存器的输入端，端口地址译码信号 $\overline{Y}$ 与 AEN 和 $\overline{IOW}$ 信号或非后产生锁存器的控制信号。锁存器控制端为高电平时，其输出端跟随输入端变化，为低电平时输出端锁存输入的数据，送到外设。

【例题 5-1】 一个采用无条件传送方式的数据采集系统如图 5-15 所示。图中 U_5 为继电器（U_{5a} 为继电器的 8 个控制触点，U_{5b} 为继电器的 8 个线圈），继电器线圈 P_0，P_1，…，P_7 控制 8 个触点 K_0，K_1，…，K_7 逐个接通，对 8 个输入模拟量进行采样，采样输入的模拟量送入一个 4 位 10 进制数字电压表 U_1 测量，把被采样的模拟量转换成 16 位 BCD 码，高 8 位和低 8 位通过两个 8 位端口 U_2（端口地址为 11H）和 U_3（端口地址为 10H）送上系统的数据总线，CPU 通过 IN 指令读入转换后的数字量。至于究竟采集哪一通道的模拟量，则由 CPU 通过 U_4（端口地址为 20H）输出控制信号，以控制继电器线圈 $P_0 \sim P_7$ 中电流的通断，继而控制继电器触点 $K_0 \sim K_7$ 的吸合，以实现对不同通道模拟量的采集（"0" 使线圈 P 电流"断"，"1" 使线圈 P 电流"通"）。

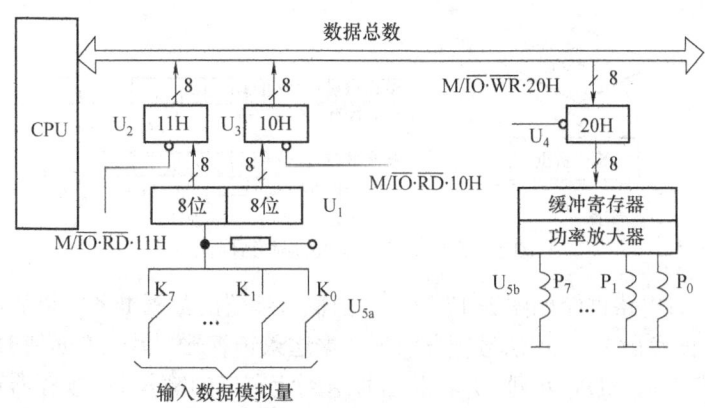

图 5-15 无条件传送实例

数据采集过程，可用以下程序来实现。

```
START:  MOV   CX, 0100H    ;01 赋值给 CH，设置闭合第一个继电器的代码，
                           ;00 赋值给 CL，设置断开所有继电器代码
        LEA   BX, DSTO     ;输入数据缓冲区的地址偏移量 BX
        XOR   AL, AL       ;清 AL 及进位标志
AGAIN:  MOV   AL, CL
        OUT   20H, AL      ;断开所有继电器线圈
        CALL  DELAY1       ;模拟继电器触点的释放时间
        MOV   AL, CH
        OUT   20H, AL      ;使 Pi 吸合（i=0，1，…，7）
        CALL  DELAY2       ;模拟触点闭合及数字电压表的转换时间
        IN    AX, 10H      ;输入
        MOV   [BX], AX
        INC   BX
        INC   BX
        RCL   CH, 1        ;CH 左移一位，为下一个触点闭合做准备
        JNC   AGAIN        ;8 个模拟量未输入完，继续循环
```

2. 查询传送方式

无条件传送方式可以用来处理开关设备，但不能用以处理许多复杂的机电设备，如打印机。CPU 能够以很高的速度成组地向这些设备输出数据（微秒级），但这些设备的机械动作速度很慢（毫秒级）。如果 CPU 不查询打印机的状态，不停地向打印机输出数据，打

印机来不及打印，后续的数据必然覆盖前面的数据，造成数据丢失。查询传送方式就是在传送前先查询一下外设的状态，当外设准备好了才传送；若未准备好，则 CPU 等待。

1）查询式输入。查询式输入程序流程如图 5-16 所示。CPU 先从状态口输入外设的状态信息，检查一下外设是否已准备好数据。若未准备好，则 CPU 进入循环等待，直到准备好后才退出循环，输入数据。所以，查询式输入除了必须配备数据口外，还必须配备状态口，状态口只用 1 位，指出数据是否准备好，如图 5-17 所示。

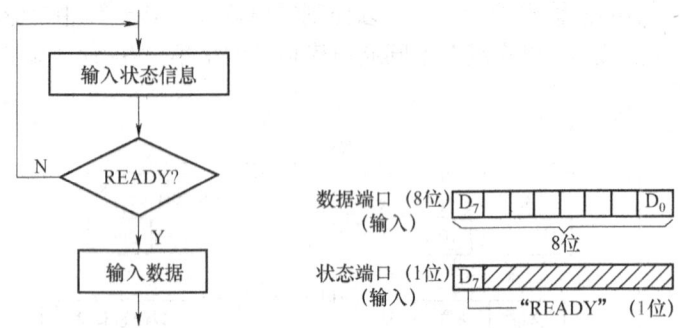

图 5-16 查询式输入程序流程图

查询式输入接口电路框图如图 5-17 所示。当输入装置的数据准备好以后，发出一个选通信号（如一定宽度的负脉冲）。该信号一方面把数据送入锁存器，另一方面使 D 触发器置"1"，即置准备好状态信号 READY 为真，并将此信号送到状态口的输入端。锁存器输出端连接数据口的输入端，数据口的输出端接系统数据总线。状态口的输出也连接至系统数据总线中的某一条。CPU 先读状态口，查 READY 信号是否为高（准备好）。若为高就输入数据，同时使 D 触发器清 0，使 READY 信号为假；若未准备好，则 CPU 等待。查询输入的部分程序如下：

```
POLL:   MOV     DX,     STATUSPORT   ;DX=状态端口号
        IN      AL,     DX           ;输入状态信息
        TEST    AL,     80H          ;检查 READY 是否为高
        JE      POLL                 ;未准备好，循环等待
        MOV     DX,     DATAPORT     ;准备好，读入数据
        IN      AL,     DX
```

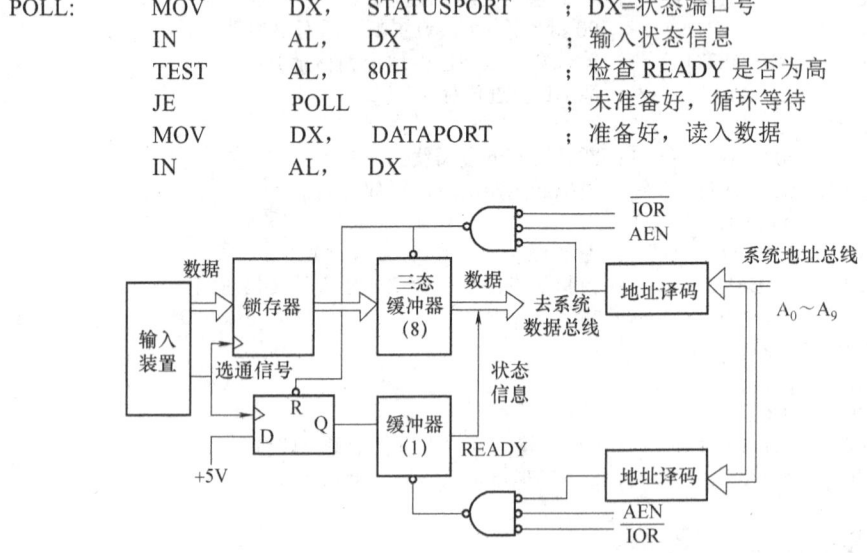

图 5-17 查询式输入的接口电路

2）查询式输出。查询式输出时，CPU 必须先查外设的 BUSY 状态，看外设的数据缓冲区是否已空。所谓的"空"就是外设已将数据区中的数据读走，数据缓冲区可以接受 CPU

输入的新数据。若缓冲区空，则 BUSY 为假，CPU 执行输出指令；否则 BUSY 为真，CPU 就等待。其程序流程如图 5-18 所示，端口信息如图 5-19 所示。

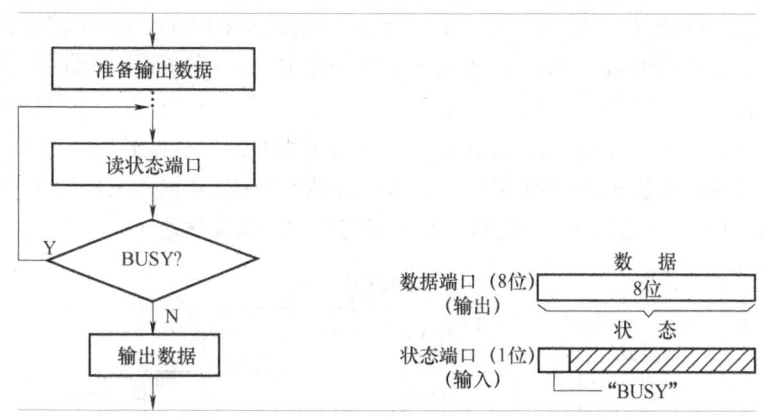

图 5-18　查询式输出程序框图　　图 5-19　查询式输出的端口信息

查询式输出接口电路框图如图 5-20 所示。输出装置把 CPU 输出的数据输出以后，发一个 $\overline{ACK}$（Acknowledge）信号，使 D 触发器清零，即 BUSY 线变为"0"。CPU 读状态口后知道外设已"空"，于是就执行输出指令。在 AEN、$\overline{IOW}$ 和译码器输出信号共同作用下，数据锁存到锁存器中，同时使 D 触发器置"1"。它一方面通知外设数据已准备好，可以执行输出操作，另一方面在输出装置尚未完成输出以前，一直维持 BUSY=1，阻止 CPU 输出新的数据。查询输出部分程序为：

```
POLL: MOV    DX,    STATUSPORT   ;DX=状态口地址
      IN     AL,    DX           ;输入状态信息
      TEST   AL,    80H          ;检查 BUSY 位
      JNE    POLL                ;BUSY 则循环等待
      MOV    DX,    DATAPORT     ;否则准备输出数据
      MOV    AL,    BUFFER       ;从缓冲区取数据
      OUT    DX,    AL           ;输出数据
```

查询式交换方式也称应答式交换方式。相应的状态信息 READY 和 BUSY 称为握手（Handshake）信号。

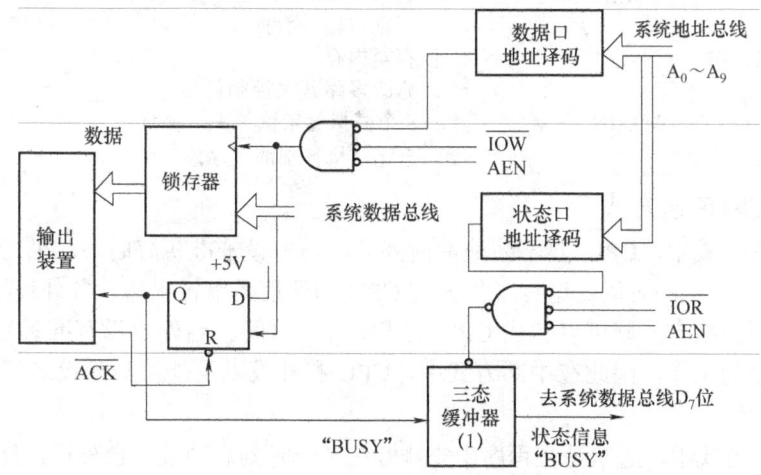

图 5-20　查询式输出接口电路

【例题 5-2】 一个采用查询方式的数据采集系统如图 5-21 所示。8 个模拟量经过多路开关 U_5 选择后送入 A-D 转换器 U_1，多路开关 U_5 由控制端口 U_4（端口地址为 04H）输出的三位二进制码（对应于 $b_2b_1b_0$ 位）控制，当 $b_2b_1b_0=000$ 时选通 IN0 输入 A-D 转换器，$b_2b_1b_0=111$ 时选通 IN7 输入 A-D 转换器，每次只送出一路模拟量到 A-D 转换器。同时，由控制端口 U_4 的 b_4 位控制 A-D 转换器的启动（$b_4=1$）与停止（$b_4=0$）。当 A-D 转换器完成转换后，READY 端输出有效信号（高电平）经过状态端口 U_2（端口地址为 02H）的 b_0 位输入 CPU 的数据总线。然后，经 A-D 转换后的数据由数据端口 U_3（端口地址为 03H）输入 CPU 的数据总线。该数据采集系统中采用了三个端口——数据口 U_3、控制口 U_4 以及状态 U_2。

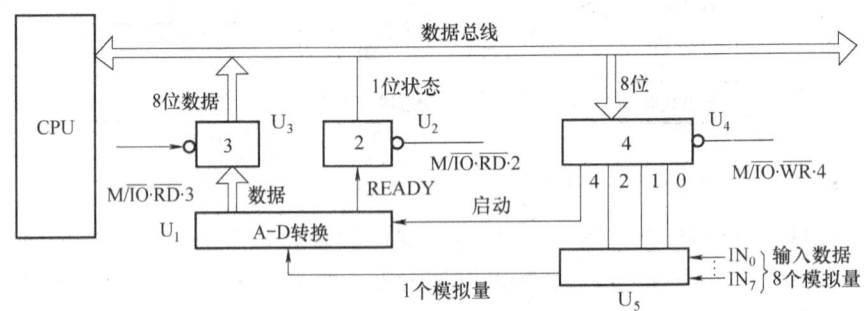

图 5-21 查询式数据采集系统

根据上述要求，可编写如下数据采集程序：

```
START:  MOV   DL, 0F8H          ;设置启动 A-D 转换的信号
        MOV   DI, OFFSET DSTOR  ;输入数据缓冲区的地址偏移量送 DI
AGAIN:  MOV   AL, DL
        AND   AL, 0EFH          ;使 D4=0
        OUT   4, AL             ;停止 A-D 转换
        CALL  DELAY             ;等待停止 A-D 操作的完成
        MOV   AL, DL
        OUT   4, AL             ;启动 A-D 转换，且选择模拟量 INi（i=0～7）
POLL:   IN    AL, 2             ;输入状态信息
        SHR   AL, 1
        JNC   POLL              ;若未 READY，程序循环等待
        IN    AL, 3             ;否则，输入数据
        STOSB                   ;存至内存
        INC   DL                ;修改多路开关控制信号
        JNE   AGAIN             ;8 个模拟量未输入完，循环
        ︙                      ;已完，执行别的程序段
```

5.3.2 中断控制传送方式

在查询传送方式中，CPU 要不断地询问外设，当外设未准备好时，CPU 就得等待。这样就浪费了 CPU 大量的时间。这种工作方式 CPU 和外设是串行工作，各外设之间也只能是串行工作，采用中断方式则可以免去 CPU 的查询等待时间。当外设没有准备好时，CPU 可以去做自己其他的工作。因此在中断方式中，CPU 和外设以及外设与外设之间是并行工作。

1. 基本思路

在中断传送方式中，通常是在程序中安排好在某一时刻启动某一台外设，然后 CPU 继续执行其主程序，当外设完成数据传送的准备后，向 CPU 发出"中断请求"信号，在 CPU 可以响应中断的条件下，现行主程序被"中断"，转去执行中断服务程序，在中断服务程序中完成一次 CPU 与外设之间的数据传送，传送完后仍返回被中断的主程序，从断点处继续执行。

采用中断传送方式时，CPU 从启动外设到外设就绪这段时间，一直仍在执行主程序，而不是像查询方式中处于等待状态，仅仅是在外设准备好数据传送的情况下才中止 CPU 执行的主程序，在一定程度上实现了主机和外设的并行工作。同时，如果某一时刻有多外设发出中断请求，CPU 可以根据预先安排好的优先顺序，按轻重缓急处理几台外设同 CPU 的数据传送，这样在一定程度上也可实现几台外设的并行工作。

2. 中断控制电路的功能

在采用中断传送方式的 I/O 接口中，通常采用中断控制电路来实现中断控制，该控制电路必须实现以下功能。

1）能控制多个中断源（采用中断方式的 I/O 设备）实现中断传送，即任一个中断源提出中断请求，该中断控制电路必须都能向 CPU 发出中断请求信号。

2）能对多个中断源同时发出的中断请求进行优先级判别。

3）能实现中断嵌套。

4）能提供对应中断源的中断矢量（用以指示中断服务程序的入口地址）。

3. 中断传送方式的接口电路

中断传送方式的接口电路（以输入为例）如图 5-22 所示，当输入装置准备好数据后，发选通信号，把数据存入锁存器，并使 D 触发器置 "1"，表示外设已经准备好。D 触发器的输出经与门后通过中断控制器去申请中断。CPU 接受了中断请求后，等现行指令执行完毕，即暂停正在执行的程序，并发出中断响应信号 $\overline{INTA}$。在 $\overline{INTA}$ 信号的作用下，中断控制器把属于该外设的中断矢量送上系统数据总线让 CPU 读取，CPU 根据中断矢量可得到中断服务程序入口地址，进而转入中断服务程序输入数据，同时清除中断请求标志。当中断处理完后，CPU 返回被中断的程序继续执行。

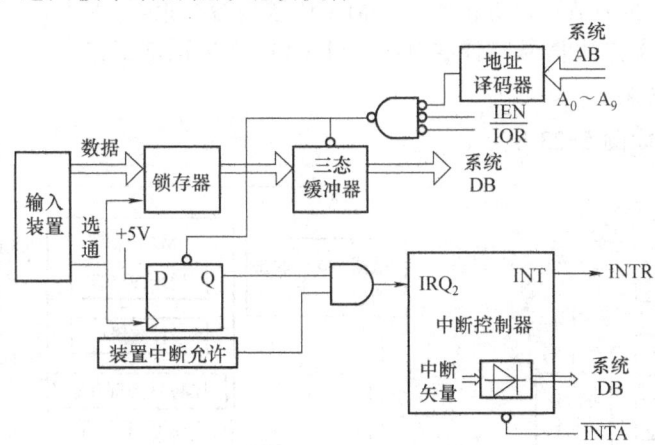

图 5-22 中断传送接口电路

5.3.3 DMA 传送方式

中断传送方式相对于查询传送方式来说，大大提高了 CPU 的利用率，但是中断传送方式仍然是由 CPU 通过指令来传送数据的。每传递 1B（或一个字）就得把主程序停下来，转而去执行中断服务程序，在执行中断服务程序前要做好现场保护，执行完中断服务程序后还得恢复现场。由于在中断方式中数据传送过程始终受 CPU 的干预，CPU 需要取出和执行一系列指令，每 1B（或字）数据都必须经过 CPU 的累加器才能输入/输出，这就从本质上限制了数据传送的速度，不能满足高速的外部设备（如磁盘、CRT 显示器、高速 A-D 转换器）与内存间信息交换的要求。为此提出了在外设与内存之间直接传送数据的方式，即 DMA 传送方式。

1. DMA 传送的基本原理

DMA 方式不使用指令，而是直接用硬件控制数据在外设和存储器之间传送。CPU 首先对 DMA 控制器（DMAC）初始化，告诉 DMAC 数据的传送方向，例如，是从外设到内存、还是从内存到外设、存储器的起始地址以及需要传送的次数等。当外设准备好数据时，DMAC 向 CPU 发出总线请求，让 CPU 暂时让出总线控制权。CPU 响应请求后，把自己驱动总线的驱动器关掉，令总线处在浮空状态，并通知 DMAC。DMAC 接到通知后，驱动总线并发出合适的读写信号，进行连续的外设与内存之间的数据传送。在规定的传送次数到达时，DMAC 再把总线的控制权交还给 CPU。由于是在硬件的直接控制下进行数据传送，其速度和效率都比用执行指令的办法来传送数据要快得多。

2. DMAC（DMA 控制器）的基本功能

在 DMA 方式中，DMAC 是控制存储器和外设之间高速传送数据的硬件电路，是一种完成直接数据传送的专用处理器，它必须能够取代 CPU 和软件在程序控制传送中的各项功能。因此 DMAC 应该具有如下功能。

1）能接受外设的 DMA 请求信号 DREQ，并能向外设发出 DMA 响应信号 DACK。

2）能向 CPU 发出总线请求信号 HRQ，当 CPU 发出总线响应信号 HLDA 后能接管对总线的控制权，进入 DMA 方式。

3）能发出地址信息对存储器寻址并能修改地址指针。

4）能发出读、写等控制信号，包括存储器访问信号和 I/O 访问信号。

5）能决定传送的字节数，并能判断 DMA 传送是否结束。

6）能发出 DMA 结束信号，释放总线，使 CPU 恢复正常工作。

3. DMAC 的结构

DMAC 的结构如图 5-23 所示。

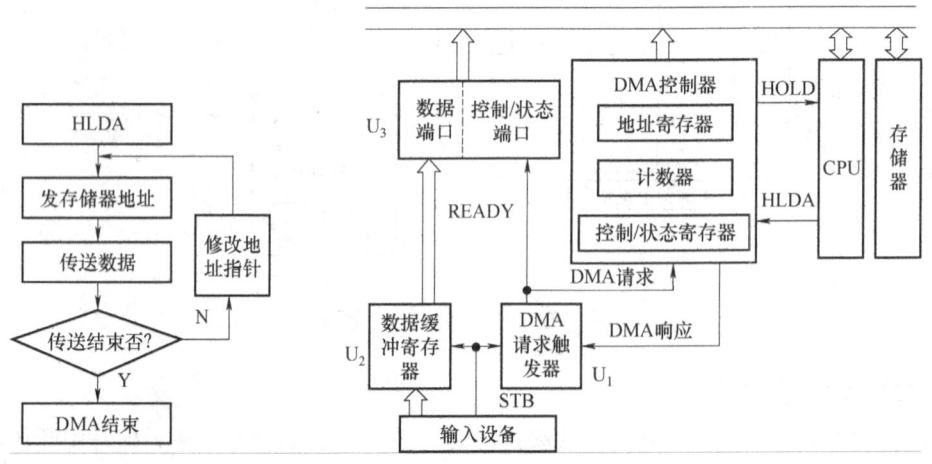

图 5-23　DMA 控制器方框图

该电路的工作过程如下：当输入设备准备好 1B 数据时，发出选通脉冲 STB，该信号一方面选通数据缓冲寄存器 U_2，把输入数据通过 U_2 送入锁存器 U_3；另一方面将 DMA 请求触发器 U_1 置"1"，作为锁存器 U_3 的准备就绪信号 READY，打开锁存器 U_3，把输入数据送上数据总线；同时 DMA 请求触发器向 DMAC 发出 DMA 请求信号，CPU 在现行总线周期结束后给予响应，发出 HLDA 信号，DMAC 接到该信号后接管总线控制权，向地址总线发寄存器地址信号，向外设端口发 DMA 响应信号和读控制信号，因而将外设端口数据送上数据总线，并发出存储器写命令，这样就把外设输入的数据直接写入存储器中，然后修改地址指针，修改计数器、检查数据传送是否结束，若未结束则循环传送直至整个数据块传送完，在全部数据传送完后，DMAC 撤除总线请求信号 HOLD（变低），在下一个 T 周期的上升沿，CPU 使 HLDA 变为无效，从而恢复对总线的控制。上述过程工作波形如图 5-24 所示。

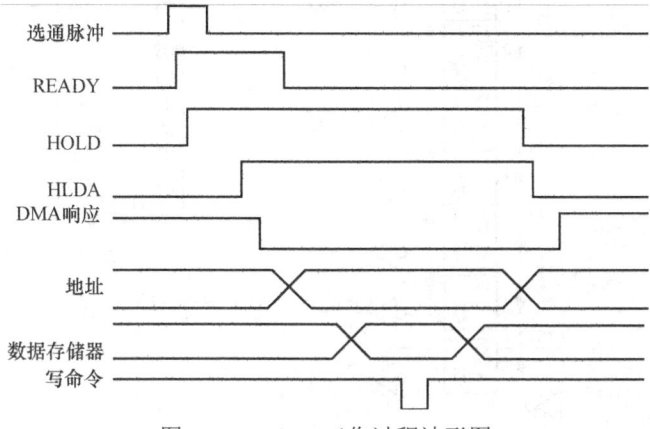

图 5-24　DMA 工作过程波形图

DMA 传送方式还可以在存储器的两个区域或两种高速的外设之间进行。

5.4　简单的输入/输出接口芯片

这一节扼要介绍三种常用的简单并行输入/输出接口芯片的功能及应用。

5.4.1　芯片功能简介

在外设接口电路中，经常需要对传输过程中的信息进行放大、隔离以及锁存，能实现上述功能的接口芯片最简单的就是缓冲器、数据收发器和锁存器。

1. 74 系列器件

74 系列器件是 TI（Texas Instrument，德州仪器）公司生产的中小规模 TTL 集成电路芯片，这是一种低成本的工业和民用产品，工作温度为 0~70℃，以功耗和速度分类有以下几类：

1）74×××——标准 TTL。
2）74L×××——低功耗 TTL。
3）74S×××——肖特基型 TTL。
4）74LS×××——低功耗肖特基型 TTL。
5）74ALS×××——高性能型 TTL。
6）74F×××——高速 TTL。

对于相同编号（×××）和不同类型的芯片，其逻辑功能完全一样。

（1）锁存器 74LS373

74LS373 是一种 8D 锁存器，具有三态驱动输出，其逻辑电路及引脚图如图 5-25 所示。从图 5-25 可见，该锁存器由 8 个 D 触发器组成，有 8 个输入端 1D～8D，8 个输出端 1Q～8Q，2 个控制端 G 和 OE，使能端 G 有效时，将 D 端数据输入锁存器中 D 触发器，当输出允许端 OE 有效时，将锁存器中锁存的数据送到输出端 Q。74LS373 的锁存功能见表 5-1。

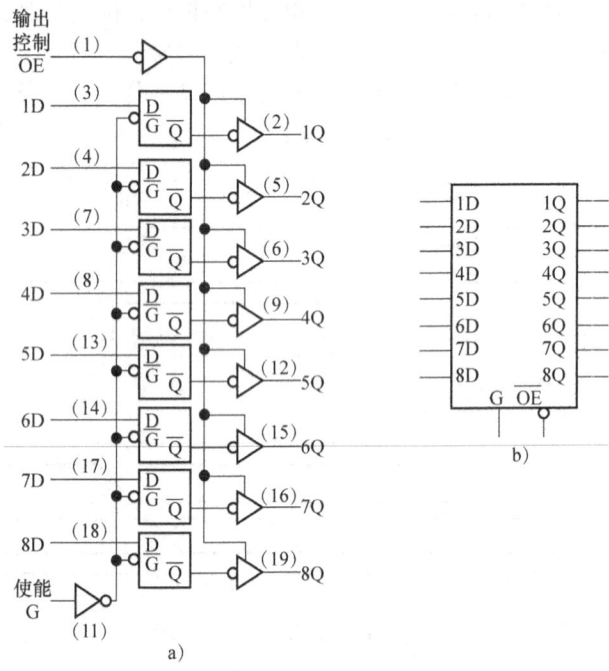

图 5-25　74LS373 锁存器

a）逻辑电路　b）引脚图

表 5-1　74LS373 的真值表

使能 G	输出允许 $\overline{OE}$	输入 D	输出 D
H	L	L	L
H	L	H	H
L	L	X	Q_0
X	H	X	Z

表中 H 为高电平，L 为低电平，Q_0 为原状态，Z 为高阻态，X 表示任意值（即不论为 H 还是 L 都一样）。从表中可见 74LS373 的功能为：

1）当使能端 G 为高电平时，同时输出允许端 $\overline{OE}$ 为低电平，则输出 Q=输入 D。

2）当使能端 G 为低电平，而输出允许端 $\overline{OE}$ 也为低电平时，则输出 Q=Q_0（原状态，即使能端 G 由高电平变为低电平前，输出端 Q 的状态，这就是"锁存"的意义）。

3）当输出允许端 $\overline{OE}$ 为高电平时，不论使能端 G 为何值，输出端 Q 总为高阻态。

74LS373 锁存器主要用于锁存地址信息、数据信息以及 DMA 页面地址信息等。

常用的锁存器还有 74LS273 和 74LS573、Intel 8282 和 Intel8283。

（2）缓冲器 74LS244

74LS244 是一种三态输出的缓冲器和线驱动器，该芯片的逻辑电路图和引脚图如图

5-26所示。

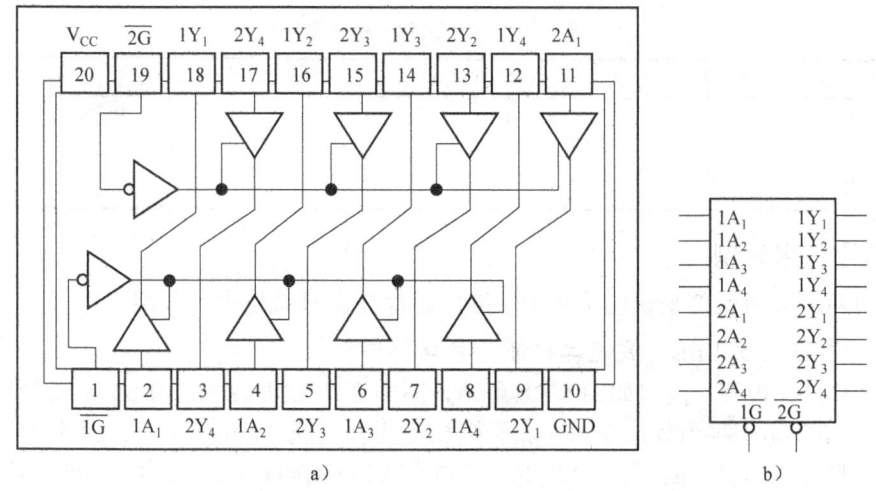

图5-26 74S244缓冲器
a）逻辑电路 b）引脚图

从图5-26可见，该缓冲器有8个输入端，分为两路$1A_1 \sim 1A_4$，$2A_1 \sim 2A_4$，同时8个输出端，也分为两路$1Y_1 \sim 1Y_4$，$2Y_1 \sim 2Y_4$，分别由2个门控信号$\overline{1G}$和$\overline{2G}$控制，当$\overline{1G}$为低电平时，$1Y_1 \sim 1Y_4$的电平与$1A_1 \sim 1A_4$的电平相同，即输出反映输入电平的高低；同样，当$\overline{2G}$为低电平时，$2Y_1 \sim 2Y_4$的电平与$2A_1 \sim 2A_4$的电平相同。而$\overline{1G}$（或$\overline{2G}$）为高电平时，输出$1Y_1 \sim 1Y_4$（或$2Y_1 \sim 2Y_4$）为高阻态。经74LS244缓冲后，输入信号被驱动，输出信号的驱动能力加大了。

74LS244缓冲器主要用于三态输出的存储地址驱动器、时钟驱动器、总线定向接收器和定向发送器等。

常用的缓冲器还有74LS240以及74LS241等。

（3）数据收发器74LS245

74LS245是一种三态双向的8总线收发器，其逻辑电路图和引脚图如图5-27所示。

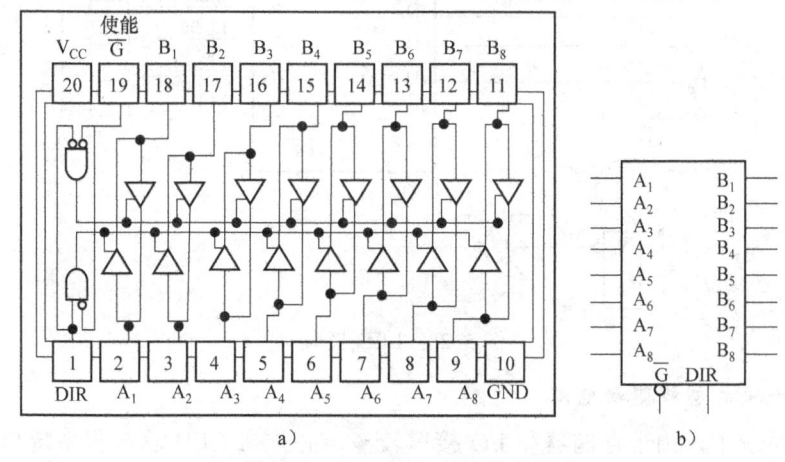

图5-27 74LS245总线收发器
a）逻辑电路 b）引脚图

从图5-27可见，该收发器有16个双向传送的数据端，即$A_1 \sim A_8$，$B_1 \sim B_8$，另外有两个控制端——使能端 G 和方向控制端 DIR，该芯片的功能见表 5-2。

表 5-2 74LS245 的真值表

使能 G	方向控制 DIR	传 送 方 向
L	L	B→A
L	H	A→B
H	X	隔开

5.4.2 芯片应用举例

下面用两个应用实例来说明上述 I/O 接口芯片在微机系统中的作用。

1. 74LS373 用于 LED（发光二极管）接口

LED（发光二极管）接口如图 5-28 所示，图中 8 个 LED 通过 74LS373 锁存器同 8086 CPU 连接，LED 是一种当外加电压（加于阳极与阴极之间，阳极加高电位）超过额定电压时能产生可见光的器件。欲使 LED 发光，必须使 LED 的阴极加上低电平，即 8086 的数据总线输出低电平，可用 OUT Y_0，AL 指令来实现这一功能。

若执行指令，MOV　AL，00H
　　　　　　　OUT　Y_0，AL

则 8086 产生如下硬件信号：$\overline{WR}$ 为负脉冲，$M/\overline{IO}$ 为负脉冲，经过"或门 1"，输出也为负脉冲；输出指令中地址 Y_0 经过地址译码器 2，输出端 Y_0 也输出一个负脉冲，这两个负脉冲经过或非门 3，输出正脉冲，用来作为 74LS373 的使能信号 G，将数据总线 $D_7 \sim D_0$ 输出的全"0"信号存入 74LS373，因为 $\overline{OE}$ 已接地（有效电平），故输出端输出全"0"信号，8 个 LED 全部发光。

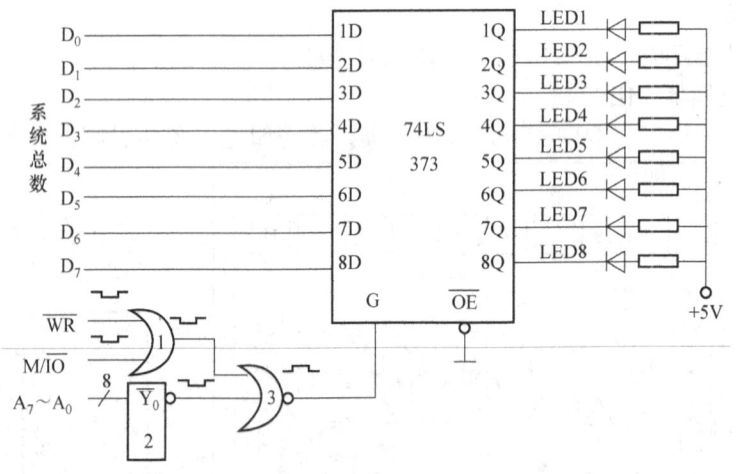

图 5-28 LED 接口

2. 用于一般的总线驱动电路

在 8086 系统中，由于存储器和 I/O 接口较多，必须在 CPU 总线和系统总线之间加接总线驱动电路，要求在加接驱动电路后 CPU 仍能进行常规的存储器读写、I/O 读写、中断响应、总线请求响应（即 HLDA 有效）以及在 RESET 有效时的相应的操作。试设计一个总线驱动器电路，要求被驱动的总线信号包括 20 位地址总线、16 位数据总线以及控制总

线中的 $\overline{RD}$、$\overline{WR}$、$M/\overline{IO}$、ALE、$\overline{INTA}$ 和 $\overline{BHE}$。

解题分析：

1）按题意，根据 8086 总线信号的特点，CPU 总线中的双重总线信号 $A_{16}/S_3 \sim A_{19}/S_6$、$AD_0 \sim AD_{16}$ 以及 $\overline{BHE}/S_7$，必须采用锁存器来锁存和驱动，可以利用已学过的锁存器 74LS373 三片来实现，而 $AD_0 \sim AD_{15}$ 同时通过数据收发器 74LS245（两片），用来驱动双向数据信号；而单向的控制信号 $\overline{RD}$、$\overline{WR}$、$M/\overline{IO}$、ALE 和 $\overline{INTA}$ 等只需采用缓冲器 74LS244 即可。

2）确定了采用的主要器件后，连接中的关键问题是这三种器件中的控制信号如何连接。

按题意，CPU 进行存储器读写和 I/O 读写时，74LS373、74LS245 和 74LS244 必须正常工作，向系统总线提供正常工作所要求的地址信号、数据信号和控制信号。而在总线请求响应（HLDA 有效）和复位信号 RESET 有效时，要求驱动电路输出处于高阻状态。根据三种驱动（锁存）器的工作特征，74LS373 输出为高阻态的条件是 $\overline{OE}$ 端接高电平；74LS245 输出为高阻态的条件是 $\overline{G}$ 端接高电平；74LS244 输出为高阻态的条件是 $\overline{1G}$ 和 $\overline{2G}$ 接高电平。据此可将 74LS373 的 $\overline{OE}$、74LS245 的 $\overline{G}$ 和 74LS244 的 $\overline{1G}$、$\overline{2G}$ 连接在一起，同一个或门的输出端相连，或门的输入为 8086 CPU 的输出信号 RESET 和 HLDA，如图 5-29 所示。当执行总线响应周期时，HLDA 有效，为高电平；当复位信号有效时，RESET 为高电平。RESET 和 HLDA 只要一个有效（高电平），或门 2 输出为高电平，使 74LS373、74LS245 和 74LS244 三组器件输出呈现高阻抗，此即总线响应（保持响应）周期和 RESET 操作所要求的总线环境。

对数据收发器 74LS245 而言，数据传送方向由控制端 DIR 控制，当 DIR=低电平时，传输方向为从 B 到 A；当 DIR=高电平时，传输方向由 A 到 B。CPU 在进行读操作（不论是存储器读，还是 I/O 读）以及中断响应时，要求数据从 B 到 A 传输。为此可以将经驱动后的控制信号线 $\overline{RD}$（读）和 $\overline{INTA}$（中断响应）送到一个与门 1，与门 1 输出同 74LS245 的 DIR 端相连。这样，在 CPU 进行读操作时（$\overline{RD}$ 为低电平）或 CPU 进入中断响应周期时（$\overline{INTA}$ 为低电平），与门 1 输出为低电平，控制 74LS245 的传输方向为从 B 到 A，即从系统总线传输到 CPU。

地址锁存器 74LS373 的锁存作用由使能端 G 保证，G 为高电平时，把输入地址信息输入 74LS373，G 从高变为低时，将地址锁存，G 端同 CPU 经驱动后的地址锁存允许信号 ALE 相连，刚好满足锁存要求。

根据以上分析，可以画出按题意要求的总线驱动电路，如图 5-29 所示。

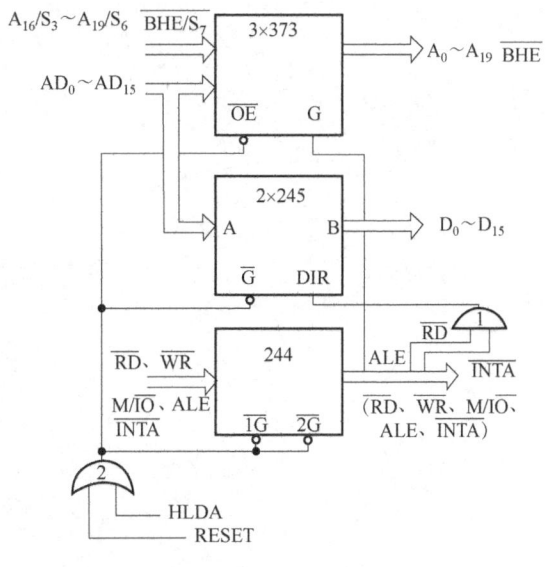

图 5-29 总线驱动电路

课后习题

1. 什么叫接口？它的功能是什么？
2. I/O 接口的主要功能有哪些？一般有哪两种编址方式，两种编址方式各自有什么特点？
3. 外设与 CPU 之间传输的信号可以分为哪三种？
4. 无条件传送方式可应用在什么场合？
5. 查询传送方式有什么优缺点？中断方式为什么能弥补其缺点？
6. 什么是 DMA 存取方式？DMA 控制器在 CPU 与外设的数据传送过程中发挥怎样的作用？
7. DMA 方式与中断方式以及查询方式在本质上有什么不同？
8. 现有一输入设备，其数据端口地址为 FFE0H，状态端口地址为 FFE2H，当其 D_0 位为 1 时表明输入数据准备好。试采用查询方式，编写程序实现从该设备读取 100B 数据并保存到 2000H:2000H 开始的内存中。

第 6 章　可编程接口芯片

6.1　可编程接口芯片概述

CPU 要与外设交换信息，必须通过接口电路。在接口电路中，一般具有如下电路单元：
1）输入/输出数据缓冲器和锁存器，以实现数据的 I/O。
2）控制命令和状态寄存器，用以存放对外设的控制命令，以及外设的状态信息。
3）地址译码器，用来选择接口电路中的不同端口（寄存器）。
4）读写控制逻辑。
5）中断控制逻辑。

6.2　可编程并行接口芯片 8255A

8255A 可编程并行输入/输出接口芯片是 Intel 公司生产的标准外围接口电路。它采用 NMOS 工艺制造，用单一+5V 电源供电，具有 40 条引脚，采用双列直插式封装，全部输入/输出与 TTL 电平兼容。它有 A、B、C 3 个端口共 24 条 I/O 线，可以通过编程的方法来设定端口的各种 I/O 功能。由于它功能强，又能方便地与各种微机系统相接，且在连接外部设备时，通常不需要再附加外部电路，所以得到了广泛的应用。

6.2.1　8255A 的内部结构及引脚功能

1. 8255A 的内部结构

8255A 的内部结构如图 6-1 所示，它由 4 部分组成。

（1）数据总线缓冲器

数据总线缓冲器是一个双向三态的 8 位数据缓冲器，8255A 通过它与系统总线相连。输入数据、输出数据、CPU 发给 8255A 的控制字都是通过这个缓冲器进行的。

（2）数据端口 A、B、C

8255A 有三个 8 位数据端口，即端口 A、端口 B、端口 C。设计人员可通过编程使它们分别作为输入端口或输出端口。三个端口各有如下特点：

端口 A 包含一个 8 位数据输入锁存器和一个 8 位数据输出锁存器/缓冲器。用端口 A 作为输入或输出时，数据均受到锁存。

端口 B 和端口 C 均包含一个 8 位输入缓冲器和一个 8 位数据输出锁存器/缓冲器。

在使用中，端口 A 和端口 B 通常作为独立的输入或输出端口。端口 C 除了可作为独立的输入或输出端口外，还可配合端口 A 和端口 B 工作。具体地说，端口 C 可分成两个 4 位的端口，分别作为端口 A 和端口 B 的控制信号和状态信号。

（3）A 组控制和 B 组控制

这两组控制电路一方面接收 CPU 发来的控制字并决定 8255A 的工作方式；另一方面接收来自读/写控制逻辑电路的读/写命令，完成接口的读/写操作。

A 组控制电路控制端口 A 和端口 C 的高 4 位的工作方式和读/写操作。

B 组控制电路控制端口 B 和端口 C 的低 4 位的工作方式和读/写操作。

（4）读/写控制逻辑

读/写控制逻辑负责管理 8255A 的数据传输过程。它接收译码电路的 $\overline{CS}$ 和来自地址总线的 A_1、A_0 信号，以及控制总线的 RESET、$\overline{WR}$、$\overline{RD}$ 信号，将这些信号进行组合后，得到对 A 组控制部件和 B 组控制部件的控制命令，并将命令发给这两个部件，以完成对数据信息、状态信息和控制信息的传输。

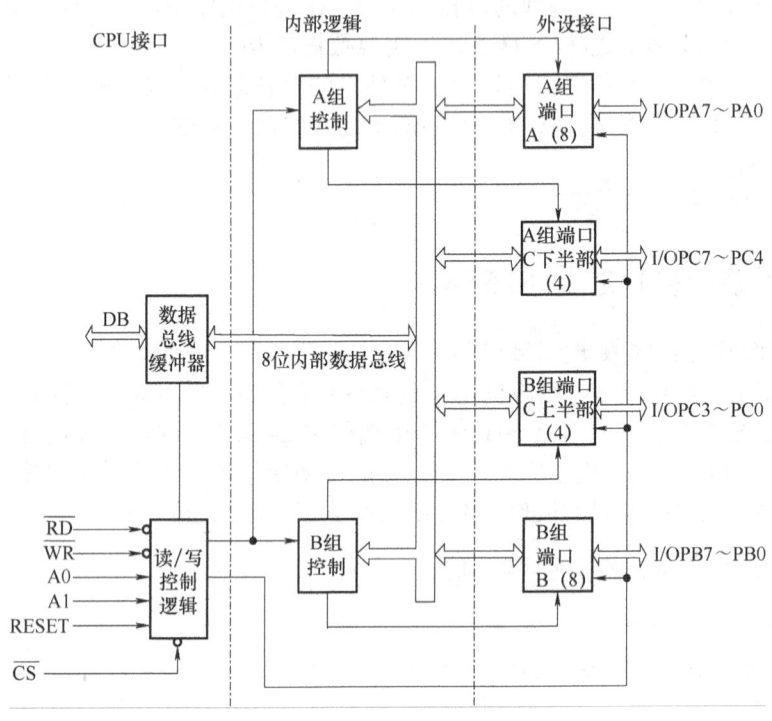

图 6-1 8255A 内部结构

2. 8255A 的引脚功能

8255A 芯片除电源和地引脚以外，其他引脚可分为两组，引脚如图 6-2 所示。

（1）8255A 与外设连接引脚

8255A 与外设连接的有 24 条双向、三态数据引脚，分成三组，分别对应于 A、B、C 三个数据端口：$PA_7 \sim PA_0$，$PB_7 \sim PB_0$，$PC_7 \sim PC_0$。

（2）8255 与 CPU 连接引脚

$D_7 \sim D_0$：双向、三态数据线。

RESET：复位信号，高电平有效。复位时所有内部寄存器清除，同时 3 个数据端口被设为输入。

$\overline{CS}$：片选信号，低电平有效。该信号有效时，8255A 被选中。

$\overline{RD}$：读信号，低电平有效。该信号有效时，CPU 可从 8255A 读取输入数据或状态信息。
$\overline{WR}$：写信号，低电平有效。该信号有效时，CPU 可向 8255A 写入控制字或输出数据。
A_1、A_0：片内端口选择信号。8255A 内部有三个数据端口和一个控制端口。

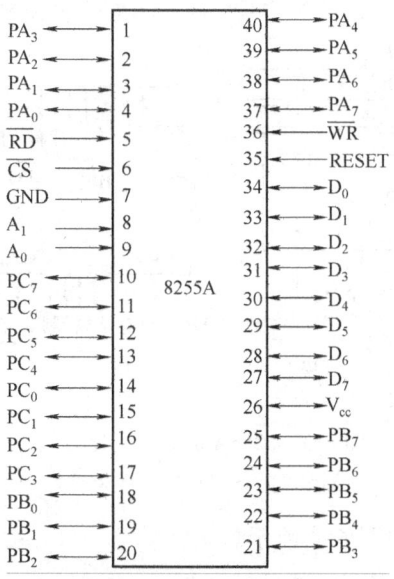

图 6-2 8255A 的引脚

8255A 的 $\overline{CS}$、$\overline{RD}$、$\overline{WR}$、A_1、A_0 控制信号和传输操作之间的关系见表 6-1。

表 6-1 8255A 的控制信号和传输操作的对应关系

$\overline{CS}$	$\overline{RD}$	$\overline{WR}$	A_1 A_0	执行的操作
0	0	1	0 0	读端口 A
0	0	1	0 1	读端口 B
0	0	1	1 0	读端口 C
0	0	1	1 1	非法状态
0	1	0	0 0	写端口 A
0	1	0	0 1	写端口 B
0	1	0	1 0	写端口 C
0	1	0	1 1	写控制端口
1	×	×	× ×	未选通

6.2.2 8255A 的工作方式

8255A 有 3 种工作方式，即方式 0、方式 1 和方式 2，这些工作方式可用软件编程来指定。3 种工作方式的传送示意图如图 6-3 所示。

1. 方式 0

方式 0 是一种基本输入/输出方式，即无条件传送方式，没有用于应答的联络信号，也不使用中断来控制数据的传送。CPU 可随时写数据到指定端口或从指定端口读出数据。

8255A 的两个 8 位端口（端口 A 和 B）以及两个 4 位的端口（C 端口上半部分和 C 端

口下半部分）都可以作为方式 0 输入/输出，这种工作方式不需要任何选通信号。

输出有锁存而输入无锁存。从任何端口读取的数据是 CPU 执行读操作周期时出现在端口引脚上的数据，而 CPU 输出的数据则能保存在端口的输出锁存器并出现在端口引脚上，直到下一次输出操作时为止。

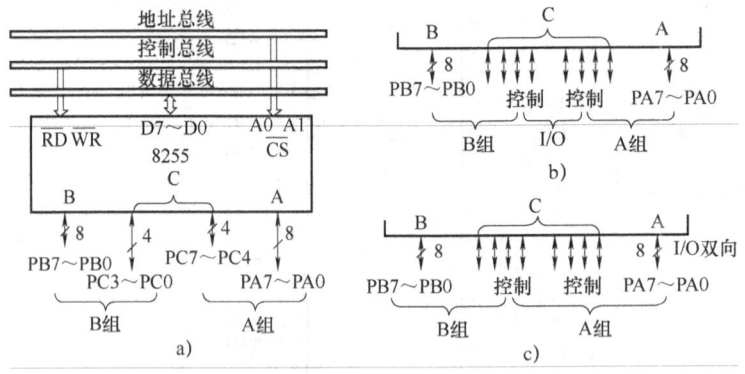

图 6-3　8255A 的 3 种工作方式
a) 方式 0　b) 方式 1　c) 方式 2

方式 0 输入的基本时序如图 6-4 所示。

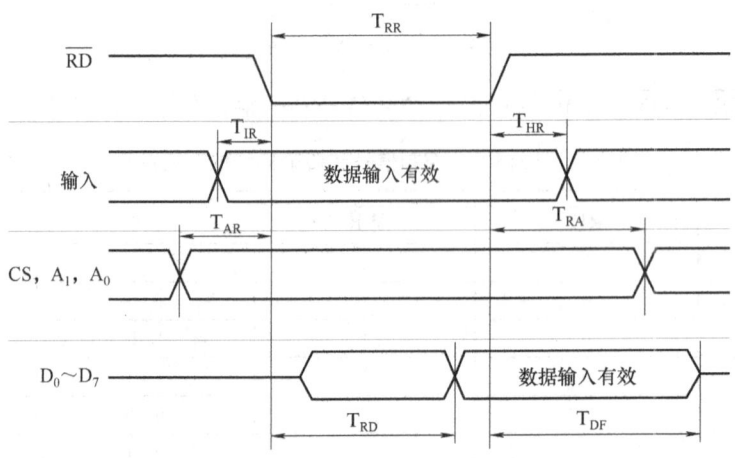

图 6-4　方式 0 的输入时序

在外设的数据准备好后，CPU 用输入指令从 8255A 读入这个数据，发出读命令 $\overline{RD}$，读命令 $\overline{RD}$ 低电平的宽度（即有效时间）T_{RR} 至少应为 300ns，而且地址信号必须在 $\overline{RD}$ 有效前 T_{AR} 时间有效，T_{AR} 的最小值为 0。在 $\overline{RD}$ 变为低电平后经过时间 T_{RD}，输入数据就可以在数据总线上稳定，T_{RD} 的最大值为 250ns。外设输入数据需在 $\overline{RD}$ 命令有效前有效，T_{IR} 是外设输入数据需先于 $\overline{RD}$ 出现的时间，最小值为 0。外设输入数据在 $\overline{RD}$ 脉冲结束后还需维持 T_{HR} 的时间有效，T_{HR} 最小为 0。读信号 $\overline{RD}$ 无效后地址仍需 T_{RA} 的时间有效，T_{RA} 最小为 0。读信号 $\overline{RD}$ 无效后经过 T_{DF} 的时间数据引脚浮空，T_{DF} 的最小值为 10ns，最大值为 150ns。两次读操作之间最小时间间隔为 850ns。

8255A 方式 0 输出的基本时序如图 6-5 所示。

由输出指令把 CPU 的数据输出给外设，输出指令会给 8255A 发出低电平有效的写命令 $\overline{WR}$。

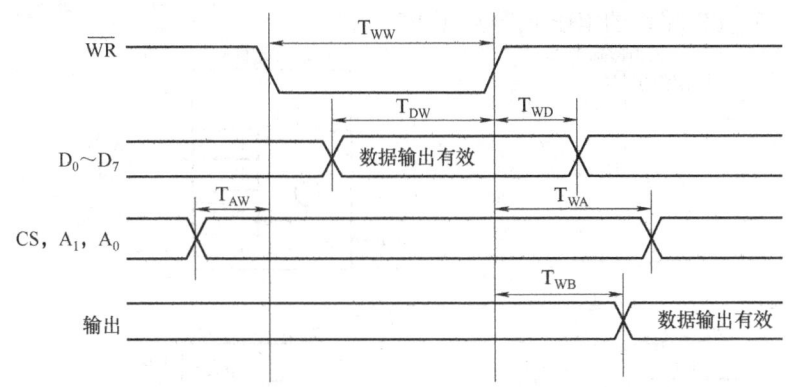

图 6-5 方式 0 的输出时序

对于 8255A，要求写脉冲宽度 T_{WW} 至少为 400ns。且地址信号必须在写信号前 T_{AW} 时间有效，T_{AW} 的最小值为 0；并在写信号结束后保持 T_{WA} 时间有效，T_{WA} 的最小值为 20ns。另外，要写出的数据必须在写信号结束前 T_{DW} 时间出现在数据总线上，T_{DW} 的最小值为 100ns；并在写信号结束后保持 T_{WD} 时间有效，T_{WD} 的最小值为 30ns。这样，在写信号后最多 T_{WB} 时间，写出的数据在输出端口出现，T_{WB} 的最大值为 350ns。

2. 方式 1

8255A 工作在方式 1 时，是选通输入/输出方式，即无论是输入还是输出都是通过应答方式实现的。这时端口 A 和端口 B 作为数据端口，而端口 C 的一部分引脚用作握手信号线与中断请求线，端口 C 还保持有关状态可供 CPU 查询。如果外设能为 8255A 提供选通信号或者数据接收应答信号，则常使 8255A 工作于方式 1，此时 CPU 与外设间可以采用查询或中断方式传送数据。

8255A 端口 A 和 C 口的上半部分作为 A 组，端口 B 和 C 口的下半部分作为 B 组。A 组和 B 组可以分别设定为工作在方式 1 输入/输出。此时，端口 A 或端口 B 为输入/输出端口，且输入/输出均有锁存，而 C 口中的 3 位提供方式 1 输入输出所需的联络信号。设置 A 组工作于方式 1 时，则余下的 13 位可工作于方式 0 或方式 1。设置 B 组工作于方式 1 时，端口 A 可选择工作于方式 2、方式 1 或方式 0。若端口 A 或 B 同时工作于方式 1，端口 C 余下两位还可作为输入/输出，用于传送数据或控制信号等，也可以单独置位/复位。

下面分别介绍方式 1 输入/输出的功能及时序。

（1）方式 1 输入

1）方式 1 输入联络信号。图 6-6 给出了方式 1 输入时，控制字的表示方式和 C 端口引脚的定义。C 端口各联络信号的意义如下。

$\overline{STB}$（Strobe）：选通输入控制信号，低电平有效。此信号必须由外部设备产生，用于将数据选通，并锁存入数据输入锁存器。PA 端口的 $\overline{STB}$ 信号连至 PC_4 引脚，PB 端口的 $\overline{STB}$ 信号连至 PC_2 引脚。

IBF（Input Buffer Full）：输入缓冲器满指示信号，高电平有效。这是由 8255A 送给外设的信号，作为对外设送来的 $\overline{STB}$ 的响应信号。IBF 为高电平时，表明外设送来的数据已锁存入端口。只要 CPU 尚未从 8255A 的端口读走数据，则 IBF 一直保持高电平，向外设指明不能再传送数据。它由 $\overline{STB}$ 信号置位，而由 $\overline{RD}$ 信号的上升沿复位。PA 端口的 IBF 信号连至 PC_5 引脚，PB 端口的 IBF 信号连至 PC_1 引脚。

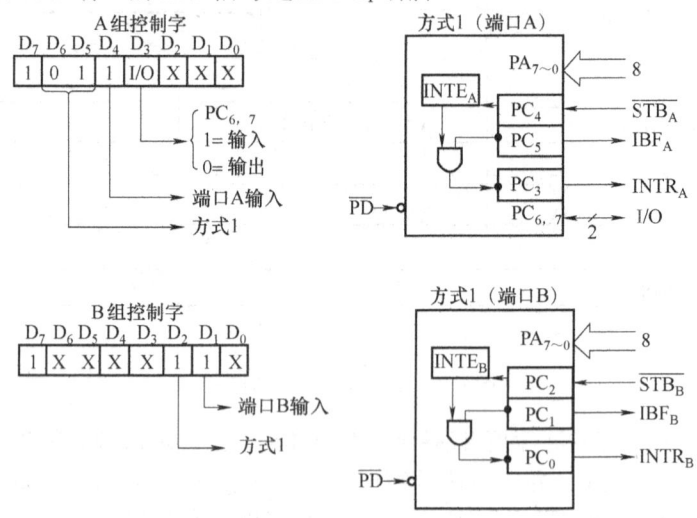

图 6-6　方式 1 输入端口状态

INTR（Interrupt Request）：中断请求信号，高电平有效。当 $\overline{STB}$ 为高电平，IBF 也为高电平，且 INTE 为"1"时，INTR 信号有效。PA 端口的 INTR 信号由 PC_3 引脚提供，PB 端口的 INTR 信号由 PC_0 引脚提供。

$INTE_A$（Interrupt Enable A）：端口 A 中断允许信号。可以通过按 PC_4 的位置位/复位来控制（PC_4=1，允许中断）。

$INTE_B$（Interrupt Enable B）：端口 B 中断允许信号。可以通过按 PC_2 的位置位/复位来控制（PC_2=1，允许中断）。

2）方式 1 输入时序。图 6-7 给出了方式 1 的输入时序。其输入的工作过程主要由与外设通信和与 CPU 通信的过程组成。下面以 PA 口方式 1 输入为例，讲解方式 1 的输入过程。PB 口的过程类似，只是握手信号对应的 PC 引脚不同。

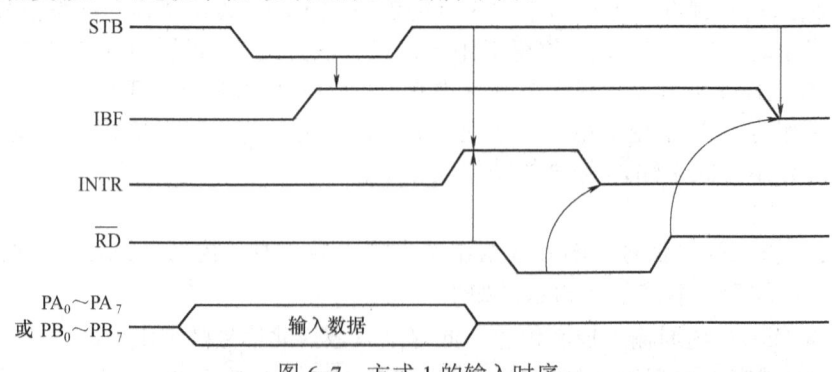

图 6-7　方式 1 的输入时序

与外设通信时，当输入设备已经准备好一个新数据时，首先检测 IBF_A 对应引脚（即 PC_5）的状态，若 IBF 为低（表示输入锁存器为"空"），则输入设备将数据放入 $PA_7 \sim PA_0$（对端口 A），然后发出选通信号 $\overline{STB}$。$\overline{STB}$ 将 $PA_7 \sim PA_0$ 的数据置入输入数据锁存器。这时 8255A 使 IBF_A 对应引脚变为高电平，作为对输入设备的回答，并告诉外设输入锁存器已"满"，不要送来新的数据；同时将 IBF_A 对应的 PC_5 位置 1，以便 CPU 按查询方式工作时查询该位，确定输入数据是否已经在输入锁存器中。

与 CPU 通信则可以按中断方式和查询方式工作。采用中断方式工作时，当 $\overline{STB}$ 由低电平变为高电平时，对应外设将数据送入 PA 口的输入锁存器；IBF_A 变为高电平表示输入数据满，且对应端口的 $INTE_A$ 为 1 表示允许该端口中断后，8255A 使 $INTR_A$ 由低电平变为高电平，向 CPU 发出中断请求信号，若 CPU 响应该中断请求，则 CPU 执行读端口的指令，发出低电平有效的 $\overline{RD}$ 命令，把数据从 PA 口读入。$\overline{RD}$ 信号的上升沿（表示读过程已完成）使 IBF 变为无效的低电平，指示输入锁存器的数据已传送给 CPU，输入锁存器已处于"空"的状态，准备接受从输入设备来的新数据。

若采用查询方式工作，需要编程查询 IBF_A 对应的 PC_5 位是否为 1，若为 1，则表示输入缓冲器满，可以输入数据。CPU 执行 IN 指令后，发出低电平有效的 $\overline{RD}$ 命令，把数据读走，则输入缓冲器变为不满，IBF_A 变为低电平，指示外设可以输入新的数据。

（2）方式 1 输出

1）方式 1 输出联络信号。图 6-8 给出了方式 1 输出时，控制字的表示方式和 C 端口引脚的定义。当端口 A 工作于方式 1 输出时，端口 C 的 PC_3、PC_6 和 PC_7 用作中断请求和联络信号线，并表征端口 A 的状态（中断请求线状态，输入数据缓冲器状态和中断允许位状态）。若端口 B 工作于方式 1 输出，则端口 C 的 PC_0、PC_1 和 PC_2 用作中断请求与联络线，并表征端口 B 的状态。

端口 C 的各控制信号引脚的意义如下。

$\overline{OBF}$（Output Buffer Full）：输出缓冲器满，低电平有效，由 8255A 输出给外设。当 $\overline{OBF}$ 有效时，表明 CPU 已经通过执行输出指令，将数据写入端口 A 的数据输出锁存器并已出现在端口 A 的数据引脚上。也就是在执行输出指令时，CPU 发出的 $\overline{WR}$ 信号的上升沿使 $\overline{OBF}$ 变为有效。

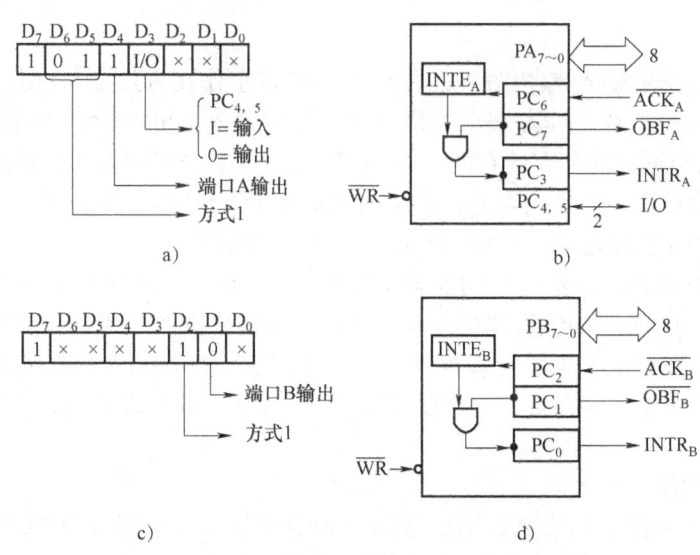

图 6-8 方式 1 的输出端口状态

a）A 组控制字 b）方式 1（端口 A） c）B 组控制字 d）方式 1（端口 B）

$\overline{ACK}$（Acknowledge）：响应信号，低电平有效，由外设送来。它是输出设备在接受了端口送来的数据之后的响应信号。ACK 信号上升沿使 $\overline{OBF}$ 恢复为高电平。

INTR：中断请求信号，高电平有效。当 INTE=1、OBF=1、ACK=1 时，也就是当输出设备收到 CPU 输出的数据之后，INTR 变为有效，请求 CPU 再次输出新的数据。

$INTE_A$ 由 PC_6 置位/复位控制，而 $INTE_B$ 由 PC_2 置位/复位控制。

2）方式 1 输出时序。图 6-9 给出了 8255A 工作在方式 1 的输出时序。

当输出设备接受了前一次输出数据之后，8255A 向 CPU 请求中断。CPU 响应中断，CPU 执行一条输出指令并发出 $\overline{WR}$ 信号有效。将数据总线上的数据锁存入 8255A 指定端口的输出数据锁存器，并立即出现在 $PA_7 \sim PA_0$（或 $PB_7 \sim PB_0$）上；$\overline{WR}$ 结束的上升沿撤销 INTR 请求，并且令 $\overline{OBF}$ 变为有效。这个信号发向外设，通知外设数据已到，外设可用这个信号作为数据的选通信号。当外设接收到 $PA_7 \sim PA_0$（或 $PB_7 \sim PB_0$）送来的数据后，便发出 $\overline{ACK}$ 有效信号给 8255A，作为响应回答信号；$\overline{ACK}$ 下降沿令 $\overline{OBF}$ 变为无效，而 $\overline{ACK}$ 上升沿使 INTR 变为有效，向 CPU 发出中断申请；CPU 响应中断，又开始下一个数据的输出过程。

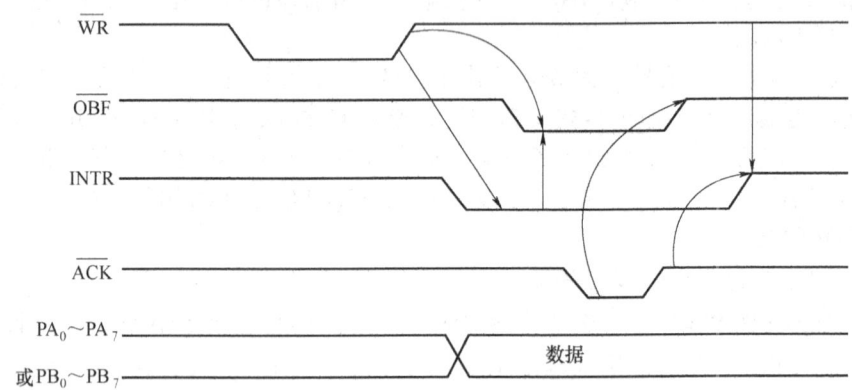

图 6-9 方式 1 的输出时序

3. 方式 2

方式 2 为双向选通输入/输出方式，只有 A 口可以工作在方式 2，此时，实际上是 A 口方式 1 输入和输出的组合，即 A 端口的信号线既可以输入又可以输出（当然不是同时输入和输出），且输入和输出都是有锁存的。A 口工作在方式 2 时所用的 C 口的联络信号线也是方式 1 输入和输出联络信号的合并，所用的引脚是 $PC_7 \sim PC_3$，各联络信号线的意义也与方式 1 时相同。PC_3 引脚是输入和输出共用的中断请求引脚。

A 口工作在方式 2 时需要 C 口的 5 个引脚提供联络信号，此时 C 口还剩 3 个引脚可用来提供联络信号。这时若 B 口工作在方式 2 的话，也需要 5 个引脚提供联络信号，显然是不够用的。因此 8255 规定只有 A 口可以工作在方式 2。当 A 口工作在方式 2 时，B 口可以工作在方式 1（由 C 口剩下的 3 个引脚提供联络信号）或方式 0（C 口剩下的 3 个引脚可工作在方式 0）。

（1）方式 2 的联络信号

方式 2 的状态字和 C 口引脚联络信号如图 6-10 所示，可以看到方式 2 是 A 口工作在方式 1 输入和输出的联络信号的合并，所用的引脚是 $PC_7 \sim PC_3$。

$INTR_A$：中断请求信号，高电平有效。在输入和输出方式时，用来作为向 CPU 发出的中断请求信号。

$\overline{OBF}_A$：输出缓冲器满，低电平有效。当来自 CPU 的数据写入端口 A 时，$\overline{OBF}_A$ 变为低电平，发给外设，用来指示输出缓冲器已满。当数据被外设读取时，再将其变为高电平。

$\overline{ACK}_A$：外部设备发来的对 $\overline{OBF}_A$ 的响应信号，低电平有效。用外设发来的 $\overline{ACK}_A$ 低电平信号，打开端口 A 输出缓冲器上的三态门，将缓冲器上的数据放到 $PA_7 \sim PA_0$ 上。当 $\overline{ACK}_A$ 无效时，输出缓冲器处于高阻状态。

$\overline{STB}_A$：选通输入信号，低电平有效。当它有效时，将 $PA_7 \sim PA_0$ 的数据置入数据输入锁存器。在双向工作时，发中断是由 $\overline{STB}_A$ 的上跳沿引起的。

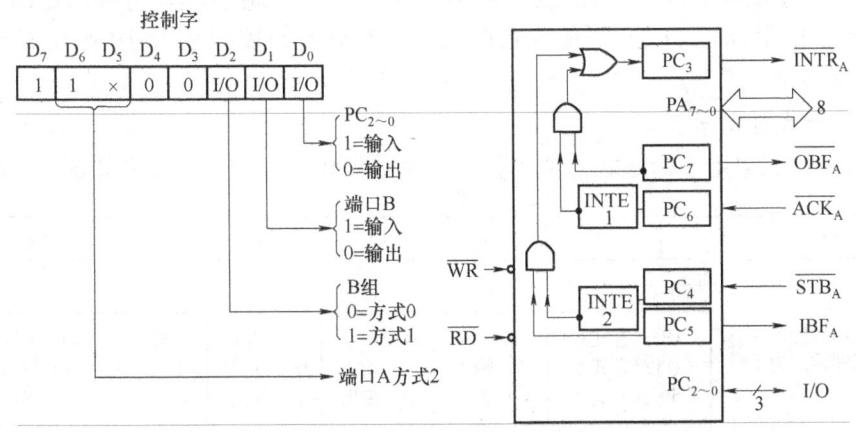

图 6-10　方式 2 端口状态

IBF_A：输入缓冲器满指示信号，高电平有效，是对 $\overline{STB}_A$ 的响应信号。当 $PA_7 \sim PA_0$ 上的数据装入端口 A 的数据缓冲器时，它就变为高电平。用来阻止输入设备送来新的数据。

$INTE_1$：与输出缓冲器有关的中断屏蔽触发器，由 PC_6 的置位/复位控制。

$INTE_2$：与输入缓冲器有关的中断屏蔽触发器，由 PC_4 的置位/复位控制。

（2）方式 2 时序

方式 2 的时序如图 6-11 所示，可以认为是方式 1 输出和输入的组合，但有以下不同：

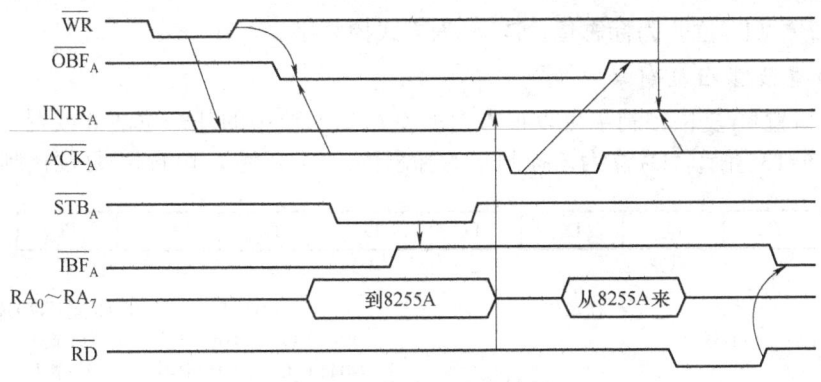

图 6-11　方式 2 时序

当 CPU 将数据写入端口 A 时，尽管 $\overline{OBF}_A$ 变为有效，但数据并不出现在端口的数据线 $PA_7 \sim PA_0$ 上。只有外部设备发出 $\overline{ACK}_A$ 信号时，数据才进入 $PA_7 \sim PA_0$。

输入和输出引起的中断请求信号都通过同一条引脚输出，CPU 必须通过查询 $\overline{OBF}_A$ 和 IBF_A 状态才能确定是输入过程引起的中断请求还是输出过程引起的中断请求。

信号 $\overline{ACK}_A$ 和 $\overline{STB}_A$ 不能同时有效，否则将出现数据传送"冲突"。

6.2.3　8255A 的控制字及初始化

8255A 是一种可编程的 I/O 的接口芯片，使用时首先要由 CPU 对 8255A 写入控制字。8255A 有两种控制字：方式控制字和 C 口按位置位/复位控制字。8255A 的各种方式都要由控制字来设定，这个设置过程称为"初始化"。由于这两个控制字都是送到 8255A 控制字寄存器中，为了让 8255A 能识别是哪个控制字，采用特征位的方法，若写入的控制字的最高位 $D_7=1$ 则是方式控制字；若写入的控制字 $D_7=0$ 则是 C 口的按位置位/复位控制字。

1. 工作方式控制字

工作方式控制字用于确定各口的工作方式及数据传送方向，其格式如图 6-12 所示。

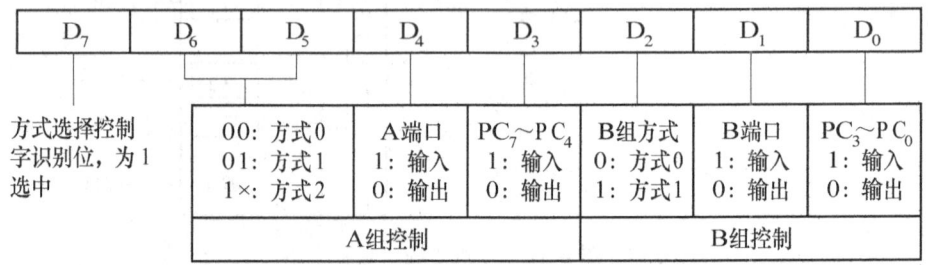

图 6-12　8255A 工作方式控制字

对工作方式控制字说明如下：

1) A 口有 3 种工作方式，而 B 口只有 2 种工作方式。
2) A 组包括 A 口与 C 口的高 4 位，B 组包括 B 口与 C 口的低 4 位。
3) 在方式 1 或方式 2 下，对 C 口的定义（输入或输出）不影响作为联络线使用的 C 口各位的功能。
4) 最高位（D_7 位）为标志位，$D_7=1$ 为方式控制字。

2. C 口置位/复位控制字

利用 C 口置位/复位控制字可以很方便地使 C 口 8 位中的任一位清 0 或置 1，该控制字的格式如图 6-13 所示。D_7 位为该控制字的标志位，$D_7=0$ 为 C 口置位/复位控制字。

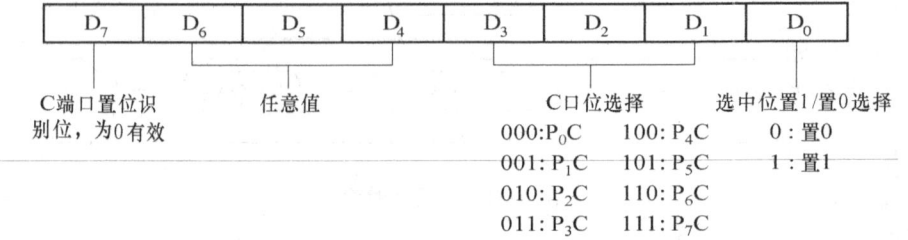

图 6-13　8255A C 口置位/复位控制字

在使用中，该控制字每次只能对 C 口中的一位进行置位或复位。应注意的是，作为联络线使用的 C 口各位是不能采用置位/复位操作来使其置位或复位的。其数值应视现场的具体情况而定。

3. 8255A 的初始化编程

8255A 初始化的内容就是向控制寄存器写入工作方式控制字或 C 口置位/复位控制字。这两个控制字可按同一地址写入且不受先后顺序限制。由于两个控制字因标志位的状态不同，因此 8255A 能加以区分。

例如对 8255A 各口作如下设置：A 口方式 0 输入，B 口方式 0 输出，C 口高位部分为输出、低位部分为输入。设控制寄存器的地址为 03FFH，则其工作方式控制字可设置为：

$D_0=1$：C 口低半部输入；
$D_1=0$：B 口输出；
$D_2=0$：B 口方式 0；
$D_3=0$：C 口高半部输出；
$D_4=1$：A 口输入；
$D_6D_5=00$：A 口方式 0；
$D_7=1$：工作方式字标志。

因此，工作方式控制字为 10010001B 即 91H。初始化程序段为：

```
MOV     DX,03FFH
MOV     AL,91H
OUT     DX,AL
```

若要使端口 C 的 D_3 位置位的控制字为 00000111B（即 07H），而使 D_3 位复位的控制字为 00000110B（即 06H）。

6.2.4 8255A 的应用实例

【例题 6-1】 某应用系统以 8255A 作为接口，采集一组开关 $K_7 \sim K_0$ 的状态，然后通过一组发光二极管 $LED_7 \sim LED_0$ 显示开关状态（S_i 闭合，则对应 LED_i 亮；S_i 断开，则对应的 LED_i 灭），电路连接如图 6-14 所示，已知 8255A、B 两组均工作在方式 0。

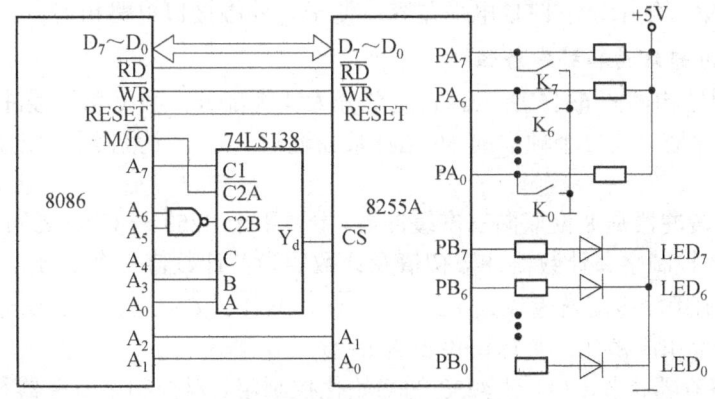

图 6-14 8255A 工作方式 0 应用

1）写出 8255 四个端口的地址。

2）写出8255工作方式控制字。

3）写出实现给定功能的汇编语言程序。

答：

1）A口、B口、C口和控制口的地址分别是320H、321H、322H和323H。

2）A口工作在方式0输出，B口工作在方式0输入，C口空闲，所以其控制字是10000010b＝82H。

3）程序如下：

```
        MOV     AL, 82H      ;置方式字
        MOV     DX, 323H     ;置控制端口地址
        OUT     DX, AL
L1:     MOV     DX, 321H     ;置B口地址
        IN      AL, DX       ;读开关状态（1断，0通）
        NOT     AL           ;状态取反
        MOV     DX, 320H     ;置A口地址
        OUT     DX, AL       ;输出（1亮，0灭）
        JMP     L1
```

6.3 可编程定时/计数器 8253

Intel 8253 具有三个独立的 16 位计数器，使用单一+5V 电源，采用 NMOS 工艺，24 脚双排直插式封装的大规模集成电路。

6.3.1 8253 的内部结构及引脚功能

1. 8253 的主要功能

1）每片有三个独立的 16 位计数通道。

2）每个计数器可按二进制或十进制来计数。

3）每个计数器最高计数速率可达 2.6MHz。

4）每个计数器具有 6 种可编程工作方式。

5）所有输入、输出均与 TTL 电平兼容，便于与外围接口电路相连。

2. 8253 的内部结构和引脚特性

8253 的内部结构如图 6-15 所示。它主要分为 4 大部分：数据总线缓冲器、读/写控制逻辑、控制字寄存器以及三个独立的 16 位计数器通道。三个计数器分别为计数器 0、计数器 1 和计数器 2。

1）数据总线缓冲器是 8 位双向三态缓冲器，主要用于 8253 与 CPU 之间进行数据传输。该数据包括 8253 控制字、计数器计数初值及计数器当前计数值三个部分。

2）读/写控制逻辑电路接收输入 8253 的 $\overline{RD}$、$\overline{WR}$、$\overline{CS}$、A_1、A_0 信号，经过逻辑控制电路的组合产生相应操作，具体操作见表 6-2。

3）控制字寄存器接收 CPU 对 8253 的初始化控制字。对控制字寄存器只能写入，不能读出。

4）三个计数器每个计数器内部都包含一个计数初值寄存器、一个减法计数寄存器和一个当前计数输出寄存器。当前计数输出寄存器跟随减法计数寄存器内容而变化，当有一个

锁存命令出现后，当前计数输出寄存器锁定当前计数，直到被 CPU 读走之后，又随减法计数寄存器的变化而变化。

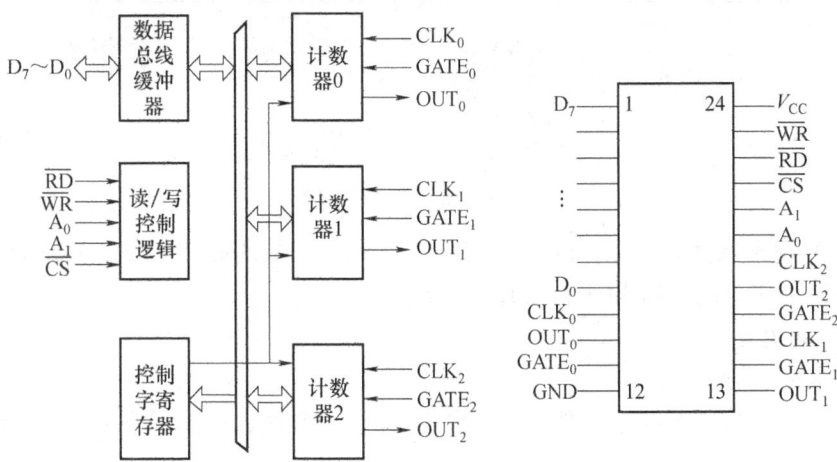

图 6-15 8253 内部结构及引脚图

表 6-2 8253 控制信号与执行的操作

$\overline{CS}$	$\overline{RD}$	$\overline{WR}$	$A_1\ A_0$	执行的操作
0	1	0	0 0	对计数器 0 设置初值
0	1	0	0 1	对计数器 1 设置初值
0	1	0	1 0	对计数器 2 设置初值
0	1	0	1 1	写控制字
0	0	1	0 0	读计数器 0 当前计数值
0	0	1	0 1	读计数器 1 当前计数值
0	0	1	1 0	读计数器 2 当前计数值

8253 引脚如图 6-15 所示，每个引脚的功能定义见表 6-3。

表 6-3 8253 引脚信号及功能定义

信　　号	信号方向	功　能　定　义
$D_7 \sim D_0$	双向	8 位三态数据线
$CLK_0 \sim CLK_2$	输入	计数器 0、1、2 的时钟输入
$GATE_0 \sim GATE_2$	输入	计数器 0、1、2 的门控输入
$OUT_0 \sim OUT_2$	输出	计数器 0、1、2 的输出
$\overline{CS}$	输入	片选信号，低电平有效。CPU 通过该信号有效选中 8253，对其进行读写操作
$\overline{RD}$	输入	读信号，低电平有效。有效时表示正读取某个计数器的当前计数值
$\overline{WR}$	输入	写信号，低电平有效。有效时表示正对某个计数器写入计数初值或写入控制字
A_1、A_0	输入	8253 端口选择线，可对三个计数器和控制寄存器寻址

6.3.2 8253 的控制字及初始化

1. 8253 控制字格式

为了让 8253 计数器工作，必须先设置控制寄存器的控制字，用来选择计数器，设置工作方式、计数方法以及 CPU 访问计数器的读/写方法等。8253 控制字（8 位）的格式如图 6-16 所示。

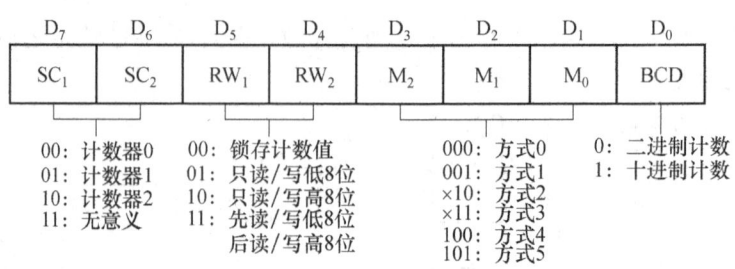

图 6-16 8253 控制字格式

其中，D_7、D_6 用于选择定时器；D_5、D_4 用于确定时间常数的读/写格式；D_3、D_2、D_1 用来设定计数器的工作方式；D_0 用来设定计数方式。

2. 8253 初始化

（1）写入控制字

以便选择计数器和规定计数器的工作方式，任一计数通道的控制字都要从 8253 的控制端口写入。

（2）写入计数初值

某个计数器写入控制字后，任何时候都可按控制字中的 RW_1、RW_2 规定写入计数初始值。写入计数初值时，还必须注意：如果在方式控制字中的 BCD 位为 1，则写入的计数初值应为十六进制数。例如：计数初值为 50，采用 BCD 码计数，则指令中的 50 必须写为 50H。

计数初值（TC）的计算公式为：$t=1/f\,TC$，其中 t 为定时时间，TC 为计数初值，f 为输入时钟频率。

在计数过程中，若要读取当前的计数值，则需采用以下方法。先写入一个方式控制字，该方式控制字的 SC_1、SC_2 指明要读取的计数通道，RW_1、RW_2 设为 00；然后再按照初始化该计数器时的读/写方法读取计数值。

（3）8253 初始化编程原则

8253 的控制寄存器和三个计数器分别具有独立的编程地址，由控制字的内容确定使用的是哪个寄存器以及执行什么操作。因此 8253 在初始化编程时并没有严格的顺序规定，但在编程时，必须遵守两条原则：①在对某个计数器设置初值之前，必须先写入控制字；②在设计初始值时，要符合控制字中规定的格式，即只写低位字节，还是只写高位字节，或高、低位字节都写。

8253 编程命令有两类：一类是写入命令，包括设置控制命令字、设置计数器的初始值命令和锁存命令；另一类是读出命令，用来读取计数器的当前值。锁存命令是配合读出命令使用的，在读计数值前，必须先用锁存命令锁定当前计数输出寄存器的当前计数。否则，在读数时，减法计数寄存器的值处在动态变化过程中，当前计数输出寄存器随之变化，就会得到一个不确定的结果。当 CPU 将此锁定值读走之后，锁存功能自动失锁，于是当前计数输出寄存器的内容又跟随减法计数寄存器而变化。在锁存和读出计数值的过程中，减法计数寄存器仍正常计数，保证了计数器在运行中被读取而不影响计数的进行。

6.3.3 8253 的工作方式与工作时序

8253 共有六种工作方式，对它们的操作都遵守以下三条基本原则。

1）当控制字写入 8253 时，所有的控制逻辑电路自动复位，这时输出端 OUT 进入初始态。

2)当初始值写入计数器后,要经过一个时钟周期,减法计数器才开始工作,时钟脉冲的下降沿使计数器进行减法操作。计数器的最大初始值是 0,用二进制计数时 0 相当于 2^{16},用十进制计数时 0 相当于 10^4。

3)一般情况下,在时钟脉冲 CLK 的上升沿采样门控信号。门控信号的触发方式有上升沿触发和电平触发两种。

门控信号为电平触发的有:方式 0,方式 4。

门控信号为上升沿触发的有:方式 1,方式 5。

门控信号可为电平触发也可为上升沿触发的有:方式 2,方式 3。

1. 方式 0(计数结束产生中断)

采用这种工作方式,8253 可完成计数功能,且计数器只记一遍。当控制字写入后,输出端 OUT 为低电平,当计数初值写入后,在下一个 CLK 脉冲的下降沿将计数初值寄存器内容装入减法计数寄存器,然后减法计数器开始减 1 计数。在计数期间,当减法计数寄存器减为 0 之前,输出端 OUT 维持低电平。当减法计数寄存器减到 0 时,OUT 输出端变为高电平,可作为中断请求信号,并保持到重新写入新的控制字或新的计数值为止。在计数过程中,若 GATE 信号变为低电平,则在低电平期间暂停计数,减法计数寄存器值保持不变。在计数过程中,若重新写入新的计数初值,则在下一个 CLK 脉冲的下降沿,减法计数寄存器以新的计数初值重新开始计数过程。8253 方式 0 下三种情况的时序波形图如图 6-17 所示。

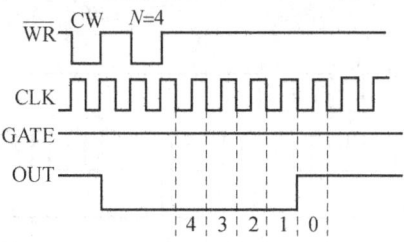

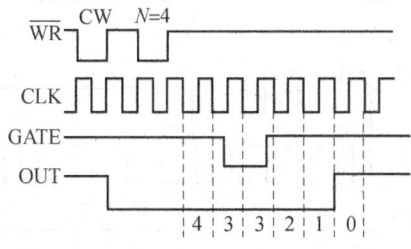

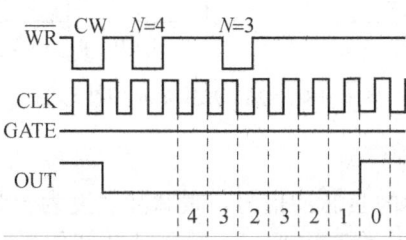

图 6-17 8253 方式 0 时序波形图

2. 方式1（可重触发单稳态方式）

采用这种工作方式可输出单个负脉冲信号，脉冲的宽度可通过编程来设定。当写入控制字后，输出端 OUT 变为高电平，并保持高电平状态。然后写入计数初值，只有在 GATE 信号的上升沿之后的下一个 CLK 脉冲的下降沿，才将计数初值寄存器内容装入减法计数寄存器，同时 OUT 端变为低电平，然后减法计数器开始减1计数，当计数值减到 0 时，OUT 端变为高电平。

如果在 OUT 端输出低电平期间，又来一个门控信号上升沿触发，则在下一个 CLK 脉冲的下降沿，重新将计数初值寄存器内容装入减法计数寄存器，并开始减1计数，OUT 端保持低电平，直至计数值减到 0 时，OUT 端变为高电平。如果在计数期间 CPU 又送来新的计数初值，不会影响当前计数过程。计数器计数到 0，OUT 端输出高电平，一直等到下一次 GATE 信号的触发，才会将新的计数初值装入，并以新的计数初值开始计数过程。8253 方式 1 下三种情况的时序波形图如图 6-18 所示。

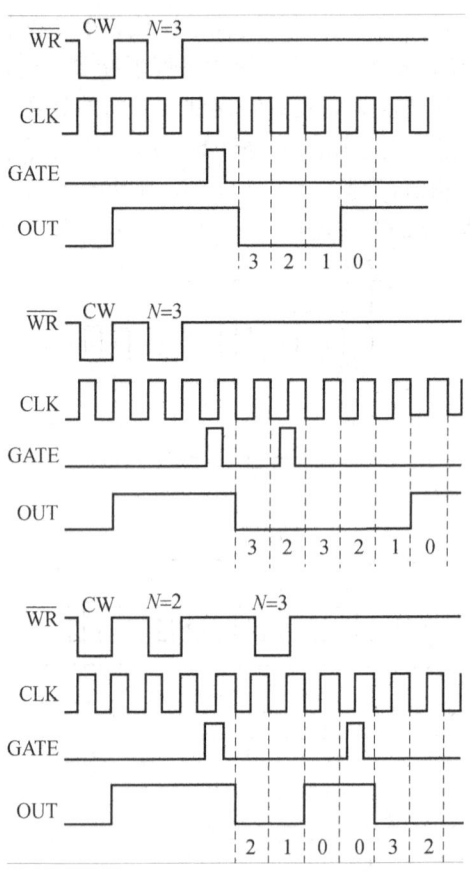

图 6-18 8253 方式 1 时序波形图

3. 方式2（频率发生器）

采用方式 2，可产生连续的负脉冲信号，负脉冲宽度为一个时钟周期。写入控制字后，OUT 端变为高电平，若 GATE 为高电平，当写入计数初值后，在下一个 CLK 的下降沿将计数初值寄存器内容装入减法计数寄存器，并开始减 1 计数，当减法计数寄存器的值为 1

时，OUT端输出低电平，经过一个CLK时钟周期，OUT端输出高电平，同时计数初值寄存器内容重新装入减法计数寄存器，并开始一个新的计数过程。

在减法计数寄存器未减到1时，GATE信号由高变低，则停止计数。但当GATE由低变高时，则重新将计数初值寄存器内容装入减法计数寄存器，并重新开始计数。

GATE信号保持高电平，但在计数过程中重新写入计数初值，则当正在计数的一轮结束并输出一个CLK周期的负脉冲后，将以新的初值进行计数。

8253方式2下三种情况的时序波形图如图6-19所示。

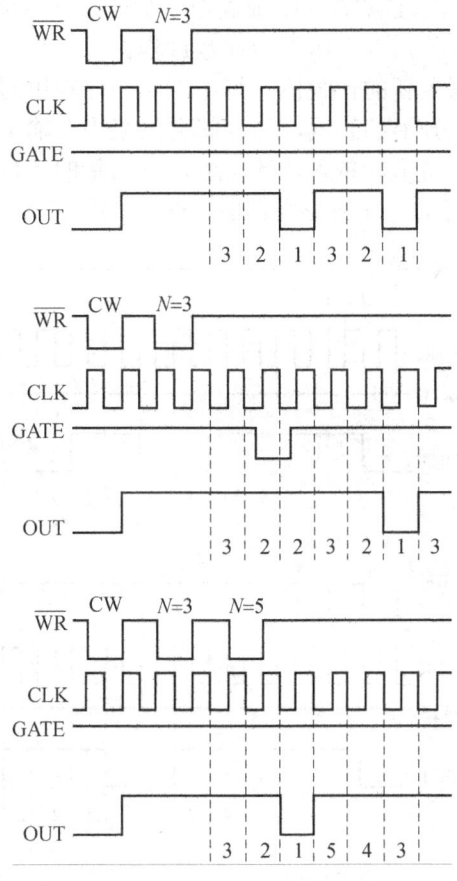

图6-19　8253方式2时序波形图

4. 方式3（方波发生器）

采用方式3，OUT端输出方波信号。当控制字写入后，OUT输出高电平，当写入计数初值后，在下一个CLK的下降沿将计数初值寄存器内容装入减法计数寄存器。若计数初值N为偶数，则每来一个CLK脉冲，减法计数寄存器减2计数。经过$N/2$个脉冲后，减法计数寄存器变为0，OUT端变为低电平，同时又将计数初值寄存器内容重新装入减法计数寄存器，并继续进行减2计数过程。再经过$N/2$个脉冲后，减法计数寄存器又变为0，OUT端变为高电平。之后，周而复始地自动进行计数过程。

若计数初值N为奇数，则第一个CLK脉冲使减法计数寄存器减1，以后每来一个CLK脉冲，减法计数寄存器减2计数，直至减法计数寄存器为0，OUT端变为低电平，同时又将计数初值寄存器内容重新装入减法计数寄存器，开始新的一次计数过程。与前一次计数过程不同的是，第一个 CLK 脉冲到达时进行减 3 操作，以后每个 CLK 脉冲到达后进行减 2 操作，直到减法计数寄存器又变为 0，OUT 端变为高电平。之后，周而复始地自动进行计数过程。

当计数初值为偶数时，OUT 端输出对称方波；当计数初值为奇数时，OUT 输出不对称方波，高电平宽度（$N+1$）/2 个 CLK 脉冲周期，低电平宽度（$N-1$）/2 个 CLK 脉冲周期。

在计数过程中，若 GATE 变为低电平，则停止计数；当 GATE 由低变高时，则重新启动计数过程。如果当输出为低电平时，门控信号 GATE 变为低电平，减法计数寄存器停止，而 OUT 输出立即变为高电平。GATE 又变成高电平后，在下一个时钟脉冲的下降沿，减法计数寄存器重新装入计数初值，并开始新的计数过程。

在计数过程中，如果写入新的计数值，将不影响当前输出周期。但是，如果在写入新的计数值后，又受到门控上升沿的触发，那么就会结束当前输出周期，而在下一个时钟脉冲的下降沿，减法计数寄存器重新装入计数初值，开始新的计数过程。

8253 方式 3 下三种情况的时序波形图如图 6-20 所示。

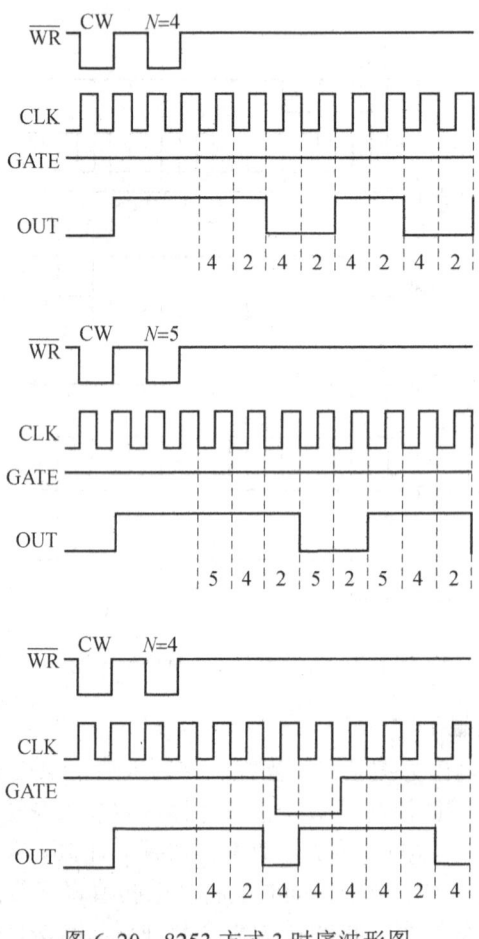

图 6-20 8253 方式 3 时序波形图

5. 方式 4（软件触发的选通信号发生器）

采用方式 4，可产生单个负脉冲信号，负脉冲宽度为一个时钟周期。写入控制字后，

OUT 端变为高电平，若 GATE 为高电平，当写入计数初值后，在下一个 CLK 的下降沿将计数初值寄存器内容装入减法计数寄存器，并开始减 1 计数，当减法计数寄存器的值为 0 时，OUT 端输出低电平，经过一个 CLK 时钟周期，OUT 端输出高电平。只有当再次写入计数初值时才会启动另一次计数过程。

如果在计数时，又写入新的计数值，则此计数初值在下一个 CLK 的下降沿被写入减法计数寄存器，并以新的计数值做减 1 计数。

8253 方式 4 下三种情况的时序波形图如图 6-21 所示。

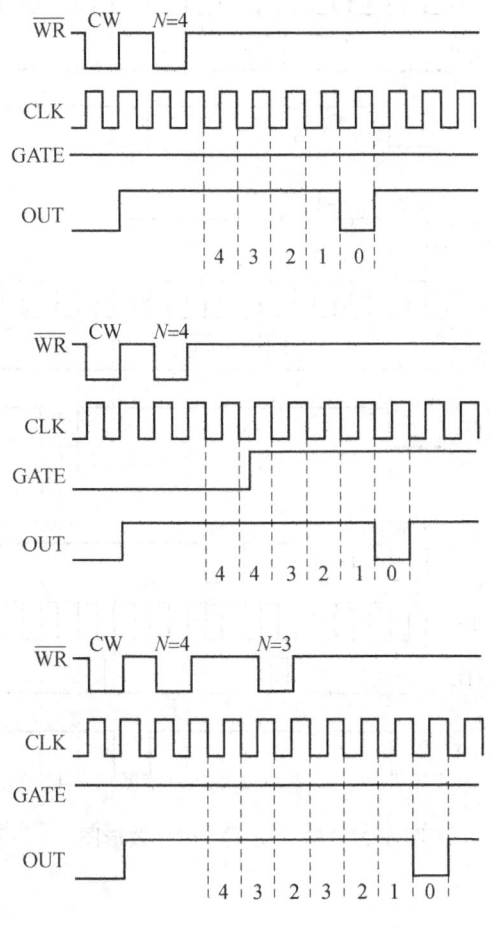

图 6-21　8253 方式 4 时序波形图

6. 方式 5（硬件触发的选通信号发生器）

方式 5 的计数过程由 GATE 的上升沿触发。当控制字写入后，OUT 端输出高电平，并保持高电平状态。然后写入计数初值，只有在 GATE 信号的上升沿之后的下一个 CLK 脉冲的下降沿，才将计数初值寄存器内容装入减法计数寄存器，并开始减 1 计数，当计数值减到 0 时，OUT 端变为低电平，并持续一个 CLK 周期，然后自动变为高电平。

若在计数过程中，GATE 端又来一个上升沿触发，则在下一个 CLK 脉冲的下降沿，减法计数寄存器将重新获得计数初值，并按新的初值做减 1 计数，直至减为 0 为止。

若在计数过程中，写入新的计数值，但没有触发脉冲，则当前输出周期不受影响。当前周期结束后，在再触发的情况下，将按新的计数初值开始计数。

若在计数过程中，写入新的计数值，并在当前周期结束前又受到触发，则在下一个 CLK 脉冲的下降沿，减法计数寄存器将获得新的计数初值，并按此值做减 1 计数操作。

8253 方式 5 下三种情况的时序波形图如图 6-22 所示。

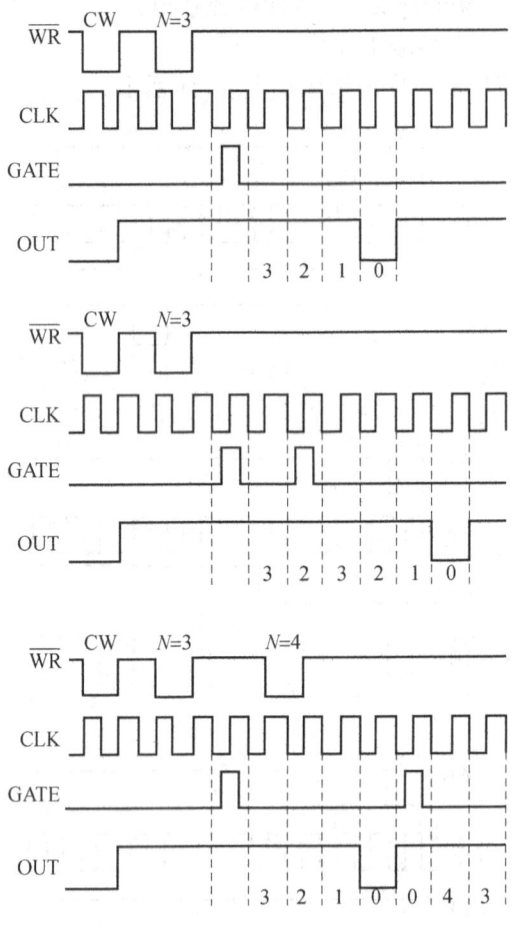

图 6-22　8253 方式 5 时序波形图

6.3.4　8253 应用实例

▶【例题 6-2】利用 8253 的通道 0 和通道 1，设计并产生周期为 1Hz 的方波。设通道 0 的输入时钟频率为 2MHz，8253 所占端口地址为 80H、81H、82H、83H。

解题分析：

根据题意可知通道 0 的输入时钟周期为 0.5μs，其最大定时时间为 0.5μs×65536，即为 32.768ms，要产生频率为 1Hz（周期为 1s）的方波，单独利用一个通道是无法实现的。但可利用通道级联的方法，将通道 0 的输出 OUT_0 作为通道 1 的输入时钟。

若让 8253 通道 0 工作于方式 2（速率发生器），输出脉冲周期为 10ms，则通道 0 的计数值 AB 为 20000。周期为 10ms 的脉冲作为通道 1 的输入，要求输出端 OUT_0 的波形为方波且周期为 1s，则通道 1 的计数值为 100。通过以上分析，硬件连接图如图 6-23 所示。

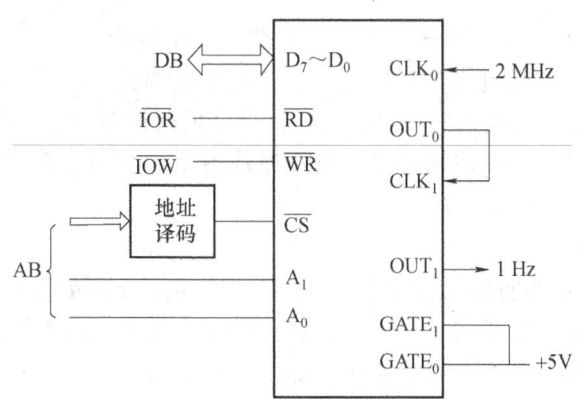

图 6-23 8253 级联应用

8253 初始化程序如下：

```
MOV   AL,34H          ;通道 0 控制字
OUT   83H,AL
MOV   AX,20000        ;通道 0 时间常数
OUT   80H,AL
MOV   AL,AH
OUT   80H,AL
MOV   AL,56H          ;通道 1 控制字
OUT   83H,AL
MOV   AL,100          ;通道 1 时间常数
OUT   81H,AL
```

6.4 可编程串行通信接口芯片 8251A

6.4.1 概述

串行通信是把组成信息的各个码位放在同一根传输线上，从低位到高位，逐位地、顺序地进行传送的通信方式。串行通信所用的传输线少，一个方向上只需一条传输线，并且可以借助现成的电话网进行信息传送，因此，特别适合于远距离传送。对于那些与计算机相距不远的人-机交互设备和串行外部设备（如终端、打印机、逻辑分析仪、磁盘等），采用串行方式进行近距离交换数据也很普遍。在实时控制和管理方面，采用多台微处理机组成的分级分布控制系统中，各 CPU 之间的通信一般都是串行方式。所以，串行接口是微机应用系统常用的接口。

在并行通信中，传输线数目没有限制，一般除了数据线外还设置了通信联络控制线。例如，发送之前，先问收方是否"准备就绪"（READY）或是否正在工作即"忙"（BUSY）；收方接收到数据之后，要向发方回送数据已经收到的"应答"（ACK）信号等。但是，在串行通信中，由于信息在一个方向上传输只占用一根通信线，因此这根线既作数据线又作联络线，也就是说要在一根传输线上既传送数据信息，又传送联络控制信息，这就是串行通信最首要的特点。那么，如何来识别在一根线上串行传送的信息流中，哪一部分是联络信号，哪一部分是数据信号。为解决这个问题，各种串行通信都有自己的一系列约定（协议）。因此，串行通信的第二个特点是它的信息格式有固定的要求，分异步和同步信息格式，与此相应，就有异步通信和同步通信两种方式。第三个特点是串行通信中在传输线上对信息的逻辑定义与 TTL 不兼容，因此，需要进行逻辑电平转换。

与并行通信相比，串行通信具有传输线少、成本低等优点，适合远距离传送；缺点是速度慢，若并行传送 n 位数据需时间 T，则串行传送的时间最少为 nT。在实际传输中，是利用一对导线传送信息的。在传输中每一位数据都占据一个固定的时间长度。

1. 串行通信接口的基本任务

（1）实现数据格式化

因为来自 CPU 的是普通的并行数据，所以接口电路应具有实现不同串行通信方式下的数据格式化的功能。在异步通信方式下，接口自动生成起止式的帧数据格式。在面向字符的同步方式下，接口要在待传送的数据块前加上同步字符。

（2）进行串-并转换

串行传送，数据是一位一位串行传送的，而计算机处理的数据是并行数据，所以当数据送至数据发送器时，首先要把串行数据转换为并行数据才能送入计算机处理。因此串-并转换是串行接口电路的重要任务。

（3）控制数据传输速率

串行通信接口电路应具有对数据传输速率-波特率进行选择和控制的能力。

（4）进行错误检测

发送时，接口电路对传送的字符数据自动生成奇偶校验位或其他校验码；接收时，接口电路检查字符的奇偶校验或其他校验码，确定是否发生传送错误。

（5）进行 TTL 与 EIA 电平转换

CPU 和终端均采用 TTL 电平及正逻辑，它们与 EIA 采用的电平及负逻辑不兼容，需在接口电路中进行转换。

（6）提供 EIA-RS-232C 接口标准所要求的信号线

远距离通信采用 Modem 时，需要 9 根信号线；近距离零 Modem 方式，只需要 3 根信号线。这些信号线由接口电路提供，以便与 Modem 或终端进行联络与控制。

2. 串行通信接口的组成

串行接口通过系统总线和 CPU 相连，串行接口部件的典型结构如图 6-24 所示，主要由控制寄存器、状态寄存器、数据输入寄存器和数据输出寄存器四部分组成。

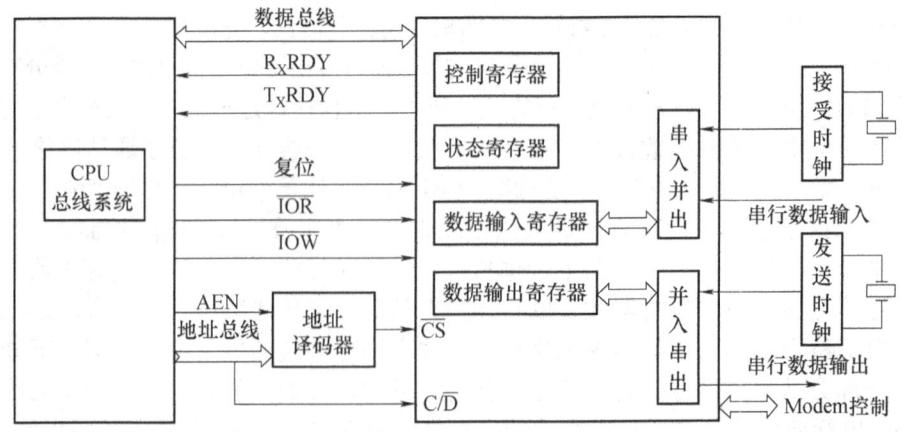

图 6-24　串行接口与 CPU、外设的连接

(1) 控制寄存器

控制寄存器用来保存决定接口工作方式的控制信息。

(2) 状态寄存器

状态寄存器中的每一个状态位都可以用来标识传输过程中某一种错误或当前传输状态。

(3) 数据寄存器

1) 数据输入寄存器：在输入过程中，串行数据一位一位地从传输线进入串行接口的移位寄存器，经过串入并出（串行输入并行输出）电路的转换，当接收完一个字符之后，数据就从移位寄存器传送到数据输入寄存器，等待 CPU 读取。

2) 数据输出寄存器：在输出过程中，当 CPU 输出一个数据时，先送到数据输出缓冲寄存器，然后，数据由输出寄存器传到移位寄存器，经过并入串出（并行输入串行输出）电路的转换一位一位地通过输出传输线送到对方。串行接口中的数据输入移位寄存器和数据输出移位寄存器是为了与数据输入缓冲寄存器和数据输出缓冲寄存器配对使用的。

3. 串行通信的有关概念

(1) 发送时钟和接收时钟

把二进制数据序列称为比特组，由发送器发送到传输线上，再由接收器从传输线上接收。二进制数据序列在传输线上是以数字信号形式出现的，即用高电平表示二进制数 1，低电平表示二进制数 0。而且每一位持续的时间是固定的，发送时是以发送时钟作为数据位的划分界限，接收时是以接收时钟作为数据位的检测。

1) 发送时钟。串行数据的发送由发送时钟控制，数据发送过程是把并行的数据序列送入移位寄存器，然后通过移位寄存器由发送时钟触发进行移位输出，数据位的时间间隔可由发送时钟周期来划分。

2) 接收时钟。串行数据的接收是由接收时钟来检测的，数据接收过程是传输线上送来的串行数据序列由接收时钟作为移位寄存器的触发脉冲，逐位送入移位寄存器。接收过程就是将串行数据序列，逐位移入移位寄存器后组成并行数据序列的过程。

(2) DTE 和 DCE

1) DTE（Data Terminal Equipment，数据终端设备）。它是对属于用户所有联网设备和工作站的统称，它们是数据的源或目的或者既是源又是目的。例如数据输入/输出设备，通信处理机或各种大、中、小型计算机等。DTE 可以根据协议来控制通信的功能。

2) DCE（Data Circuit-terminating Equipment 或 Data Communication Equipment，数据电路终端设备或数据通信设备）。前者为 CCITT 标准所用，后者为 EIA 标准所用。DCE 是对网络设备的统称，该设备为用户设备提供入网的连接点。自动呼叫/应答设备、调制解调器（Modem）和其他一些中间设备均属于 DCE。

(3) 信道

信道是传输信息所经过的通道，是连接两个 DTE 的线路，它包括传输介质和有关的中间设备。

4. 串行通信中的工作方式

串行通信中，数据通常是在两个站（如终端和微机）之间进行传送，按照数据流的方向可分成 3 种基本的传送模式，即全双工、半双工和单工方式。

(1) 单工工作方式

在这种方式下，传输的线路用一根线连接，通信的一端连接发送器，另一端连接接收器,即形成单向连接,只允许数据按照一个固定的方向传送,如图 6-25a 所示。即数据只能从 A 站点传送到 B 站点,而不能由 B 站点传送到 A 站点。

单工通信类似于无线电广播,电台发送信号,收音机接收信号。收音机永远不能发送信号。

(2) 半双工工作方式

当使用同一根传输线既做输入又做输出时,虽然数据可以在两个方向上传送,但显然通信双方不能同时收发数据,即它们只能依赖分时切换方向实现互相收发数据。这样的传送方式就是半双工制,如图 6-25b 所示。采用半双工时,通信系统每一端的发送器和接收器,通过收/发开关接到通信线上,进行方向的切换,因此,会产生时间延迟。收/发开关实际上是由软件控制的电子开关。

半双工通信方式类似于对讲机,某时刻 A 方发送 B 方接收,另一时刻 B 方发送 A 方接收,双方不能同时进行发送和接收。

(3) 全双工工作方式

当数据的发送和接收分为两套独立的资源同时进行,分别由两根不同的传输线同时传送时,通信双方都能在同一时刻进行发送和接收操作,这样的传送方式就是全双工制,如图 6-25c 所示。在全双工方式下,通信系统的每一端都设置了发送器和接收器,因此,能控制数据同时在两个方向上传送。全双工方式无须进行方向的切换,因此,没有切换操作所产生的时间延迟(一般为毫秒级),这对那些不能有时间延误的交互式应用(例如远程监测和控制系统)十分有利。

全双工通信方式类似于电话机,双方可以同时进行发送和接收。

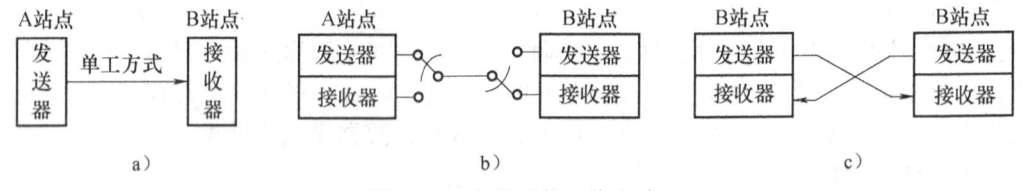

图 6-25 串行通信工作方式

a) 单工方式 b) 半双工方式 c) 全双工方式

5. 同步通信和异步通信方式

串行通信分为两种类型:同步通信方式和异步通信方式。

(1) 同步通信方式

同步通信方式的特点是:由一个统一的时钟控制发送方和接收方,若干字符组成一个信息组,字符要一个接着一个传送;没有字符时,也要发送专用的"空闲"字符或者同步字符,因为同步传输时,要求必须连续传送字符,每个字符的位数要相同,中间不允许有间隔。同步传输的特征是:在每组信息的开始(常称为帧头)要加上 1~2 个同步字符,后面跟着 8 位的字符数据。同步通信的数据格式如图 6-26 所示。

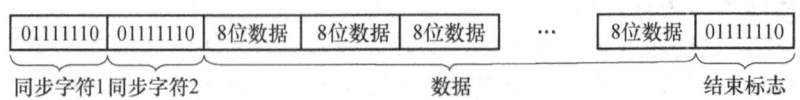

图 6-26 同步通信字符格式

传送时每个字符的后面是否要奇、偶校验，由初始化时设同步方式字决定。

（2）异步通信方式

所谓异步通信，是指通信中两个字符的时间间隔是不固定的，而在同一字符中的两个相邻代码间的时间间隔是固定的通信。异步通信中发送方和接收方的时钟频率也不要求完全一样，但不能超过一定的允许范围。异步传输时的数据格式如图 6-27 所示。

异步通信方式的特点是：字符是一帧一帧的传送，每一帧字符的传送靠起始位来同步。在数据传输过程中，传输线上允许有空字符。

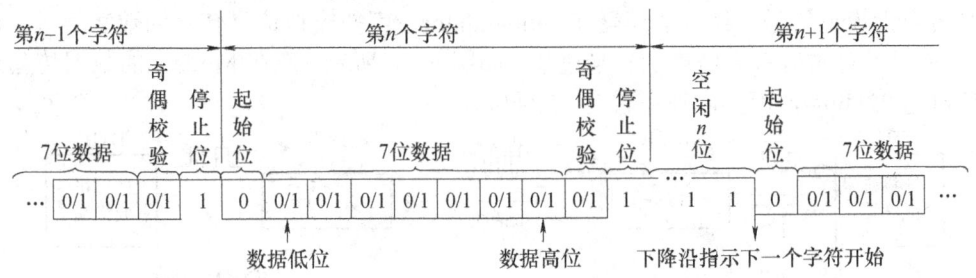

图 6-27 异步通信字符格式

字符的前面是一位起始位（低电平），之后跟着 5~8 位的数据位，低位在前、高位在后。数据位后是奇、偶校验位，最后是停止位（高电平）。是否要奇、偶校验位以及停止位设定的位数是 1 位、1.5 位或 2 位，都由初始化时设置异步方式字来决定。

6．通信中必须遵循的规定

（1）字符格式的规定

通信中，传输字符的格式要按规定写，图 6-27 所示是异步通信的字符格式。在异步传输方式下每个字符传送时，前面必须加一个起始位，后面必须加停止位来结束，停止位可以为 1 位、1.5 位、2 位。奇、偶校验位可以加也可以不加。

（2）比特率、波特率（Baudrate）

1）比特率：比特率作为串行传输中数据传输速度的测量单位，用每秒传输的二进制数的位数 bit/s（位/秒）来表示。

2）波特率：波特率是用来描述每秒钟发生二进制信号的事件数，用来表示一个二进制数据位的持续时间。

在远距离传输时，数字信号送到传输介质之前要调制为模拟信号，再用比特率来测量传输速度，这就不那么方便、直观了。因此引入波特率作为速率测量单位，即：

$$波特率 = 1/二进制位的持续时间$$
$$时钟频率 = n \times 波特率$$

比特率可以大于或等于波特率，假定用正脉冲表示"1"，负脉冲表示"0"，则这时比特率就等于波特率。

假如每秒钟要传输 10 个数据位，则其速率为 10Baud，若发送到传输介质时，把每位数据用 10 个脉冲来调制，则比特率就为 100bit/s，即比特率大于波特率。

波特率是表明传输速度的标准，国际上规定一个标准的波特率系列是 110Baud、300Baud、600Baud、1200Baud、1800Baud、2400Baud、4800Baud、9600Baud、19200Baud。

大多数 CRT 显示终端能在波特率为 110~9600Baud 下工作，异步通信允许发送方和接收方的时钟误差或波特率误差在 4%~5%。

7. 信号的调制与解调

计算机对数字信号的通信，要求传输线的频带很宽，但在实际的长距离传输中，通常利用电话线来传输，电话线的频带一般都比较窄。为保证信息传输的正确，普遍采用调制解调器（Modem）来实现远距离的信息传输，现在还有很多家庭上网仍使用 Modem 连接。

调制解调器，顾名思义主要完成调制和解调的功能。经过调制器（Modulator）可把数字信号转换为模拟信号；经过解调器（Demodulator）可把模拟信号转换为数字信号。使用 Modem 实现了对通信双方信号的转换过程，如图 6-28 所示。现在 Modem 的数据传输速率理论值可达 72kbit/s，而实际速率仅为 33.6kbit/s。

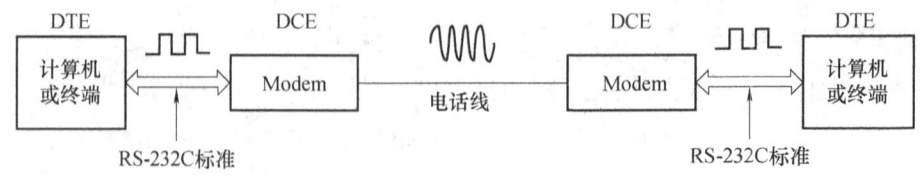

图 6-28　调制与解调过程

6.4.2　8251A 的内部结构及外部引脚

8251A 是一个通用串行输入/输出接口芯片，可用来将 8086 CPU 以同步或异步方式与外部设备进行串行通信。它能将主机以并行方式输入的 8 位数据变换成逐位输出的串行信号；也能将串行输入数据变换成并行数据传送给处理机。由于由接口芯片硬件完成串行通信的基本过程，从而大大减轻了 CPU 的负担，因此被广泛应用于长距离通信系统及计算机网络中。

1. 8251A 的内部结构

8251A 是一个功能很强的全双工可编程串行通信接口芯片，具有独立的双缓冲结构的接收器和发送器，通过编程可以选择同步方式或者异步方式。在同步方式下，既可以设定为内同步方式也可以设定为外同步方式，并可以在内同步方式时自动插入一个到两个同步字符。传送字符的数据位可以定义为 5~8 位，波特率 0~64kbit/s 可选择。在异步方式下，可以自动产生起始和停止位，并可以编程选择传送字符为 5~8 位之间的数据位以及 1、1/2 位之中的停止位，波特率 0~19.2kbit/s 可选择。同步和异步方式都具有对奇偶错、覆盖错以及帧错误的检测能力。

8251A 由数据总线缓冲器、读/写控制逻辑、发送缓冲器、发送控制器、接收缓冲器、接收控制器、调制/解调控制逻辑、同步字符寄存器及控制各种操作的方式寄存器等组成。其内部结构如图 6-29 所示。

（1）数据总线缓冲器

数据总线缓冲器通过 8 位数据线 $D_7 \sim D_0$ 和 CPU 的数据总线相连，负责把接收口接收到的信息送给 CPU，或把 CPU 发来的信息送给发送口。还可随时把状态寄存器中的内容读到 CPU 中，在 8251A 初始化时，分别把方式字、控制字和同步字符送到方式寄存器、控制寄存器和同步字符寄存器中。

（2）读/写控制逻辑

读/写控制逻辑接收与读/写有关的控制信号，由 $\overline{CS}$、$C/\overline{D}$、$\overline{RD}$、$\overline{WR}$ 的逻辑电路组

合产生出 8251A 所执行的操作，见表 6-4。有关这些信号的具体定义将在下面讲述。

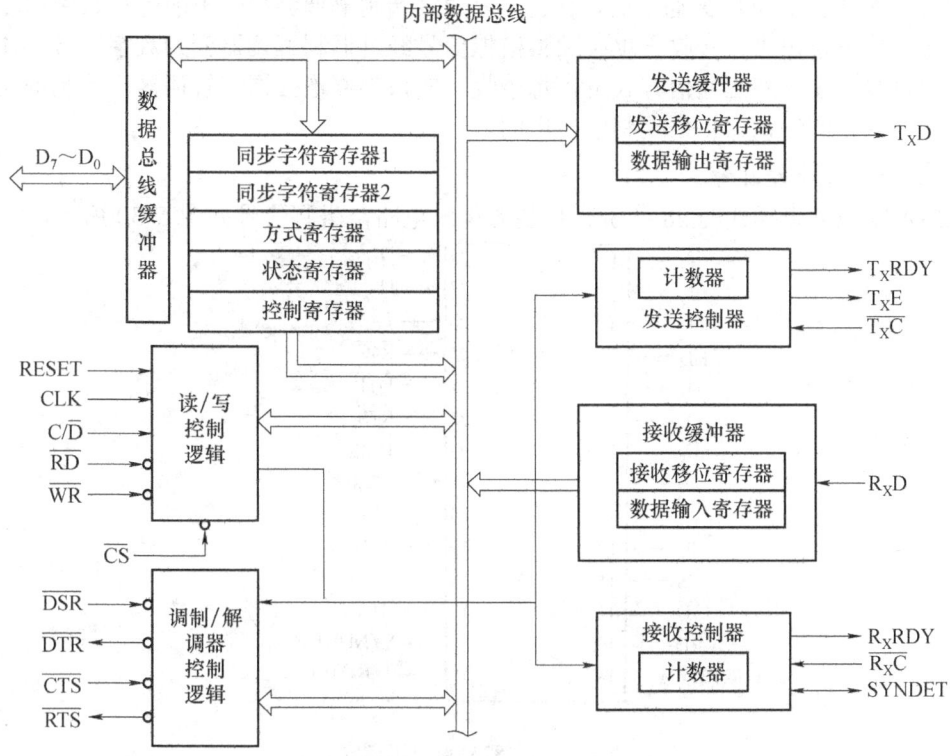

图 6-29　8251A 内部结构图

表 6-4　8251A 的控制信号与执行的操作之间的对应关系

$\overline{CS}$	$\overline{RD}$	$\overline{WR}$	$C/\overline{D}$	执行的操作
0	0	1	0	CPU 由 8251A 输入数据
0	1	0	0	CPU 向 8251A 输出数据
0	0	1	1	CPU 读取 8251A 的状态
0	1	0	1	CPU 向 8251A 写入控制命令

（3）发送缓冲器与发送控制电路

发送缓冲器包括发送移位寄存器和数据输出寄存器，发送移位寄存器通过 8251A 芯片的 T_XD 管脚将串行数据发送出去。数据输出寄存器寄存来自 CPU 的数据，当发送移位寄存器空时，数据输出寄存器的内容送给移位寄存器。

发送控制电路对串行数据实行发送控制。发送器的另一个功能是发送中止符（BREAK），中止符由通信线上的连续低电平信号组成，它是用来在全双工通信时中止发送终端的，只要 8251A 命令寄存器的 bit3 为 "1"，发送器就始终发送终止符。

（4）接收缓冲器与接收控制电路

接收缓冲器包括接收移位寄存器和数据输入寄存器。串行输入的数据通过 8251A 芯片的 R_XD 管脚逐位进入接收移位寄存器，然后变成并行格式进入数据输入寄存器，等待 CPU 取走。接收控制电路是用来控制数据接收工作的。

（5）调制/解调器控制逻辑

利用 8251A 进行远距离通信时，发送方要通过调制解调器将输出的串行数字信号变为模拟信号，再发送出去；接收方也必须将模拟信号经过调制解调器变为数字信号，才能由串行接口接收。在全双工通信方式下，每个收、发口都要连接调制解调器。调制解调器控制电路是专为调制解调器提供控制信号用的。

2. 8251A 的外部引脚

8251A 是双列直插式的 28 条引脚封装的集成电路，引脚信号如图 6-30 所示。

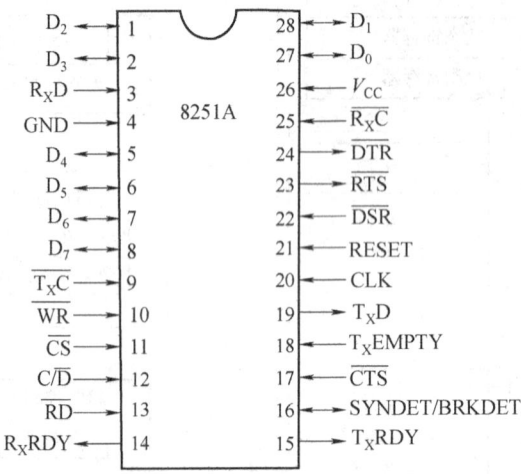

图 6-30 8251A 引脚图

（1）8251A 与 CPU 的接口信号

8251A 与 CPU 的接口信号分类如下。

1) 双向的数据信号线 $D_7 \sim D_0$。

8251A 有 8 条数据线 $D_7 \sim D_0$，D_7 为最高位，D_0 为最低位。8251A 通过这 8 条线和 CPU 的数据总线相连接。实际上，数据线上不只是传输数据，还传输 CPU 对 8251A 的编程命令字和 8251A 送往 CPU 的状态信息。

2) 片选信号 $\overline{CS}$。

$\overline{CS}$（输入，11PIN）：片选信号，低电平有效，芯片被选中才能工作，如果 8251A 未被选中，数据线 $D_7 \sim D_0$ 将处于高阻状态，读/写信号对芯片都不起作用。

3) 读/写控制信号。

$\overline{RD}$（输入，13PIN）：读信号，低电平有效。当该信号有效，并且 $\overline{CS}$ 也为低电平时，CPU 可以从 8251A 读取数据或状态信息。

$\overline{WR}$（输入，10PIN）：写信号，低电平有效。当该信号有效，并且 $\overline{CS}$ 也为低电平时，CPU 可以向 8251A 写入数据或控制字。

$C/\overline{D}$（输入，12PIN）：控制/数据信号，分时复用。用来区分当前读/写的是数据信息还是控制信息或状态信息。当 $C/\overline{D}$ 为高电平时，系统处理的是控制信息或状态信息，从 $D_7 \sim D_0$ 端写入 8251A 的必须是方式字、控制字或同步字符。当 $C/\overline{D}$ 为低电平时，写入的是数据。

RESET（输入，21PIN）：复位信号，高电平有效。当该信号为高时，8251A 实现复位功能，内部所有的寄存器都被置为初始状态。

CLK（输入，20PIN）：主时钟信号，用于芯片内部的定时。对于同步方式，它的频率必须大于发送时钟 $\overline{T_XC}$ 和接收时钟 $\overline{R_XC}$ 的 30 倍；对于异步方式，必须大于它们的 4.5 倍。

8251 的时钟频率规定在 0.74～3.1MHz。

8251 共有 3 种时钟信号：CLK、$\overline{T_XC}$ 和 $\overline{R_XC}$。其中，发送时钟 $\overline{T_XC}$ 和接收时钟 $\overline{R_XC}$ 由波特率和波特率因子决定。

4）与发送有关的联络信号。

T_XRDY（输入，15PIN）：发送器准备好信号，高电平有效。当该信号为高电平时，通知 CPU 8251A 已经准备好发送一个字符，表示 CPU 可以输入数据。所谓发送器准备好，就是控制字的第 0 位 T_XEN 为"1"时，使 8251A 允许发送，并且调制解调器已做好接收准备，发出信号使 8251A 的 $\overline{CTS}$ 信号变低为有效，因此 T_XRDY 为高电平的条件是：输出缓冲器为空，并且 $\overline{CTS}$ 为低电平、TSEN 为高电平，即 T_XRDY 信号等于输出缓冲器为空、$\overline{CTS}$ 和 TSEN 相与的结果。

T_XEMPTY（输入，18PIN）：发送器空信号。控制 8251A 发送器发送字符的速度。对于同步方式，它的输入时钟频率应等于发送数据的波特率；对于异步方式，它的频率应等于发送波特率和波特率因子的乘积。

5）与接收有关的联络信号。

R_XRDY（输出，14PIN）：接收器准备好信号，高电平有效。当该信号为高时，表示 8251A 已从外部设备或调制解调器中收到一个字符，等待 CPU 取走。它可以作为中断请求信号或查询联络信号与 CPU 联系。

SYNDET/BRKDET（输入/输出，16PIN）：同步检测/断缺检测信号，高电平有效。

在同步方式下，SYNDET 执行同步检测功能，可以工作在输入状态，也可以工作在输出状态。同步检测分为内同步和外同步两种方式。是内同步还是外同步方式要取决于 8251A 的工作方式，由初始化时写入方式寄存器的方式字来决定。

当 8251A 工作在内同步方式时，SYNDET 作为输出端，是在 8251A 内部检测同步字符。如果 8251A 检测到了所要求的一个或两个同步字符，则 SYNDET 输出高电平，表示已达到同步，后续收到的是有效数据。

当 8251A 工作在外同步方式时，SYNDET 作为输入端。外同步是由外部其他机构来检测同步字符的，当外部检测到同步字符以后，从 SYNDET 端向 8251A 输入一个高电平信号，表示已达到同步，接收器可以串行接收数据。芯片复位时，SYNDET 为低电平。

在异步方式下，BRKDET 实现断缺检测功能，当 $\overline{R_XD}$ 端连续收到 8 个 0 信号时，BRKDET 端呈高电平，表示当前处于数据断缺状态，R_XD 端没有收到数据；当 $\overline{R_XD}$ 端收到信号时，BRKDET 端变为低电平。

$\overline{R_XC}$（输入，25PIN）：接收器时钟信号，控制 8251A 接收字符的速度。和 $\overline{T_XC}$ 一样，在同步方式下，它的频率等于接收数据的波特率，并由调制解调器供给（近距离不用调制解调器传送时由用户自行设置）。在异步方式下，时钟频率等于波特率和波特率因子的乘积。

8251A 和 CPU 之间的连接如图 6-31 所示。

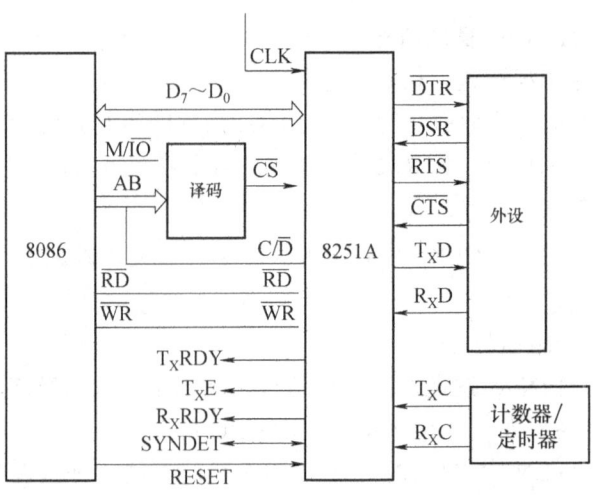

图 6-31 8251 和 CPU 连接示意图

（2）8251A 与外部装置之间的接口信号

8251A 与外部装置进行远距离通信时，一般要通过调制解调器连接。连接的信号可大致分为数据信号和发送数据时的联络信号两类。

1）数据信号。

T_XD（输出，19PIN）：发送数据信号端。CPU 送入 8251A 的并行数据，在 8251A 内部转换为串行数据，通过 T_XD 端输出。

R_XD（输入，3PIN）：接收数据信号端。R_XD 用来接收外部装置通过传输线送来的串行数据，数据进入 8251A 后转换为并行数据。

2）发送数据时的联络信号。

$\overline{RTS}$（输出，23PIN）：请求发送信号，低电平有效。这是 8251A 向调制解调器或外设发送的控制信息，初始化时由 CPU 向 8251A 写控制命令字来设置。该信号有效时，表示 CPU 请求通过 8251A 向调制解调器发送数据。

$\overline{CTS}$（输入，17PIN）：发送允许信号，低电平有效。这是由调制解调器或外设送给 8251A 的信号，是对 $\overline{RTS}$ 的响应信号，只有当 $\overline{CTS}$ 为有效低电平时，8251A 才能执行发送操作。

3）接收数据时的联络信号。

$\overline{DTR}$（输出，24PIN）：数据终端准备好信号，低电平有效。它是由 8251A 送出的一个通用的输出信号，初始化时由 CPU 向 8251A 写控制命令字来设置。该信号有效时，表示为接收数据做好了准备，CPU 可以通过 8251A 从调制解调器接收数据。

$\overline{DSR}$（输入，22PIN）：数据装置准备好信号，低电平有效。这是由调制解调器或外设向 8251A 送入的一个通用的输入信号，是 $\overline{DTR}$ 的回答信号，CPU 可以通过读取状态寄存器的方法来查询 $\overline{DSR}$ 是否有效。

以上发送数据和接收数据的联络信号，对于远距离串行通信要通过调制解调器来连接，实际上是和调制解调器之间的连接信号。如果近距离传输，则可不用调制解调器，而直接通过 MC1488 和 MC1489 来连接，外设不要求有联络信号时，这些信号可以不用。

使用 MC1488 和 MC1489 芯片时，传输时的电平是 RS-232C 标准电平，所能传输的最大距离为 30m，一般不超过 15m，数据传输的波特率低于 20000Baud。

6.4.3 8251A 的控制字及其工作方式

1. 方式寄存器

方式寄存器是 8251A 初始化时，用来写入方式选择字的。方式选择有两种：同步方式和异步方式。方式寄存器有 8 位，最低两位为"00"表示是同步方式，最低两位不全是 0 时表示是异步方式。具体格式如下。

（1）8251A 工作在同步方式下

当 8251A 工作在同步方式下时，方式寄存器的格式如图 6-32 所示。

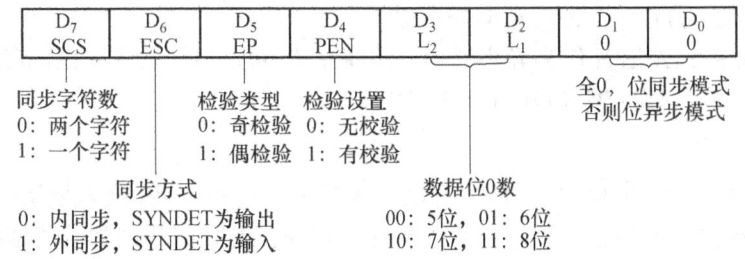

图 6-32　8251A 同步方式下方式寄存器的格式

D_1D_0=00 是同步方式的标志特征，表示同步传送时波特率因子为 1，此时芯片上 T_XC 和 R_XC 引脚上的输入时钟频率和波特率相等。

D_3D_2（L_2L_1）：规定同步传送时每个字符的位数，当 L_2L_1 对应为 00、01、10、11 时，分别表示传输字符的位数是 5、6、7、8。

D_4（PEN）：规定在传输数据时是否需要奇偶校验位，为"1"表示有校验位，为"0"则不带校验位。

D_5（EP）：用来规定校验的类型，为"0"表示是奇校验，为"1"表示是偶校验。

D_6（ESC）：用来规定同步的方式，为"0"表示是内同步，芯片的 SYNDET 引脚为输出端；为"1"表示是外同步，SYNDET 引脚为输入端。

D_7（SCS）：用来规定同步字符的数目，为"0"表示两个同步字符，为"1"表示一个同步。

例如，要求 8251A 作为外同步通信接口，数据位 8 位，两个同步字符，偶校验，其方式选择字应为 7CH（01111100B=7CH）。

（2）8251A 工作在异步方式下

当 8251A 工作在异步方式下时，方式寄存器的格式如图 6-33 所示。

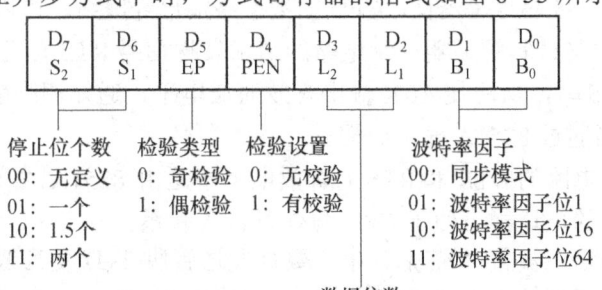

图 6-33　8251A 异步方式下方式寄存器的格式

D_1D_0（B_1B_0）：这两位不全为 0 表示是异步方式，当 B_1B_0=01 时，规定波特率的因子为 1；B_1B_0=10 时，规定波特率因子为 16；B_1B_0=11 时，规定波特率因子为 64。

D_3D_2（L_2L_1）：规定在异步传送时每个字符的位数，与同步方式下的数据位数规定相同。

D_4（PEN）：规定在异步传输时是否需要校验位，与同步方式下的规定相同。

D_5（EP）：规定在异步方式时数据校验的类型，与同步方式下的规定相同。

D_7D_6（S_2S_1）：规定在异步方式时停止位的个数。为了和同步方式相区别，当 D_7D_6=00 时，没有定义停止位的个数。当 D_7D_6=01 时，表示一个停止位；当 D_7D_6=10 时，表示 1.5 个停止位；当 D_7D_6=11 时，表示两个停止位。

例如，要求 8251A 芯片作为异步通信，波特率为 64，字符长度 8 位，奇校验，两个停止位的方式选择字应为 DFH（11011111B=DFH）。

2. 控制寄存器

对 8251A 进行初始化时，按上面的方法写入了方式选择字后，接着要写入的是命令字，由命令字来规定 8251A 的工作状态，才能启动串行通信开始工作或置位。这样就要对控制寄存器输入控制字，控制寄存器的格式如图 6-34 所示。

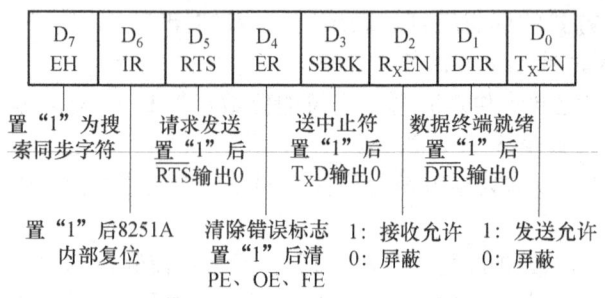

图 6-34　8251A 的控制寄存器格式

控制寄存器也是 8 位，每位的定义如下。

D_0（T_XEN）：允许发送选择。只有当 D_0=1 时才允许 8251A 从发送口发送数据。

D_2（R_XEN）：允许接收选择。只有当 D_2=1 时才允许 8251A 从接收口接收数据。

D_1（DTR）：这位与调制解调器控制电路的 $\overline{DTR}$ 端有直接联系，当工作在全双工方式时，D_0、D_2 位要同时置"1"，D_1 才能置 1，由于 DTR=1 从而使 STB 端被置成有效的低电平，通知调制解调器或 MC1488 芯片等器件，CPU 的数据终端已经就绪，可以接收数据了。

D_5（RTS）：这位与调制解调器控制电路的请求发送信号 $\overline{RTS}$ 有直接联系，当 D_5 位被置"1"时，由于 $\overline{RTS}$=1，从而使 $\overline{ACK}$ 输出有效的低电平，通知调制解调器或 MC1489 芯片等器件，CPU 将要通过 8251A 输出数据。

调制解调器控制电路的 $\overline{DTR}$ 和 $\overline{RTS}$ 的有效电平不是由 8251A 内部产生，而是通过对控制字的编程来设置的，这样可方便 CPU 与外设直接联系。

D_3（SBRK）：当这位被置"1"后，串行数据发送管脚 T_XD 变为低电平，输出"0"信号，表示数据短缺，而当处于正常通信状态时，SBRK=0。

D_4（ER）：当这位被置"1"后，将消除状态寄存器中的全部错误标志（PE、OE、FE），这 3 位错误标志由状态寄存器的 D_3、D_4、D_5 来指示。

D_6（IR）：当这位被置"1"后，使 8251A 内部复位。当对 8251A 初始化时，使用同一个奇地址，先写入方式选择字，接着写入同步字符（异步方式时不写入同步字符），最后写入的才是控制字，这个顺序不能改变，否则将出错。但是当初始化以后，如果再通过这个奇地址写入的字，都将进入控制寄存器，因此控制字可以随时写入。如果要重新设置工作方式，写入方式选择字，则必须先要将控制寄存器的 D_0 位置为"1"，也就是说内部复位的命令字为 40H 才能使 8251A 返回初始化前的状态。当然，用外部的复位命令 RESET 也可使 8251A 复位，而在正常的传输过程中，D_6=0。

D_7（EH）：这位只对同步方式才起作用。当 D_7=1 时，表示开始搜索同步字符，但同时要求 D_2（R_XE）=1、D_4（ER）=1，同步接收工作才开始进行，也就是说，写同步接收控制字时，必须使 D_7、D_4、D_2 同时为 1。

3. 状态寄存器

状态寄存器是反映 8251A 内部工作状态的寄存器，只能读出，不能写入，CPU 可用 IN 指令来读取状态寄存器的内容。状态寄存器的格式如图 6-35 所示。状态寄存器也是 8 位，每位的定义如下。

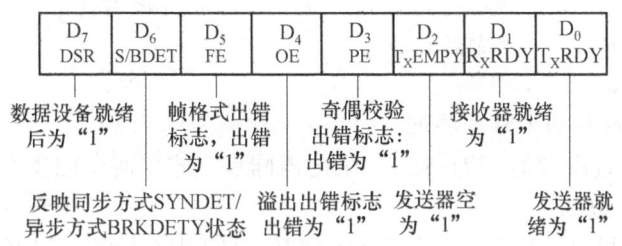

图 6-35 8251A 的状态寄存格式

D_0（T_XRDY）：D_0=1 是发送准备好标志，表明当前数据输出缓冲器空。要注意，这里状态位 D_0 的 T_XRDY 和芯片引脚上的 T_XRDY 的信号不同，这是因为状态位的 T_XRDY 不受输入信号 $\overline{CTS}$ 和控制位 T_XEN 的影响；而芯片引脚上的 T_XRDY 必须在数据输出寄存器空，并且调制解调器控制电器的 $\overline{CTS}$ 端也为低电平时，控制寄存器的 D_0（T_XEN）=1 时才有效。

D_1（R_XRDY）：接收器准备好信号，这位为"1"时，表明接口已接收到一个字符，当前正准备输入 CPU 中。当 CPU 从 8251A 输入一个字符时，R_XRDY 自动清 0。

D_2：（T_XEMPY）。发送器空信号，这位为"1"时，表明当前发送器空。

D_6：（S/BDET）。反应同步检测/断缺检测状态的信号，这位为"1"时，表明已达到同步或接收到断缺字符；这位为"0"时，表明未达到同步或正常工作。

D_7（DSR）：数据终端准备好标志，当外设（调制解调器等）已准备好发送数据时就向 $\overline{DSR}$ 端发出低电平信号，使 $\overline{DSR}$ 有效。此时 $\overline{DSR}$ 位被置 1。

上面 D_1、D_2、D_0、D_7，这 4 位的状态与 8251A 芯片外部同名管脚的状态完全相同，反映这些管脚当前的状态。

D_3（PE）：奇偶出错标志位，PE=1 时表示当前产生了奇偶错，但不中止 8251A 工作。

D_4（OE）：溢出出错标志位，在接收字符时，如果数据输入寄存器的内容没有被 CPU 及时取走，下一个字符各位已从 R_XD 端全部进入移位寄存器，然后进入数据输入寄存器，这时，在数据输入寄存器中，后一个字符覆盖了前一个字符，因而出错，这时 D_4 位被置为"1"。

D₅（FE）：帧格式出错标志位，只适用于异步方式。在异步接收时，接收器根据方式寄存器规定的字符位数、有无奇偶校验位、停止位位数等，都由计数器计数接收，若停止位不为 0，则说明帧格式错位，字符出错，此时 FE=1。

上面的 PE=1、OE=1 和 FE=1 只是记录接收时的 3 种错误，并没有终止 8251A 工作的功能，可以由 CPU 通过 IN 指令读取状态寄存器来发现错误。

6.4.4　8251A 串行接口应用举例

1. 异步模式下的初始化程序举例

➡【例题 6-3】设 8251A 工作在异步模式下，波特率系数为 16，7 个数据位/字符，采用偶校验，两个停止位，发送、接收允许，设端口地址为 00E2H 和 00E4H。完成初始化程序。

根据题目要求，可以确定方式字为 11111010B，即 FAH。控制字为 00110111B，即 37H。则初始化程序如下：

```
MOV     AL, 0FAH        ; 送方式字
MOV     DX, 00E2H
OUT     DX, AL          ; 异步方式，7 位/字符，偶校验，两个停止位
MOV     AL, 37H         ; 设置控制字
OUT     DX, AL          ; 有效
```

2. 同步模式下的初始化程序举例

➡【例题 6-4】设端口地址为 52H，采用内同步方式，两个同步字符（设同步字符为 16H），偶校验，7 位数据位/字符。

根据题目要求，可以确定方式字为 00111000B，即 38H；控制字为 10010111B，即 97H。它使 8251A 对同步字符进行检索；同时使状态寄存器中的 3 个出错标志复位；此外，使 8251A 的发送器启动，接收器也启动；控制字还通知 8251A，CPU 当前已经准备好进行数据传输。

程序段如下：

```
MOV     AL, 38H         ; 设置模式字，同步模式，用两个同步字符
OUT     52H, AL         ; 7 个数据位，偶校验
MOV     AL, 16H
OUT     52H, AL         ; 送同步字符 16H
OUT     52H, AL
MOV     AL, 97H         ; 设置控制字，使发送器和接收器启动
OUT     52H, AL
```

3. 利用状态字进行编程的举例

➡【例题 6-5】下面的程序段先对 8251A 进行初始化，然后对状态字进行测试，以便输入字符。本程序段可用来输入 80 个字符。

8251A 的控制和状态端口地址为 52H，数据输入和输出端口地址为 50H。字符输入后，放在 BUFFER 标号所指的内存缓冲区中。

程序段如下：

```
        MOV     AL, 0FAH        ; 设置模式字，异步方式，波特率因子为 16
        OUT     52H, AL         ; 用 7 个数据位、两个停止位，偶校验
        MOV     AL, 35H         ; 设置控制字，使发送器和接收器启动
```

```
        OUT    52H,AL          ;清除出错指示位
        MOV    DI,0            ;变址寄存器初始化
        MOV    CX,80           ;计数器初始化,共收取 80 个字符
BEGIN:  IN     AL,52H          ;读取状态字,测试 R_XRDY 位是否为 1,如为 0
        TEST   AL,02H                表示未收到字符,故继续读取状态字并测试
        JZ     BEGIN
        IN     AL,50           ;读取字符
        MOV    DX,OFFSET BUFFER
        MOV    [DX+DI],AL
        INC    DI              ;修改缓冲区指针
        IN     AL,52H          ;读取状态字
        TEST   AL,38H          ;测试有无帧校验错,奇/偶校验错和溢出错
        JZ     ERROR           ;如有,则转出错处理程序
        LOOP   BEGIN           ;如没错,则再收下一个字符
        JMP    EXIT            ;如输入满足 80 个字符,则结束
ERROR:  CALL   ERR-OUT         ;调出错处理
EXIT:   …
```

课后习题

1. 8255A 有哪几种工作方式？对这些工作方式有什么规定？
2. 8255A 的方式控制字和 C 口置位/复位控制字都是写入控制端口，它们是怎么区分的？
3. 设 8255A 的端口 A 和 B 均工作于方式 1，端口 A 输出，端口 B 和 C 为输入，端口 A 地址为 00C0H。
 (1) 写出工作方式控制字。
 (2) 编写 8255A 的初始化程序。
 (3) 若要用置位复位方式将 PC_2 置为 1，PC_7 清 0，试写出相应程序。
4. 假设 8255A 芯片起始端口地址为 60H，编写指令序列，分别完成：
 (1) 设置端口 A 组和 B 组都是方式 0，其中端口 B 和 C 是输出口，A 为输入口。
 (2) 设置端口 A 组为方式 2、B 组为方式 0 且端口 B 为输出。
 (3) 设置端口 A 组为方式 1 且端口 A 为输入、PC_6 和 PC_7 为输出；设置端口 B 为方式 1 且端口 B 为输入。
5. 8253 通道 2 工作于方式 3，输入时钟信号频率为 1MHz，OUT 引脚输出周期为 10ms 的方波。已知通道的端口地址为 3F0H，试编写该 8253 芯片初始化程序。
6. 假设有一片 8253 芯片，其端口地址为 0FCH~0FFH，其 CLK 引脚输入的时钟信号周期为 0.8μs。现用该 8253 芯片的计数器 1，工作在方式 2，产生周期为 2ms 的信号，试写出该 8253 芯片的初始化程序。
7. 串行通信接口的基本任务有哪些？串行通信中有哪些工作方式？
8. 按下列要求对 8251A 进行初始化。
 (1) 按要求工作于异步方式，波特率系数为 64，奇校验，8 位数据，1 位停止位。
 (2) 允许接收、允许发送、全部错误标志复位。
 (3) 查询 8251A 的状态字，当接收准备就绪时，则从 8251A 输入数据，否则等待。设 8251A 的控制口地址是 0C2H，数据口地址是 0C0H。

第 7 章 中断与中断管理

中断是微型计算机系统中一个十分重要的概念，在现代计算机中毫无例外地都采用中断计数。利用外部中断，外设可以在需要 CPU 处理时请求 CPU 中断当前的程序，及时处理外设的操作要求，处理完后再返回原来的程序。利用内部中断系统，CPU 可自行处理计算机在运行过程中遇到的除法出错、算数运算溢出、存储器出错等情况，为使用者提供发现、调试并解决程序执行异常的有效途径。

7.1 概述

7.1.1 中断的基本概念

1. 中断和中断源

所谓"中断"是指 CPU 中止正在执行的程序，转去执行请求 CPU 为之服务的内、外部事件的服务程序，待该服务程序执行完后，又返回被中止的程序继续运行的过程。

引起 CPU 中断的事件称为"中断源"。常见的中断源有：
1）外部设备的请求，如 CRT 终端、键盘、打印机等。
2）由硬件故障引起的，如电源掉电、硬件损坏等。
3）实时时钟，如定时器芯片等。
4）由软件引起的，如程序错、运算错、为调试程序而设置的断点等。
5）数据通道中断源，如磁盘、磁带等。
6）中断指令，如 INT 21H、INT 10H 等。

2. 中断系统功能

为满足上述中断要求，中断系统应具有以下功能：

1）中断响应。当某一中断源发出中断请求时，CPU 能决定是否响应这一中断请求，若允许响应这个中断请求，CPU 在保护断点后，将转移到相应的中断服务程序中，中断处理完，CPU 返回原断点处继续执行原程序。

2）中断优先权排队。当有两个或多个中断源同时提出中断请求时，中断系统能根据各中断源的性质分清轻重缓急，给出处理的先后顺序，确保优先级别较高的中断请求优先处理。

3）中断嵌套。若在中断处理过程中又有新的优先级较高的中断源提出请求，中断系统要能使 CPU 暂停当前中断服务程序的执行，转去响应和处理优先级较高的中断请求，处理完后再返回原优先级较低的中断服务程序。

7.1.2 中断处理过程

对于不同的微型计算机系统，CPU 进行中断处理的具体过程不完全一样，即使是同一台微型机算机，由于中断方式的不同（如可屏蔽中断，不可屏蔽中断等），中断处理也会有差别，但一个完整的中断处理的基本过程应包括中断请求、中断判优、中断响应、中断处理及中断返回5个基本阶段。

1. 中断请求

中断请求是中断处理过程的第一步。中断源产生中断请求的条件，因中断源而异。

2. 中断判优

由于中断产生的随机性，可能出现两个或两个以上的中断源同时提出中断请求的情况。设计者必须根据中断源的轻重缓急，给每个中断源确定一个中断级别，CPU首先响应优先级别最高的中断源的请求，处理完毕后，再响应级别较低的中断源的请求。中断判优的另一作用是决定可否实现中断嵌套。当CPU响应某一中断请求并为之服务时，若有一个优先权更高的中断源发出请求，CPU应能及时响应；反之，若有一个优先权较低的中断源发出请求，中断判优电路应屏蔽这一中断请求，直至原有中断请求服务完，再响应优先权较低的中断请求。

3. 中断响应

CPU收到中断请求后，首先判断能否接收。若能接收，则响应该中断请求。通常中断响应的操作过程应包括保留断点地址、关闭中断允许、转入中断服务程序。

8086微处理器有两个引脚接收中断请求信号，一个是非屏蔽中断（NMI），另一个是可屏蔽中断（INTR）。NMI引脚一旦接收到请求，CPU立即予以响应；INTR引脚接收到的请求，受标志寄存器的IF标志位控制，当IF=1，CPU允许中断，而当IF=0，CPU禁止中断。

CPU响应中断的条件：①接收到中断请求信号；②若是INTR类中断，CPU必须允许响应；③等现行指令执行完。

4. 中断处理

中断处理通常由中断服务程序完成，一般按以下模式设计：

1) 保护现场：为不使中断服务程序的运行影响主程序的状态，将中断服务程序中用到的寄存器内容压入堆栈保护。

2) 执行中断服务程序：这是中断处理的核心部分，完成中断源要求完成的任务。

3) 恢复现场：将中断服务程序执行前保护的信息从堆栈中弹出恢复到原寄存器。

5. 中断返回

在中断服务程序的最后安排一条中断返回指令（IRET）完成中断返回，即回到中断前的地址继续执行被中断的程序。

7.1.3 中断优先权排队

在微型计算机系统中，通常遇到多个中断源同时提出中断请求的情况，此时CPU必须确定首先为哪个中断源服务，以及服务的顺序，这些都由中断判优逻辑来解决。中断优先权管理有两层含义：一是多个中断源同时提出请求时，应首先响应优先权高的中断请求；二是当CPU正在处理某一级中断请求时，又有其他的中断请求产生，这时应能响应更高一级的中断请求，而屏蔽掉同级或较低级的中断请求。通常，中断判优逻辑的具体实现方法有以下三种。

1. 软件查询中断优先级

软件查询方式是指将各个外设的中断请求信号通过或门相或后,送到 CPU 的 INTR 端,同时把几个外设的中断请求状态位组成一个端口,并给它分配端口号。任一外设有中断请求,CPU 响应中断后进入中断服务程序,用软件读取端口的内容,逐位查询端口的每位信息,直至查到有中断请求的外设并转入该外设的中断服务程序。查询的次序决定了外设优先级别的高低,先测试的中断源优先级别最高。软件查询程序中常用移位或屏蔽法来改变端口的查询次序。使用软件查询方式的接口电路如图 7-1 所示。

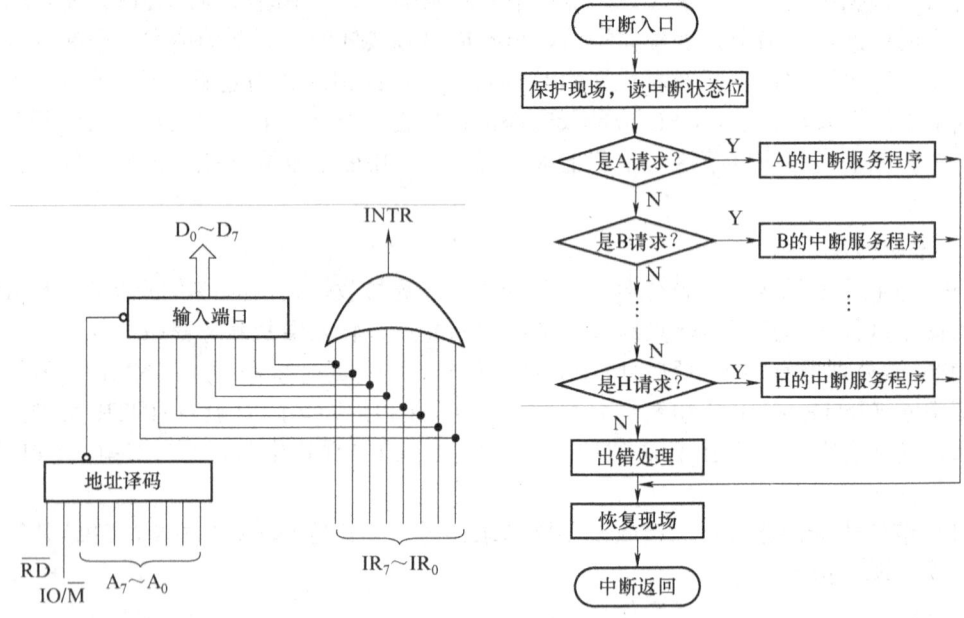

图 7-1 软件中断查询接口电路和软件查询程序流程

2. 硬件菊花链法查询中断优先级

菊花链法是得到中断优先级控制的硬件方法。其原理是在每个中断源的接口电路中设置一个菊花链逻辑电路如图 7-2 所示,菊花链式优先排队电路如图 7-3 所示。

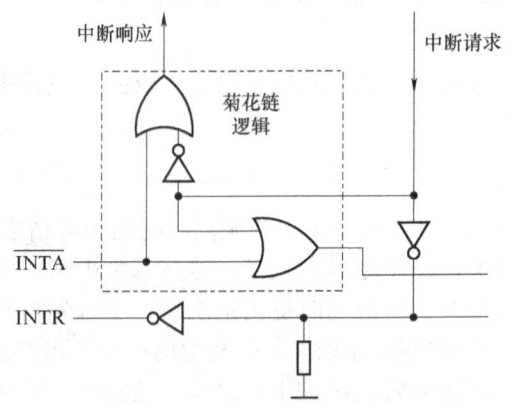

图 7-2 菊花链逻辑电路

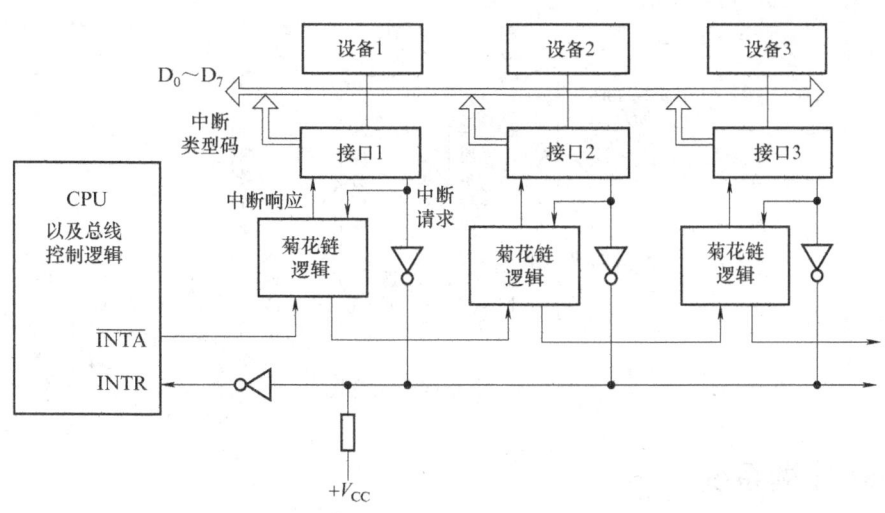

图 7-3　菊花链接口逻辑电路

当某一接口有中断请求时，会向 CPU 发送中断请求信号，若 CPU 允许中断，则 CPU 发出中断响应信号 $\overline{\text{INTA}}$。$\overline{\text{INTA}}$ 信号在菊花链中传递，如果某接口中无中断请求信号，则 $\overline{\text{INTA}}$ 信号通过菊花链逻辑电路，原封不动地向后传递；如果某接口中有中断请求信号，则该接口的菊花链逻辑电路阻塞 $\overline{\text{INTA}}$ 信号向后传递。显然，在多个中断请求同时发生时，最靠近 CPU 的接口，优先权最高。

3. 可编程中断控制器查询中断优先级

中断控制器是集中断请求、中断屏蔽、中断判优、中断源类型码提供等功能于一身的专用大规模集成芯片。采用可编程中断控制器是当前微型计算机中解决中断的最常用方案。Intel 公司的 8259A，就是具有上述功能的可编程中断控制器。可编程中断控制器 8259A 将在 7.3 节中详细论述。

7.1.4　中断嵌套

在实际应用中，当 CPU 正在处理某个中断源，即正在执行某个中断服务程序时又会出现新的中断请求。一般情况下，在处理某级中断时，与它同级的或比它低级的中断请求应不予响应，而比它优先级高的中断请求应该予以响应，即 CPU 暂停对原中断服务程序的执行，转去执行新的中断请求的服务程序，处理完后再返回原中断服务程序的执行，这就是中断嵌套或多重中断。

通常，如果堆栈有足够的深度，嵌套的层数是不受限制的。图 7-4 表示三重中断的情况，0#中断源优先级别最高，1#中断源次之，以此类推。当 6#设备出现请求时，尽管它的优先级别比较低，但此时并无优先级更高的中断源请求服务，那么 CPU 就响应 6#中断源的中断请求。若在执行 6#中断源的服务过程中，出现了级别比 6#高的 2#中断源请求服务，于是 CPU 暂时中断 6#中断源的服务程序，而转去执行 2#中断源的服务程序。同样，当 CPU 在执行 2#中断源的服务程序时出现 0#中断源的中断请求时，前者的服务程序也要被中断，在 2#中断源的请求出现之前，7#中断源有中断请求，那么 7#中断源的服务请求不予响应，直到优先权比它高的中断源服务都执行完了，且 CPU 开始从断点处继续执行原来的程序，7#中断源的请求才得到响应。

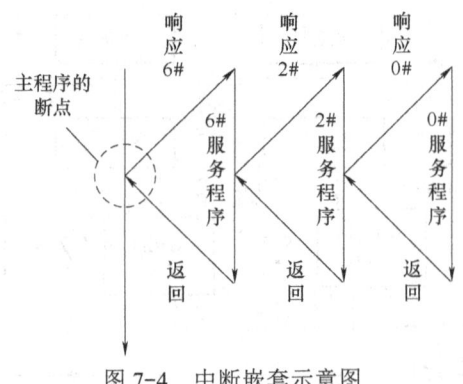

图 7-4 中断嵌套示意图

7.2 8086 中断系统

8086 微机具有一个简单而灵活的中断系统，可处理 256 种不同的中断请求。这些中断可分为两大类，即外部中断（硬件中断）和内部中断（软件中断）。中断源如图 7-5 所示。虚线左侧的为内部中断，虚线右侧的为外部中断。

内部中断是 CPU 根据软件中断指令或者软件对标志寄存器中的某个标志的设置而产生的，也称为软件中断。内部中断的中断类型码或者由指令规定，或者是预定的。除单步中断外，内部中断无法用软件禁止，其中断优先级见表 7-1。

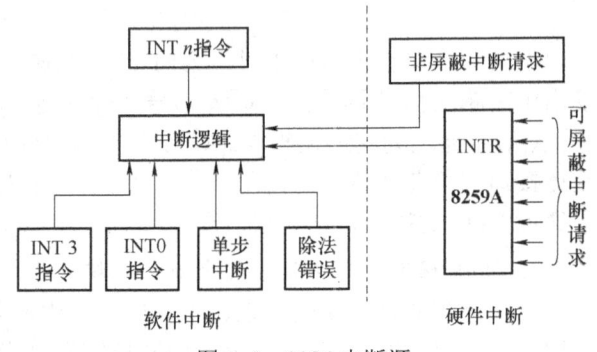

图 7-5 8086 中断源

表 7-1 中断优先级

中 断	优 先 级
除法出错，INTn，INT0	高
NMI	↓
INTR	↓
单步	低

外部中断是由外设的中断请求引起的中断，可以分为不可屏蔽中断 NMI 和可屏蔽中断 INTR 两类。外部中断也称为硬件中断，其可屏蔽中断 INTR 是通过 Intel 8259A 中断控制器进行管理的。

7.2.1 外部中断（硬件中断）

1. 可屏蔽中断 INTR

可屏蔽中断 INTR 信号连到 CPU 的 INTR 引脚，它受 CPU 中断允许标志位 IF 的控制，即 IF=1 时，CPU 才能响应 INTR 引脚上的中断请求。当可屏蔽中断被响应时，CPU 需执行 7 个总线周期，即：

1）执行第一个 $\overline{\text{INTA}}$ 总线周期，通知外部中断系统做好准备。

2）执行第二个 $\overline{\text{INTA}}$ 总线周期，从外部中断系统获取中断类型号，并乘以 4，形成中断向量地址。

3）执行一个总线写周期，将标志寄存器内容压栈，同时使 IF 为 0，TF 为 0。

4）执行一个总线写周期，把 CS 内容压栈。

5）执行一个总线写周期，把当前 IP 内容压栈。

6）执行一个总线读周期，从中断向量表中读取中断服务程序的偏移地址并送 IP。

7）执行一个总线读周期，从中断向量表中读取中断服务程序的段地址并送 CS。

2. 不可屏蔽中断

不可屏蔽中断 NMI 信号连到 CPU 的 NMI 引脚，它不受 CPU 中断允许标志位 IF 的控制。一旦发生，立即转至中断类型号为 2 的中断处理服务程序。NMI 的优先级高于 INTR。当 CPU 采样到 NMI 有请求时，在内部将其锁存，并自动提供中断类型号 2，然后按以下顺序处理：

1）将中断类型号乘以 4，得到中断向量地址 0008H。

2）将标志寄存器内容压入堆栈保护。

3）清 IF 和 TF 标志，屏蔽 INTR 中断和单步中断。

4）保存断点，即把断点处的 IP 和 CS 内容压栈。

5）从中断向量表中取中断服务程序的入口地址，分别送至 CS 和 IP。

6）转入相应中断服务程序并执行。

7）恢复断点及标志寄存器内容，中断返回。

7.2.2 内部中断（软件中断）

内部中断是由于 8086 内部执行程序出现异常引起的程序中断，包括溢出中断、除法出错中断、单步中断、INTn 指令中断以及断点中断。内部中断响应后不需要 $\overline{\text{INTA}}$ 总线周期，处理过程与 NMI 过程基本相同。

1. 除法出错中断

在执行除法指令时，若除数为 0 或商超过寄存器所能表达的范围，则 CPU 立即产生一个 0 型中断。

2. 溢出中断

如果上一条指令使溢出标志位 OF 为 1，则执行 INT0 指令产生中断，溢出中断的中断类型号为 4。

➡【例题 7-1】溢出中断举例。

```
    MOV     AL，num1
    ADD     AL，num2    ;两数相加
    JNO     L1         ;不溢出
    INT0               ;溢出
L1: M
```

3. INTn 指令中断

在执行中断指令 INTn 时产生的一个中断类型号为 n 的内部中断。

4. 单步中断

当陷阱标志 TF 置"1"时，8086 处于单步工作方式。在单步工作时，每执行完一条指令，CPU 自动产生中断类型号为 1 的中断。

5. 断点中断

断点中断是 8086 提供的一种调试程序的手段，用于设置程序中的断点，中断类型号为 3。

7.2.3 中断向量表

中断向量表是存放中断服务程序入口地址的表格。它存放于系统内存的最低端，共 1KB，每 4B 存放一个中断服务程序的入口地址，较高地址的 2B 存放中断服务程序入口的段地址，较低地址的 2B 存放中断服务程序入口的偏移地址，这 4 个单元的最低地址称为中断向量地址，其值为中断类型号 n 乘 4。8086 系统的中断向量表结构如图 7-6。

CPU 响应中断后，将中断类型号 n 乘 4，在中断向量表中"查表"得到中断服务程序入口地址，分别送 CS 和 IP，从而转入中断服务程序。即：IP←（$4n$，$4n+1$）、CS←（$4n+2$，$4n+3$）。

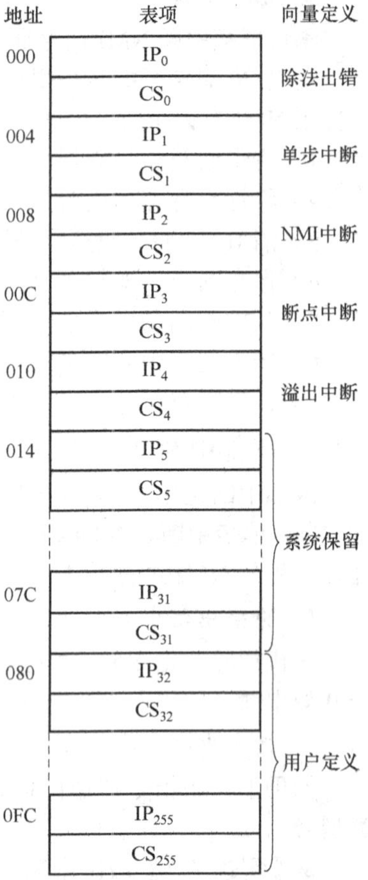

设置中断向量的方法有两种，一是自编一段程序将中断服务程序的入口地址直接写入中断向量表中的相应单元；二是利用 DOS 功能调用完成中断向量的设置。

1. 直接写入

```
MOV    DS, 0000H
MOV    SI, 中断类型号*4
MOV    AX, 中断服务程序偏移地址
MOV    [SI], AX
MOV    AX, 中断服务程序段地址
MOV    [SI+2], AX
```

2. 利用 DOS 功能调用

设置中断向量（DOS 功能调用 INT 21H）

功能号：AH=25H

入口参数：AL=中断类型号，DS:DX=中断向量（段地址：偏移地址）

获取中断向量（DOS 功能调用 INT 21H）

功能号：AH=35H

入口参数：AL=中断类型号

出口参数：ES:BX=中断向量（段地址：偏移地址）

▶【例题 7-2】设中断类型号为 60H，中断服务子程序的标号为 INTR_60H，用 DOS 系统功能调用来装填中断指针，程序如下：

```
PUSH   DS
MOV    AX, SEG INTR_60H
MOV    DS, AX
MOV    DX, OFFSET INTR_60H
MOV    AH, 25H          ; DOS 调用功能码送 AH
MOV    AL, 60H          ; 中断类型码送 AL
INT    21H
POP    DS
```

地址	表项	向量定义
000	IP_0 / CS_0	除法出错
004	IP_1 / CS_1	单步中断
008	IP_2 / CS_2	NMI 中断
00C	IP_3 / CS_3	断点中断
010	IP_4 / CS_4	溢出中断
014	IP_5 / CS_5	系统保留
…	…	
07C	IP_{31} / CS_{31}	
080	IP_{32} / CS_{32}	用户定义
…	…	
0FC	IP_{255} / CS_{255}	

图 7-6 8086 系统的中断向量表结构

7.2.4 8086中断响应过程

8086CPU按优先权顺序首先检测是否有内部中断，然后检测是否有不可屏蔽中断，之后检测是否有可屏蔽中断，最后检测是否有单步中断，根据每一类中断分别采取不同的方法获得中断类型码，获得中断类型码后的处理过程如图7-7所示。当响应中断后，按图7-6左半部分的顺序查询，并从内部或外部得到反映该中断的中断类型号。尽管中断类型号不同，但8086对它们的响应过程一样，如图7-7右半部分所示。

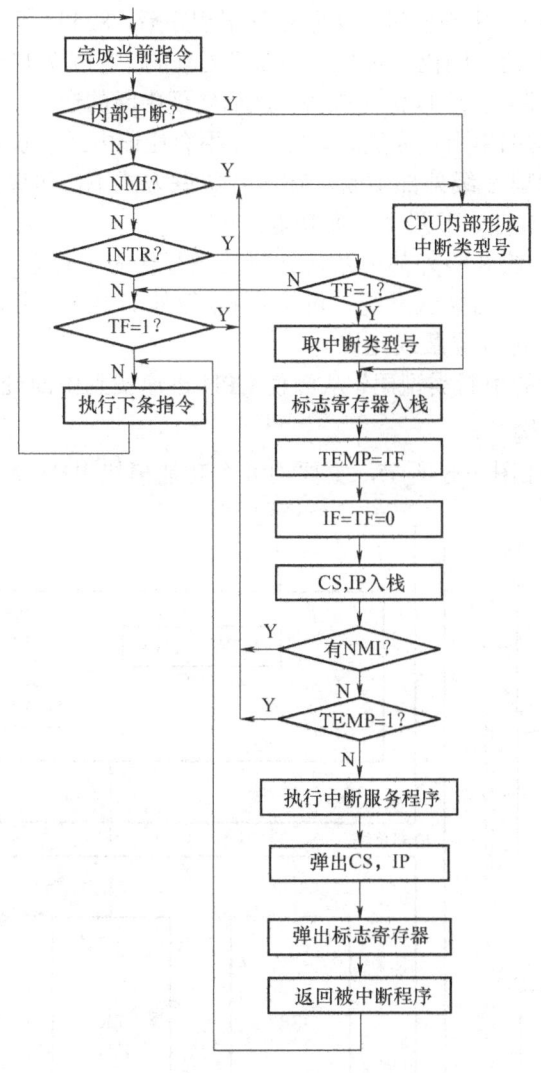

图7-7 8086中断处理流程

在获取中断类型号后，执行中断服务程序前，进一步判断是否存在单步中断，目的是在系统单步工作时又产生其他中断的情况下，尽管系统首先识别其他中断，但在执行该服务程序前，还可识别出单步中断，并首先开始执行单步中断服务程序。当单步中断处理结束后，才返回原先被中断的其他中断处理程序。另外，还判断是否存在非屏蔽中断的原因，也是为了系统能够及时处理外部紧急事件提出的中断请求。

7.3 中断控制器 8259A

由于 CPU 上只有一个接收可屏蔽中断请求的 INTR 端，所以在有多个中断源的系统中，就需要有用于解决中断管理问题的一个部件。中断控制器 8259A 就是 Intel 公司为此目的而设计开发的接口芯片，它将中断源优先级判优、中断源识别和中断屏蔽等电路集于一体，无须附加其他电路便可对外部中断进行有效管理。一方面，8259A 可接收多个外部中断源的中断请求，进行优先级判断，并选中当前优先级最高的中断请求，再将此请求送到 CPU 的 INTR 端；另一方面，当 CPU 响应中断并进入中断处理子程序后，8259A 仍负责对外部中断请求的管理，即当某个外部中断请求的优先级高于当前正处理的中断优先级时，8259A 会让此中断请求到达 CPU 的 INTR 端，并予以优先服务，从而实现中断的嵌套；而当某个外部中断请求的优先级低于当前正处理的中断优先级时，8259A 不会让该中断请求到达 CPU 的 INTR 端。

单片 8259A 可以管理 8 级外部中断，在多片级联方式下，可管理多达 64 级的外部中断。概括起来，8259A 具有如下四个主要功能：

1）一片 8259A 可接收 8 级外部中断，并对其进行优先级管理。
2）用 9 片 8259A 组成的级联系统，可接收 64 级外部中断，并对其进行优先级管理。
3）可对外部中断源进行屏蔽或允许。
4）能自动送出相应的中断类型码，从而使 CPU 迅速找到中断处理子程序的入口地址。

7.3.1 8259A 内部结构

8259A 的内部结构如图 7-8 所示，主要由 8 个功能模块组成。

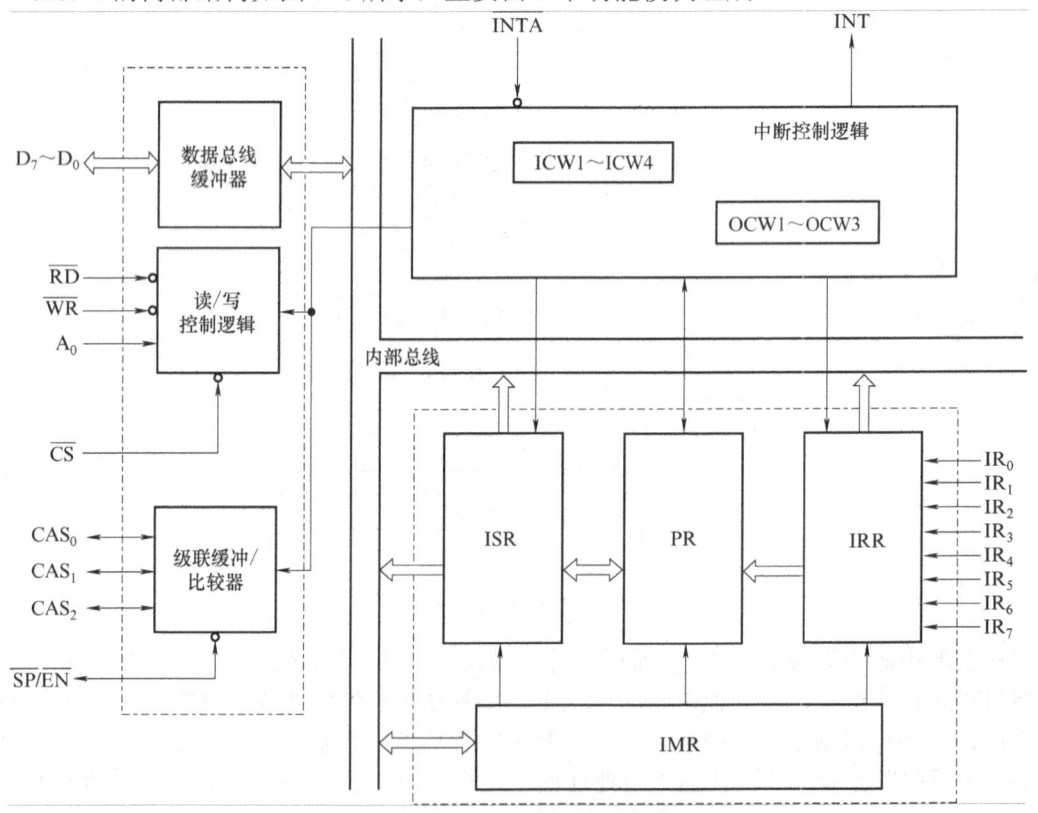

图 7-8　8259A 的内部结构

1. 数据总线缓冲器

用于连接系统的数据总线,是一个 8 位双向三态缓冲器,传输写入 8259A 的控制字,读取 8259A 的状态信息,以及 CPU 读取的中断类型号。

2. 读/写控制逻辑

用于接收端口地址信息和 CPU 的读写控制信号 $\overline{RD}$ 和 $\overline{WR}$,片选信号 $\overline{CS}$ 和端口地址 A_0 选择信号,以实现 CPU 对 8259A 内部寄存器的读/写操作。

3. 级联缓冲/比较器

8259A 既可以工作于单片方式,也可以工作于多片级联方式。在工作于级联方式时,其硬件连接如图 7-9 所示。级联缓冲/比较器用于提供多片 8259A 的管理和选择功能,其中一片为主片,其余片为从片,最多可有 8 个从片,共管理 64 级外部中断。当任一从片中有中断请求时,需经主片向 CPU 发出中断申请,当 CPU 响应中断时,在第 1 个 $\overline{INTA}$ 响应负脉冲周期,由主片输出被选中从片的标识,各从片在收到此标识后,与自身的标志号进行比对,如果匹配,则在第 2 个 $\overline{INTA}$ 响应负脉冲周期到来时,由该匹配的从片将中断类型码送到数据总线上,进而使 CPU 迅速找到中断处理子程序的入口地址。

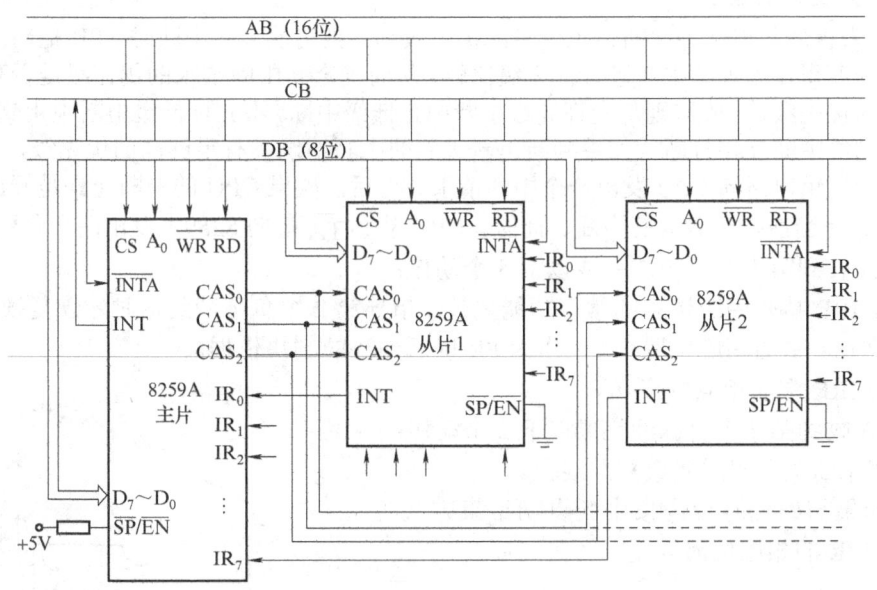

图 7-9 8259A 多片级联方式的硬件连接

4. 中断控制逻辑

中断控制逻辑可以说是 8259A 内部的控制器,整个 8259A 芯片正是在中断控制逻辑的控制下构成了一个各部件协同工作的有机整体。它按照编程所设定的工作方式管理中断,负责向片内各部件发出控制信号,并经 INT 端向 CPU 发出中断请求信号,经 $\overline{INTA}$ 端接收 CPU 的中断响应信号,进而控制 8259A 进入中断处理状态。

5. 中断请求寄存器 IRR

IRR 是一个 8 位寄存器,用于存放外部输入的中断请求信号。其中的 $D_7 \sim D_0$ 位分别与外部中断请求信号 $IR_7 \sim IR_0$ 相对应。若 IR_i(i=0~7)端有中断请求(电平或边沿触发)时,则 IRR 中的相应位 D_i 置 1;若中断请求被响应,则 IRR 的相应位 D_i 复位。IRR 的内容可用操作命令来读出。

6. 当前服务寄存器 ISR

ISR 是一个 8 位寄存器，用于记录 CPU 当前正在处理的中断请求。当外部中断 IR_i（$i=0\sim7$）的请求得到 CPU 响应而进入中断处理时，由 CPU 发来的第一个中断响应负脉冲将 ISR 中的相应位 D_i（$i=0\sim7$）置 1。ISR 的复位则由 8259A 的中断结束方式所决定，即若 8259A 初始化时被定义为自动结束方式，则由 CPU 发来的第二个中断响应负脉冲的后沿将 D_i 位清 0；若定义为非自动结束方式，则由 CPU 发来的中断结束命令将 D_i 位清 0。当有中断嵌套时，ISR 中会有多位同时被置 1。另外，ISR 的内容也可用操作命令来读出。

7. 中断屏蔽寄存器 IMR

IMR 是一个 8 位寄存器，用来存放对各中断请求的屏蔽信息。它的 8 个屏蔽位 $D_7\sim D_0$ 与外部中断请求 $IR_7\sim IR_0$ 相对应，用于控制 IR_i 的请求是否允许进入。当 IMR 中的 D_i 位为 1 时，表示对应的 IR_i 请求被屏蔽；当 IMR 中的 D_i 位为 0 时，表示允许对应的中断请求进入。IMR 的值称为屏蔽字，可通过编程来设定。

8. 优先权判决器 PR

PR 用来管理和识别各中断请求信号的优先级别。当出现多重中断时，PR 把新出现的中断请求与当前正在处理的中断进行优先级比较，从而确定新中断请求的优先级是否高于正在处理的中断优先级。一般原则是允许高级中断中止低级中断，不允许低级中断中止高级中断，也不允许同级中断互相打断。如果判断出新进入的中断请求具有足够高的优先级，则 PR 会通过相应的逻辑电路向 CPU 发出一个中断请求。之后，如果 CPU 的中断允许是开放的，则 CPU 会执行完当前指令后响应中断，此时，CPU 从 $\overline{INTA}$ 端向 8259A 发出两个负脉冲。

8259A 收到第 1 个负脉冲完成以下 3 个动作：

1）使 IRR 接收中断请求的锁存功能失效，指导第 2 个负脉冲到达时才恢复锁存功能。

2）使 ISR 中的相应位置 1，以作为 PR 以后判决的判决依据。

3）使 IRR 中的相应位清 0。

8259A 收到第 2 个负脉冲完成以下 2 个动作：

1）将中断类型码送到数据总线上。

2）如果初始化时设为按中断自动结束方式工作，则将 ISR 的相应位清 0。

7.3.2 8259A 引脚信号

可编程中断控制器 8259A 是 28 引脚双列直插式芯片，单一的 +5V 电源供电。8259A 的引脚信号如图 7-10 所示。各引脚信号功能说明如下：

1）$D_7\sim D_0$：双向、三态数据线。在系统中，它们与数据总线相连。

2）$\overline{RD}$：读信号，输入，低电平有效。有效时，CPU 对 8259A 进行读操作，即将 8259A 某个内部寄存器的内容送到数据总线上。

3）$\overline{WR}$：写信号，输入，低电平有效。有效时，CPU 对 8259A 进行写操作，即使 8259A 从数据总线

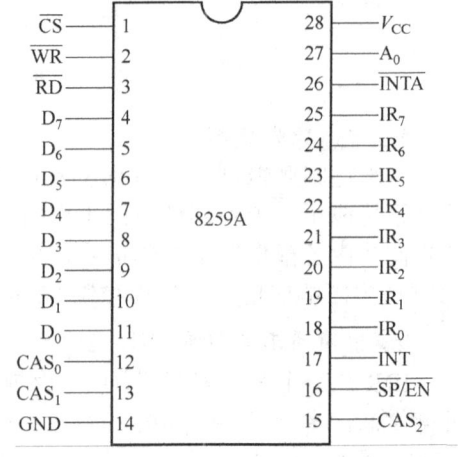

图 7-10　8259A 的引脚信号

上接收 CPU 发出的命令字。

4) A_0: 端口地址选择信号, 输入。用于指出 8259A 对应的两个端口地址, 即由 8259A 完成片内译码, 指出 8259A 对应的端口地址, 其中一个为偶地址, 一个为奇地址, 且要求偶地址较低, 奇地址较高。

5) $\overline{CS}$: 片选信号, 输入低电平有效。当 $\overline{CS}$ 有效时, 本片 8259A 被选中。有关寄存器的端口地址分配及读/写操作功能见表 7-2。

表 7-2 8259A 端口分配及读/写操作功能

$\overline{CS}$	$\overline{WR}$	$\overline{RD}$	A_0	D_4	D_3	功能
0	0	1	0	1	×	写 ICW1
0	0	1	1	×	×	写 ICW2
0	0	1	1	×	×	写 ICW3
0	0	1	1	×	×	写 ICW4
0	0	1	1	×	×	写 OCW1
0	0	1	0	0	0	写 OCW2
0	0	1	0	0	1	写 OCW3
0	1	0	0	×	×	读 IRR
0	1	0	0	×	×	读 ISR
0	1	0	1	×	×	读 IMR
0	1	0	0	×	×	读状态寄存器

6) $\overline{SP}/\overline{EN}$: 双向信号线, 用于主片或从片的选择或驱动信号。具体地说, 它有两个用处: ①当 8259A 工作于非缓冲方式时, $\overline{SP}/\overline{EN}$ 作为输入信号线, 用于决定本片是主片还是从片, 级联中从片的 $\overline{SP}/\overline{EN}$ 端接低电平, 而主片的 $\overline{SP}/\overline{EN}$ 端接高电平; ②当 8259A 工作于缓冲方式时, $\overline{SP}/\overline{EN}$ 作为输出信号线, 由 $\overline{SP}/\overline{EN}$ 端输出的信号启动数据总线驱动器。

7) INT: 中断请求信号。它与 CPU 的 INTR 端相连, 用来向 CPU 发中断请求。

8) $\overline{INTA}$: 中断响应信号。它与 CPU 的中断响应信号 $\overline{INTA}$ 相连, 用于接收来自 CPU 的中断应答。如果 CPU 接收到中断请求信号, 而此时 IF 位为 1, 且正好执行完一条指令, 那么, 在当前总线周期和下一个总线周期中, CPU 将在 $\overline{INTA}$ 引脚上分别发出两个负脉冲, 第 1 个负脉冲作为中断响应信号, 当第 2 个负脉冲结束时, CPU 读取 8259A 送来的中断类型码。

9) $CAS_2 \sim CAS_0$: 级联信号线。作为主片与从片的连接线, 主片为输出, 从片为输入, 主片通过 $CAS_2 \sim CAS_0$ 指出具体的从片。

10) $IR_7 \sim IR_0$: 中断请求输入信号, 由外设输入。一片 8259A 可以通过 $IR_7 \sim IR_0$ 连接 8 个外设, 在含有多片 8259A 的级联系统中, 主片的 $IR_7 \sim IR_0$ 分别与从片的 INT 端相连, 以接收来自从片的中断请求。

11) V_{CC}: +5V 电源输入信号。

12) GND: 电源地。

7.3.3 8259A 工作方式

8259A 的中断管理功能很强, 并且具有中断优先级、中断嵌套、中断屏蔽、中断结束、中断触发和总线连接等多种中断管理方式。这些工作方式可通过编程的方式来设置, 因而使用十分灵活。

1. 中断优先级方式

8259A 中断优先级的设置方式有两种，即固定优先级方式和自动循环优先级方式。

（1）固定优先级方式

在固定优先级的方式中，$IR_7 \sim IR_0$ 的中断优先级是由系统确定的。它们由高到低的优先级顺序是 IR_0，IR_1，IR_2，…，IR_7。IR_0 的优先级最高，IR_7 的优先级最低。当多个 IR_i 有请求时，优先权判决器 PR 将它们与当前 CPU 正在处理的中断源的优先级进行比较，选出当前优先级最高的 IR_i，向 CPU 发出中断请求。

（2）自动循环优先级方式

在自动循环优先级方式中，$IR_7 \sim IR_0$ 的中断优先级是可以改变的。其变化规律是：当某中断请求 IR_i 的服务结束后，该中断的优先级自动降为最低，而紧跟其后的中断请求 $IR_{(i+1)}$ 的优先级自动升为最高。假设在初始状态，IR_0 有请求，CPU 为其服务完毕后，IR_0 优先权自动降为最低，排在 IR_7 之后，而其后的 IR_1 的优先级升为最高，以此类推。这种优先级管理方式可以使 8 个中断请求拥有同等优先服务的权利。

在自动循环优先权方式中，按照确定循环初始时优先级的方式，又分为自动循环方式和特殊循环方式两种。

自动循环方式的特点是：由系统指定 $IR_7 \sim IR_0$ 中的初始最高优先级，即指定 IR_0 的优先级最高，以后依次进行循环排队。

特殊循环方式的特点是：由用户通过置位优先级命令指定 $IR_7 \sim IR_0$ 中的初始最低优先级。

2. 中断嵌套方式

8259A 的中断嵌套方式有两种：全嵌套方式和特殊全嵌套方式。

（1）全嵌套方式

全嵌套方式是 8259A 在初始化时自动进入的一种最基本的优先级管理方式。其特点是：中断优先级的管理采用固定方式（即 IR_0 优先级最高，IR_7 优先级最低），在 CPU 执行中断处理子程序过程中，若有新的中断请求到来，只允许比当前服务的中断优先级高的中断请求进入，而对于同级或低级的中断请求则禁止。

（2）特殊全嵌套方式

特殊全嵌套方式是 8259A 在多片级联方式下使用的一种最基本的优先级管理方式。其特点与全嵌套方式基本相同，只有一点差别：在 CPU 执行中断处理子程序期间，除了允许高级中断请求进入外，还允许同级中断请求进入，从而实现了对同级中断请求的特殊嵌套。

在级联方式下，主片通常设置为特殊全嵌套方式，从片设置为全嵌套方式。当主片为某一个从片的中断请求服务时，从片中的 $IR_7 \sim IR_0$ 的请求都是通过主片中的某个 IR_i 请求引入的。因此，从片的 $IR_7 \sim IR_0$ 对于主片 IR_i 来说，虽然它们属于同级，但只要主片工作于特殊全嵌套方式，由从片选出的更高优先级的中断就能实现中断嵌套。

3. 中断屏蔽方式

中断屏蔽方式是对外部中断源 $IR_7 \sim IR_0$ 实现屏蔽的一种中断管理方式。中断屏蔽方式有两种：普通屏蔽方式和特殊屏蔽方式。

（1）普通屏蔽方式

普通屏蔽方式是通过中断屏蔽寄存器 IMR 来实现对中断请求 IR_i 的屏蔽的。由编程写入操作命令字 OCW1 将 IMR 中的 D_i 位置 1，即可达到对 IR_i 中断请求屏蔽的目的。

（2）特殊屏蔽方式

特殊屏蔽方式的特殊就在于允许低优先级中断请求中断正在服务的高优先级中断。这种屏蔽方式通常用于级联方式中的主片，对于同一 IR_i 上连接有多个中断源的场合，可以通过编程写入操作命令字 OCW3 来设置或取消该方式。

在特殊屏蔽方式中，先在中断处理子程序中用中断屏蔽命令来屏蔽当前正在处理的中断，同时可使 ISR 中对应当前中断的相应位清 0，这样一来，不仅屏蔽了当前正在处理的中断，而且也真正开放了较低级别的中断请求。在这种情况下，虽然 CPU 仍然在继续执行较高级别的中断处理子程序，但由于 ISR 中对应当前中断的相应位已经清 0，如同没有响应该中断一样。所以此时，对于较低级别的中断请求，8259A 仍然能产生中断请求，即 CPU 也会响应较低级别的中断请求。

4. 中断结束方式

中断结束方式是指 CPU 在为某个中断请求服务结束之后，应及时清除 ISR 中的中断服务标志位，否则就意味着中断服务还在继续，会导致比它优先级低的中断请求无法得到响应。不管用哪种优先级方式工作，当一个中断请求得到响应时，8259A 就会在 ISR 中设置相应位，这样是为了给 PR 以后判决提供判决依据。但当中断处理子程序结束时，必须使 ISR 中的这个相应位清 0，否则就会给 PR 以后的判决提供错误的判决依据，致使 8259A 的中断控制不正常。使 ISR 相应位清 0 的动作称为中断结束处理，对应的命令称为中断结束（End Of Interrupt，EOI）命令。8259A 提供了两种中断结束方式，即自动结束方式和非自动结束中断方式，而非自动结束中断又分为普通结束方式和特殊结束方式两种。

（1）自动结束方式

自动结束方式是利用中断响应信号 $\overline{\text{INTA}}$ 的第 2 个负脉冲的后沿，自动将 ISR 中的对应位清零。这种最简单的中断结束方式是为缺少经验的程序员而设计的，主要是为了避免在中断处理子程序中忘记给出中断结束命令而造成的错误发生。

这种自动结束方式是由硬件自动完成的，需要注意的是：在这种方式下，对 ISR 中某位清零是在中断响应过程中完成的，而并非中断处理子程序的真正结束，所以，若在中断处理子程序的执行过程中有另外一个比当前中断优先级低的中断请求到来，那么由于此时 8259A "失去"了用于表明当前服务尚未结束的标志，因而会导致低优先级中断请求的进入，从而扰乱了正在处理的程序。正因为如此，这种自动结束方式只适合用在系统中只有一片 8259A 且没有中断嵌套的场合。

（2）普通结束方式

因为在全嵌套方式下，中断优先级是固定的，8259A 总是响应优先级最高的中断，所以，保存在 ISR 中的最高优先级的对应位一定对应于正在执行的中断处理程序。普通结束方式就是清除 ISR 中优先级最高的那一位，是一种适合用在全嵌套方式下的中断结束方式。

普通结束方式是通过在中断处理子程序中编程写入操作命令字 OCW2，向 8259A 传送一个普通 EOI（不指定被复位的中断的等级）命令来清除 ISR 中当前优先级最高的位。

▶【例题 7-3】说明中断全嵌套方式及普通结束方式的使用，它的示意如图 7-11 所示。

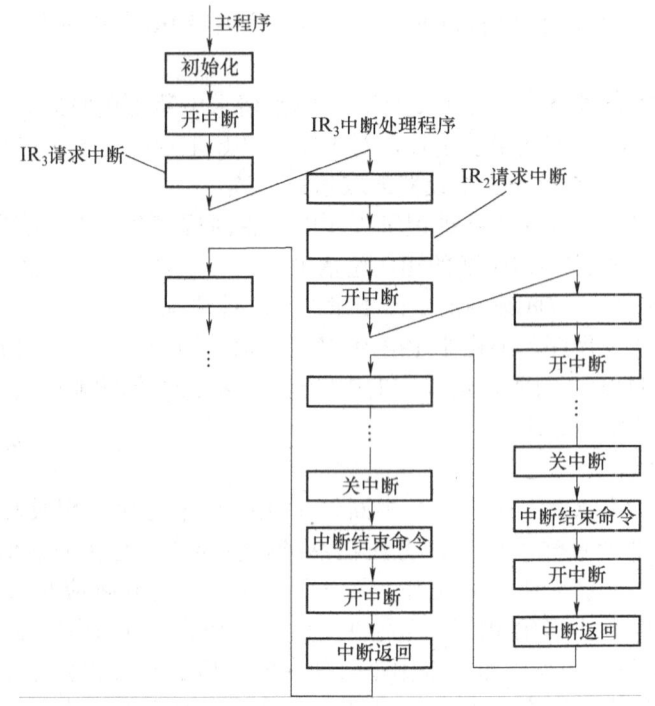

图 7-11 中断全嵌套方式及普通结束方式的使用示意

设某系统中只有一片中断控制器 8259A，主程序对 8259A 完成初始化以后，执行了开中断指令 STI 后，IR$_3$ 端上出现一个有效的中断请求信号；CPU 响应 IR$_3$ 中断，进入相应的中断处理程序，此时 IS$_3$ 会置位，且自动关闭中断，使 IF=0。事实上，每当 CPU 响应一个中断时，都会依次做 5 件事，其中一件事就是关闭中断，以避免在进入到相应的中断处理程序之前被其他的中断请求所打扰；在进入到中断处理程序之后，可适时地开放中断，以实现中断嵌套。

假设在执行 IR$_3$ 中断处理程序不长时间，IR$_2$ 端上又出现一个有效的中断请求信号，但由于此时系统没有开放中断，所以该中断请求未能得到响应，直到 IR$_3$ 中断处理程序执行了 STI 指令后，CPU 才响应 IR$_2$ 的中断请求，将 IR$_3$ 中断处理程序暂时挂起，转而进入 IR$_2$ 的中断处理程序。此时，IS$_2$ 置位，ISR 中有包括 IS$_3$ 在内的两个位为 1。当 IR$_2$ 中断处理程序结束时，必须先执行 EOI 命令使 IS$_2$ 复位，然后再执行中断返回指令返回 IR$_3$ 中断处理程序。同理，当 IR$_3$ 中断处理程序结束时，也必须先执行 EOI 命令使 IS$_3$ 复位，然后再执行中断返回指令返回主程序，继续执行主程序断点下面的指令。

由此可见，系统真正按照全嵌套方式工作是有条件的：①主程序必须执行 STI 指令使 IF=1，才有可能响应中断；②由于每当进入中断处理程序时，系统都会自动关闭中断，所以，只有中断处理程序再次开放中断，才有可能嵌套较高级的中断；③每个中断处理程序结束时，必须执行 EOI 命令，使 ISR 中的对应位复位，才可返回断点。

（3）特殊结束方式

特殊结束方式是在 EOI 命令中明确指出清除 ISR 中的哪一位。由于使用该方式不会因嵌套结构出现错误，因此，它既可用于全嵌套方式下的中断结束，也可用于嵌套结构有可能遭到破坏下的中断结束。

特殊结束方式是通过在中断处理子程序中编程写入操作命令字 OCW2，向 8259A 传送一个特殊 EOI 命令（指定被复位的中断的级号）来清除 ISR 中的指定位的。

➷【例题 7-4】说明 EOI 命令对中断嵌套次序的影响，了解 EOI 命令的使用。中断结束命令的使用示意如图 7-12 所示。

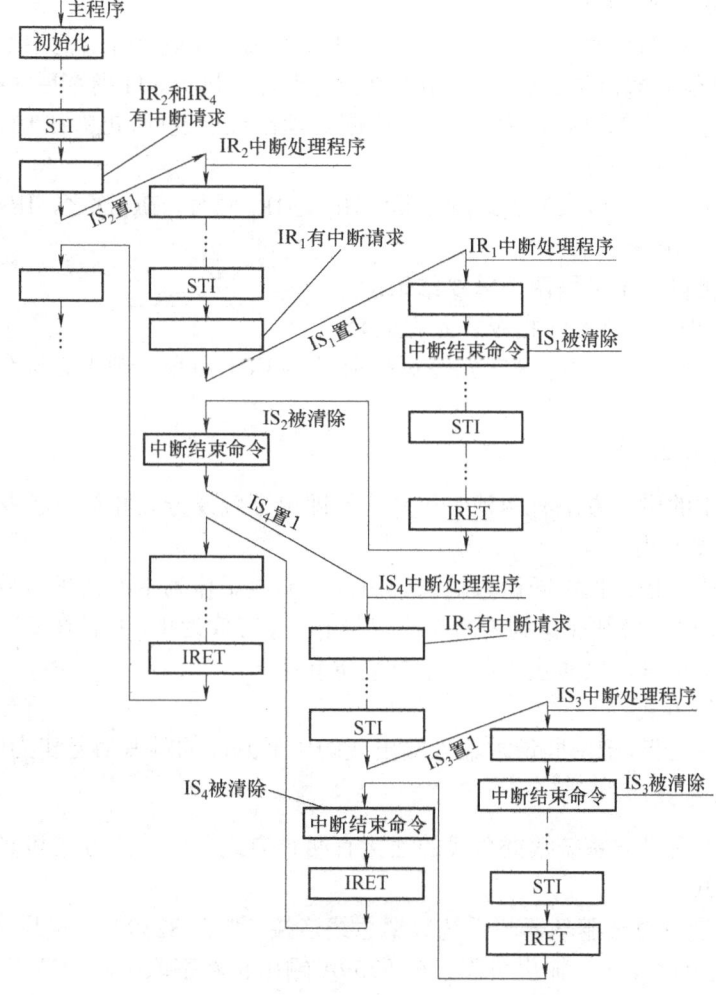

图 7-12 中断结束命令的使用示意图

设某系统中只有一片 8259A，主程序对 8259A 完成初始化时，设置它不用自动结束方式工作，并设 ISR 和 IMR 当前所有的位都为 0。系统执行主程序时，假设先是 IR_2 和 IR_4 端上同时出现了中断请求，之后，IR_1 端和 IR_3 端上又依次出现了中断请求。

由于初始化之后，没有设置其他工作方式，所以，8259A 按默认的全嵌套工作方式判断优先级次序，于是，系统响应优先级高的 IR_2 的中断请求，IS_2 置 1；CPU 开始执行对应 IR_2 的中断处理程序；在 IR_2 的中断处理程序执行 STI 指令后遇到 IR_1 的中断请求，于是将 IR_2 中断处理程序挂起，IS_1 置 1；CPU 开始执行 IR_1 的中断处理程序，此时，IF 位自动清 0，IR_1 中断处理程序在返回 IR_2 中断处理程序之前，用 EOI 命令使 IS_1 清 0，用 STI 命令使系统开放中断。在这里，EOI 命令使用得较早，尽管 CPU 还要为 IR_1 服务一段时间，但对于 8259A 来说，

IR$_1$ 中断处理过程已经结束，即中断结束命令的"结束"含义是对 8259A 而言的。

待 CPU 返回 IR$_2$ 中断处理程序时，又使用 EOI 命令将 IS$_2$ 清 0，所以，尽管此时 IS$_2$ 的中断处理程序并未结束，但 IS$_4$ 的中断请求却得到了响应，造成了在全嵌套方式下，较低优先级中断 IR$_4$ 嵌入较高优先级中断 IR$_2$ 的例外情况，而这种例外情况正是 IR$_2$ 中断处理程序提前发出 EOI 命令而造成的。

CPU 进入 IR$_4$ 中断处理程序后，在执行 STI 指令前，又遇到 IR$_3$ 的中断请求，这时，IR$_3$ 的中断请求未能立即得到响应，等到 IR$_4$ 中断处理程序执行 STI 指令后才得到响应，CPU 进入 IR$_3$ 的中断处理程序，IS$_3$ 置位；在 IR$_3$ 中断处理结束后返回 IR$_4$；在 IR$_4$ 中断处理结束后返回 IR$_2$；最后返回主程序。

由此可见，虽然中断请求的到达顺序是：IR$_2$ 与 IR$_4$ 同时，IR$_1$ 次之，IR$_3$ 最后，但被服务的顺序是：IR$_1$→IR$_3$→IR$_4$→IR$_2$。

从这个例子可以得出下面两个重要结论：

1）中断处理程序执行 STI 指令才允许嵌套。

2）如果中断处理程序执行 STI 指令后提前发出 EOI 命令，则未必符合优先级规则进行嵌套。

5. 中断触发方式

按照中断请求的引入方法有两种工作方式，即电平触发方式和边沿触发方式。

（1）电平触发方式

电平触发方式是指，把中断请求输入端出现的高电平作为中断请求信号。在这种触发方式中，要求触发电平必须保持到中断响应信号 $\overline{\text{INTA}}$ 有效为止，并且在 CPU 响应中断后，应及时撤销该请求信号，以防止引起不应有的重复中断。

（2）边沿触发方式

边沿触发方式是指，把中断请求输入端出现的由低到高的跳变信号作为中断请求信号。

6. 总线连接方式

8259A 的数据引脚与系统数据总线的连接有两种方式，即缓冲方式和非缓冲方式。

（1）缓冲方式

如果 8259A 通过总线驱动器与系统数据总线连接，那么 8259A 应选择缓冲方式。当设为缓冲方式后，$\overline{\text{SP}}/\overline{\text{EN}}$ 即为输出引脚。在 8259A 输出状态字或中断类型码时，$\overline{\text{SP}}/\overline{\text{EN}}$ 输出一个低电平，用此信号作为总线驱动器的启动信号。在多片 8259A 级联的系统中，多采用缓冲方式。

（2）非缓冲方式

如果 8259A 数据线与系统数据总线直接相连，那么 8259A 工作在非缓冲方式。当系统中只有一片 8259A，或不多的几片 8259A 工作在级联方式时，可采用非缓冲方式。在非缓冲方式下，8259A 的 $\overline{\text{SP}}/\overline{\text{EN}}$ 端为输入引脚，单片和主片的 $\overline{\text{SP}}/\overline{\text{EN}}$ 端接高电平，从片的 $\overline{\text{SP}}/\overline{\text{EN}}$ 端接低电平。

7.3.4 8259A 命令字

在 8259A 内部的中断控制逻辑中有两组寄存器，一组为初始化命令寄存器，用于存放 CPU 写入的初始化命令字 ICW1～ICW4；另一组为操作命令寄存器，用于存放 CPU 写入的操作命令字 OCW1~OCW3。

1. 初始化命令字（Initialization Command Word，ICW）

8259A 提供了 4 个初始化命令字（ICW1~ICW4），通常是在系统开机时，由初始化程序填写的，而且必须按系统规定的顺序填写。

8259A 是中断系统的核心部件，对它的初始化编程会涉及中断系统软硬件的诸多问题，而且一旦完成初始化，所有硬件中断源和中断处理子程序都须受到其制约。

8259A 有两个连续的一奇一偶端口地址，规定 ICW1 写到偶地址端口，其余 3 个初始化命令字写到奇地址端口。

（1）ICW1 的格式

ICW1 的格式如图 7-13 所示。

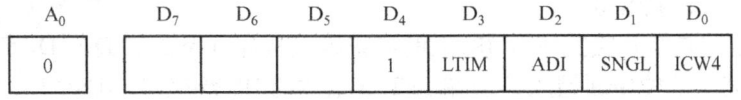

图 7-13 ICW1 的格式

D_0/IWC4 位：指示在初始化时是否需要写入命令字 ICW4。若初始化程序中使用 ICW4，则该位必须为 1，否则 8259A 不辨认 ICW4。由于在 8086 系统中需要定义 ICW4，所以需设 D_0/IWC4=1。

D_1/SNGL 位：指示 8259A 在系统中使用单片还是多片级联。当系统中只有一片 8259A 时，D_1/SNGL=1；当系统中有多片 8259A 级联时，D_1/SNGL=0（主片和从片的该位均为 0）。

D_2/ADI 位：设置调用时间间隔。在 16 位和 32 位微机系统中，该位不起作用，可为 0，也可为 1。

D_3/LTIM 位：设定 IR_i 的中断请求触发方式。若为电平触发方式，LTIM=1；若为边沿触发方式，LTIM=0。

D_4 位：ICW1 的标志位，恒为 1。用于与 OCW2 和 OCW3 相区分，因为 OCW2 和 OCW3 也要求写到偶地址端口中。

D_5~D_7 位：在 16 位和 32 位微机系统中未用，可为 0，也可为 1，通常设置为 0。

（2）ICW2 的格式

ICW2 用于设置中断类型码，其格式如图 7-14 所示。

ICW2 中的低 3 位 D_2~D_0 并不影响中断类型码的具体数值，中断类型码的低 3 位是由中断请求输入端 IR_i 的编码自动决定的；ICW2 的高 5 位 T_7~T_3 由用户编程写入。例如，若 ICW2 写入 40H，则 IR_0~IR_7 对应的中断类型码为 40H~47H；若 ICW2 写入 45H，则 IR_0~IR_7 对应的中断类型码仍为 40H~47H。这是因为 40H 和 45H 的高 5 位相同，所以，中断类型码相同。

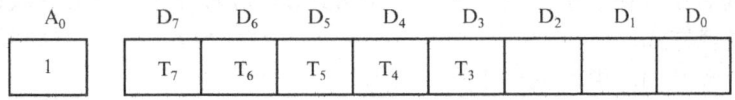

图 7-14 ICW2 的格式

（3）ICW3 的格式

ICW3 是级联命令字，即只在级联方式下才需要写入。主片和从片所对应的 ICW3 的格式不同，主片 ICW3 的格式如图 7-15 所示，从片 ICW3 的格式如图 7-16 所示。

A_0	D_7	D_6	D_5	D_4	D_3	D_2	D_1	D_0
1	S_7	S_6	S_5	S_4	S_3	S_2	S_1	S_0

图 7-15 主片 ICW3 的格式

A_0	D_7	D_6	D_5	D_4	D_3	D_2	D_1	D_0
1	0	0	0	0	0	ID_2	ID_1	ID_0

图 7-16 从片 ICW3 的格式

$S_7 \sim S_0$ 位：与 $IR_7 \sim IR_0$ 相对应。若主片 IR_i 引脚上连接从片，则 $S_i=1$；否则，若 IR_i 引脚上未连接从片，则 $S_i=0$。

$ID_2 \sim ID_0$ 位：是从片接到主片 IR_i 上的标识码。从片 ICW3 的 $D_7 \sim D_3$ 未用，通常设置为 0。例如，当某从片的中断请求信号端 INT 与主片的 IR_2 连接时，$ID_2 \sim ID_0$ 应设置为 010，从片的 ICW3 为 02H。

在 CPU 中断响应发出第 1 个中断负脉冲时，作为主片的 8259A 除完成例行动作外，还通过级联信号线 $CAS_2 \sim CAS_0$ 送出一个编码 $ID_2 \sim ID_0$，各从片用自己的 ICW3 与此编码进行比对，如果匹配，则在中断响应的第 2 个负脉冲到来时，由该从片将中断类型码送到数据总线上。

（4）ICW4 的格式

ICW4 用于设定 8259A 的工作方式，其格式如图 7-17 所示。

A_0	D_7	D_6	D_5	D_4	D_3	D_2	D_1	D_0
1	0	0	0	SFNM	BUF	M/$\overline{S}$	AEOI	μPM

图 7-17 ICW4 的格式

D_0/μPM 位：设置 CPU 模式。若 μPM=1，则为 80×86 模式，表示 8259A 当前所在系统为非 8 位系统；若 μPM=0，则为 8080/8085 模式。

D_1/AEOI 位：设置 8259A 的中断结束方式。若 AEOI=1，则为自动结束方式，即当中断响应第 2 个负脉冲结束时，ISR 中的相应位会自动清零，所以，在 8259A 看来，一进入中断，中断处理似乎就已结束，从而允许其他任何级别的中断请求进入；若 AEOI=0，则为非自动结束方式。

D_2/M/$\overline{S}$ 位：选择缓冲级联方式下的主片与从片。若 M/$\overline{S}$=1，则表示本片为主片；若 M/$\overline{S}$=0，则表示本片为从片。当 BUF=0 时，M/$\overline{S}$ 位不起作用。

D_3/BUF 位：设置缓冲方式。若 BUF=1，则为缓冲方式；若 BUF=0，则为非缓冲方式。

D_4/SFNM 位：设置特殊全嵌套方式。若 SFNM=1，则为特殊全嵌套方式；若 SFNM=0，则为非特殊全嵌套方式。

$D_7 \sim D_5$ 位：恒为 0，用作 ICW4 的标识码。

说明：当多片 8259A 级联时，若在 8259A 的数据线与系统总线之间加入总线驱动器，则 $\overline{SP}/\overline{EN}$ 输出引脚作为总线驱动器的启动信号，BUF 位应设置为 1，此时主片和从片的区分不能依靠 $\overline{SP}/\overline{EN}$ 引脚，而是由 M/$\overline{S}$ 来选择，当 M/$\overline{S}$=0 时为从片；当 M/$\overline{S}$=1 时为主片。如果 BUF=0，则 M/$\overline{S}$ 无意义。

2. 8259A 的初始化编程

在进入工作状态之前,必须对系统中的每片 8259A 进行初始化。通过对 8259A 进行初始化编程,对它的连接方式、中断触发方式和中断结束方式等进行设置。

由于 ICW2～ICW4 都使用奇端口,因此,初始化程序应严格按照系统规定的顺序写入,即先写入 ICW1,接着写 ICW2、ICW3、ICW4。8259A 的初始化流程如图 7-18 所示。

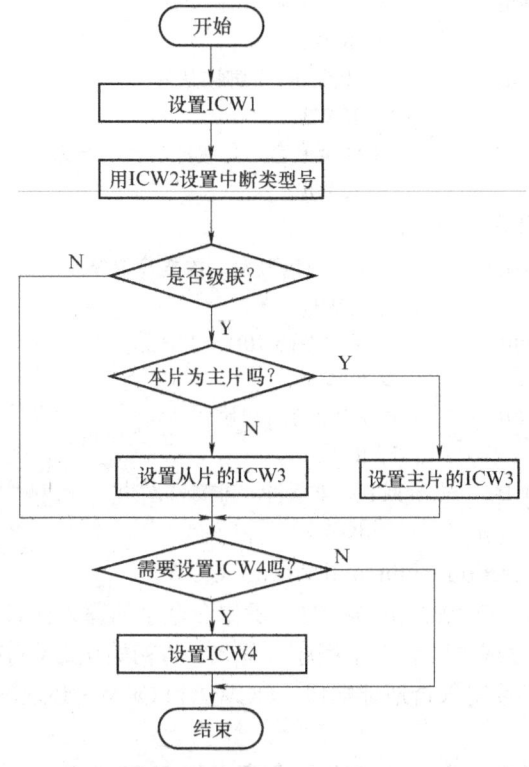

图 7-18 8259A 初始化流程

关于 8259A 的初始化,现归纳出 4 点说明:

1) 设置初始化命令字时,端口地址是有规定的,即 ICW1 必须写入偶地址端口,ICW2、ICW3、ICW4 必须写入奇地址端口。

2) ICW1～ICW4 的设置顺序是固定的,即必须先写 ICW1,然后写 ICW2,视具体情况决定是否写 ICW3,最后写 ICW4。

3) 每片 8259A 都必须设置 ICW1 和 ICW2;只有在级联方式下,主片和从片才需设置 ICW3;在 16 位和 32 位系统中,必须设置 ICW4。

4) 在级联情况下,主片和从片的 ICW3 格式不相同。主片 ICW3 的各位对应本主片 IR_0～IR_7 引脚连接从片的情况;从片 ICW3 的高 5 位恒为 0,低 3 位对应该从片连到主片哪个 IR_i 引脚上的情况。

➤【例题 7-5】初始化编程。设某微机系统使用主、从两片 8259A 管理中断,从片中断请求 INT 端与主片的 IR_2 连接。设主片工作于特殊全嵌套、非缓冲和非自动结束方式,中断类型码为 40H～47H,端口地址为 20H 和 21H。从片工作于全嵌套、非缓冲和非自动结束方式,中断类型码为 70H～77H,端口地址为 80H 和 81H。试编写主片和从片的初始化程序段。

根据题意,编写初始化程序段如下。

主片 8259A 的初始化程序段为:

```
MOV     AL, 00010001B      ;级联、边沿触发,需要写 ICW4
OUT     20H, AL            ;写 ICW1
MOV     AL, 01000000B      ;中断类型码 40H～47H
OUT     21H, AL            ;写 ICW2
MOV     AL, 00000100B      ;主片的 IR2 引脚接从片
OUT     21H, AL            ;写 ICW3
MOV     AL, 00010001B      ;特殊全嵌套、非缓冲、自动结束
OUT     21H, AL            ;写 ICW4
```

从片 8259A 的初始化程序段为:

```
MOV     AL, 00010001B      ;级联、边沿触发,需要写 ICW4
OUT     80H, AL            ;写 ICW1
MOV     AL, 01110000B      ;中断类型码 70H～77H
OUT     81H, AL            ;写 ICW2
MOV     AL, 00000010B      ;接主片的 IR2 引脚
OUT     81H, AL            ;写 ICW3
MOV     AL, 00000001B      ;全嵌套、非缓冲、非自动结束
OUT     81H, AL            ;写 ICW4
```

3. **操作命令字**(Operation Command Word,OCW)

操作命令字有 OCW1、OCW2 和 OCW3。操作命令字的写入比较灵活,对设置顺序没有要求,可根据需要在主程序或中断处理子程序中写入。与初始化命令字类似,对端口地址也有严格的规定,即 OCW1 必须写入奇地址端口,OCW2 和 OCW3 必须写入偶地址端口。

(1)OCW1 的格式

OCW1 又称中断屏蔽字,是写入中断屏蔽寄存器 IMR 中的,对外部中断请求信号 IR_i 实行屏蔽,其格式如图 7-19 所示。

A_0	D_7	D_6	D_5	D_4	D_3	D_2	D_1	D_0
1	M_7	M_6	M_5	M_4	M_3	M_2	M_1	M_0

图 7-19 OCW1 的格式

D_i/M_i 位:当 M_i 位为 1 时,对应的 IR_i 请求被禁止;当 M_i 位为 0 时,对应的 IR_i 请求被允许。在 8259A 工作期间,中断屏蔽字可根据需要随时写入或读出。

(2)OCW2 的格式

OCW2 有两个功能,分别用于设置中断优先级循环方式和中断结束方式,其格式如图 7-20 所示。

D_3、D_4 位:为 OCW2 标志位,D_4 用于区分 ICW1,D_3 用于区分 OCW3。

$D_2\sim D_0/L_2\sim L_0$ 位:用处有两个,一是当 OCW2 给出特殊中断结束命令时,指出具体要清除 ISR 中的哪一位;二是当 OCW2 给出特殊优先级循环方式命令时,指出循环开始时哪个中断的优先级最低。而 $L_2\sim L_0$ 是否有效,由 D_6/SL 位控制,当 SL=1 时,$L_2\sim L_0$ 定义有效;当 SL=0 时,$L_2\sim L_0$ 定义无效。

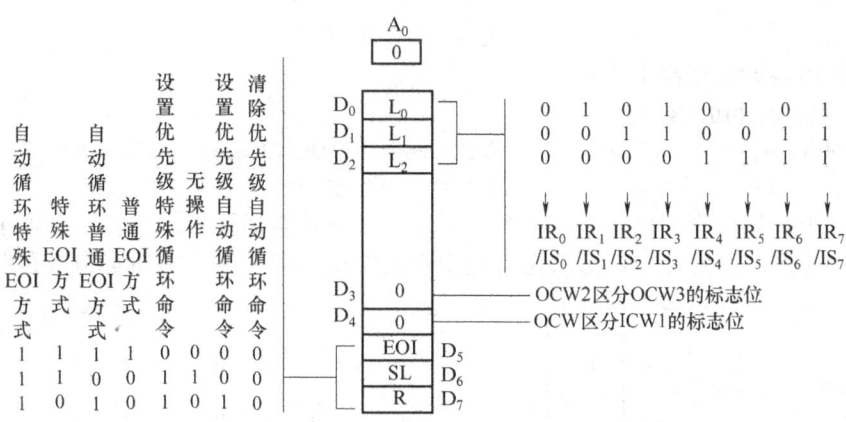

图 7-20 OCW2 的格式

D_5/EOI 位：中断结束命令位。若 EOI=1 时，在中断处理子程序结束时向 8259A 回送中断结束命令 EOI，以便使 ISR 中当前最高优先级位复位（普通 EOI 方式），或使 ISR 中由 $L_2 \sim L_0$ 表示的优先级位复位（特殊 EOI 方式）。

D_7/R 位：设置优先权循环方式位。它决定了系统的中断优先级是否按循环方式设置，即 R=1 为优先级循环方式；R=0 为优先级固定方式。

（3）OCW3 的格式

OCW3 有 3 个功能，分别用于设置或撤销特殊屏蔽方式、设置中断查询方式，以及读取 8259A 内部寄存器 ISR 或 IRR 的状态，其格式如图 7-21 所示。

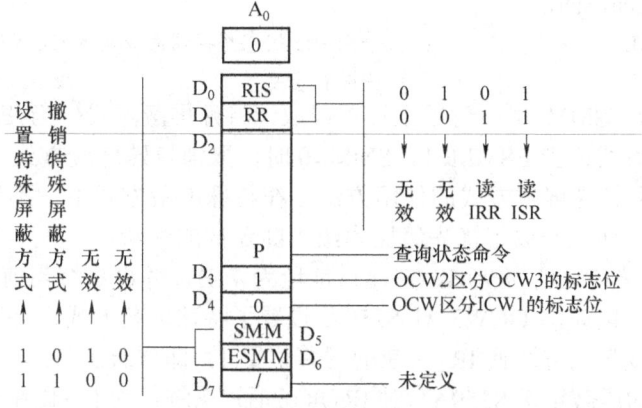

图 7-21 OCW3 的格式

D_1/RR 位：读 ISR 和 IRR 命令位。D_0/RIS 位为读寄存器选择位，当 RR=1，RIS=0 时，为读取 IRR 的命令；当 RR=1，RIS=1 时，为读取 ISR 的命令。在进行读 ISR 或 IRR 操作时，需先将读 ISR 或 IRR 命令写入 OCW3，紧接着用输入指令读出 ISR 或 IRR 的值。

例如，设 8259A 的两个端口地址为 20H 和 21H，这时，OCW3、ISR 和 IRR 共用一个偶地址 20H，则读取 ISR 内容的程序段如下：

```
MOV     AL，00001011B
OUT     20H，AL              ；读 ISR 命令写入 OCW3
```

```
IN      AL, 20H                    ;读 ISR 内容至 AL 中
```
读取 IRR 内容的程序段如下：
```
MOV     AL, 00001010B
OUT     20H, AL                    ;读 IRR 命令写入 OCW3
IN      AL, 20H                    ;读 IRR 内容至 AL 中
```
D_2/P 位：中断状态查询位。当 P=1 时，可通过读入状态寄存器的内容，查询是否有中断请求正在被处理，如果有，则给出当前处理中断的最高优先级。中断状态寄存器格式如图 7-22 所示。

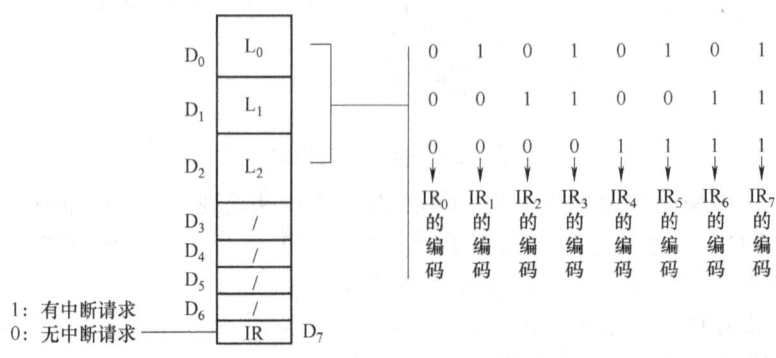

图 7-22 中断状态寄存器格式

在查询中断状态字时，需先写入查询中断状态寄存器的命令，然后读取中断状态字，中断状态寄存器对应偶地址，相应的程序段如下：
```
MOV     AL, 00001100B
OUT     20H, AL                    ;将查询中断状态寄存器命令写入 OCW3
IN      AL, 20H                    ;读中断状态字
```
D_6/ESMM 与 D_5/SMM 位：可用来设置或取消特殊屏蔽方式。当 ESMM=1，SMM=1 时，设置特殊屏蔽方式；当 ESMM=1，SMM=0 时，取消特殊屏蔽方式。

↘【例题 7-6】特殊屏蔽方式的使用方法。在特殊屏蔽方式下，不但开放了优先级比本级中断高的中断，而且开放了优先级比本级中断还低的中断。

设 8259A 的偶端口地址为 70H，奇端口地址为 71H，并设系统当前正在为 IR_2 进行中断服务。下面的程序段先用 OCW3 对 8259A 设置了特殊屏蔽方式，并紧接着读取系统原有的屏蔽字，用"或"的方法使 IR_2 对应的屏蔽位置 1，即屏蔽了 IR_2，同时保持其他屏蔽位不变，然后将新的屏蔽字送 8259A。对 IR_2 屏蔽后，系统仍为 IR_2 做中断处理，如果这时遇到 IR_6 有了中断请求，且此时 IR_6 在 IMR 中的对应位为 0（即未被屏蔽），那么，由于当前 8259A 工作在特殊屏蔽方式，所以可以响应 IR_6 的中断请求。于是，造成了 IR_2 中断处理程序被 IR_6 中断处理程序嵌套的情况，即开放了优先级比本级中断还低的中断。在 CPU 完成对 IR_6 的中断处理后，会返回继续对 IR_2 进行中断处理；之后，若要恢复原来的工作方式，则可以先用 OCW1 撤销对 IR_2 的屏蔽，紧接着用 OCW3 撤销特殊屏蔽方式。于是，8259A 就又按原来的优先级方式工作了。

具体程序段如下：
```
N
CLI                                ;为设置下面的命令，先关闭中断
```

```
MOV    AL, 68H              ;用 OCW3 设置特殊屏蔽方式
OUT    70H, AL
IN     AL, 71H              ;读系统原有的屏蔽字
OR     AL, 04H              ;将 IR₂ 对应的屏蔽位置 1
OUT    71H, AL              ;将新屏蔽字送 8259A
STI                         ;开放中断
⋮                           ;继续对 IR₂ 的中断进行处理
⋮                           ;遇有 IR₆ 中断请求,CPU 给予响应并作
                             处理后返回
⋮                           ;继续对 IR₂ 中断进行处理
CLI                         ;为设置下面的命令,关闭中断
IN     AL, 71H              ;读屏蔽字
AND    AL, 0FBH             ;清除 IR₂ 对应的屏蔽位
OUT    71H, AL              ;恢复系统原有的屏蔽字
MOV    AL, 48H              ;用 OCW3 撤销特殊屏蔽方式
OUT    70H, AL
STI                         ;开放中断
⋮                           ;继续对 IR₂ 中断进行处理
MOV    AL, 20H              ;发中断结束命令
OUT    70H, AL
IRET                        ;返回主程序
```

【例题 7-7】试编程实现主机每次响应 8259A 的 IR₂ 中断请求,显示字符串 "This is a 8259A interrupt!",中断 10 次结束。8259A 偶地址端口为 20H,奇地址端口为 21H,IR₂ 的中断类型号为 0AH。程序流程如图 7-23 所示。

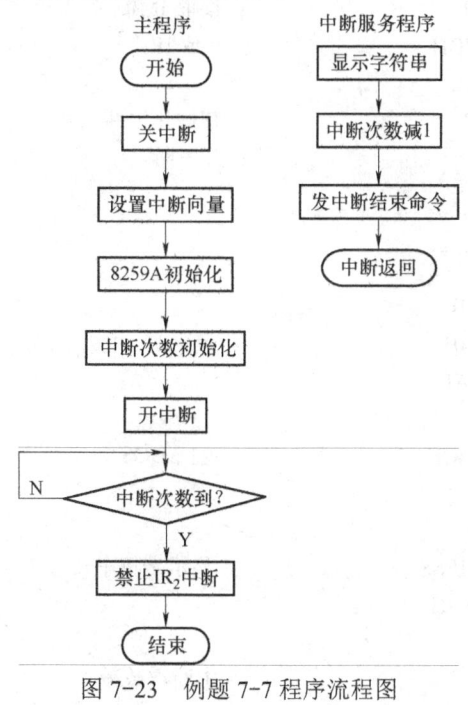

图 7-23 例题 7-7 程序流程图

```
DATA    SEGMENT
  MESS  DB 'This is a 8259A interrupt!', 0Ah, 0Dh, '$'
DATA    ENDS
CODE    SEGMENT
  ASSUME  CS: CODE, DS: DATA
    START:  MOV     AX, DATA
            MOV     DS, AX
            CLI                             ; 关中断
            PUSH    DS
            MOV     AX, SEG DISPLAY         ; 取中断服务程序入口段地址
            MOV     DS, AX
            MOV     DX, OFFSET DISPLAY      ; 取中断服务程序入口偏移地址
            MOV     AX, 250AH               ; 设置中断向量
            INT     21H
            POP     DS
            MOV     AL, 13H                 ; 设置 ICW1，边沿触发，单片 8259A，
                                            ;  需 ICW4
            OUT     20H, AL
            MOV     AL, 08H                 ; 设置 ICW2，中断类型号的高 5
                                            ;  位为 00001
            OUT     21H, AL
            MOV     AL, 05H                 ; 设置 ICW4，非自动 EOI 方式，
                                            ;  全嵌套方式
            OUT     21H, AL
            IN      AL, 21H                 ; 读取 IMR
            AND     AL, 0FBH                ; 开放 IR$_2$
            OUT     21H, AL
            MOV     BL, 10                  ; 初始化中断次数
            STI                             ; 开中断
    WAIT1:  CMP     BL, 0
            JNZ     WAIT1
            CLI
            IN      AL, 21H
            OR      AL, 04H                 ; 禁止 IR$_2$ 中断
            OUT     21H, AL
            STI
            MOV     AH, 4CH                 ; 返回 DOS
            INT     21H
    DISPLAY PROC NEAR
            LEA     DX, MESS                ; 显示字符串
            MOV     AH, 09H
            INT     21H
            DEC     BL                      ; 中断次数减 1
```

```
            MOV     AL,20H              ;发送中断结束命令
            OUT     20H,AL
            IRET
DISPLAY   ENDP
          CODE    ENDS
                  END START
```

7.3.5　8259A 级联系统

多片 8259A 组成的级联系统的简化原理图如图 7-24 所示。此图中只画了 1 个从片，而实际上，1 个 8259A 主片上可连接 8 个 8259A 从片，这样便可允许 64 个中断请求线与外界相连。如果从片数目较少，则可省去主片 $CAS_0 \sim CAS_2$ 和从片 $CAS_0 \sim CAS_2$ 之间连接的驱动器。

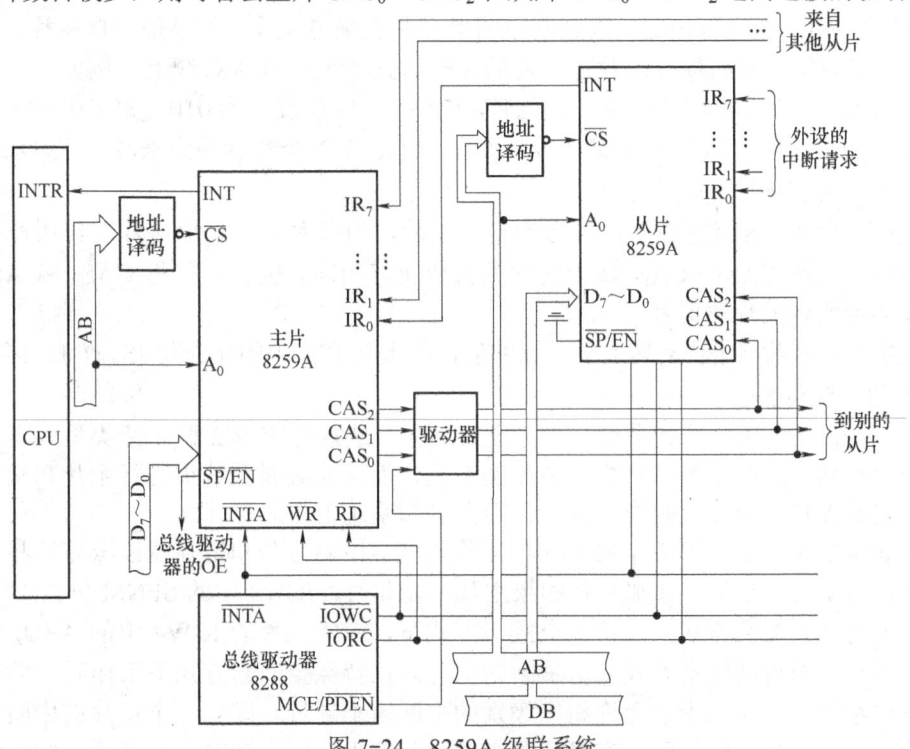

图 7-24　8259A 级联系统

在级联系统中，主片和从片都要通过设置初始化命令字进行初始化。

在对主片初始化时，注意与单片情况下初始化的 3 点不同：

1）必须设置 ICW1 中的 SNGL 位为 0；而在单片情况下，ICW1 中的 SNGL 位为 1。

2）必须设置 ICW3。对主片设置 ICW3 时，若某 IR_i 引脚上连有从片，则 ICW3 的对应位置为 1，否则，若未连从片，则 ICW3 的对应位设为 0；而在单片情况下，无须设置 ICW3。

3）若将主片 ICW4 中的 SFNM 位设为 1，则将主片设置为特殊全嵌套工作方式，这是专门用于级联系统的方式。当然，级联系统中主片也可不用特殊全嵌套工作方式；而在单片情况下，一般不设置为特殊全嵌套工作方式。

在对从片 8259A 进行初始化时，也要注意下面两点：

1）从片的 ICW1 中，SNGL 位也要设置为 0。

2）从片也必须设置 ICW3，只是从片的 ICW3 的意义与主片的不同。从片 ICW3 的最低三位作为从片的标号。所谓从片的标号就是从片联系主片的中断请求引脚的序号。例如，某从片的 INT 端接到主片的 IR_6 引脚上，则这个从片的标号就是 6，即 ICW3 的 $ID_2 \sim ID_0$ 位为 110。

级联系统的中断响应过程描述如下。

当从片在 INT 引脚上设置高电平时，即向主片的 IR_i 引脚发送一个中断请求信号。设此时在主片的中断屏蔽寄存器中，此从片的对应位为 0 而未受屏蔽，且经过主片的 PR 裁决之后，允许此中断请求信号通过。那么，从片的中断请求信号就通过主片的 INT 端送到了 CPU。如果这时中断允许标志 IF 为 1，则 CPU 会响应此中断请求，回送 $\overline{INTA}$ 信号。

主片收到 $\overline{INTA}$ 第 1 个负脉冲后，将 ISR 中的相应位 IS_i 置 1，同时清除 IRR 中的相应位 IR_i，接着对 ICW3 进行检测，以判断中断请求是否来自从片。如果是来自从片，主片便根据 IS_n 位来确定从片的标号，并将从片的标号送到 $CAS_2 \sim CAS_0$ 线上。例如，一个从片通过主片的 IR_2 引脚发出中断请求，则此时，$CAS_2 \sim CAS_0$ 线上为 010；如果中断请求并非来自从片，则 $CAS_2 \sim CAS_0$ 上没有信号，而在 $\overline{INTA}$ 第 2 个负脉冲到来时，主片将 ICW2 的内容即中断类型码送到数据总线上。

$\overline{INTA}$ 信号除了送给主片外，也送给多个从片，但只对其中一个从片起作用，而该从片的标号与主片在 $CAS_2 \sim CAS_0$ 线上发送的数值正好相同。因此，可将 $CAS_2 \sim CAS_0$ 看成是主片往从片发送的片选信号。

被选中的从片收到 $\overline{INTA}$ 第 1 个负脉冲后，将本片 ISR 中的相应位 IS_n 置 1，同时，清除 IRR 中的相应位 IR_i。

当 $\overline{INTA}$ 第 2 个负脉冲到来后，主片没有动作，从片将 ICW2 即中断类型码送到数据总线。由此可知，这时是由从片提供中断类型码，而且在级联系统中进行主片和从片初始化时，一定要保持 ICW2 值的唯一性，否则会引起系统工作的混乱。

在级联系统中，主片和从片 8259A 的工作方式、检测方法和寄存器读取方法与单片的情况一样。只是有一个例外，那就是如果主片初始化时，ICW4 中的 SFNM 位置 1，那么，主片将进入特殊全嵌套方式。在特殊全嵌套方式下，应将主片的 ICW4 中的 AEOI 位设置为 0，即不用中断自动结束方式。这是因为主片处在特殊全嵌套方式下工作时，即使 ISR 中某一位已经置 1，主片也会允许相同级别的中断请求通过。即当一个从片的中断请求正在处理时，若同一从片的引脚上有级别更高的中断请求，则尽管对主片来说，此中断请求与正在处理的中断处于同一级别，但对于从片来说是更高级别的中断，所以仍应允许这个中断请求通过，这种情况是合理的。

为说明级联系统中的优先级排列，下面给出一个例子。

▶【例题 7-8】设系统中有一个主片，两个从片，并设从片 1 连在主片的 IR_2 引脚上，从片 2 连在主片的 IR_7 引脚上，那么系统中的优先级排列为：

主片：IR_0（这是系统中的最高优先级）、IR_1

从片 1：IR_0、IR_1、IR_2、IR_3、IR_4、IR_5、IR_6、IR_7

主片：IR_3、IR_4、IR_5、IR_6

从片 2：IR_0、IR_1、IR_2、IR_3、IR_4、IR_5、IR_6、IR_7

（从片 2 的 IR_i 为系统中的最低优先级）

若要禁止某个或某些中断，则可通过在 IMR 中设置屏蔽位（既可在主片中也可在从片中设置屏蔽位）来实现。

课后习题

1. 什么叫中断？简述一个中断的全过程。
2. 确定中断的优先级（权）有哪几种方法？各有什么优缺点？
3. 8086/88 的中断分哪两大类？什么是中断向量？什么是中断向量表？8086/88 总共有多少级中断？它们的中断类型号是多少？中断向量表设在存储区的什么位置？
4. 什么是非屏蔽中断？什么是可屏蔽中断？它们得到 CPU 响应的条件是什么？
5. 8086/88 CPU 怎样得到中断服务程序地址？请分别对软件中断和硬件中断加以说明。
6. 8259A 的中断屏蔽寄存器 IMR 和 8086/88 的中断允许标志 IF 有什么差别？在中断响应过程中，它们怎样配合起来工作？
7. 8259A 的特殊屏蔽方式和普通屏蔽方式相比，有什么不同之处？特殊屏蔽方式一般用在什么场合？
8. 8259A 有几种结束中断处理的方式？各自应用在什么场合？在非自动结束中断方式中，如果没有在中断处理程序结束前发中断结束命令，会出现什么问题？
9. 怎样用 8259A 的屏蔽命令字来禁止 IR_3 和 IR_5 引脚上的请求？又怎样撤销这一禁止命令？设 8259A 的端口地址为 93H、94H，写出有关指令。
10. 若 8086 系统采用单片 8259A，其中断类型码为 46H，则其中断矢量表的中断矢量地址指针是多少？这个中断源应连向 IR 的哪一个输入端？若中断服务程序入口地址为 0ABC00H，则其矢量区对应的 4 个单元的数据依次为多少？
11. IR_4 为正在运行的中断，希望在特殊的程序段上允许较低的 IR_7 响应中断。试编写程序中断。
12. 若 8086 系统采用级连方式，主 8259A 的中断类型码从 30H 开始，端口地址为 20H、21H，从 8259A 的 INT 接主片的 IR_7，从片的中断类型码从 40H 开始，端口地址为 22H、23H。均不要 ICW4。试对其进行初始化编程。
13. 某系统使用一片 8259A 管理中断，中断请求由 IR_2 引入，采用边沿触发、全嵌套、非缓冲、普通 EOI 结束方式，中断类型号为 42H，端口地址为 80H 和 81H，试编写初始化程序段。

第 8 章　数-模与模-数转换及应用

A-D（模-数）及 D-A（数-模）转换技术广泛应用于计算机控制系统及数字测量仪表中。将模拟量信号转换成数字量的器件称为模-数转换器（简称 A-D 转换器）。而将数字量信号转换成模拟量信号的器件称为数-模转换器（简称 D-A 转换器）。

8.1　数-模转换及应用

8.1.1　数-模转换器的基本原理

D-A 转换器从工作原理上可分为并行 D-A 转换器及串行 D-A 转换器两种。并行 D-A 转换器的转换速度快，但电路复杂。随着微电子技术的发展，并行 D-A 转换器集成电路目前已大量生产，广为采用。

并行 D-A 转换器的位数与输入数码的位数相同，对应输入数码的每一位都设有信号输入端，用以控制相应的模拟切换开关，把基准电压 U_N 接到电阻网络上。并行 D-A 转换器的原理如图 8-1 所示。

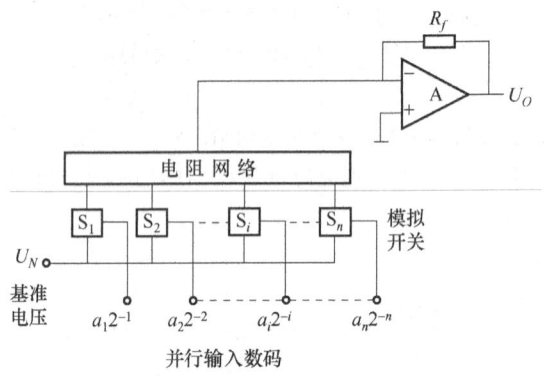

图 8-1　并行 D-A 转换器原理

电阻网络将基准电压转变为相应的电流或电压，在运算放大器的输入端进行总加。放大器的输出则反映了输入数码的大小。如输入数码

$$x_p = a_1 2^{-1} + a_2 2^{-2} + \cdots + a_i 2^{-i} + \cdots + a_n 2^{-n}$$

则：

$$U_0 = U_N x_p = U_N (a_1 2^{-1} + a_2 2^{-2} + \cdots + a_n 2^{-n}) = U_N \sum_{i=1}^{n} a_i 2^{-i} \qquad (8-1)$$

其中，a_i 是 1 还是 0，取决于输入数码第 i 位是逻辑 1 还是逻辑 0。如果 $a_i=1$，基准电压 U_N 通过模拟切换开关加到电阻网络上；如果 $a_i=0$，模拟切换开关断开，基准电压 U_N 不能加到电阻网络上。

并行 D-A 转换器的转换速度很快，只要输入端加入数码信号，输出端立即有相应的模拟电压输出。

在并行 D-A 转换器中，最常用的电阻网络是"T"形网络。12 位 T 形网络 D-A 转换器原理如图 8-2 所示。它由 12 个串联分路开关、27 个精密电阻和一个运算放大器组成。电阻网络只用 R 及 $2R$ 两种规格的电阻。电阻网络的输出接至运算放大器，若反馈电阻 R_f 的值为 $3R$。则总的输出电压 U_O 为：

$$U_O = -U_0 \frac{R_f}{R_i} = -\frac{2}{3} U_N x_p \times \frac{3R}{2R} = -U_N x_p \tag{8-2}$$

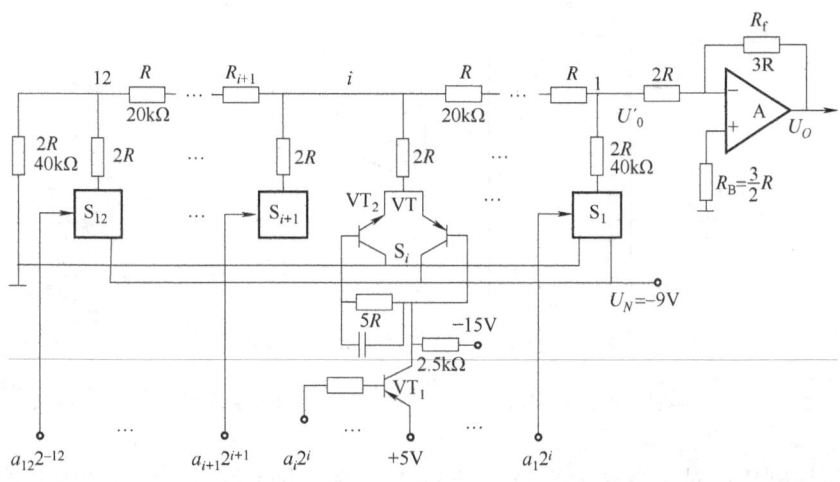

图 8-2 12 位 T 形网络 D-A 转换器原理图

因此，当输入二进制码 x_p 为全 1，运算放大器输出为 $-(1-1/2^{12})U_N$；当输入二进制码 x_p 为全 0，则运算放大器输出为 0。所以，D-A 转换器的输出在 $0 \sim (1-1/2^{12})U_N$ 变动。

8.1.2 数-模转换器的性能参数

D-A 转换器的主要特性指标包括以下几方面：

1）分辨率：指最小输出电压（对应的输入数字量只有最低有效位为"1"）与最大输出电压（对应的输入数字量所有有效位全为"1"）之比。如 N 位 D-A 转换器，其分辨率为 $1/(2^N-1)$，在实际使用中，表示分辨率大小的方法也用输入数字量的位数来表示。

2）线性度：用非线性误差的大小表示 D-A 转换的线性度。并且把理想的输入输出特性的偏差与满刻度输出之比的百分数定义为非线性误差。

3）转换精度：D-A 转换器的转换精度与 D-A 转换器的集成芯片的结构和接口电路配置有关。如果不考虑其他 D-A 转换误差时，D-A 的转换精度就是分辨率的大小，因此要获得高精度的 D-A 转换结果，首先要保证选择有足够分辨率的 D-A 转换器。同时 D-A 转换精度还与外接电路的配置有关，当外部电路器件或电源误差较大时，会造成较大的 D-A 转换误差，当这些误差超过一定程度时，D-A 转换就产生错误。

在 D-A 转换过程中，影响转换精度的主要因素有失调误差、增益误差、非线性误差和微分非线性误差。

4）建立时间：建立时间是 D-A 转换速率快慢的一个重要参数，也是 D-A 转换器中的输入代码有满刻度值的变化时，其输出模拟信号电压（或模拟信号电流）达到满刻度值 ±1/2LSB（或与满刻度值差百分之多少）时所需要的时间。不同型号的 D-A 转换器，其建立时间也不同，一般从几个毫微秒到几个微秒。若输出形式是电流的，其 D-A 转换器的建立时间很短；若输出形式是电压的，其 D-A 转换器的主要建立时间是输出运算放大器所需要的响应时间。

由于一般线性差分运算放大器的动态响应速度较低，D-A 转换器的内部都带有输出运算放大器或者外接输出放大器的电路（见图 8-3），因此其建立时间比较长。

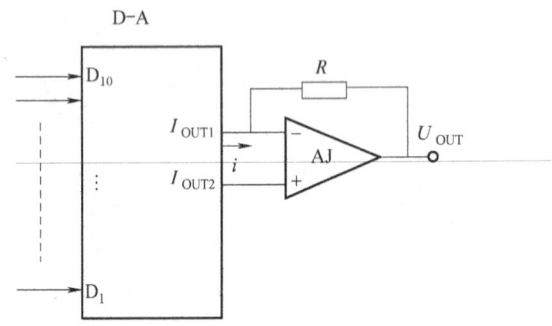

图 8-3　D-A 转换器外接运算放大器电路

5）温度系数：在满刻度输出的条件下，温度每升高 1℃，输出变化的百分数定义为温度系数。

6）电源抑制比：对于高质量的 D-A 转换器，要求开关电路及运算放大器所用的电源电压发生变化时，对输出电压影响极小。通常把满量程电压变化的百分数与电源电压变化的百分数之比称为电源抑制比。

7）工作温度范围：一般情况下，影响 D-A 转换精度的主要环境和工作条件因素是温度和电源电压变化。由于工作温度会对运算放大器加权电阻网络等产生影响，所以只有在一定的工作范围内才能保证额定精度指标。较好的 D-A 转换器的工作温度范围在 –40~85℃，较差的 D-A 转换器的工作温度范围在 0~70℃。多数器件其静、动态指标均是在 25℃ 的工作温度下测得的，工作温度对各项精度指标的影响用温度系数来描述，如失调温度系数、增益温度系数、微分线性误差温度系数等。

8）失调误差（或称零点误差）：失调误差是数字输入全为 0 码时，其模拟输出值与理想输出值的偏差值。对于单极性 D-A 转换，模拟输出的理想值为零伏点。对于双极性 D/A 转换，理想值为负域满量程。偏差值的大小一般用 LSB 的份数或用偏差值相对满量程的百分数来表示。

9）增益误差（或称标度误差）：D-A 转换器的输入与输出传递特性曲线的斜率称为 D-A 转换增益或标度系数，实际转换的增益与理想增益之间的偏差称为增益误差。增益误差在消除失调误差后用满码（全 1）输入时其输出值与理想输出值（满量程）之间的偏差表示，一般也用 LSB 的份数或用偏差值相对满量程的百分数来表示。

10）非线性误差：D-A 转换器的非线性误差定义为实际转换特性曲线与理想特性曲线之间的最大偏差，并以该偏差相对于满量程的百分数度量。在转换器电路设计中，一般要求非线性误差不大于±1/2LSB。

8.1.3 8 位 D-A 转换器 DAC 0832

1. DAC 0832 的结构及引脚功能

DAC 0832 是美国数据公司的 8 位双缓冲 D-A 转换器，片内带有数据锁存器，可与通常的微处理器直接接口。电路有极好的温度跟随性。使用 CMOS 电流开关和控制逻辑来获得低功耗和低输出泄漏电流误差。其主要技术指标如下：

电流建立时间　　　　1μs
单电源　　　　　　　+5～+15V
V_{REF} 输入端电压　　±25V
分辨率　　　　　　　8 位
功率耗能　　　　　　200mW
最大电源电压 V_{DD}　17V

DAC 0832 的逻辑结构如图 8-4 所示。从图 8-4 中可见，在 DAC 0832 中有两级锁存器，第一级锁存器称为输入寄存器，它的允许锁存信号为 ILE，第二级锁存器称为 DAC 寄存器，它的锁存信号也称为通道控制信号 $\overline{XFER}$。

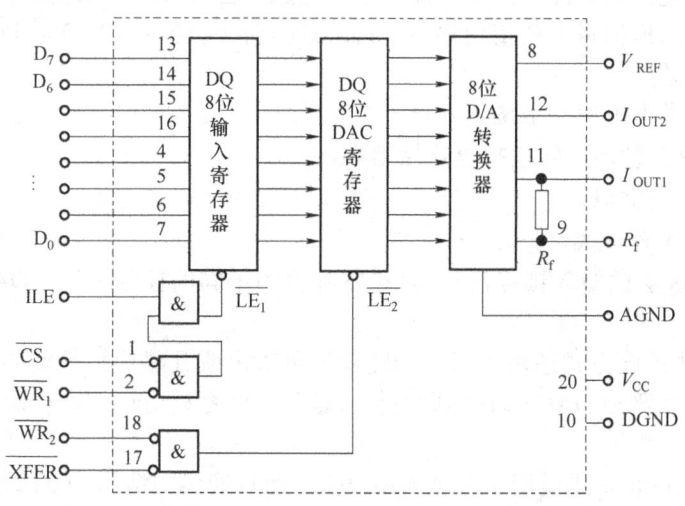

图 8-4 DAC 0832 逻辑框图

DAC 0832 由 8 位输入锁存器、8 位 DAC 寄存器和 8 位 D-A 转换电路组成。

当 ILE 为高电平，$\overline{CS}$ 为低电平，$\overline{WR_1}$ 为负脉冲时，在 $\overline{LE_1}$ 产生正脉冲；$\overline{LE_1}$ 为高电平时，输入寄存器的状态随数据输入线状态变化，$\overline{LE_1}$ 的负跳变将输入数据线上的信息存入输入寄存器。

当 $\overline{XFER}$ 为低电平，$\overline{WR_2}$ 输入负脉冲时，则在 $\overline{LE_2}$ 产生正脉冲；$\overline{LE_2}$ 为高电平时，DAC 寄存器的输入与输出寄存器的状态一致，$\overline{LE_2}$ 的负跳变将输入寄存器内容存入

DAC 寄存器。

DAC 0832 的输出是电流型的。在微机系统中，通常需要电压信号，电流信号和电压信号之间的转换可由运算放大器实现，原理如图 8-5 所示。

DAC 0832 的引脚信号如图 8-6 所示，引脚功能如下：

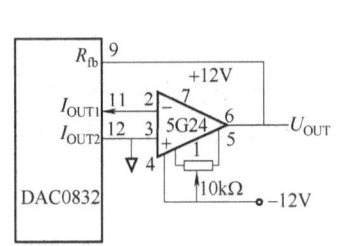

图 8-5　DAC0832 的电压输出电路

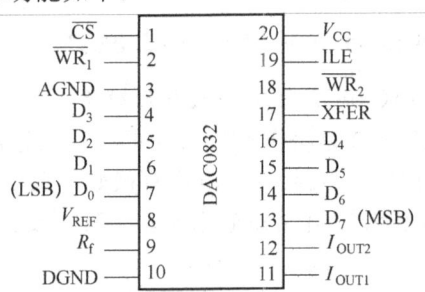

图 8-6　DAC 0832 引脚图

1）$D_7 \sim D_0$：8 位的数据输入端，D_7 为最高位。

2）I_{OUT1}：模拟电流输出端 1，当 DAC 寄存器中数据全为 1 时，输出电流最大，当 DAC 寄存器中数据全为 0 时，输出电流为 0。

3）I_{OUT2}：模拟电流输出端 2，I_{OUT2} 与 I_{OUT1} 的和为一个常数，即 $I_{OUT1} + I_{OUT2}$ =常数。

4）R_f：反馈电阻引出端，DAC 0832 内部已经有反馈电阻，所以 R_f 端可以直接接到外部运算放大器的输出端，这样相当于将一个反馈电阻接在运算放大器的输出端和输入端之间。

5）V_{REF}：参考电压输入端，此端可接一个正电压，也可接一个负电压，它决定 0～255 的数字量转化出来的模拟量电压值的幅度，V_{REF} 范围为（+10～-10）V。V_{REF} 端与 D-A 内部 T 形电阻网络相连。

6）V_{CC}：芯片供电电压，范围为（+5～15）V。

7）AGND：模拟量地，即模拟电路接地端。

8）DGND：数字量地。

2. DAC 0832 工作方式

根据对 DAC 0832 的输入锁存器和 DAC 寄存器的不同的控制方法，DAC 0832 有如下 3 种工作方式：

1）单缓冲方式：此方式适用于只有一路模拟量输出或几路模拟量非同步输出的情形。方法是控制输入寄存器和 DAC 寄存器同时接收数据，或者只用输入寄存器而把 DAC 寄存器接成直通方式。

2）双缓冲方式：此方式适用于多个 DAC 0832 同时输出的情形。方法是先分别使这些 DAC 0832 的输入寄存器接收数据，再控制这些 DAC 0832 同时传送数据到 DAC 寄存器以实现多个 D-A 转换同步输出。

3）直通方式：此方式适用于连续反馈控制电路中。方法是：数据不通过缓冲存储器，即 $\overline{WR_1}$、$\overline{WR_2}$、$\overline{XFER}$、$\overline{CS}$ 均接地，ILE 接高电平。此时必须通过 I/O 接口与 CPU 连接，以匹配 CPU 与 D-A 的转换。

DAC 0832 的外部连接电路如图 8-7 所示，由于 0832 内部已有数据锁存器，所以在控制信号作用下，可以对总线上的数据直接进行锁存。在 CPU 执行输出指令时，$\overline{WR_1}$ 和 $\overline{CS}$ 信号处于有效电平。

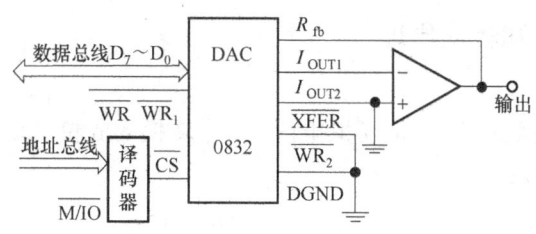

图 8-7 DAC 0832 的外部连接

要使 DAC 0832 实现一次 D-A 转换，可采用以下程序，程序中假设要转换的数据放在 4000H 单元中。

```
MOV   BX,4000H
MOV   AL,[BX]    ;数据送到 AL 中
MOV   AL, 0FFH   ;0FFH 为 D-A 转换器端口号
OUT   DX,AT
```

在实际应用中，经常需要用到一个线性增长的电压去控制某一个检测过程或者作为扫描电压去控制一个电子束的移动。为了说明 D-A 转换器的应用，我们来看一下怎样利用 D-A 转换器产生一个锯齿电压。

对于图 8-5 的电路，为产生一个锯齿电压，可采用以下程序：

```
        MOV   DX,  PORTA   ;PORTA 为 D-A 转换器端口号
        MOV   AL,  0FFH    ;初值为 0FFH
ROTATE: INC   AL
        OUT   DX,  AL      ;往 D-A 转换器输出数据
        JMP   ROTATE
```

实际上，上面程序在执行时得到的输出电压会有 256 个小台阶。不过，宏观看，仍为连续上升的锯齿波。对于锯齿波的周期，可以利用延迟进行调整。如果延迟的时间比较短，那么就可以用几条 NOP 指令来实现；如果比较长，则可用延迟子程序。

比如，下面的程序段就是利用延迟子程序来控制锯齿波周期的。

```
        MOV   DX,PORTA    ;PORTA 为 D/A 转换器端口号
        MOV   AL,0FFH     ;初值
ROTATE: INC   AL
        OUT   DX, AL      ;往 D/A 转换器输出数据
        CALL  DELAY       ;调用延迟子程序
        JMP   ROTATE
        MOV   CX, DATA    ;往 CX 中送延迟常数
DELAY:  LOOP  DELAY
        RET
```

8.2 模-数转换及应用

A-D 转换器是将模拟量转换成数字量的器件，模拟量可以是电压、电流等信号，也可以是声、光、压力、温度、湿度等随时间连续变化的非电的物理量。非电量的模拟量可通过适当的传感器（如光电传感器、压力传感器、温度传感器）转换成电信号。

8.2.1 数-模转换步骤和转换原理

1. 数-模转换步骤

A-D 转换器是把模拟量（通常是模拟电压）信号转换为 n 位二进制数字量信号的电路。这种转换通常分 4 步进行：

$$采样 \rightarrow 保持 \rightarrow 量化 \rightarrow 编码$$

前两步在采样保持电路中完成，后两步在 A-D 转换过程中同时实现。

（1）采样

所谓采样，是将一个时间上连续变化的模拟量转换为时间上断续变化的（离散的）模拟量。或者说，采样是把一个时间上连续变化的模拟量转换为一个串脉冲。脉冲的幅度取决于输入模拟量，时间上通常采用等时间间隔采样。采样过程的示意图如图 8-8 所示。

采样器相当于一个受控的理想开关，$s(t)=1$ 时，开关闭合，$f_s(t)=f(t)$；$s(t)=0$ 时开关断开，$f(t)=0$。

如果用数学逻辑式表示，即为 $f_s(t)=f(t)*s(t)$，$s(t)=0$，也可用波形图表示，如图 8-9 所示。

从波形图可见，在 $s(t)=1$ 时，输出跟踪输入变化，相当于输出把输入的"样品"采下来了。所以也可把采样电路叫作跟踪电路。

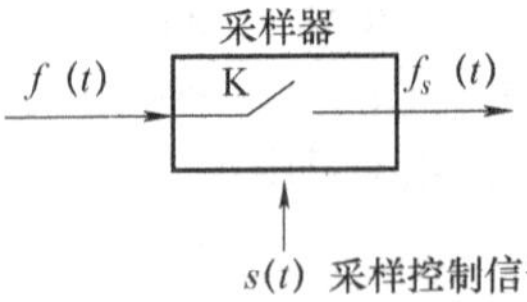

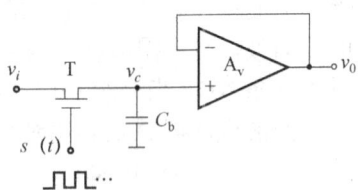

图 8-8 采样过程示意图

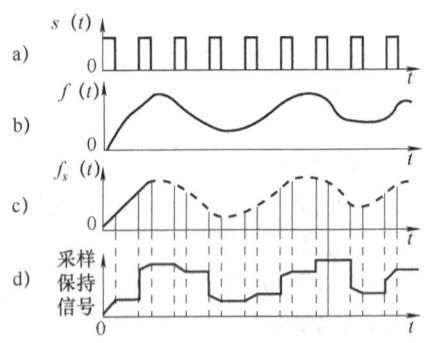

图 8-9 采样保持电路原理图

图 8-10 基本的采样-保持电路

（2）保持

所谓保持，就是将采样得到的模拟量值保持下来，即是说 $s(t)=0$ 期间，使输出不等于 0。而是等于采样控制脉冲存在的最后瞬间的采样值，如图 8-9d 所示。可见，保持发生在 $s(t)=0$ 期间。最基本的采样-保持电路如图 8-10 所示。它由 MOS 管采样开关 T、保持电容 C_b 和运放做成的跟随器三部分组成。$s(t)=1$ 时，T 导通，v_i 向 C_b 充电，v_c 和 v_0 跟踪 v_i 变化，即对 v_i 采样。$s(t)=0$ 时，T 截止，v_0 将保持前一瞬间采样的数值不变。只要 C_b 的漏电电阻、跟随器的输入电阻和 MOS 管 T 的截止电阻都足够大，大到可忽略 C_b 放电电流的程度，v_0 就能保持到下次采样脉冲到来之前而基本不变。实际中进行 A-D 转换时所用的输入电压，就是这种保持下来的采样电压，也就是每次采样结束时的输入电压。

（3）量化和编码

所谓量化，就是用基本的量化电平 q 的个数来表示采样-保持电路得到的模拟电压值。这一过程实质上是把时间上离散而数字上连续的模拟量以一定的准确度变为时间上、数字上都离散的、量级化的等效数字值。量级化的方法通常有两种：只舍不入法和有舍有入法（四舍五入法）。这两种量化法的示意图如图 8-11a 和图 8-11b 所示。图 8-11c 给出了一个用只舍不入法量化的实例。从图中可看出，量化过程也就是把采样保持下来的模拟值舍入成整数的过程。

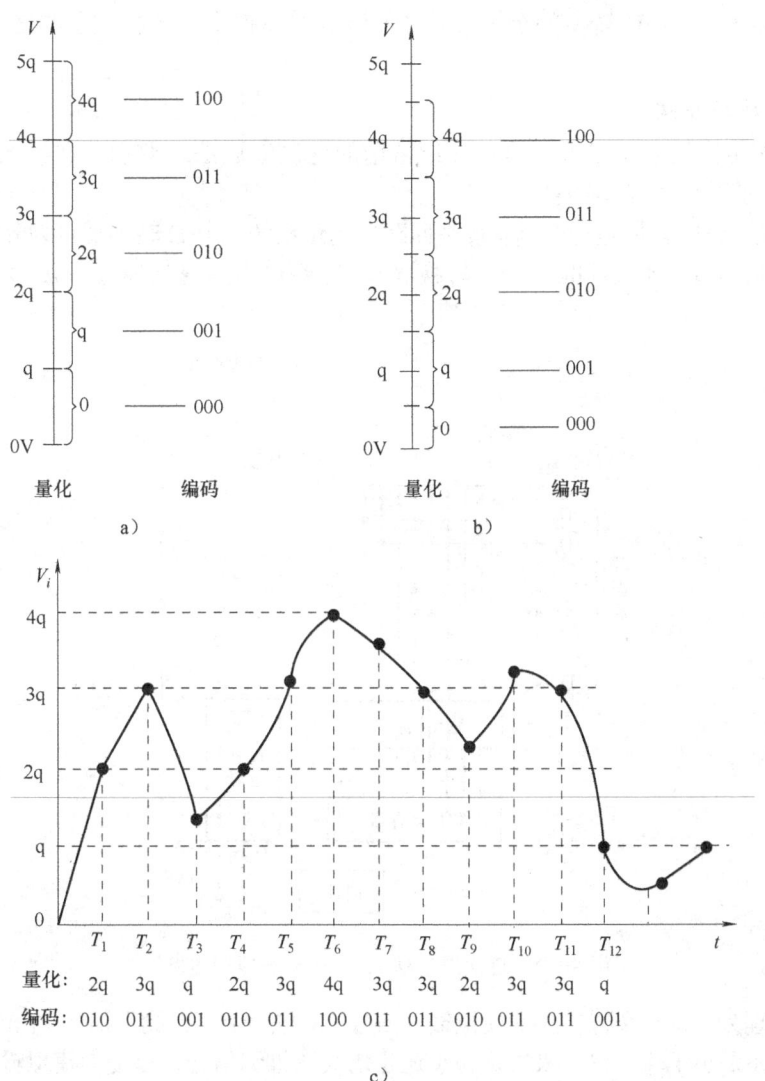

图 8-11 量化码示意图
a）只舍不入法 b）四舍五入法 c）实例（采用只舍不入法量化）

显然，对于连续变化的模拟量，只有当数值正好等于量化电平的整数倍时，量化后才是准确值，如图 8-11c 中 T_1，T_2，T_4，T_6，T_8，T_{11}，T_{12} 时刻所示。不然，量化的结果都只能是输入模拟量的近似值。这种由于量化而产生的误差，称之为量化误差，它直接影响了转换器的转换精度。量化误差是由于量化电平的有限性造成的，所以它是原理性误差，只能减小，而无法消除。

为减小量化误差，根本的办法是取小的量化电平。另外，在量化电平一定的情况下，一般采用四舍五入法,带来的量化误差只是只舍不入法引起的量化误差的一半。

编码就是把已经量化的模拟数值(它一定是量化电平的整数倍)用二进制数码、BCD码或其他码表示,比如用二进制来对图 8-11c 的量化结果进行编码,则可得到图中所示的编码输出。

至此,即完成了 A-D 转换的全过程,将各样点的模拟电压转换成了与之一一对应的二进制数码。

2. 数-模转换原理

实现 A-D 转换的方法很多,这里介绍常用的逐次逼近法、双积分法。

(1) 逐次逼近法 A-D 转换器

逐次逼近法 A-D 转换是一个具有反馈回路的闭路系统。A-D 转换器可划分成 3 大部分:比较环节、控制环节、比较标准(D-A 转换器)。图 8-12 就是逐次逼近法 A-D 转换器的原理电路。

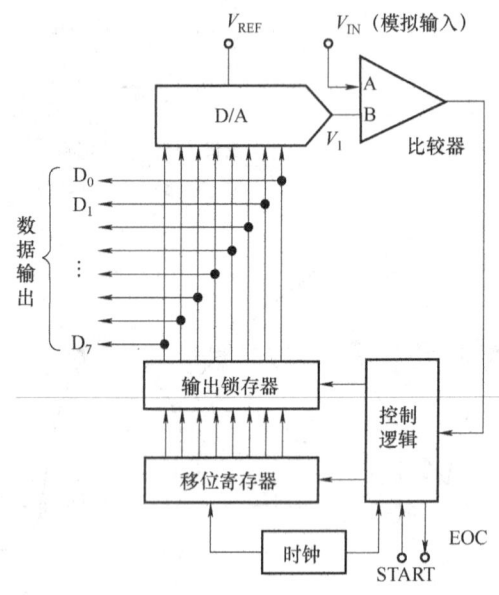

图 8-12 逐次逼近法 A-D 转换器原理电路

其主要原理为:将一个待转换的模拟输入信号 V_{IN} 与一个"推测"信号 V_1 相比较,根据推测信号是大于还是小于输入信号来决定减小还是增大该推测信号,以便向模拟输入信号逼近。推测信号由 D-A 变换器的输出获得,当推测信号与模拟输入信号"相等"时,向 D-A 转换器输入的数字即为对应的模拟输入的数字。其"推测"的算法是这样的,它使二进制计数器中的二进制数的每一位从最高位起依次置 1。每置一位时,都要进行测试。若模拟输入信号 V_{IN} 小于推测信号 V_1,则比较器的输出为零,并使该位置零;否则比较器的输出为 1,并使该位保持 1。无论哪种情况,均应继续比较下一位,直到最末位为止。此时在 D-A 变换器的数字输入即为对应于模拟输入信号的数字量,将此数字输出,即完成其 A-D 转换过程。

(2) 双积分法 A-D 转换器

双积分法 A-D 转换器由电子开关、积分器、比较器和控制逻辑等部件组成,如图 8-13a 所示。双积分法 A-D 转换器是将未知电压转换成时间值来间接测量的,所以双积分法 A-D

转换器也叫 T-V 型 A-D 转换器。

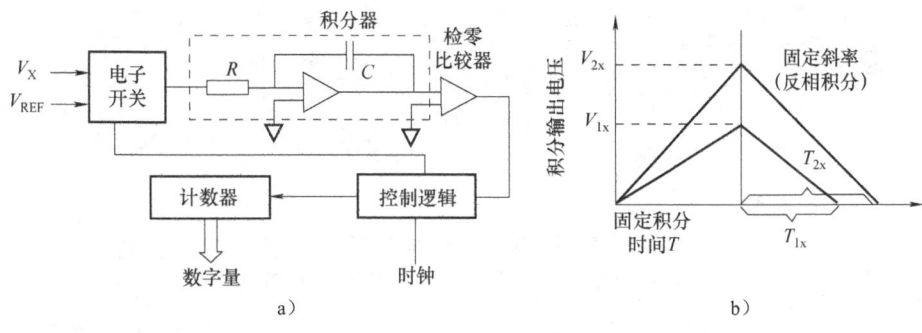

图 8-13　双积分法 A-D 转换原理

a）原理框图　b）波形图

在进行一次 A-D 转换时，开关先把 V_x 采样输入积分器，积分器从零开始进行固定时间 T 的正相积分，时间 T 到后，开关将与 V_x 极性相反的基准电压 V_{REF} 输入积分器进行反相积分，到输出为 0V 时停止反相积分。

从图 8-13b 所示的积分器输出波形可以看出：反相积分时积分器的斜率是固定的，V_x 越大，积分器的输出电压越大，反相积分时间越长。计数器在反相积分时间内所计的数值就是与输入电压 V_x 在时间 T 内的平均值对应的数字量。

由于这种 A-D 要经历正、反两次积分，故转换速度较慢。

8.2.2　数-模转换步骤和转换原理

A-D 转换器主要性能指标有以下几方面。

1. 分辨率

分辨率表示转换器对微小输入量变化的敏感程度，通常用转换器输出数字量的位数来表示。例如，对 8 位 A-D 转换器，其数字输出量的变化范围为 0～255，当输入电压满刻度为 5V 时，转换电路对输入模拟电压的分辨能力为 5V/255≈19.6mV。目前常用的 A-D 转换集成芯片的转换位数有 8 位、10 位、12 位和 14 位等。

2. 精度

A-D 转换器的精度是指与数字输出量所对应的模拟输入量的实际值与理论值之间的差值。A-D 转换电路中与每个数字量对应的模拟输入量并非是单一的数值，而是一个范围 Δ，如图 8-14 所示。

图中 Δ 的大小，在理论上取决于电路的分辨率。例如，对满刻度输入电压为 5V 的 12 位 A-D 转换器，Δ 为 1.22mV。定义 Δ 为数字量的最小有效位 LSB。但在外界环境的影响下，与每一数字输出量对应的输入量实际范围往往偏离理论值 Δ。

精度通常用最小有效位 LSB 的分数值来表示。在图 8-14a 中，设 Δ 的中点为 A，如果输入模拟量在 A±Δ/2 的范围内，产生唯一的数字量 D，则这时称转换器的精度为±0LSB。若模拟量变化范围的上限值和下限值各增减 Δ/4，转换器输出仍为同一数码 D，则称其精度为±1/4LSB，如图 8-14b 所示。如果模拟量的实际变化范围如图 8-14c 所示，这时称其精度为±1/2LSB。

目前常用的 A-D 转换集成芯片的精度为 1/4～2LSB。

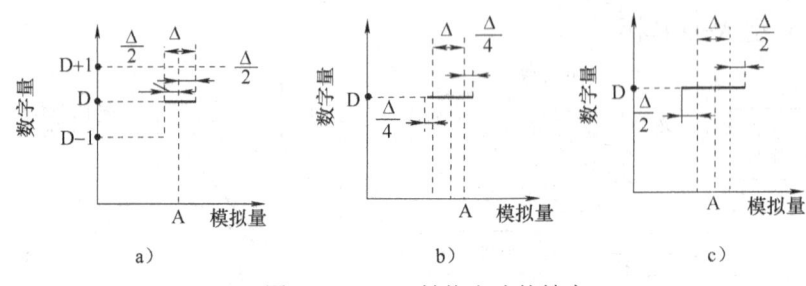

图 8-14 A-D 转换电路的精度

a) 精度=0LSB　b) 精度=±1/4LSB　c) 精度=±1/2LSB

3. 转换时间

完成一次 A-D 转换所需要的时间,称为 A-D 转换电路的转换时间。目前,常用的 A-D 转换集成芯片的转换时间约为几个μs～200μs。在选用 A-D 转换集成芯片时,应综合考虑分辨率、精度、转换时间、使用环境温度以及经济性等因素。12 位 A-D 转换器适用于高分辨率系统;陶瓷封装 A-D 转换芯片适用于-25～+85℃或-55～+125℃,塑料封装芯片适用于 0～70℃。

4. 温度系数和增益系数

这两项指标都是表示 A-D 转换器受环境温度影响的程度。一般用每摄氏度温度变化所产生的相对误差作为指标,以 ppm/℃为单位表示。

5. 对电源电压变化的抑制比

A-D 转换器对电源电压变化的抑制比(PSRR)用改变电源电压使数据发生±1LSB 变化时所对应的电源电压变化范围来表示。

8.2.3　ADC 0809A-D 转换器

ADC 0809 是 National 半导体公司生产 CMOS 材料的 A-D 转换器。它具有 8 个通道的模拟量输入线,可在程序控制下对任意通道进行 A-D 转换,得到 8 位二进制数字量。ADC 0809 片内有 8 路模拟开关、模拟开关的地址锁存与译码电路、比较器、256RT 型电阻网络、树状电子开关、逐次逼近寄存器 SAR、三态输出锁存缓冲存储器、控制与时序电路等。ADC 0809 内部结构原理如图 8-15 所示。

其主要技术指标如下:

电源电压　　　6.5V
分辨率　　　　8 位
时钟频率　　　640kHz
转换时间　　　100μs
未经调整误差　1/2LSB 和 1LSB
模拟量输入电压范围　0～5V
功耗　　　　　15mW

ADC 0809 通过引脚 IN_0, IN_1, …, IN_7 可输入 8 路单边模拟输入电压。ALE 将 3 位地址线 ADDA、ADDB、ADDC 进行锁存,然后由译码器选通 8 路中的一路进行 A-D 转换。ADC 0809 引脚如图 8-16 所示。地址译码与对应通道的关系见表 8-1。

第8章 数-模与模-数转换及应用

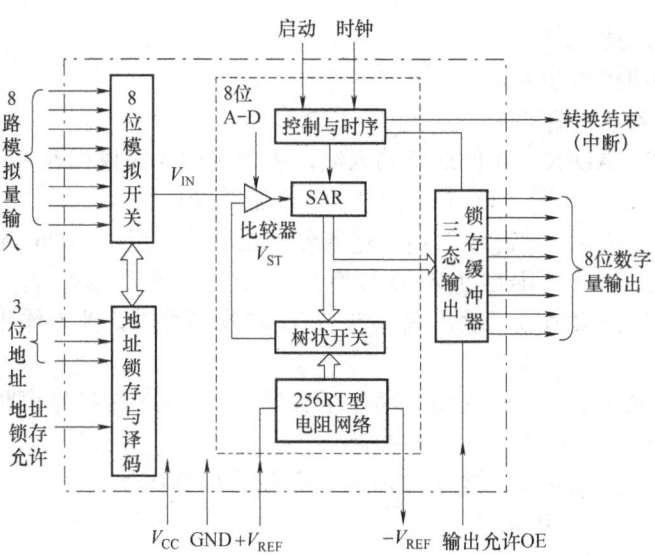

图 8-15 ADC 0809 原理框图

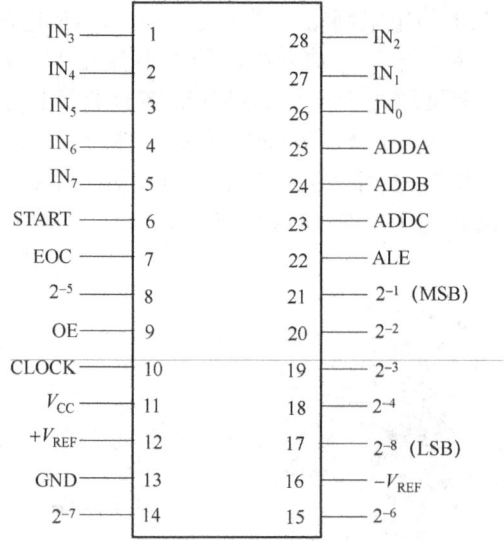

图 8-16 ADC 0809 引脚图

表 8-1 ADC 0809 地址译码与通道的关系

地址 CBA	选通的模拟通道
0 0 0	通道 0
0 0 1	通道 1
0 1 0	通道 2
0 1 1	通道 3
1 0 0	通道 4
1 0 1	通道 5
1 1 0	通道 6
1 1 1	通道 7

ADC 0809 引脚功能如下：

$IN_0 \sim IN_7$：8 路模拟量输入端。

$2^{-1} \sim 2^{-8}$：8 位数字量输出端。

ADDA、ADDB、ADDC：3 位地址输入线，用于选通 8 路模拟输入中的一路。

ALE：地址锁存允许信号，输入端，产生一个正脉冲以锁存地址。

START：A-D 转换启动脉冲输入端，输入一个正脉冲（至少 100ns 宽）使其启动（脉冲上升沿使 0809 复位，下降沿启动 A-D 转换）。

EOC：A-D 转换结束信号，输出端，当 A-D 转换结束时，此端输出一个高电平（转换期间一直为低电平）。

OE：数据输出允许信号，输入端，高电平有效。当 A-D 转换结束时，此端输入一个高电平，才能打开输出三态门，输出数字量。

CLOCK：时钟脉冲输入端。要求时钟频率不高于 640kHz。

REF（+）、REF（−）：基准电压。

V_{CC}：电源，单一+5V。

GND：地。

对于片内的 256R T 型电阻网络和电子开关树，为了简化问题，以 2 位 A-D 变换器为例加以说明。此时只需 2^2=4R 的电阻网络。图 8-17 示出了 4R 电阻网络及相应的开关树。

图中 V_{ST} 输出的大小，除了与 V_{REF} 输入电压的大小有关外，还与开关树内各个开关的合、断状态有关。开关的合断又取决于一个二进制数字 D_1D_0。D_1 控制右边两个开关 S_{10} 和 S_{11}：当 D_0=1 时，上面的开关 S_{10} 闭合而下面的开关 S_{11} 断开；当 D_0=0 时，则反之。D_0 控制左边 4 个开关 $S_{00} \sim S_{03}$，当 D_0=1 时，S_{00} 和 S_{02} 闭合而 S_{01} 和 S_{03} 断开；当 D_0=0 时，则反之。由此可见，这部分电路相当于一个 D-A 转换器，数字量和模拟量的相应关系见表 8-2（设 V_{REF}=0.4V）。

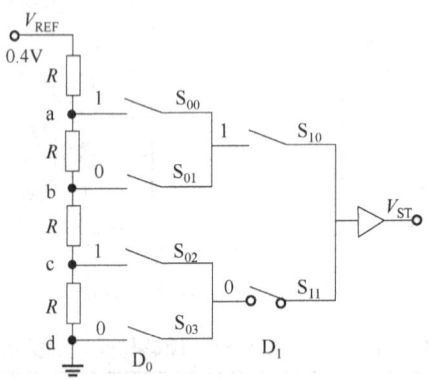

图 8-17 4R 电阻网络及相应的开关树

表 8-2 2 位 A/D 变换器数-模转换表

D_1	D_0	V_{ST}
0	0	0V
0	1	0.1V
1	0	0.2V
1	1	0.3V

可见，V_{ST}电压的大小取决于输入的数字量D_1D_0，8位的情况与此类似。

SAR（逐次逼近寄存器）和比较器的工作原理如下：在变换前，SAR为全零。变换开始，先使最高位为1，其余位仍为0，此"数字"控制开关树中开关的合、断，开关树的输出V_{ST}和模拟量输入V_{IN}一起输入比较器进行比较。如果$V_{ST}>V_{IN}$，则比较器输出为0，SAR的最高位置0；如果$V_{ST}<V_{IN}$，则比较器输出为1，SAR的最高位保持1。此后的SAR的下一个最高位置1，其余较低位仍为0，而上一次比较过的最高位保持原来值。再将V_{ST}和V_{IN}比较，重复上述过程，直至最低位比较完为止。

比较完毕后，SAR的数字送入三态输出锁存器。三态输出锁存器输出的2^{-8}，2^{-7}，…，2^{-1}中，2^{-1}对应于最高位D_7，2^{-8}对应于最低位D_0。OE端为输出允许信号，当OE端出现高电平时，将三态输出锁存器中的数字量放到数据总线上，以供CPU读入。START和EOC分别为启动信号和变换结束信号，EOC用来申请中断。

8.2.4　ADC 0809与系统总线的连接

由于ADC 0809芯片输出端具有可控的3态输出门，因此与系统总线连接非常简单，即直接和系统总线相连，由读信号控制3态门，在转换结束后，CPU通过执行一条输入指令，而产生读信号，将数据从A-D转换器取出。ADC 0809与系统总线连接如图8-18所示。

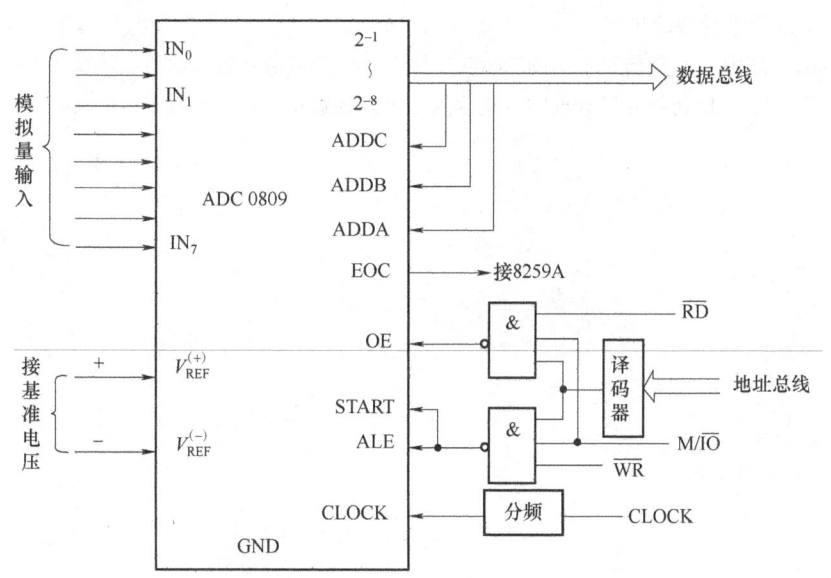

图8-18　ADC 0809与系统总线的连接

在图8-18中用微机系统的地址线通过译码器输出端作为ADC 0809的片选信号。以$M/\overline{IO}$、$\overline{WR}$和地址译码输出信号的组合作为启动信号START和地址锁存信号ALE。以$M/\overline{IO}$、$\overline{RD}$和地址信号的组合信号作为输出允许信号OUTPUT ENABLE。通道地址线ADDA、ADDB、ADDC分别接到数据总线的低3位上。当计算机向ADC 0809芯片执行一条输出指令时，$M/\overline{IO}$、$\overline{WR}$和地址信号同时有效，地址锁存信号ALE将出现在数据总线上的模拟通道地址锁入ADC 0809的地址锁存器中，START信号启动芯片开始A-D转换。当计算机按上述芯片地址执行一条输入指令时，$M/\overline{IO}$、$\overline{RD}$ 和地址信号同时有效。这时输出允许 OUTPUT ENABLE 有效，ADC 0809 的输出三态门被打开，已转换好的数据就出现在数据总线上。

ADC 0809 的时钟频率为 640kHz，转换时间为 100μs，微机的时钟频率 5MHz 或更高一些，因此系统时钟必须经分频器分频后接到 ADC 0809 芯片的 CLOCK 引脚上。

另外，ADC 0809 的 EOC 端可在转换结束时发中断请求脉冲，若用中断输入数据的方式则可利用 EOC 引线。

例如，假设 ADC 0809 端口地址为 PORCT，要把 3 通道的模拟量转换成数字量送到 AL 寄存器中，则只需执行下列程序即可。

```
START: MOV    AL, 03H
       OUT    PORCT, AL   ; 送通道地址
       CALL   DELAY       ; 调延时子程序
       IN     AL, PORCT   ; 读取转换数字量
```

课后习题

1. D-A 转换器的主要特性指标有哪些？
2. 简述 A-D 模数转换的步骤。
3. 某 8086 系统中，A-D 转换器 ADC 0809 只使用一个模拟信号输入通道，试设计其接口电路，并编写程序，用以启动 A-D 转换并以查询的方式读入一个采样数据放在寄存器 DL 中。

第 9 章　Intel 32 位微处理器

前面章节中我们对 8086 微处理器的结构、寄存器和存储器的组织进行了深入讨论。8086 是 Intel 公司在微机发展早期阶段开发的 CPU 产品，由于时代的局限和工艺的限制，8086 作为 16 位 CPU 的代表，可寻址空间为 1MB，整个地址空间划分成段，每个段为 2^{16}B=64KB。CPU 内置 4 个段寄存器，因此 CPU 可以直接访问 4 个段的地址范围。为了访问 1MB 的全部地址空间，可以改变段寄存器的段地址，这种编址和寻址体制是 8086 微处理器存储器管理的核心。

由于当时工艺水平的限制，8086 的引脚数目限制在 40 条，所以不得不采用地址/数据总线的分时复用方案。这样需要增设附加的逻辑电路，导致了结构复杂，并且速度也受到了影响。从 8086 开始，出现了其他一些 16 位 CPU 产品，如 80186、80286，但从微机的总体性能看，没有明显的改进。例如 80286 有两种工作模式，即实地址模式和保护地址模式。80286 在保护模式下可以提供新的特性，例如存储器空间增加到 16MB（24 条地址线），这时段寄存器不再表示一个段的段地址，而是用作指向"描述符表"中某个项的索引。与 8086 相比，80286 增加的许多硬件逻辑都与多任务工作机制有关，包括虚拟编址寻址机制、保护功能机制和多任务机制。

80386 是一个划时代的产品，它的出现标志着 32 位微机时代的到来。80386 微处理器在 16 位 CPU 基础上做了很大的改进。80386 采用了 32 位数据总线和 32 位地址总线，可寻址 4GB 的存储地址空间。早期的 CPU 将存储器的管理留给软件去做，80386 CPU 内置了存储器管理和分配的硬件电路，从而提高了速度和效率并减少了软件开销。80386 保持了对 16 位 CPU 代码的全兼容，这一点一直保持到现今的 Pentium 系列处理器。80386 有三种工作模式：

1）实地址模式：在实地址模式下可把 80386 作为一个高速的 8086 来使用，当 80386 加电或复位后，就进入实地址模式。

2）保护虚地址模式：保护虚地址模式是 80386 处理器的主要工作模式。该方式下，支持内存分页机制，提供了对虚拟内存的良好支持。另外，在保护虚拟地址模式下，80386 处理器和 80286 一样，支持优先级机制，此时所有的 32 根地址线都可供寻址，物理寻址空间高达 4GB。

3）虚拟 8086 模式：这是既有保护功能又能执行 8086 代码的工作模式。采用和保护虚拟地址模式相同的工作原理，但在程序中指定的逻辑地址可以和 8086 一样进行解释。在这种模式下，运行 8086 程序就像在 8086CPU 上运行一样。该模式是为了在保护虚拟地址方式下执行 8086 程序而设置的，其内存的寻址方式和 8086 相同，也是可以寻址 1MB 的空间。

80486 微处理器是 20 世纪 80 年代末 Intel 公布的 32 位 CPU 版本，它把 80386、

80387 和 8KB 的高速缓存集成在一个芯片内，但它的改进不仅仅如此。其内部的控制 ROM 结构的指令译码有了改进；指令预取队列也增加到了 32B；对分页管理单元中的算法进行了改进以及对总线接口部件也做了改进等，从而使指令执行更快，整机性能更强。

80486 是 32 位微处理器中承上启下的一代产品，它既保持了与 386 代码的全兼容性，又为后来 Pentium 系列微处理器的发展打下了一个好的基础。

与 80486 相比，Pentium 系列微处理器在 486 的基础上又采用了以下的新技术：
1) 全新设计的增强型浮点处理器，运行速度更快。
2) 采用超标量流水线技术，在最佳状态下，可在一个时钟周期执行两条指令。
3) 采用 2 个独立的 8KB 高速缓冲存储器，分别作为指令缓存和数据缓存。

Pentium 处理器发展到现在，又经过了 Pentium II～Pentium IV。数据总线和地址总线分别为 64 位和 36 位，还采用了其他新技术。在此不作更多的叙述。本章中以 80486 为代表，详细地讨论 32 位微处理器的逻辑结构、虚拟存储机制、多任务工作机制和保护功能的实现。

9.1 32 位微处理器的 CPU 结构

80486 微处理器内部结构如图 9-1 所示。它保留了 80386 的功能部件，新增加了高速缓存寄存器部件和浮点运算部件两部分，因此，80486 的内部结构可细分为 9 个独立的处理部件：总线接口部件、高速缓冲存储器、代码预取部件、指令译码部件、控制部件、整数部件、分段部件、分页部件和浮点部件。

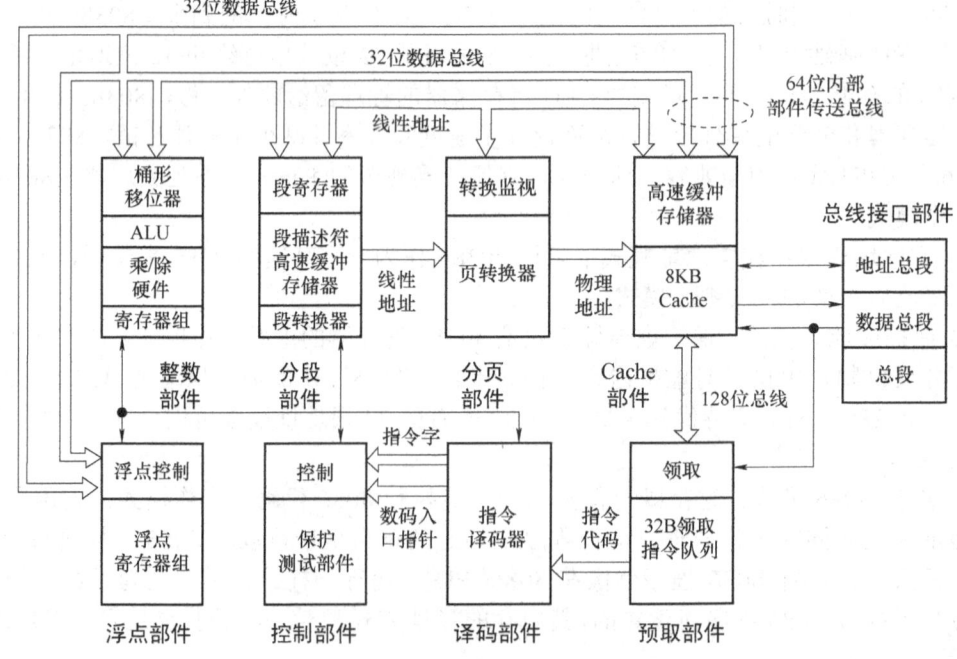

图 9-1 80486 功能结构

1. 总线接口部件

总线接口部件（BIU）与外部总线连接，用于管理访问外部存储器和 I/O 端口的地址、数据和控制总线。对处理器内部，BIU 主要与指令预取部件和高速缓存部件交换信息，将预取指令存入指令代码队列。

BIU 与 Cache 部件交换数据有三种情况：一是向高速缓冲存储器填充数据，BIU 一次从片外总线读取 16B 到 Cache；二是如果高速缓冲存储器的内容被处理器内部操作修改了，则修改的内容也由 BIU 写回外部存储器中去；三是如果一个读操作请求所要访问的存储器操作数不在高速缓冲存储器中，则这个读操作便由 BIU 控制总线直接对外部存储器进行操作。

在预取指令代码时，BIU 把从外部存储器取出的指令代码同时传送给代码预取部件和内部高速缓冲存储器，以便在下一次预取相同的指令时，可直接访问高速缓冲存储器。

2. 指令预取部件

80486 CPU 内部有一个 32B 的指令预取队列，在总线空闲周期，指令预取部件形成存储器地址，并向 BIU 发出预取指令请求。预取部件一次读取 16B 的指令代码存入预取队列中，指令队列遵循先进先出 FIFO（First In First Out）的规则，自动地向输出端移动。如果 Cache 在指令预取时命中，则不产生总线周期。当遇到跳转、中断、子程序调用等操作时，预取队列被清空。

3. 指令译码部件

指令译码部件 IDU（Instruction Decode Unit）从指令预取队列中读取指令并译码，将其转换成相应控制信号。译码过程分两步：首先确定指令执行时是否需要访问存储器，若需要则立即产生总线访问周期，使存储器操作数在指令译码后能准备好；然后产生对其他部件的控制信号。

4. 控制和保护测试单元部件

控制部件 CPTU（Control and Protection Test Unit）对整数执行部件、浮点运算部件和分段管理部件进行控制，使它们执行已译码的指令。

5. 整数执行部件

整数执行部件 IU（Integer data-path Unit）包括四个 32 位通用寄存器、两个 32 位间址寄存器、两个 32 位指针寄存器、一个标志寄存器、一个 64 位桶形移位寄存器和算术逻辑运算单元等。它能在一个时钟周期内完成整数的传送、加减运算、逻辑操作等。80486 CPU 采用了 RISC 技术，并将微程序逻辑控制改为硬件布线逻辑控制，缩短了指令的译码和执行时间，一些基本指令可在一个时钟周期内完成。

两组 32 位双向总线将整数单元和浮点单元联系起来，这些总线合起来可以传送 64 位操作数。这组总线还将处理器单元与 Cache 联系起来，通用寄存器的内容通过这组总线传向分段单元，并用于产生存储器单元的有效地址。

6. 浮点运算部件

80486 CPU 内部集成了一个增强型 80487 数字协处理器，称为浮点运算部件 FPU（Floating Point Unit），用于完成浮点数运算。由于 FPU 与 CPU 集成封装在一个芯片内，而且它与 CPU 之间的数据通道是 64 位的，所以当它在内部寄存器和片内 Cache 取数时，运行速度会极大提高。

7. 分段部件和分页部件

80486 CPU 设置了分段部件 SU（Segmentation Unit）和分页部件 PU（Paging Unit），实现存储器保护和虚拟存储器管理。分段部件将逻辑地址转换成线性地址，采用分段 Cache 可以提高转换速度。分页部件用来完成虚拟存储，把分段部件形成的线性地址进行分页，转换成物理地址。为提高页转换速度，分页部件中还集成了一个转换后援缓冲器 TLB（the Translation Lookaside Buffer）。

8. Cache 管理部件

80486 CPU 内部集成了一个数据/指令混合型 Cache，称为高速缓冲存储器管理部件 CU（Cache Unit）。在绝大多数的情况下，CPU 都能在片内 Cache 中存取数据和指令，减少了 CPU 的访问时间。在与 80486 DX 配套的主板设计中，采用 128～256KB 的大容量二级 Cache 来提高 Cache 的命中率，片内 Cache（L1 cache）与片外 Cache（L2 cache）合起来的命中率可达 98%。CPU 片内总线宽度高达 128 位，总线接口部件将以一次 16B 的方式在 Cache 和内存之间传输数据，大大提高了数据处理速度。80486 CPU 中的 Cache 部件与指令预取部件紧密配合，一旦预取代码未在 Cache 中命中，BIU 就对 Cache 进行填充，从内存中取出指令代码，同时送给 Cache 部件和指令预取部件。

9.2　32 位微处理器的寄存器结构

在 80×86 系列的微处理器内部，与编程有关的寄存器是相同的，因此以 80486 CPU 为模型机进行讨论，其结论可以推广到其他的 Intel 系列的 32 位 CPU。

图 9-2 列出了 80486 微处理器的寄存器结构。80486 微处理器的内部寄存器可以分为以下几个组。

1）基本体系结构寄存器：包括通用寄存器、指令指针、段寄存器和标志寄存器。可以看到，80486 微处理器基本体系结构寄存器是 8086 微处理器寄存器在宽度、数量和功能上的扩充。

2）系统级寄存器：包括控制寄存器和系统地址寄存器。在这些寄存器中，大多数是程序不可见的，它们是微处理器实现保护工作方式的硬件基础，控制着存储器的管理方式和多任务切换的实现。

3）浮点寄存器：包括数据寄存器、标志字寄存器、状态字寄存器、指令和数据指针以及控制字寄存器。这些寄存器包含在 80486 的片内浮点部件之中，这个浮点部件与 80387 浮点协处理器的功能完全相同。

4）调试和测试寄存器：8 个调试寄存器，其中 6 个可供访问，提供了片内的调试功能；5 个测试寄存器。这些寄存器用于实现代码的调试和对片内高速缓存及旁视缓冲区的测试功能。

9.2.1　基本体系结构寄存器

如图 9-2 中所示的那样，80486 的寄存器与 8086 的相比，数据宽度增加到 32 位，并且段寄存器的数目也增加到 6 个，具体介绍如下。

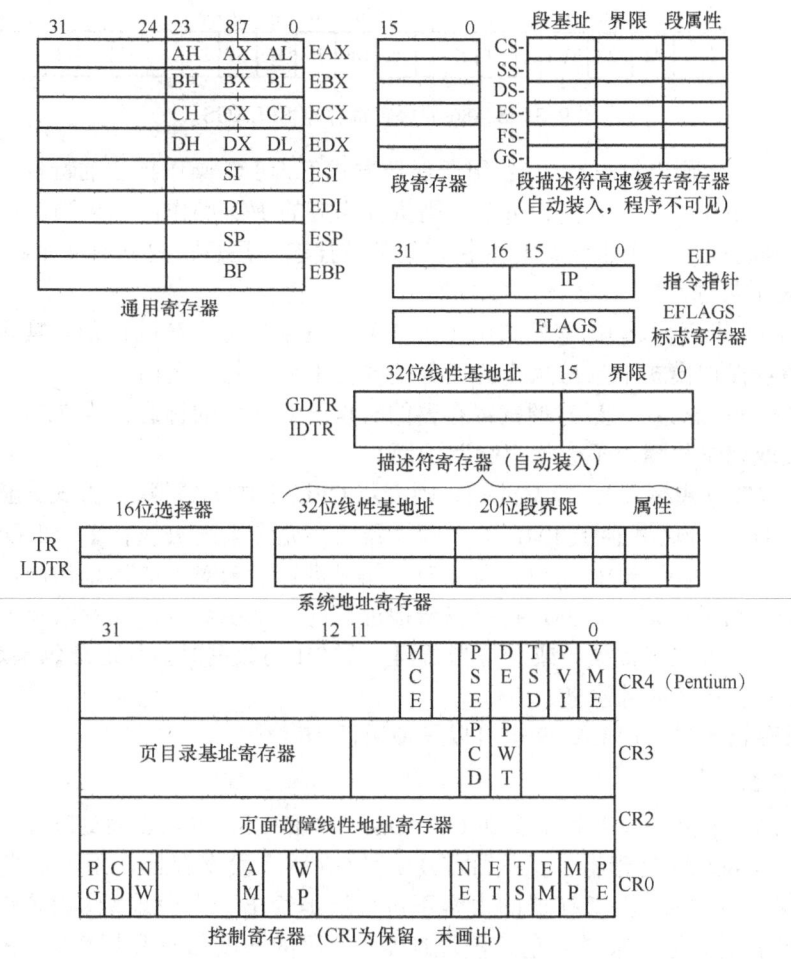

图 9-2　80486 的寄存器结构

1. 8 个 32 位的通用寄存器

即 EAX、EBX、ECX、EDX、ESI、EDI、ESP 和 EBP。这些寄存器的低 16 位即 AX、BX、CX、DX、SI、DI、SP、BP 仍然可以与 8086 中一样,用于 16 位的数据访问,其中 AX、BX、CX、DX 的高 8 位和低 8 位(如 AH 和 AL)仍可以作为独立的 8 位寄存器使用。

2. 指令指针 EIP

EIP 是 32 位寄存器,存放下一条要执行指令的地址偏移量。所谓偏移量,是相对于代码段的地址基值而言的。EIP 的低 16 位为 16 位指令指针 IP,用于 6 位偏移量寻址的情况。

3. 标志寄存器 EFLAGS

80486 的标志寄存器是 8086 的 16 位标志寄存器 FLAGS 的 32 位扩展。除保存了原有的 CF、PF、AF、ZF、SF、TF、IF、DF、OF 9 个标志外,又增加了一些新定义的状态和控制标志:I/O 特权标志 IOPL、任务嵌套标志 NT、恢复标志 RF、虚拟 86 方式标志 VM 和对准检查标志 AC,如图 9-3 所示。

前面的 9 个标志已经在 8086 CPU 标志寄存器的讨论中进行了系统介绍,下面就新定义的 5 个标志进行说明。

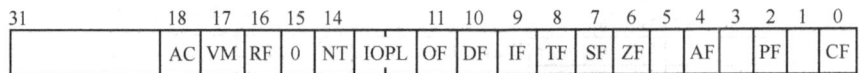

图 9-3　80486 的标志寄存器 EFLAGS

1）IOPL（输入/输出特权标志）：用于保护方式下为 I/O 操作指定的特权级。如果当前任务的特权级比 IOPL 高，即更为可信，则执行相应的 I/O 操作。如果当前任务的特权级比 IOPL 低，则将产生一个中断，导致执行任务被挂起。注意，总共有 4 个特权级，00 表示最高，11 表示最低。

2）NT（任务嵌套标志）：该标志用于多任务下发生任务嵌套的情形。具体说来，该标志为 1 时，指示保护模式下当前执行的任务被嵌套于另一任务之内。

3）RF（恢复标志）：它是与调试寄存器的断点一起使用的标志。当 RF =1 时，忽略所有的调试断点或调试故障，不会产生异常中断。

4）VM（虚拟方式标志）：若 VM =1，则表示 CPU 工作于虚拟 86 方式。虚拟 86 方式，系统允许多个 DOS 分区共存于 1MB 的主存储器内，允许系统去执行多个 DOS 程序。

5）AC（对准检查标志）：该位被置 1 时，如果进行了未对准的地址访问，将产生异常中断 17。所谓未对准的地址访问，是指以奇地址访问一个字数据，或者以一个不是 4 的倍数的地址码访问一个双字数据，或者是当访问一个 8B 的数据时，其地址码不是 8 的倍数。对准检查只在特权级 3 时才生效。

和通用寄存器一样，EFLAGS 也可以只使用低 16 位。

4. 段寄存器

8086 有四个 16 位的段寄存器，即 CS、DS、SS 和 ES，80486 微处理器（包括 80386 以上版本的所有 80×86 处理器）又增加了 FS 和 GS 两个段寄存器，用于定义数据段。当 CPU 工作在保护方式时，段寄存器的内容不再直接地给出一个段地址，而是作为一个"选择符"。所谓选择符，是用来寻址包括段地址基值、段的长度信息和属性的 8B 数据块（即"描述符"）的指针。在保护方式下，段的长度不再受到限制，最大时可以达到 4GB 的空间。

5. 段描述符高速缓冲寄存器

段描述符高速缓冲寄存器是程序不可见的内部寄存器，因此，无法通过程序直接访问它们。上面提到了由段地址基值和关于段的相关信息组成了 8B 数据，即描述符（Descriptor），在存储器里可以把各种具有这种描述符结构的数据项放在一张表中组成一个描述符表,用汇编语言建立这样的一张表容易实现。实际上，当把一个段选择符装入某个段寄存器时，该选择符所寻址的描述符数据会自动装入段寄存器所对应的那个高速缓冲寄存器中。

9.2.2　系统级寄存器

图 9-2 中还给出了 3 个控制寄存器和 4 个系统地址寄存器，它们用于控制高速缓冲存储器、浮点部件、分段和分页机构。3 个控制寄存器是 CR0、CR2 和 CR3，CR1 为 Intel 公司保留。4 个系统地址寄存器分别是全局描述符表寄存器（GDTR）、中断描述符表寄存器（IDTR）、局部描述符表寄存器（LDTR）和任务状态段寄存器（TR）。

1. 控制寄存器

控制寄存器 CR0~CR3 是与分页方式有关的重要的控制寄存器，现分述如下。

(1) 控制寄存器 CR0

CR0 的低 16 位又叫"机器状态字"（简称 MSW），可以用指令装入其内容，其中包含 5 个标志：PE、MP、EM、TS 和 NE。高 16 位的 5 个标志是 80486 微处理器新定义的标志。

PG、PE 标志：这两个标志用于 CPU 工作方式的控制。PE 位为保护方式允许，该位等于 1，则进入保护方式；清 0 则进入实地址方式。PG 位作为分页功能允许标志。分页是在保护方式下管理存储器的一种方式，是通过处理器内部的分页部件实现的，可以使用，也可以不使用。当 PG 位置 1 表示分页功能被允许，清 0 则不使用分页方式。

CD、NW 标志：这两个标志用于片内高速缓存的控制。CD 位是片内高速缓存（内部 Cache）的禁止位，该位置 1 则禁止片内高速缓存的填入（即将主存储器内容复制到高速存中）；清 0 则允许高速缓存的填入。NW 位是高速缓存的"通写"方式禁止。在高速缓存的内容发生改变后，为了保持它与对应的主存储器内容的一致性，必须修改主存储器中的数据，有两种修改主存储器数据的方法：一种叫作"回写"方法（Write Back），一种叫作"通写"方法（Write Through）。486 CPU 片内高速缓存是支持通写方式的缓冲系统，当 NW=0 时，通写方式有效；而当 NW=1 时，禁止使用通写方法。

TS、EM、MP、NE 标志：这 4 个标志用于对浮点运算部件的控制。TS 位为任务切换位，当执行任务切换操作时，TS 位置 1。在解释浮点指令时要测试该位，如这时 TS=1，表明正发生任务切换，从而产生设备不可用故障（故障 7）。EM 位为协处理器仿真位，当 EM=1 时，所有的浮点指令都将引起故障 7，在 486 系统中该位应清 0。MP 位是监视协处理器位，当 MP=1 表示有协处理器存在，在 80486 系统中运行 486 的代码时该位清 0。NE 位为数值异常条件位，NE=1 时允许报告浮点数值错，该位为 0 则不予报告。

AM 标志：对准屏蔽位，用于对准检查控制。AM 位控制着标志寄存器 EFLAGS 中的 AC 标志，AM=0 禁止 AC 位，AM=1 则允许 AC 位。换句话说，只有当 AM=1 且 AC=1 时，才对用户级访问存储单元进行边界的对准检查。

WP 标志：在分页方式下，防止对只读页面做写操作访问。当 WP=1 时向只读页面写操作便会产生故障。

(2) 控制寄存器 CR1

CR1 是为 Intel 公司更高版本的微处理器保留的。

(3) 控制寄存器 CR2

它是页面故障线性地址寄存器，其中保存的是最后一次出现页面故障的线性地址（只在分页方式下才有意义）。

(4) 控制寄存器 CR3

CR3 的高 20 位存放着页目录表的物理基地址，低 12 位中有两个标志：PCD 和 PWT，其余 10 个位没有定义。PCD 位是分页方式下的页面高速缓存禁止标志，即 PCD=1，禁止高速缓存，PCD=0 时允许高速缓存。该标志只有当输入引脚 $\overline{\text{KEN}}$ 上的信号有效时，其使能作用方可奏效。PWT 位是页面通写标志，所谓通写方式，是指在向高速缓存写入数据的同时，也写入内存的相应页面中。它区别于回写方式，回写方式是指仅当高速缓存的某一存储块被刷新时，才把该存储块写回到主存中去。

2. 系统地址寄存器

80486 是面向多任务系统的 CPU，在一个多任务的系统中，每个任务独自占用的存储空间叫局部空间，多个任务共同占用的空间叫全局空间。为了实现保护方式，操作系统必须在存储器内定义4种表，它们是：

1）全局描述符表 GDT，只有一个，用来登记全局空间的使用情况。

2）中断描述符表 IDT，只有一个，为所有的任务所共有。

3）局部描述符表 LDT，每个任务有一个，是任务专用的段，用来记载局部空间的使用情况。

4）任务状态段 TSS，每个任务有一个，也是任务专用的段。

这些表或段的地址信息分别存放在 4 个地址寄存器中，它们是全局描述符表寄存器 GDTR、中断描述符表寄存器 IDTR、局部描述符表寄存器 LDTR 以及任务状态段寄存器 TR。如图 9-2 所示，GDTR 和 IDTR 分别保存有 GDT 和 IDT 的 32 位线性地址和 16 位的界限值，即表的字节长度。

LDTR 和 TR 分别用来保存在 GDT 表中寻址 LDT 和 TSS 这两个表（或段）之描述符的 16 位选择符的。与前面介绍的段寄存器类似，这两个寄存器也有其对应的描述符高速缓存寄存器，当用指令装入 LDTR 和 IR，或发生任务切换时，系统将自动地把 LDT 和 TSS 之描述符的内容装入其对应的描述符高速缓存寄存器中，描述符中保存有表的基地址、界限值和访问权限属性字段等信息。需要说明的是，全局描述符表 GDT 是全局的，而局部描述符表 LDT 和任务状态段 TSS 是相对于某一任务的，因而是局部的，其寻址方法是要通过将选择符装入选择器中，在 GDT 中找到这两个表的描述符（叫作描述符表之描述符，存放在全局描述符表中），并自动地装入选择器对应的高速缓存寄存器中。

9.3 32 位微处理器的外部引脚功能

80486 的外部引脚按功能分为地址总线、数据总线和控制总线，图 9-4 给出了 80486 CPU 的引脚功能图。

9.3.1 地址总线（$A_2 \sim A_{31}$ 和 $BE_0\# \sim BE_3\#$）

$A_2 \sim A_{31}$ 和 $BE_0\# \sim BE_3\#$ 组成地址总线，提供内存和 I/O 端口的物理地址。在对存储器访问操作时，$A_2 \sim A_{31}$ 地址码寻址一个 4 字节单元，$BE_0\# \sim BE_3\#$ 叫作地址使能输出线，用于标识当前操作中所涉及的数据线中是哪一个或哪些字节。$BE_3\#$ 选中 $D_{24} \sim D_{31}$，$BE_2\#$ 选中 $D_{16} \sim D_{23}$，$BE_1\#$ 选中 $D_8 \sim D_{15}$，$BE_0\#$ 选中 $D_0 \sim D_7$。

9.3.2 数据总线（$D_0 \sim D_{31}$）

$D_0 \sim D_{31}$ 是 32 位的双向数据总线，分成 $D_0 \sim D_7$、$D_8 \sim D_{15}$、$D_{16} \sim D_{23}$、$D_{24} \sim D_{31}$ 的 4B 输出。由 BS_8 和 BS_{16} 决定传送的数据宽度。BS_8 有效时为 8 位数据传送，BS_{16} 有效时为 16 位数据传送，这时由 $BE_0\# \sim BE_3\#$ 决定使用哪些 8 位数据线，当 BS_8 和 BS_{16} 两者均无效时为 32 位数据传送。

9.3.3 控制总线

1. 时钟（CLK）

时钟输入信号，为 CPU 提供基本的定时信号和内部工作频率。根据 CLK 上升沿规定了所有外部定时参数。

2. 数据的奇偶校验（$DP_0 \sim DP_3$ 和 PCHK#）

$DP_0 \sim DP_3$：数据奇偶校验的输入/输出引脚，分别对应数据的 4B。在写数据周期即形成校验位；在读数据总线时，校验位信息必须通过这些引脚送回微处理器。

PCHK#：奇偶校验状态输出引脚，低电平有效。该信号有效时表示有一个偶校验错。

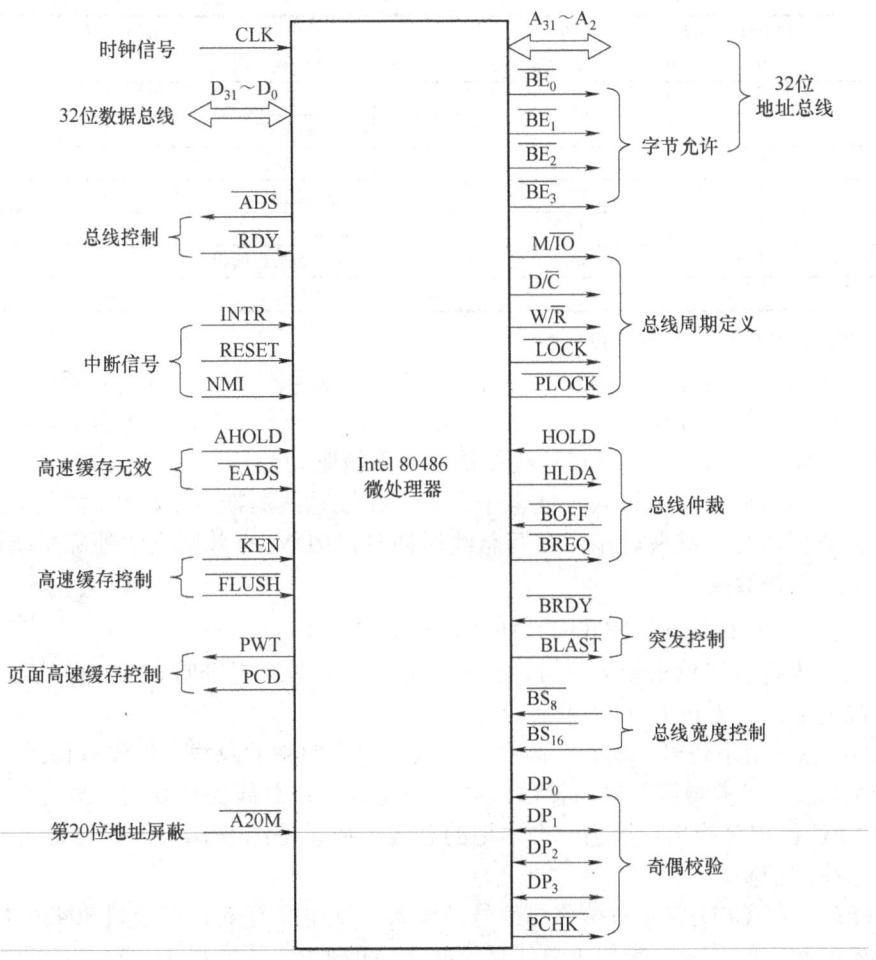

图 9-4 80486 的外部引脚图

3. 总线周期定义（共 5 个信号，均为输出）

M/IO#、D/C#、W/R#输出是总线周期的定义信号，带"#"的信号表示低电平有效。M/IO#用来区别存储器访问还是 I/O 访问，高电平为存储器访问，低电平为 I/O 访问。D/C#用来区别数据周期还是代码读取或控制周期，高电平为数据周期，低电平为控制周期。W/R#用来区分写周期还是读周期，高电平为写周期，低电平为读周期。

在地址状态输出有效电平后，以上三个定义信号就被驱动为有效。这三个信号用于定义正在执行的总线周期的类型，见表 9-1。

LOCK#：总线周期的锁定信号，输出，低电平有效，并在总线保持期间被浮置。LOCK#信号有效期间，表明 CPU 在当前的总线周期期间总线是被锁定的，即此时 80486 处理器独占系统总线。

PLOCK#：伪总线锁定信号，输出，低电平有效。该信号有效时，表明当前的总线操作需要一个以上的总线周期才能完成，例如长浮点数的读/写（6位），段描述符的读入（64位），以及高速缓存行组的填入（128位）等操作。

表 9-1　总线周期的定义

M/IO#	D/C#	W/R#	总结周期类型
0	0	0	中断响应（确认）
0	0	1	中止/专用周期
0	1	0	读 I/O 数据
0	1	1	写 I/O 数据
1	0	0	代码读出
1	0	1	保留
1	1	0	存储器数据读出
1	1	1	存储器数据写入

4. 总线控制（ADS# 和 RDY#）

ADS#：地址选通信号，输出，低电平有效。该信号有效表明总线周期已经启动，定义线和地址总线上的信号有效。该信号在总线周期的第一个时钟周期内激活，在第二个及后续的时钟周期内变为无效，且在总线保持期间不被驱动。

RDY#：准备好信号，输入，低电平有效。在读总线周期时，RDY#输入有效表明数据总线上的数据信号已准备就绪。在写总线周期时，RDY#有效则表明外部系统已经有效地从数据总线取得数据。

5. 总线仲裁（BREQ#、BOFF#、HOLD 和 HLDA）

BREQ#：内部总线请求相应信号，输出，低电平有效。它表明 80486 微处理器内部产生一个总线请求，而无论 CPU 当前是否在驱动总线。

HOLD：总线请求信号，输入，高电平有效。它表明别的总线主控设备请求控制总线。

HLDA：总线请求响应信号，输出，高电平有效，在总线保持期间一直有效。该信号有效表示 CPU 已把总线出让给另一个本地的总线主控设备；当 HLDA 变为无效时，CPU 便恢复对总线的控制。

BOFF#：强制 CPU 放弃系统总线信号，输入，低电平有效。它强制 80486 CPU 在下一个时钟内挂起它的总线，类似于总线保持状态，但 CPU 不发出 HLDA。CPU 的这种总线保持一直维持到 BOFF#信号的翻转为止。

6. 总线宽度控制（BS_{16}# 和 BS_8#）

BS_{16}#和 BS_8#：总线宽度控制信号，输入，低电平有效。BS_{16}#和 BS_8#控制总线的宽度，使得 80486 CPU 可以支持外部的 16 位或 8 位的数据传送。如果发生 BS_{16}#和 BS_8#同时有效，则选择 8 位的总线宽度。如果发生这两个信号都无效，则选择 32 位总线宽度。

7. 中断（INTR、NMI 和 RESET）

INTR：可屏蔽中断请求信号，输入，高电平有效。外部的中断请求信号通过该引脚向 CPU 发出中断请求信号，该请求信号受 CPU 内部的中断标志 IF 的影响。如 INTR 有效且 IF=1，则 CPU 在执行完当前指令后启动两个锁定的中断响应周期。在中断响应之前，INTR 的有效信号必须保持，以保证中断响应操作的正确执行。

NMI：非屏蔽中断请求信号，输入，上升沿边沿触发，该信号不受内部中断标志位的影响。该信号一旦有效，则 CPU 在当前指令执行完毕后立即响应，且不送出 INTA 信号。

RESET：复位信号，输入，高电平有效。CPU 复位后，微处理器工作于实地址模式，并且从内存地址 0FFFFFFF0H 处开始执行指令。

8. **高速缓存的无效性控制**（AHOLD 和 EADS#）

AHOLD：地址保持请求信号，输入，高电平有效。该信号允许另一个总线主控设备访问 80486 微处理器的地址总线。在 AHOLD 信号激活后的一个时钟内，80486 微处理器将挂起地址总线，而在地址保持期间的其余总线仍维持有效。

EADS#：外部地址有效信号，输入，低电平有效。该信号有效表明 80486 微处理器的地址输入端上的地址输入有效。EADS#被激活后，将使 80486 微处理器读取外部的地址总线信号，该地址用于执行一个内部的高速缓存无效性周期。

9. **高速缓存控制**（KEN#和 FLUSH#）

KEN#：高速缓存允许信号，输入，低电平有效。用来决定当前周期是否可用于高速缓存。当 80486 微处理器产生一个高速缓存周期且 KEN#输入有效电平时，该周期便成为高速缓存的行组填入周期。

FLUSH#：高速缓存清除信号，输入，低电平有效。它强制 80486 微处理器清除它的整个内部高速缓存。

10. **页面高速缓存控制**（PWT 和 PCD）

PWT：页面高速缓存内存通写控制信号，输出，高电平有效。

PCD：页面高速缓存禁止信号，输出，高电平有效。

PWT 和 PCD 用来按页地控制主存储器是否可高速缓冲。这两个信号反映了页表项或页面目录项中的页面属性位 PWT 和 PCD 的状态。如分页被禁止或不可分页周期，该两个引脚反映控制寄存器 3 中的 PWT 和 PCD 的状态。

11. **数值错报告**（FERR#和 IGNNE#）

FERR#：浮点出错信号，输出，低电平有效。当浮点运算出错时产生此信号。

IGNNE#：忽略数字出错信号，输入，低电平有效。当该信号有效时，80486 微处理器将忽略数值错并继续执行非控制型浮点指令。

12. **地址屏蔽**（A20M#）

A20M#：第 20 位地址屏蔽信号，输入，低电平有效，且只有工作在实模式时才能生效。该信号有效时可仿真 8086 中的 1MB 空间的地址循环。

13. **成组方式控制**（突发方式控制，BRDY#和 BLAST#）

BRDY#：突发传送就绪信号，输入，低电平有效。它在突发周期内表现与 RDY#类似的功能。

BLAST#：突发传送结束信号，输出，低电平有效。它指示在下一个 BRDY#信号到来时，成组方式宣告结束。

9.4 80486 的存储器管理

我们知道，在实模式下 80486 的内存管理与 8086 相同，只支持 1MB 的内存空间。为了支持对 4GB 内存空间的控制使用，处理器必须工作于保护模式之下，采用新的段内存管理技术。

我们已经学习了 80486 的内部基本结构,并且在 80486 内部集成有分段部件和分页部件。在保护方式下可以使用分段管理方式,或使用分段结合分页的虚拟存储器管理方式,来实现多任务条件下对有限的物理存储空间进行合理和有序的管理。

9.4.1 80×86 的存储器组织和地址空间

1. 80×86 的存储器组织

在 32 位的高档微机中,存储器的组织仍然以字节为单位。两个连续存放的字节可以组成一个"字",高字节在高地址单元,低地址在低字节单元。一个双字由四个连续存放的字节所组成,最高字节存放在最高地址单元,最低地址存放在最低字节单元。一个字或一个双字的地址是由它们最低字节的地址指定的。

在 80486 中,地址线分成 $A_2 \sim A_{31}$ 和 $BE_0\# \sim BE_3\#$ 两组。由地址信号 $A_2 \sim A_{31}$ 唯一地确定一个双字单元(最低两位地址码为 00),而 A_1A_0 在微处理器的内部被用于驱动字节允许信号 $BE_0\# \sim BE_3\#$,通过字节信号 $BE_0\# \sim BE_3\#$ 来指明 32 位数据线上的哪个或哪些字节被操作。

在进行字或双字操作时,如果一个字地址的最后一位为 0(为偶数),而一个双字地址的最后两位为 00(为 4 的倍数),则只需要一次访问就可以完成一个字或一个双字传送,叫作对准传送。否则就是非对准传送,非对准传送的操作必须经过两次访问操作才能完成。

此外,存储器还可以组织成一个或多个"页",每个页为 4KB,可以通过激活分页功能实现对存储器的分页管理。分页对于多任务系统中系统程序员管理物理内存是很有用处的。

2. 地址空间

在保护方式下,有三种不同的地址概念,即虚拟地址、线性地址和物理地址。

1) **物理地址**:它是计算机地址总线上出现的地址信号,可以直接地用来访问存储单元。

2) **虚拟地址**:即逻辑地址。它由段地址(或段基地址)和段内偏移地址两部分表示。在实方式下,段地址由段寄存器提供,偏移地址由所访问单元与段起始地址之间的位移量(即段内偏移量)给出。在保护方式下,虚拟地址是用程序指明的段选择符以及偏移地址两部分表示的。

3) **线性地址**:线性地址是从虚拟地址转换得到的转换地址,在分页被允许的情况下,再由线性地址通过分页机制变换成物理地址。在分页部件被禁止的情况下,线性地址本身就是物理地址。图 9-5 给出了这三种不同地址之间的关系。

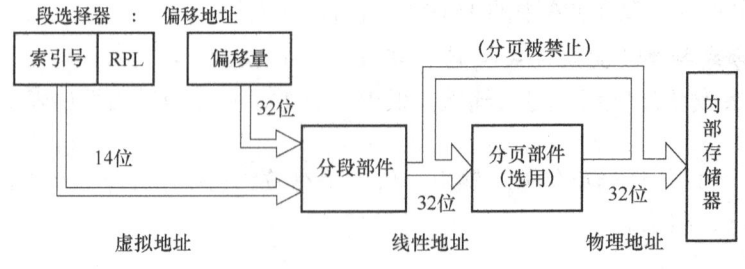

图 9-5 三种地址的转换关系

由图 9-5 可知,逻辑地址经过分段部件的地址空间转换,得到 32 位的线性地址,在分页部件允许的情况下,线性地址还要经过分页部件的二级表变换,才能转换为物理地址。

如果分页部件被禁止，那么，分段部件输出得到的线性地址就是物理地址了。

9.4.2 存储器的分段管理

存储器的分段管理是在 8086 CPU 中已经采用的技术，其优点是显著的，从软件上看，它解决了程序代码的重定位问题；从硬件上看，它解决了 16 位微处理器管理 1MB 的存储器地址空间的问题。对于 32 位微处理器，分段管理同样是存储器管理的核心。

在实模式下，80486 只相当于一个高速运行的 8086，它不能发挥 80486 的真正优势。只有在保护模式下，80486 才能跳出实模式的框架，支持对 4GB 的内存地址空间的支配和使用，充分发挥其优势，并且支持保护方式下多任务的操作管理。

在保护方式下，80486 仍然使用分段管理的模式。如果通过程序访问内存单元，必须要指明一个段的基地址和一个段内的偏移地址，这和实模式下的分段相似，但仍有以下的不同：

1）段基地址是一个 32 位的段起始地址。

2）段基地址不是由段寄存器直接给出的，而是通过段寄存器中的选择符，在预先定义的一张描述符表中寻址一个段的描述符（Descriptor）。每个描述符都是由 8 个字节组成的，其中包含有 32 位的段基值、20 位的段的界限和 12 位的访问权限和段的属性。通过这样的寻址关系可以间接地得到段的基地址和段的大小，这种操作是由分段部件的硬件逻辑自动完成的。

3）保护方式下，16 位的段寄存器称为"选择器"，其中的内容叫"选择符"，选择符的高 13 位作为寻址描述符的索引号。在描述符表中找到所对应的描述符，也就等于得到了段的基地址。

图 9-6 给出的是 80486 在保护方式下的寻址示意图。在访问存储器时，由程序给出逻辑地址，其中的段选择符由"选择器"给出。选择符中的高 13 位索引号指向描述符表中的某个描述符，从中得到一个 32 位段地址基值，和程序中给出的段内偏移地址相加而得到 32 位的线性地址。在分页部件被禁止的情况下，线性地址本身就是物理地址。

为了对保护模式下存储器分段管理加深理解，首先我们必须讨论描述符和描述符表的作用与内涵，然后对段选择符、系统地址寄存器在保护模式下分段管理的机理做进一步的说明。

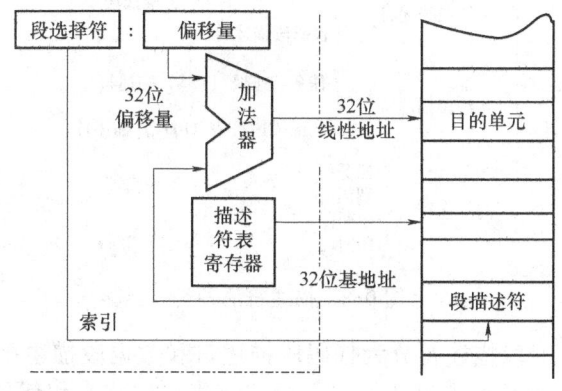

图 9-6　80486 保护方式 80486 的分段机制

1. 段、描述符和描述符表

（1）段

在 80486 系统中，对"段"的理解应适当地加以扩充，所谓段，不仅是指存放程序的代码段或者存放与程序有关数据的数据段，还包括了由系统定义的某种表，或者是与操作任务相关的进程控制块，如图 9-7 所示。

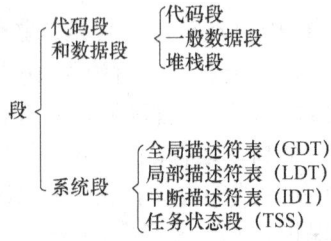

图 9-7 保护模式下段的分类

图 9-7 中的系统段是以前没有接触过的。所谓系统段是操作系统用于管理多任务操作管理所使用的段，它包括全局描述符表（GDT）、局部描述符表（LDT）、中断描述符表（IDT）以及任务状态段（TSS）。GDT 表只有一个，为所有任务所共有，用来存放各个任务所共用的描述符（中断描述符除外）。LDT 表用来存放与特定任务相关的描述符，如代码段、数据段、堆栈段描述符、任务门和调用门等，每个任务都有且仅有一个 LDT。中断描述符表（IDT）所包含的描述符表指向中断服务子程序（可大到 256 个）所在的位置，其中只能包括中断门、陷阱门和任务门，IDT 也只有一个，为所有任务所共有。TSS 是任务的进程控制块，对应于某个特定的任务，每个任务都有一个 TSS 段。

（2）描述符

描述符是用来描述段的有关信息的数据块。其作用是对程序中所使用的段进行描述，包括段的大小、起始地址以及段的属性，所以它与段密切相关。这些描述符被放在程序开辟的特殊段——描述符表中，程序执行时被装在物理存储器中。

与 80486 保护方式下段的种类相对应，描述符按段的性质可以分为三类：一般段描述符、系统段描述符和门描述符，如图 9-8 所示。

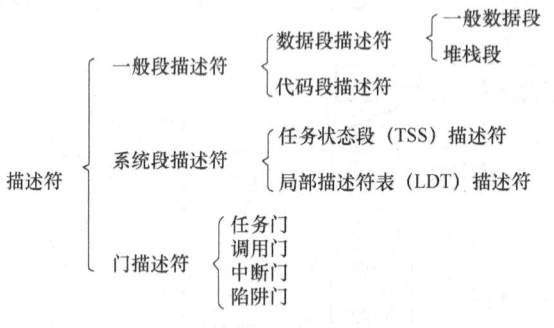

图 9-8 描述符的种类

如图 9-8 所示，一般段描述符分为代码段描述符和数据段描述符，分别用来描述一般段的特征。系统段描述符是用来描述像局部描述符表（LDT）和任务状态段（TSS）这样的特殊段的。门（GATE）描述符专门用于在保护模式下为程序的转移或者任务的切换设置保护性检查，并负责实现这种程序的转移或任务的切换。门描述符简称"门"，包括任务门、调用门、中断门和陷阱门。

所有的描述符都是由 8 个字节组成，用于描述某个段的有关信息。这些信息包括段的

32 位线性地址、20 位的段界限值和段的访问权限等有关属性，这些属性包含在段描述符的 12 个位中。图 9-9 所示为段描述符的一般格式。

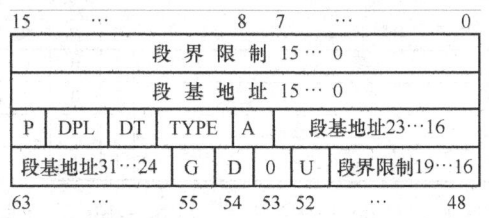

图 9-9　段描述符的一般格式

80486 微处理器有两种段，即系统段和非系统段（用于代码和数据），由属性位 DT 说明。当 DT =1，表示该段为数据段或代码段；DT=0，表示为系统段。下面是对描述符的一般格式说明。

1）段基地址。段基地址指定一个段的起始地址，32 位长。所以理论上说，若许可则一个段可以定位在 4GB 物理地址空间的任何一个位置上。

2）段界限值。段界限值即段的边界值，用于进行段边界的合法性检查，并说明一个段的大小。段界限值 20 位长，它和属性 G 一起决定一个段的大小。当 G=0 时，段的大小以字节为单位，这时 20 位的段界限可指定的最大段的大小为 1MB；当 G=1 时，段的大小以 4K（页）为单位，这时可指定的段的最大空间为 1MB×4K=4GB。

3）有关的属性

● DT：描述符的类型位。当 DT=0 时，为系统段描述符；当 DT=1 时，为代码段、数据段或堆栈段描述符。

● DPL：描述符特权级。用来指定某个段的保护等级（0～3），0 级为最高，3 级为最低。引入特权级是为了实现多任务保护机制的特权级测试。一般说来，操作系统执行的任务具有最高的特权级，即 0 级。

● P：描述符有效位，也叫存在位。P=1 时，表示该段存在于物理内存中；P=0 时，表示该段不在物理内存中。

● A：被访问标志。该位的意义是当某个代码段或数据段被访问时，其描述符的 A 位就置 1，操作系统会按一定的周期去检查 A 位的状态并使 A 位复位。在一定的时间片段内，系统对 A 位的统计状态表明了近期内该段被访问的频度。由于物理内存空间有限，所以操作系统总要定时地从内存中删除某些段，一般使用的原则是删除那些近期访问频度最低的段，这就是 A 位的作用。

● G：粒度大小，是段大小的辅助说明位。G=0 表示段界限值以字节为单位，此时段的最大长度为 2^{20}B= 1MB。G=1 表示段界限值以 4K 为单位，此时段的最大长度为 4GB。

● D：默认的操作长度，仅对代码段或堆栈段起作用。D=1 表示采用 32 位的操作数和 32 位的寻址方式；D=0 表示 16 位的操作数和 16 位的寻址方式。

● U：处理器为用户保留的位。

● TYPE：段的类型。段的类型属性在一般段描述符中占三位，而在系统段中占四位（系统段中没有 A 位）。一般段中，代码段与数据段/堆栈段对 TYPE 属性又有不同的说明，见表 9-2。

表 9-2 代码段和数据段的类型

TYPE (数据/堆栈段)			说 明	TYPE (代码段)			说 明
E	ED	W		E	C	R	
0	0	0	只读	1	0	0	只执行
0	0	1	读/写	1	0	1	执行/读
0	1	0	只读，向低地址生长（堆栈段）	1	1	0	只执行符合的代码段
0	1	1	读/写，向低地址生长（堆栈段）	1	1	1	执行/读符合的代码段

如表 9-2 中所示，在以上三位的 TYPE 属性（$bit_3 \sim bit_1$）字段中，E 位（bit_3）为执行位。E=1 是代码段，E=0 为数据段或者堆栈段。因此在 E=1（代码段）的情况下，TYPE 属性的组合为 E、C（一致性）和 R（读），E、C、R 的属性取值及说明如表 9-2 中的右侧所示。在 E=0（数据段或堆栈段）的情况下，TYPE 属性的组合为 E、ED（扩展方向）和 W（写），E、ED 和 W 属性的取值及说明如表 9-2 中的左侧所示。

系统段描述符有别于代码段和数据段描述符，除了段界限值、段基地址以及访问属性 P、DPL 和 DT（系统段 DT 为 0）的含义与之相同外，其余属性的定义和取值如图 9-10 所示。

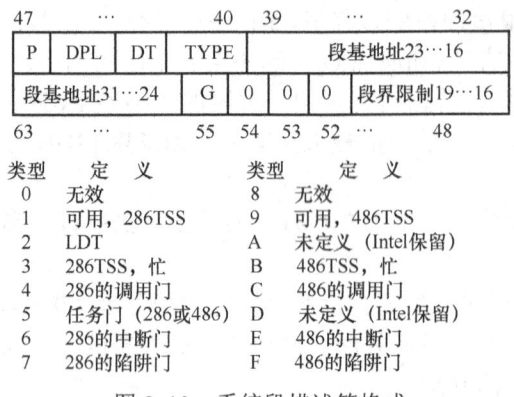

图 9-10 系统段描述符格式

在系统段描述符的属性位 $bit_{55} \sim bit_{52}$ 中除 G 外，其余取 0 值。A 属性已不存在，TYPE 字段则由三位变成了四位，这时的 TYPE 字段取 0~F 的某个值，其中 0~7 为 80286 的系统段或门的种类，8~F 为 80486 的系统段或门的种类，类型的实际值和种类定义之间的对应见图 9-10 中所示，不再赘述。

门是一个重要的概念，它用来控制对目标代码段中某一入口点的访问，包括任务的切换、子程序和中断服务程序的调用。

各种类型的门描述符包括调用门、任务门、中断门以及陷阱门，为源和目标之间的控制转移提供了间接的传递手段。这种间接传递使处理器可以执行保护性检查，增加了系统的安全性。调用门用来改变特权级，任务门用来执行任务的切换，中断门和陷阱门则用来指定中断服务子程序。图 9-11 给出了以上四种门的描述符格式。

例如调用门，主要用来将程序的控制转移到更高的特权级。调用门由三部分组成：一个包含选择符和偏移量的长指针（目标子程序的入口处），一个字计数（它指定有多少参数要从调用程序的栈中复制到目标程序的栈中），以及访问权限及有关属性字段，如图 9-11 中所示的那样。字计数字段仅当特权级改变时才由调用门使用，其他类型的门则忽略该字段。

中断门和陷阱门，其选择符和偏移量作为指针，指向中断或陷阱服务子程序的入口处。

中断门和陷阱门的不同之处在于：中断门要关中断（IF 位复位）而陷阱门则不用。

任务门用于切换任务。注意，因为是任务的切换，所以不需要偏移量，而只使用其中的选择符。

选择符					偏移量15…0			
偏移量 31…16	P	DPL	0	TYPE	0 0 0	字计数4…0		
63 … 48	47	46 45 44	43	40 39 37	36	… 32		

名称	值	说　明
TYPE	4	80286调用门
	5	任务门（用于286或486的任务）
	6	80286中断门
	7	80286陷阱门
	C	486的调用门
	E	486的中断门
	F	486的陷阱门
P	0	描述符内容无效
字计数0～31		要从调用程序的栈中向目标程序的栈复制的参数数目。对486的门，参数是32位的量；对286的门，参数是16位的
DPL		一个任务可在该级别上访问该门的最低特权级
选择符		16位选择符，是目标代码段或者目标任务段的选择符（对任务门）
偏移量	16位（80286）	目标代码段中的入口点
	35位（80486）	

图 9-11　门描述符格式

（3）描述符表

描述符表是在存储器中定义的用于存储各种描述符的特殊段。在 80486 微处理器中有三种表用于存放描述符：全局描述符表 GDT，局部描述符表 LDT 以及中断描述符表 IDT。所有的描述符表都是可变长度的内存数组。其中的数据项就是描述符。表格的长度可为 8B～64KB，每个表格最多可以存放 8192 个 8B 的描述符。

全局描述符表 GDT 可存放除中断门和陷阱门以外可用于系统中所有任务的那些描述符。每个系统只有一个 GDT。通常 GDT 中包含有操作系统使用的代码段、数据段的描述符、任务状态段描述符以及各个任务的 LDT 描述符。

局部描述符表 LDT 存放与某一个任务有关的描述符。对于一个任务来讲，LDT 主要用来存放代码、数据、堆栈的描述符以及任务门和调用门。LDT 机制使每个任务的代码和数据与操作系统的其他部分隔离。GDT 中所包含的是所有任务共用部分的描述符。如果某个段的描述符在某一个 LDT 和 GDT 中都不存在，则这个段就不能被这个任务访问，这样就为各个任务之间提供相互隔离和保护，同时又允许全局的数据为各个任务所共享。

中断描述符表 IDT 全系统只有一个，其中包含的描述符指向各个中断服务子程序的所在位置。IDT 中只能包含任务门、中断门及陷阱门。IDT 的作用类似于 8086 系统中的中断向量表，中断向量表中的每个项是 4B 的一个中断向量，而 IDT 中的每一个项是 8B 的一个"门"（即描述符）。由门中所包含的选择符去寻址一个段的描述符，从而获得中断服务程序的段地址，而门中包含的偏移量就是中断服务程序的偏移地址，这样就获得了中断服务程序的入口地址。任务门中包含的选择符将从中索引出一个新任务的 TSS 描述符，从而将任务切换到 SS 所对应的新任务上。IDT 的大小至少 256B，以保证容纳 32 个 Intel 所保留的中断描述符。最多可容纳 256 个中断描述符（中断类型号 0~255），即 2KB 空间。

2. 段选择器和描述符表寄存器

（1）段选择器和描述符高速缓冲寄存器

80486 有 6 个段选择器 CS、DS、SS、ES、FS 和 GS，在实模式下，段选择器存放的是段地址（即段起始地址/16 所得的商），因此被叫作"段寄存器"。在保护模式下，段选择器并不直接给出一个段地址，而是用于在描述符表中选择一个描述符，所以段选择器装入的内容被叫作"选择符"。16 位的选择符内容可分为三个部分：bit_{15}~bit_3 是索引号，用于在描述符表中选择所对应的描述符；bit_2 为描述符表指示位 TI，如果 TI=1 则从局部描述符表中选择描述符，如果 TI=0 则从全局描述符表中选择描述符；bit_1 和 bit_0 为请求者的特权级 RPL，只有当请求者特权级高于（数字小于）或等于相应的描述符特权级 DPL，描述符才能被存取，从而可以达到一定程度的保护。

除了段选择器以外，每个段选择器还有一个与之相对应的 64 位的段描述符高速缓冲寄存器。这个高速缓冲寄存器是程序员不可见的，所以无法通过编程对它操作。当段选择器（即段寄存器）的内容改变时，与之对应的段描述符内容将被自动装入段描述符高速缓冲寄存器中（有硬件自动完成）。描述符一旦被高速缓存，其以后对该段的所有引用都使用高速缓存寄存器中的内容而不必再去访问 GDT 或 LDT 中的描述符。所以正是由于高速缓冲寄存器的硬件的支持和保障，才保证了对目标代码和数据的访问并不需要每次都去寻址描述符表，从而大大提高了访问存储器的速度。图 9-12 给出了段选择符、描述符表和高速缓冲寄存器之间的寻址关系。

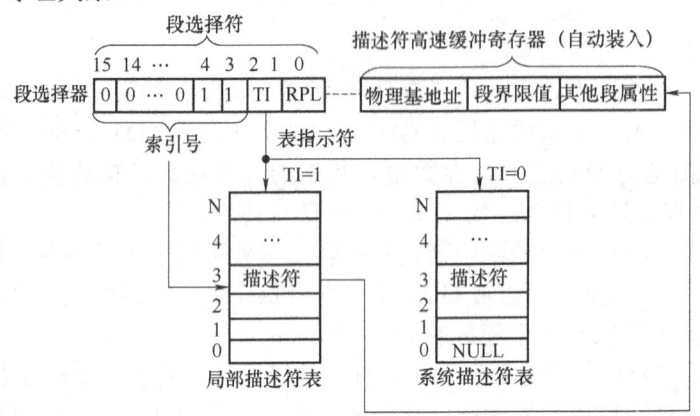

图 9-12 段选择符、描述符表和高速缓冲寄存器之间的寻址关系图

（2）描述符表寄存器

描述符表寄存器是 80486 处理器系统的重要寄存器，它们在存储器的分段管理中扮演着十分重要的角色。共有四个描述符表寄存器，它们是全局描述符表寄存器 GDTR、中断描述符表寄存器 IDTR、局部描述符表寄存器 LDTR 和任务状态段寄存器 TR（TSSR 的简写）。

GDTR 和 IDTR 分别存放 GDT 和 IDT 表的表基址和表的长度，这两个地址寄存器宽度为 48 位，分为两个字段：32 位的表的线性基地址和 16 位的长度值，如图 9-2 中所示的那样。80486 系统中只有一个 GDT 表和一个 IDT 表，所以在进入保护模式前，先要定义 GDT 表和 IDT 表，然后用 LGDT 和 LIDT 指令分别装入这两张表的基地址值和长度值进行初始化，从而使得 GDTR 和 IDTR 分别指向 GDT 表和 IDT 表。

LDTR 和 TR 的结构类似于普通的段选择器（如 CS、DS 等那样），分别由一个 16 位的选择器（编程可见部分，以 LDTR 和 TR 标识）和一个 64 位的描述符高速缓冲寄存器组成（编程不可见部分）。在 80486 的多任务系统中，每一个任务都有一个 LDT 表和 TSS 段，但 CPU 中只有一个 LDTR 和一个 TR，所以它们被用来指定当前处于活动期任务的局部描述符表 LDT 和任务状态段 TSS。使用的方法是先将每一个任务的 LDT 表的描述符和 TSS 段的描述符预先放入 GDT 中；然后分别可用 LLDT 指令或 LTR 指令装入以上两个描述符的选择符即可，或者在任务切换过程中改变 LDTR 和 TR 的选择符，通过对 GDT 的索引找到对应的 LDT 描述符或 TSS 描述符，将其内容装入所对应的描述符高速缓存中。

现在将存储器分段管理做一个总结：

1）系统中所有的信息都是分段存储的。保护模式下的段可以分为一般段和系统段两类。一般段指代码段、数据段和堆栈段，系统段是指一个 GDT 表、一个 IDT 表、每个任务对应一个的 LDT 表和 TSS 段。

2）除了 GDT 和 IDT 外，其他所有的段都有一个描述符与之对应。描述符是一个 8B 长的数据项，包括段基地址、界限值和属性字段。描述符存放在 GDT 或 LDT 的表中，通过选择符以索引的方式寻址。

3）CPU 中的段寄存器及其描述符高速缓冲寄存器中存放着当前任务的活动段选择符和对应的描述符信息。

4）在建立描述符表并装入描述符表寄存器后，系统的描述符表即被定位，对存储器的访问便可通过段寄存器（存放选择符）和偏移地址的形式进行，其中的选择符隐含给出了段描述符的信息。

9.4.3 存储器的分页管理

存储器的分页管理是通过 80486 微处理器内部的控制寄存器和分页逻辑部件实现的，其作用是将分段部件产生的线性地址转换成物理地址。

分页是另一种存储器管理的方法，它在虚拟存储器多任务操作系统中很有用。存储器的分段管理是将程序和数据安排成逻辑段，由于段的长度并不固定，因而导致以下的问题：

1）每个段最大为 4GB，若大的程序全部装入内存，则一两个程序就会塞满内存。而且由于运行的局部性，占用的大部分内存在相当长时间里并不运行，既浪费了时间，又白占内存，也不利于实现多任务环境。

2）对于中小型程序的频繁进出，容易造成许多碎片，浪费内存空间。

分页功能则是将代码和数据分成多个同样大小的页面。页面并不和某个程序的逻辑结构直接相关，很多情况下页面和模块或数据的某一部分相对应。采用以页面为固定单位的管理方法，类似于用稿纸写作，稿纸的每页格子数目相等，写上去的内容也以相同的字数分开，不管一句话是否写完整，一页满了必须换到下一页继续写。尽管"页"把"话"的逻辑打断了，但给"页"编序以后，整篇文章又连接起来了。存储器分页与稿纸不同的是，存储器的"页"可以擦除再用，类似于"回收"使用。采用分页方法管理后，解决了在较小内存的情况下运行大程序的可行性，具体地说其优点是：

1）先把程序的前几页内容调入内存的某几个物理页面并开始运行程序，不断地"回收"用过的页面，并调入新的内容页。这样无论一个程序有多大，只要有几个物理页面就可以顺利运行了。

2）内存中所有的单元都属于某个页面，所以不会产生"碎片"。可能有不足一页的部分造成内存的浪费，但也仅仅在该页调入内存时如此。

3）不运行的页将不调入内存，避免了不运行的程序段白占内存的情况。

利用分页部件，将逻辑地址空间和物理地址空间划分成固定大小的"页面"或者"帧"，然后以"页"为单位分配并管理内存。80486 系统是在分段的基础上再行分页，页的大小设定为 4KB，采用两级的页变换机制。图 9-13 给出了这种分页管理机制的示意图。

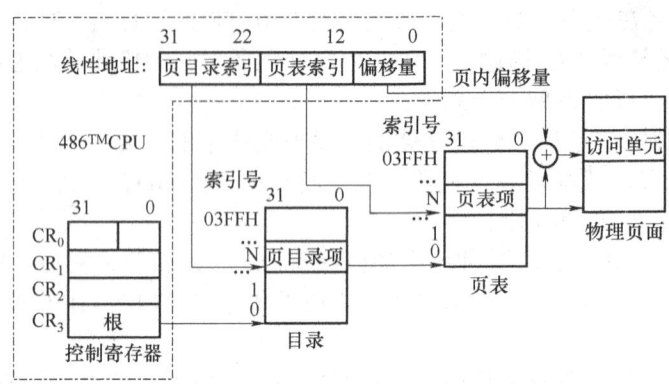

图 9-13　80486 的二级分页机制示意图

1. 页目录和页表

图 9-14 中使用了两种表：页目录（即"目录"）和页表。页目录的长度为 4KB，允许存放多达 1024 个页目录项，每个页目录项占 4B。页目录项中含有下一级表格（即页表）的基地址，以及有关页表的其他信息。每个页表的长度也为 4KB，也可存放 1024 个页表项，每个页表项也占 4B。页表项中含有物理页面的起始地址以及有关该页的统计信息。页目录项和页表项的内容在图 9-14 中进行了说明。

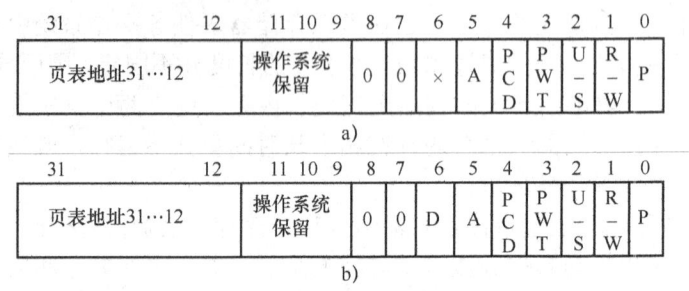

图 9-14　页目录项和页表项内容

a）页目录项（指向页表）　b）页表项（指向物理页）

页目录项存放在目录表中，以线性地址的高 10 位（A_{31}～A_{22}）作为该页目录表的索引，用于选择正确的页目录项。如图 9-14a 中所示，页目录项中高 20 位是所指定的某个页表的起始物理地址的高 20 位地址码，该地址的低 12 位地址码为全 0。在低 12 位的页表信息中，P（Present）位是存在位，P=1，表示该页目录项内容正确，在物理内存中有对应的页表存在并可用于线性地址的变换；P=0，表示该项不可用，此时其他的所有标志便失去意义。A（Access）位为访问位，若微处理器在对该项覆盖的地址进行读/写访问时，CPU 将对该位置 1。图中标注为"操作系统保留"的三位（9~11 位）可由软件定义，用作任何用途。U/S（User/Suppervisor）位和 R/W（Read/Write）位用来为页面提供保护属性。

页表项存放在页表中，以线性地址的中间 10 位（A_{21}~A_{12}）作为对该页表的索引，用于选择正确的页表项。由图 9-14b 可知，页表项中高 20 位是所指定的某个物理页面的起始地址的高 20 位地址码，同理，该地址的低 12 位地址码为全 0。在页表项中的低 12 位中，P 位、U/S 位和 R/W 位的意义同前。A 位（即访问位）在微处理器读/写该页面所覆盖的地址单元时置 1。A 位的作用是为 CPU 对该页面统计访问频度而设计的。

页表项中，PWT 和 PCD 用于对页高速缓存控制和写策略。PCD 为页 Cache 禁止位，若 PCD 置 1，则内部 Cache 被禁止。PWT=1 定义了当前页的通写策略，PWT=0 则允许可能发生的回写。PWT 对内部的高速缓存被忽略（因为内部 Cache 是通写的），所以它被用来控制第二级高速缓存的写策略。

页表项中的 D（Dirty）位为写标志，当涉及页面写操作时，CPU 通过硬件对 D 置 1 并一直保持，直到该页被调出内存时。当一个页要调出内存时，调度程序先检查 D 位，若 D=1，则把该页内容写回到外存的相应位置上，刷新外存上该页的内容。若 D=0，表明外存上该页的内容无须刷新，则丢弃内存中该页的内容。

在详细介绍了页目录和页表后，回过头来说明图 9-13 中 80486 的二级分页的寻址机制，可以归纳如下：

1）存储器的物理地址空间划分为 4KB 大小的页，各个页之间不重叠，页的地址的高 20 位不变，低 12 位从全 0 到全 1。

2）二级页表结构中的两个表为目录和页表，均为 4KB。目录中存放各个目录项，目录项中给出其对应页表的高 20 位地址码和页表的信息。而页表中存放各个页表项，页表项中给出其对应物理页面的高 20 位地址码和页的有关信息。

3）由 CPU 的控制寄存器 CR3 给出系统中目录的物理基地址，对目录进行定位。

4）在使用分页功能时，由 80486 分段部件输出 32 位线性地址，由线性地址的 A_{31}~A_{22} 地址码去索引目录表，找到目录项。通过目录项中页表地址信息对页表进行定位。

5）由线性地址的 A_{21}~A_{12} 地址码去索引页表找到页表项。由页表项中页面地址信息得到页的基地址，由页基地址和页内偏移地址（即线性地址的 A_{11}~A_0）相加，便得到内存操作数的物理地址。

2. 转换用旁视缓冲器 TLB

TLB 是 Translation Lookaside Buffer 的简称，叫作转换用旁视缓冲区。由上面分页寻址过程可知，把线性地址转换为物理地址，CPU 必须去访问二级表。如果每次都如此，则性能将大为降低，所以 80486 微处理器设置了存放最近访问页面的高速缓存，即 TLB。

TLB 有 32 个项，每项有两个字段。如图 9-15 所示，第一个字段是标记（Tag）字段，存放被转换线性地址的高 20 位地址码（即线性地址空间的页基址的高 20 位）；第二个字段是其对应的页表项数据（即物理地址空间的页基址的高 20 位等）信息。TLB 中存放的页表项被认为是最近频繁使用的页表项。

TLB 是一个四路组相关的 32 项页面高速缓存，它自动把最常用的页表项记录在 TLB 中。32 项的 4KB 页面可覆盖 128KB 的内存地址。一般说来，TLB 的命中率约 98%，这就是说，对绝大多数的内存引用将可以得到转换的物理地址，只有 2% 的很少访问才不得不经过二级页面转换机构。所以 TLB 大大提高了分页情况下物理存储器访问的速度。CPU

每次访问存储器时，首先要访问 TLB，把线性地址的高 20 位地址码对 TLB 中的标记字段进行检索。如果检索命中，则从对应的页表项字段中得到页的起始基地址，计算 32 位的物理地址，并将其放在地址总线上。

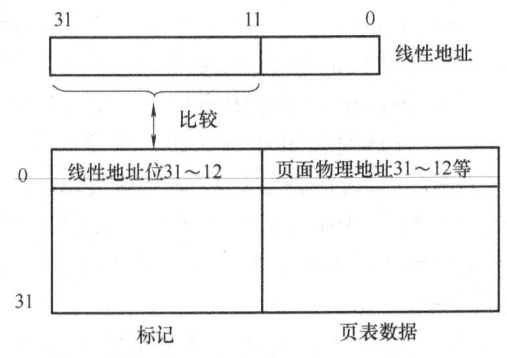

图 9-15　TLB 结构示意图

但如果页表项不在 TLB 中，那么 80486 微处理器将从目录中读取相应的页目录项。如页目录项中的 P=1，表明页表在内存中，那么 80486 微处理器接着从页表中读取相应的页表项并设置 A 位；如果页表项中的 P=1，表明该页面在内存中，则 80486 根据需要更新 A 位和 D 位，并最终得到转换的访问地址，同时将找到的页表项与高 20 位线性地址去替换 TLB 中"最近最少使用"的某一个项。如果在访问中出现目录项或页表项中的 P=0 的情况，则微处理器将产生一个页故障错。

9.5　多任务及保护

9.5.1　多任务及其转换

1. 任务的概念

任务（Task）是操作系统中的一个最重要且最基本的概念，在很多场合也称作进程（Process），任务是一个程序的执行过程，是一个程序运行的生命周期。在高档微机中，为了提高资源利用率，通常在存储器中存放并且可同时运行多道程序。对于同一个程序，也可以在不同点上同时启动其多个进程以处理不同的数据集合，分别属于多个不同的任务。另外，对于同一个任务的执行，也可能会有主程序调用子程序的情况，所以，即使是同一个任务内也可以包含有多个程序执行的情况。由此可见，任务和程序是两个概念，两者不能等同。

当一个任务处于活动期时，它的寄存器状态和各种有关信息随着程序的执行而不断变化，CPU 必须要监控和掌握这种变化，因此必须为每个进程定义一个进程控制块，这个进程控制块就是我们前面提到的任务状态段（TSS）。系统在建立一个任务的同时，必须为该任务定义一个任务状态段。当发生任务的切换时，需要访问两个任务状态段：先要把当前 CPU 状态保存到旧的任务状态段中，为后续的任务返回做好准备，然后再去访问新任务的任务状态段，从中读取数据并装入 CPU 的寄存器中，使程序在指定点上开始执行。当任务被撤销时，任务状态段也就被撤销。

除任务状态段外，每个任务有一个 LDT 用来存放属于该任务的各个段的描述符，而由 CPU 的系统地址寄存器 LDTR 保存当前处于活动期任务的 LDT 的描述符的选择符，而 LDT 的基址、界限值和属性字段则保存在 LDTR 的高速缓冲寄存器中。

任何多任务或多用户操作系统都有一个非常重要的属性，即能够在各个任务或进程之间进行快速切换。在任务切换时，处理器要保护机器的原有状态（所有的寄存器、地址空间以及与先前任务的连接状态），装入新任务的执行状态，执行保护性检查并启动任务的执行，时间大约需要 17μs。任务切换操作是通过执行段间的 CALL、JMP 指令实现的。它们可以通过装入选择符直接引用任务状态段 TSS，或者引用 GDT 或 LDT 中的任务门描述符，甚至通过 INT n 或外部中断都可以调用任务的切换。任务的切换涉及任务门、TSS 和 TSS 的描述符。

2. TSS、TSS 描述符和任务门

任务状态段是 80486 系统中定义的系统段，用来保存 CPU 中可编程寄存器的状态信息、任务切换的反向链、I/O 地址的位屏蔽（对 I/O 操作的保护功能）等。TSS 作为特殊的段，由 TSS 描述符记录其段基地址、界限值和属性字段等信息。TSS 描述符只能放在全局描述符表 GDT 中，通过 TR 寄存器中的选择符，对 GDT 中的 TSS 描述符进行索引，实现对 TSS 的寻址。图 9-16 中给出了 TSS 格式的图示。TSS 中的信息如下：

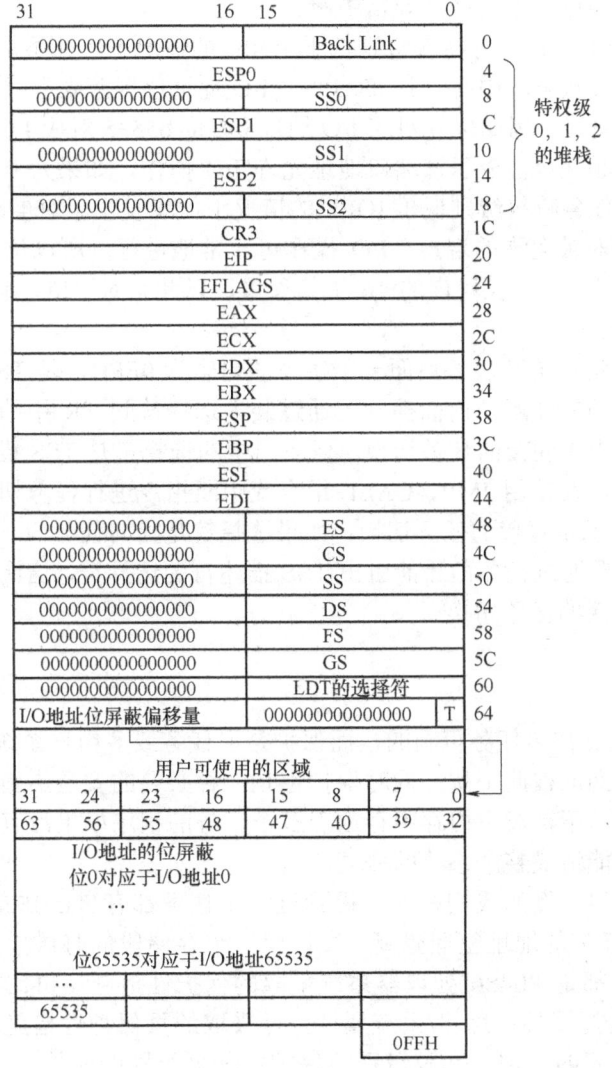

图 9-16　TSS 的格式

1）字节 0、1 是 16 位的选择符，指向旧任务的 TSS（用 TSS0 表示），在任务切换时自动装入，作为执行任务返回时的反向链。

2）字节 4～1BH 存储三个特权级的 SS 和 ESP 值，在切换进入新任务时，用这些值装入当前运行代码对应特权级的寄存器中，建立新的堆栈空间和指针。

3）字节 1CH～5FH 分别是 CR3、EFLAGS、EIP、EAX、ECX、EDX、EBX、ESP、EBP、ESI、EDI、ES、CS、SS、DS、FS 和 GS。存储各寄存器的初值，在任务切换时自动装入 CPU 寄存器中，使程序在该起点上执行。

4）字节 60H、61H 存储本任务的 LDT 描述符的选择符，任务切换时用该选择符装入 LDTR，包括 LDT 描述符信息对高速缓冲寄存器的装入。

5）关于 I/O 特权级。我们还记得在指标寄存器 EFLAGS 中第 12、13 位 IOPL 是为输入、输出操作指定的特权级。它的意义在于当前任务的优先级高于或等于（数值上小于等于）IOPL 时，则允许执行 I/O 指令，否则就不允许执行 I/O 指令。如果在不允许 I/O 操作的情况下发生了 I/O 操作，则会产生异常中断。

但在 80486 系统中，在任务特权级别低于 IOPL 的情况下，并不是不加区别地一概拒绝 I/O 操作。它在任务状态段中有一张 8KB 的"I/O 地址位屏蔽表"，位顺序从 0～65535，依次对应 64KB I/O 端口，例如位 0 对应 I/O 地址 0，位 65535 对应 I/O 地址 65535，依次类推。如果某个位的值为 1，表示该端口地址允许 I/O 操作，如果为 0 值，表示该端口地址屏蔽 I/O 操作。当任务特权级别低于 IOPL 的情况下如果发生了对屏蔽端口的 I/O 操作，则产生异常中断。而对被允许的端口，I/O 操作可正常地进行。所以位移量 66H、67H 用来存放"I/O 地址位屏蔽表"在段内的 16 位偏移量，以此来对"I/O 地址位屏蔽表"在任务状态段中进行定位。

6）位于"I/O 地址位屏蔽表"后面一个字节的内容为 0FFH，是 TSS 段的结束标记。

最后来说明任务门的作用。前面提到的通过装入选择符到 TR 中的任务切换为直接的任务切换，而任务门用于间接的任务切换。任务门中的选择符是 TSS 描述符的选择符，通过它寻址任务状态段。在使用 JMP、CALL 指令或中断指令进行任务切换时，如果选择符是指向 TSS 描述符，就是直接的任务切换；如果选择符是指向任务门，则应该为间接的任务切换。这是因为先要通过任务门才能引出 TSS 描述符的选择符，这比直接切换多了一步操作过程，所以是间接的任务切换。

9.5.2 保护

32 位微处理器是支持多任务机制的，而保护是多任务或多用户系统理想的管理方法，用来防止多个任务之间的彼此干扰。同时保护也是一种必要的安全措施，可以防止对存储器的非法操作。设想一下，对于内存中存放着多个任务的程序如果没有保护措施，任务中的某处出错，就有可能造成整个系统的瘫痪。

保护的措施有多种，例如我们在前面提到过每个任务都有自己独立的逻辑地址空间，通过 LDT 表把各个任务的地址空间隔离；在访问一个存储段的时候要进行段界限的检查和各种合法性检查，都是 80486 处理器系统采取的保护性措施；再比如在允许分页的情况下，设置页面的读/写属性、用户/系统属性，是采取的页保护性措施。所以保护措施大致分为：①不同任务间的保护；②段级别的保护；③页级别的保护。

1. 不同任务间的保护

在多任务系统中，每个任务放置在不同的逻辑地址空间，按照一定的转换关系分别映射到物理地址空间的一定范围。换句话说，每个任务各自对应于物理存储空间的一个区域。显然各个任务之间的物理地址空间是不允许重叠的，是相互独立和隔离的。这种任务之间的隔离提供了任务间保护的基础。

在计算机中，操作系统负责着各个任务的调度、资源的分配和输入/输出管理。通常情况下，操作系统本身作为一个独立的任务要与各个应用程序隔离，但又要为各个进程所共享并提供 I/O 服务，因此把操作系统为应用程序提供的 I/O 子程序作为公共部分存放在系统开辟的全局地址空间中。而作为应用程序的进程或任务，它们所分配的地址空间，只为该任务所独有，因而被称为局部地址空间。显然，局部地址空间和全局地址空间在逻辑关系上是相互独立和隔离的。

对于各个任务所共享的部分，如操作系统提供的 I/O 服务子程序，对于全局地址空间中这一部分区域的物理地址空间，各个任务都可以通过自己的转换关系与之建立映射，从而可以实现应用程序对公共代码的共享。

2. 段级别的一般性保护

在计算机中，微处理器的结构为软件程序的模块化设计提供了硬件支持。在程序设计中，通常是以段的方式反映程序的结构。代码、数据、堆栈以段为逻辑单位互相分开又互相关联。作为一个任务或进程，可以有一个或多个代码段、一个或多个数据段，所以处理器在任务或进程的生命周期中，要按照一定的规则进行段的各种检查，以保证程序运行和访问的合法性，这就是保护。

在 80486 保护方式中，段通过描述符来定义。在前面的讨论中已经对描述符的结构作了详细说明。在描述符中定义了描述符的类型、段的起始地址和最大限长、描述符的特权级等信息，这些信息为段访问的保护和合法性检查提供了前提，下面分别加以说明。

（1）类型检查

当描述符中的属性位 DT =1 时，描述符描述的是代码段或数据段，统称为存储段。存储段中的 TYPE 及 A 属性字段用来进一步说明段的种类和访问属性，如图 9-17 所示。

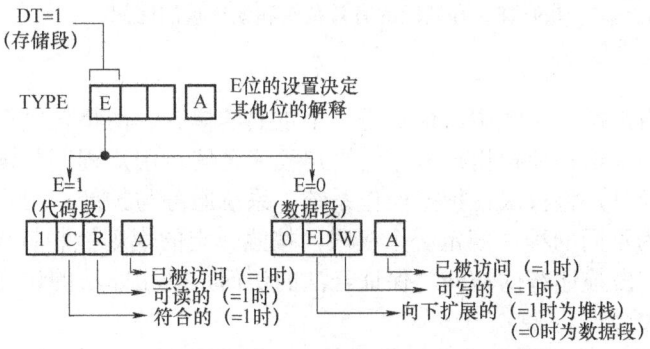

图 9-17 描述符的类型

TYPE 属性的 E 是执行位，E=1 表明存储段是可执行的，即代码段，这时 TYPE 中的低 2 位表示 C 位（一致的属性）和 R 位（可读的属性），而 A=1 表示已被访问。而当 E=0 时，表明是数据段或堆栈段，这时 TYPE 中的低 2 位则表示 ED 位（Expanded Direction，即扩展方向）和 W 位（可写的属性），A 的定义不变。

根据 TYPE 属性和 A 属性字段的定义，若处理器在对段进行访问或进行读/写操作时，将对以上的类型等属性进行合法性检查。例如，当段描述符的 E 位等于 1（为可执行段）且其他的保护性检查均合法时，描述符所对应的选择符才能加载到 CS 选择器中；如果当描述符的 E=0，且 ED 和 W 为 1，其选择符才能加载到 SS 选择器中（当然其他检查必须都合法），等等。如果在访问中出现了与上面所述的类型检查不相容的情况，将会产生保护性异常。

（2）界限检查

在保护方式下，段的边界由段描述符中的界限值指出。段的大小通常是不固定的，在 80486 的段描述符中段的界限值占 20 位，当描述符的属性位 G=0 时，段的界限值以字节为单位，这种情况下段的最大尺寸为 1MB；当 G=1 时段的界限值以页（4KB）为单位，这时段的边界值=界限值×4096+4095。

除了段的界限属性外，在数据段中段的生长方向（即扩展方向）可用于说明数据段或栈段的属性。如 ED=1，表明段是向低地址方向扩展的，这是堆栈段的情形；如 ED=0，表明段是向高地址方向扩展的，这是一般数据段的情形。图 9-18 展示了存储段当 ED=0（一般数据段）和 ED=1（堆栈段）时段的有效范围及偏移量的合法范围。

界限的检查也用于系统段中的描述符表。主要是为了防止访问描述符表产生越界而加载非法的段描述符的情况，一旦越界就会产生保护性异常而报错。

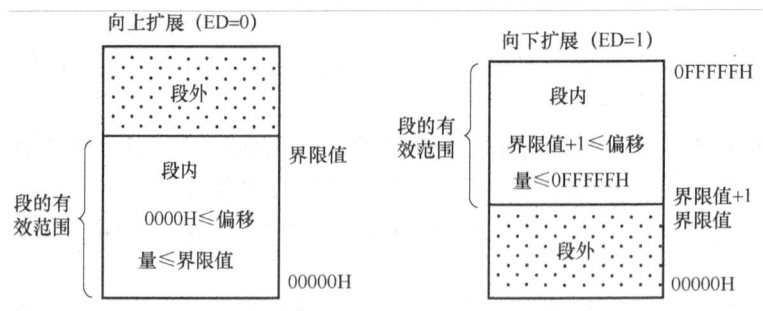

图 9-18 存储段的有效范围和偏移量的区间

3. 特权级保护

在多任务、多用户操作系统中，保护是一个重要的概念，而特权级保护是整个保护机制的核心。采用特权级保护使得用户程序与用户程序之间、用户程序与操作系统之间能够互相隔离和保护。同时，特权级保护把操作系统、系统服务与扩展、用户程序形成了层次结构。这样就可以为不同的程序规定一个权限，按照一定的规则控制特权指令、I/O 指令的使用，控制对段和段描述符的访问，保证合法的访问，禁止非法的访问。因此这种保护更加符合实际和更加合理。

Intel 80×86 系列的 32 位微处理器提供了一个 4 级层次结构的特权管理系统，它是小型机中通常采用的 4 级特权系统的扩充。特权级用 PL 表示，以 0～3 编号，0 级的特权级最高，通常赋予操作系统的核心程序，该域内的程序可以访问系统的所有资源。1 级次之，赋予操作系统的例行服务程序，包括文件的共享、显示管理以及数据通信等。2 级赋予操作系统的扩充程序，如数据库管理和逻辑文件的访问系统等。3 级的特权级最低，用来赋予用户程序。图 9-19 给出了 4 级保护模式层次结构的环状模型。

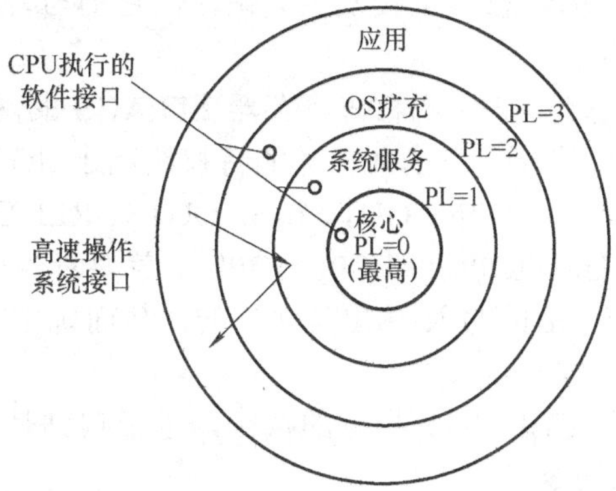

图 9-19 4 级保护模式层次结构的环状模型

（1）任务的特权级

在 80486 微处理器中，每个任务都在 4 个特权级中的某一个级别上执行程序，由 CPL（Current Privilege Level，即当前特权级）来指定。一个任务的特权级只有当使用门描述符将控制传递给不同特权级的某个代码段后才能改变。例如当一个任务在 PL=3 的级别上运行时，应用程序可以调用 PL=1 的操作系统中的例行程序（通过一个门来调用），从而使该任务的 CPL 变成 1，一直到操作系统例行程序执行完，返回应用程序为止。

（2）选择符的特权级（RPL）

选择符特权级由选择符中的 RPL（Request Privilege Level，即请求特权级）字段指定。选择符特权级通常是为当前任务请求访问一个段描述符时设定的请求特权级，它只能访问比它级别低的段（RPL≤DPL，数字大的级别更低）。由于 RPL 的设定者可以人为设定 RPL 的值，所以单独看 RPL 的级别高低，并不代表什么。为此系统将 RPL 和 CPL（任务的当前特权级）中级别较低者定义为当前任务的有效特权级（即 EPL），显然有：

EPL= MAX（RPL，CPL）

公式所表达的含义是当 RPL 设定级别高于 CPL 时，CPL 就代表了任务的有效请求特权级；若 RPL 级别低于 CPL 时，则 RPL 的设定对该任务有效，可成为任务的有效请求特权级。这种就低不就高的原则，可有效地防止非法访问情形的出现。

（3）描述符特权级（DPL）

我们在本章的第四节中学习了描述符的概念。描述符是用来描述段的有关信息的数据块，其作用是对程序中所使用的段进行描述，包括段的大小、起始地址以及段的属性。所以，其中的 DPL 字段就叫作描述符特权级。由于描述符是与段相对应的，所以 DPL 就代表了描述符所对应的段的特权级。

描述符的种类多，除了代码、数据、堆栈段等一般段的描述符外，还有 LDT 的描述符、各种门的描述符等，这些描述符都有其相对应的描述符特权级 DPL。

我们知道，一个任务的生命周期中可能要执行多个程序段，每个程序段都有自己的 DPL，如果某个程序段是当前处于活动期间的代码段，则它的 DPL 就代表了当前任务的特权级（即 CPL）。如果在进程期间发生了控制的转移，例如转移到了另一个代码段，则 CPL 就发生变化，变成了与新的代码段描述符特权级 DPL 相同的特权级了。

（4）I/O 特权级（IOPL）

I/O 特权级虽然不与段的特权级直接发生关系，但它仍与特权级的访问有关，所以将它与其他的特权级一并介绍。

I/O 特权级即 IOPL，它是 32 位的标志寄存器 EFLAGS 的两个标志位，用来定义 I/O 指令在该级别上运行的最低特权。在当前任务的特权级高于 IOPL（CPL≤IOPL）时，可以无条件地执行各种 I/O 指令，如 IN、OUT、INS、OUTS、REP INS 和 REP OUTS 指令等。如果当前任务的 CPL 级别低于 IOPL（即 CPL>IOPL），就要看当前任务的 TSS 段中的"I/O 地址位屏蔽表"，看哪些端口上的输入/输出是允许的，从而确定 I/O 操作的合法性。否则就会引起保护性异常 13 的故障。

此外，IOPL 还影响到 CLI、STI 指令的执行，也影响到是否可以通过装入一个值到 EFLAGS 中来改变 IF 位的指令。

（5）特权规则

在多任务系统中，特权级保护起着十分重要的作用，而特权级保护必须遵守一定的规则，规则比特权级本身更重要。80486 微处理器按照以下规则，执行程序的控制转移和数据的访问：

1）具有某个特权级的数据段不允许级别比它低的代码段的访问。

2）具有某个特权级的代码段只能访问级别相同或级别更高的代码段。

3）允许特权级低的代码段向特权级高的代码段的控制转移，从特权级高的代码段向特权级低的代码段的返回。

对数据段的特权规则表示，只有当数据段描述符 DPL（被访问者）的级别低于 CPL（或 RPL）的特权级，对数据的访问便是允许的。这意味着 0 特权级的操作系统核心，有权访问任务中的所有数据段，而处于 1 级的操作系统服务程序有权访问 2 级和 3 级的所有数据段，处于 3 级的应用程序只能访问本身的数据段。这样，处于操作系统核心的重要数据便不会被除核心外其他部分的程序以及应用程序的访问而被非法改写，从而得到了有效的保护，这是合理的，也是非常重要的。同时，处于内层的操作系统服务程序可以访问外层的用户数据，这是因为用户往往需要调用操作系统的例行程序来处理用户数据，为用户服务。所以这同样地保护了内层代码对外层数据的合法调用，这也是合理的。

对代码段的规则表示，处于外层（特权级 3）的用户程序允许调用 0、1 和 2 级的操作系统程序，为用户提供服务。这是因为操作系统是经过严格测试、结构精练和合理的程序，这种调用既可以简化应用程序的开发，又使代码控制的合理传递得到允许和保护。但反过来的调用不能成立，即处于内层的操作系统的代码不允许调用用户的代码（代码从内层向外层的控制返回则另当别论），因为这种调用容易使系统增加不安全性，所以既不合理，也没有必要。

4. 页级别的保护

我们在讨论分页部件的二级表时，对页目录项和页表项格式中的 U/S 及 R/W 位做过介绍，这两个位主要用于页级别的保护，其保护属性见表 9-3。

80486 微处理器也为分页系统提供了保护属性。在分页机制中只区分两级保护，即属于特权级 3 的用户级和属于其他特权级（0、1 和 2 级）的系统级。具有系统级的页包括操作系统、特殊的系统软件，以及系统数据，如页表等。用户级别的页包括应用程序及其数据。显然，处于用户级别的页面用户程序对它的访问还要取决于 R/W 属性，当 R/W=0 时，允许读/执行，当 R/W=1 时，允许读/写/执行。而对系统程序而言，无论页面处于什么级别或 R/W 处于什么属性,则总是允许读/写/执行的,显然只读页面的安全性无法得到应该的保护。

表 9-3 页的保护属性

U/S	R/W	用户访问权限	系统访问权限
0	0	/	读/写/执行
0	1	/	读/写/执行
1	0	读/执行	读/写/执行
1	1	读/写/执行	读/写/执行

所以,为了防止系统程序对只读页面的误写操作,在 80486 的 EFLAGS 中增加了 WP（Write Protected）标志,这样当 EFLAGS 中的 WP=1,在系统程序在访问页面时,凡是 R/W=0 的页面,无论是用户级或者系统级,都只允许读/执行而不允许写入。

在分段和分页机制中,页的转换总是在段转换之后进行的,所以页级别的保护只能在段级别保护的基础上起作用。即只有在通过了段级别的保护检查后,才可能进行页级别的保护检查。例如,一个允许用户代码访问的存储单元在段级别下是允许写入的,如果装入只读的用户级页面时,则不允许写访问。只有在段级别上是可写的而在页的级别上也是可写的情况下,才允许写入访问。

9.5.3 保护方式下的控制转移

保护方式下当 80486 微处理器装入一个选择符到 CS 段寄存器时,就发生了段间的控制转移。概括起来,在同一进程中的控制转移有 3 种方式:段内转移、到另一代码段的直接转移以及使用调用门的段间间接转移。

1. 直接控制转移

直接控制转移又可分为段内转移和段间转移两种情况。

段内转移一般使用 JMP 指令的无条件转移指令,或者使用 CALL 指令和 RET 指令实现对段内近过程的调用和返回。段内调用不会引起特权级的改变,也不必改变 CS 段寄存器的值,只作段的界限检查,这种检查不必访问段描述符,而只是对 CS 的描述符高速缓冲寄存器的界限值作比较,以保证控制转移的合法性。

直接的段间控制的转移是指转移的目的地址为远程标号的情况,一般使用 JMP 指令作无条件转移,或者使用 CALL 指令和 RET 指令进行过程的调用和返回。远程标号直接给出的是一个 48 位的远指针,它由一个 16 位的选择符和一个 32 位的偏移量组成。系统将 16 位的选择符装入 CS 段寄存器,去索引描述符表中对应的那个代码段描述符,并将它加载到描述符高速缓冲寄存器中,然后进行一系列的保护性检查。注意,只有当描述符特权级 DPL=CPL,而且目标段是一个存在的可执行段,这种控制才能实现。

为何直接的段间控制转移只能在 DPL= CPL 时才能成立呢? 道理是这样的,因为有效请求特权级 EPL=MAX（RPL, CPL）只能请求特权级级别低于或等于 EPL 的段,即使当 RPL 级别取得很高时（比如为 0 级）,则由 EPL 的计算公式有:EPL= CPL,所以只能请求 DPL 等于或低于 EPL（即 DPL≥CPL）的段,但 DPL> CPL 明显违反了代码段控制转移的规则,所以唯一的可能就是 DPL=CPL。

由于直接的段转移不能在不同的特权级间进行,所以对控制转移时特权级发生变化的情形,只能使用段间的间接控制转移。

2. 间接的段间控制转移

间接的段间转移可以实现不同特权级间控制的传递。为了提供进一步的系统安全性，规定：特权级的转换只能通过门来实现。在使用门的时候，先以门的选择符选中门（即为门描述符），再用门中的选择符（即为目的代码段描述符的选择符）去修改 CS 寄存器的值。在使用门的时候必须遵守以下的规则：①指向一个门的选择符时，其请求特权级 RPL 和当前的 CPL 都必须高于或等于门的 DPL（即有 DPL≥EPL）；②门中所选的代码段描述符的 DPL 必须与任务的 CPL 相等或更高。

显然，特权级的改变必然会引起堆栈的改变，用于特权级 0、1、2 的 SS 和 ESP 的初值均保留在 TSS 段中，在使用 JMP 或 CALL 指令的时候，新的栈指针将装入 SS 和 ESP 寄存器中，而原来的堆栈的指针将被压入新栈中。当执行完代码而返回（使用 RET 或 IRET 指令）原来的程序段时，将恢复级别较低的原来的栈。如果发生使用堆栈传递参数、并且是跨越不同特权级的子程序调用的情形，则要把一定数目的字（由门描述符中的字计数字段指定的值）从原来的栈复制到新栈中，而在返回的时候，带有调整值（相当于 RET n 指令中的 n）的段间返回将会正确地恢复原来的堆栈指针。

间接的段间转移可以分为：用 JMP 或 CALL 指令通过调用门实现段间间接转移，通过中断门或陷阱门的中断。

（1）用 JMP 或 CALL 指令通过调用门实现段间间接转移

指令有如下的格式：

JMP/CALL[选择符：偏移量]（偏移量自动作废，将使用门中的偏移量）

为了说明问题，我们把调用门的格式重画于图 9-20 中，上面指令中的选择符是调用门的选择符，选择符的请求特权级为 RPL0，它所对应的调用门的特权级用 DPL0 表示。根据特权级保护规则：

DPL0≥MAX（RPL0，CPL）

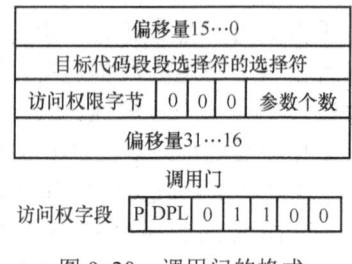

图 9-20 调用门的格式

即有效请求特权级不应低于它选择的描述符特权级，所以门的特权级应该处于当前进程特权级的外层或同处一层。

在调用门格式中，有一个目标代码段描述符的选择符，假设它的请求特权级用 RPL1 表示，选择符可从 GDT 或 LDT 中选择它所对应的目标代码段描述符，该描述符的特权级设定为 DPL1。显然，根据控制转移的调用规则应有：

DPL1≤CPL

即这种控制转移或特权级的转移，必须遵循代码段转移的特权规则。也就是说，目标代码段只能处于当前进程的特权级的内层或同处一层。

在使用转移指令的时候，对于 JMP 指令，要求 DPL1=CPL；而对于 CALL 指令，应有

DPL1≤CPL。就是说利用 JMP 指令的调用门间接转移只能在同一特权级上进行；利用 CALL 指令调用门间接转移，可以实现对等于或高于当前任务特权级的级别的控制转移。除了对特权级的检查外，还需要对存在位、门中的偏移量做保护性检查，以保护访问中不出现越界的非法访问。

图 9-21 展示了调用程序、门和被调用程序之间的特权关系。可以看出，处于特权级 2 的代码段 $Code_D$ 可以通过门去调用级别比自己高的代码段 $Code_A$、$Code_C$ 的程序，并且在调用时将发生特权级的变化。图中的 $Code_E$ 和 $Code_D$ 同处一个特权级，$Code_D$ 调用 $Code_E$ 使用了门 $Gate_E$，所以是间接的控制转移方式。事实上，$Code_D$ 可以使用直接调用的方式把控制转移到 $Code_E$。但 $Code_D$ 不可以使用直接调用的方式把控制转移到比自己具有更高特权级的代码段去（如 $Code_A$、$Code_B$ 和 $Code_C$），图中虚线所示的正是这种情形。而处在特权级 1 的代码段 $Code_C$，使用了特权级与之相同的门 $Gate_B$，把控制转移到级别比自己高的代码段 $Code_B$ 中。

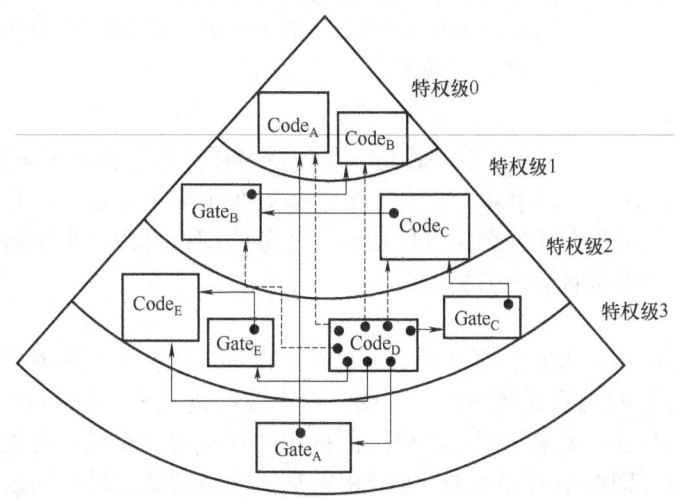

图 9-21 使用门的间接调用图示

需要注意：调用程序对门的调用关系，即调用程序的当前特权级（CPL）不允许调用特权级（DPL）比自己高的门，这是一条十分重要的特权规则。

（2）中断门及陷阱门的转移

在保护方式下，通过使用中断指令 INT n 或 INT0，可以实现从当前的 CPL 向当前特权级或更高级别的特权级的控制转移。图 9-22 给出了使用中断门或陷阱门的控制转移。

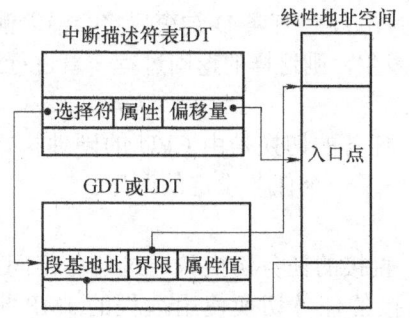

图 9-22 通过中断门与陷阱门的转移

先通过中断类型号，从 IDT 表中选择一个中断门或者陷阱门，门中的选择符用来从 GDT 或 LDT 中选择一个描述符，该描述符必定指向一个可执行的目标代码段。由段基地址和界限值可确定目标段在线性地址空间中的定位。而被调用的中断服务程序的偏移地址则由中断门或者陷阱门中的偏移量提供。

在使用 INT n 或 INT0 指令访问中断门或陷阱门时，要对门的特权级进行检查，必须满足：

DPL 门 ≥ CPL

如果条件满足，继而对目标代码段的特权级（即门中的选择符所指向的目标段描述符的 DPL）进行检查，应符合如下条件：

DPL 目标段 ≤ CPL

需要指明的是，在 DPL 目标段 ≤ CPL 的条件满足且目标代码段是一个一致的代码段时，则通过中断门或陷阱门的控制转移被认为是同一特权级的转移；而当目标代码段是一个非一致的代码段时，则认为是任务的特权级发生了转移，作为特权级切换的一部分，因而堆栈段也要切换到相对应的内层的栈上。

3. 任务的切换

前面已经讨论过任务的概念。80486 是一个支持多任务运行的微处理器，若 CPU 运行于多任务的情况下，任一时刻事实上只有一个任务处在实际运行之中，但是，可以由 CPU 按照一定的管理方式在各个任务之间进行切换。任务的切换可由一个中断、一条任务间的跳转指令、调用指令或返回指令来实现。

（1）任务链

位于 TSS 段的位移量为 0 的字是一个选择符，作为记录任务切换时的一个反向链。图 9-23 展示了一个任务状态段连接链的示意图。这个反向链是和 EFLAGS 寄存器中的嵌套位 NT 一起配合使用的，用来把因各种原因而挂起的任务用一个任务链把它们连接起来。当前任务的 TSS 段（即图中的任务 D）由 TR 寄存器的当前值寻址，通过图中箭头所示的方向将它们连接在一起。

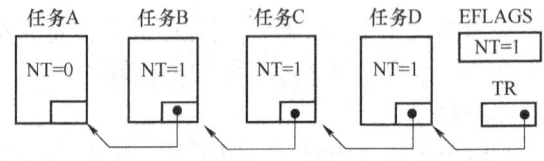

图 9-23　任务状态段的连接链

当执行任务返回时，由于 NT=1，当任务 D 结束后将会沿着箭头的方向恢复前一个任务的执行。如果没有新的任务切换发生，则这样的返回过程一直进行到恢复任务 A 的执行为止。

（2）任务的设定

在 80486 多任务系统中，任务的切换是由 CPU 的硬件执行的。首先要对 CPU 的系统地址寄存器设定，图 9-24 给出了一个任务设定的顺序。

（3）任务的切换

任务的切换有两种方法：直接的任务切换和通过任务门间接的任务切换。

1）直接的任务切换。直接的任务切换使用远程的 JMP 指令或 CALL 指令，有如下格式：

JMP/CALL[选择符：偏移量]

JMP/CALL 指令的操作数"选择符"是新任务的任务状态段（用 TSS_N 表示）的描述符。该指令执行任务切换的顺序为：

① 选择符被送到 TR 选择器，从 GDT 中选择 TSS_N 的描述符并装入 TR 描述符高速缓冲寄存器中，再由描述符中的定位信息（基地址和界限值）得到 TSS_N 段。

② 从 TSS_N 段中获取并加载 LDT_N 到 LDTR。

③ 保护 CPU 当前的任务状态（栈指针和寄存器状态等信息）到旧任务的任务状态段（用 TSS_O）中。

④ 将新任务 TSS_N 段中的内容全部加载到 CPU 的寄存器中，建立程序运行的初态。

⑤ 把旧任务的 TSS_O 描述符的选择符存储到 TSS_N 的反向链中，并将 EFLAGS 的 NT 位置为 1。

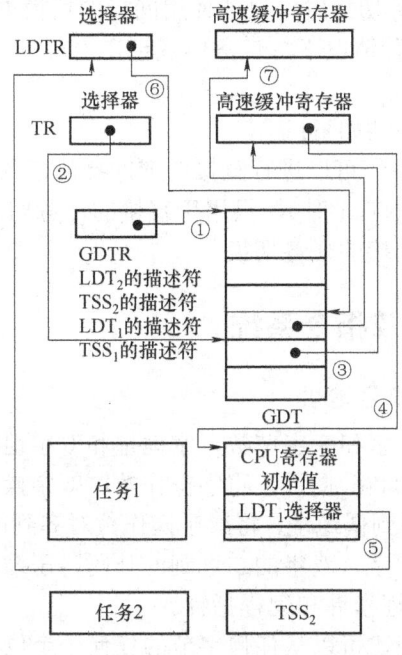

图 9-24 任务的设定

这样，仅修改了 TR 选择器寄存器，就可以进行任务的重新设定，高速地完成任务的切换。最后要说明的是，指令中的目的地址偏移量部分事实上被忽略。

除了使用 JMP/CALL 指令进行直接的任务切换外，还可以使用 IRET/IRETD 指令，格式如下：

IRET/IRETD（当 NT=1 时）

这两条指令实现的是从新任务的返回——即返回到反向链所指示的前一个旧任务的转换过程。执行 IRET/IRETD 时，把现行任务的 TSS 的反向链中的选择符作为 TR 寄存器的修改值，注意：这时 EFlAGS 寄存器中的 NT 位必须为 1。

2）间接的任务切换。间接任务的切换也使用远程的 JMP 指令或 CALL 指令，以及通过中断的方式。格式如下：

JMP/CALL[选择符：偏移量]

中断/异常中断

在间接任务切换的情况下使用 JMP/CALL 指令，指令中的选择符不是指向 TSS 的描述符，而是指向一个任务门（在 GDT 中或是在当前任务的 LDT 中）。任务门的内容是新任务的 TSS 的描述符的选择符，如图 9-25 所示。关于任务门，要说明以下两点：①任务门的内容中，包含新任务的任务状态段 TSS 的选择符，最终作为 TR 选择器的加载值使用；②任务门可登记在 GDT、LDT 或者 IDT 中。

可见，对于使用 JMP/CALL 指令的情况，任务的间接切换只是比直接切换多了一项操作，即通过任务门的选择符去索引 GDT 表或 LDT 表，选中对应的任务门描述符，再从门中得到 TSS 段选择符作为 TR 的修改值。其后的操作与上面所述的相同，不再赘述。

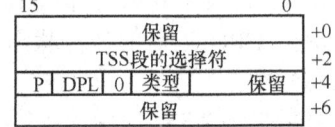

图 9-25 任务门描述符的格式

用中断/异常中断进行任务切换时，只能使用间接的切换方法。发生中断/异常中断时，CPU 要访问 IDT 表，所以这种情况下，任务门登记在 IDT 中，而新任务的 TSS 描述符，为方便起见登记在 GDT 表里。

现在将任务转换的方法归纳如下：
- 使用 JMP/CALL 指令，可以进行直接的或间接的任务切换。
- 使用 IRET/IRETD（NT=1 时），只用于直接的任务切换。
- 中断/异常只可用于间接的任务切换。

9.6 80×86 的寻址方式及指令系统

9.6.1 80×86 的数据类型和全地址

数据类型有字节、字、双字和 8 字节数，字地址和双字地址可以边界对齐或不对齐。但是为了获得最佳的性能，80486 提供了将字操作数、双字操作数和四字操作数对齐的功能。例如可以将字操作数对齐到偶地址，将双字操作数对齐到能被 4 整除的地址等。80486 支持无符号或有符号的字节、字、双字的二进制的补码，压缩或不压缩的 BCD 码，以及位串、字符串（也叫串）、近程指针和远程指针。

位串：它是邻接位的序列，可以从任何字节的任何一个位开始，最长可达 $2^{32}-1$bit。

字符串：它是一个连续存放的数据序列，每个项可以是字节、字或双字。最长可达 $2^{32}-1$B。

近程指针：在实模式中，近程指针是一个段内地址偏移量；而在 32 位的保护模式中，近程指针是一个 32 位的偏移地址。近程指针用于段内数据的访问或段内控制转移。

远程指针：在 32 位的保护模式下，是一个 48 位的虚拟地址（即逻辑地址）。它由一个 16 位的段选择符和一个 32 位的偏移地址组成。远程指针主要用于段间的数据访问或段间的转移。

所谓全地址，就是一个完整的逻辑地址表达。80486 在实模式下支持 16 位和 32 位的操作数和 16 位的寻址方式，而在 32 位的保护模式下采用 32 位的寻址方式。

当 80486 工作在实模式或者虚拟 86 模式下时，每个段的长度最大为 64K，总的程序空间为 1MB。全地址的表达为"段地址（16 位）：偏移量（16 位）"。这种方式与 8086 的寻址方式中所规定的完全一致。

当 80486 工作在 32 位保护模式时,每个段最长可达 4GB。每个任务的逻辑地址空间最大可达 64TB(1TB=1024GB)。全地址的表达为一个 48 位的逻辑地址,即"选择符(16 位):偏移量(32 位)"。

9.6.2　80×86 指令的寻址方式

80×86 CPU 指令系统采用了变字长的指令格式。指令格式中包含操作码和操作数两部分。操作码指明操作的种类,操作数或者指明操作数本身,或者说明操作数所在的地址信息。而指令的寻址方式就是如何寻找操作数的方式。

我们前面介绍过 8086 CPU 的寻址方式及其指令系统,而 80486 是在 8086 的基础上发展起来的功能很强的 32 位微处理器,在指令系统上保持了与 8086 的代码级全兼容,且 80486 在 16 位方式下的存储器寻址方式与 8086 微处理器的完全一致。所以本节仅对 80×86 中最常用的寻址方式及新增加的指令进行介绍。

80×86 在 32 位指令模式下主要的寻址方式有以下几种。

1. 立即寻址

立即寻址是指操作数直接包含在指令中,作为指令码的一部分存放在代码段内,随着取指令操作一起被放入指令队列。32 位 CPU 的立即数范围可从单字节数到 4 字节数。例如:

MOV EDX, 12345678H　　;将一个 32 位的立即数送入 32 位寄存器 EDX 中

2. 寄存器寻址

操作数在 CPU 内部的某个 8 位、16 位或 32 位寄存器中。例如:

MOV ECX, EBX　　;源操作数或目的操作数是 32 位通用寄存器

3. 直接寻址

操作数在存储器中,由指令中直接给出操作数所在段的段内偏移地址,默认为操作数在数据段中,其有效偏移地址 EA=16 位或 32 位的偏移量。例如:

MOV EDX, LIST　　;LIST 是在数据段定义的一个双字变量的变量名

4. 寄存器间接寻址

操作数在存储器中,其有效地址在指令中指明的寄存器中给出。

在 8086 中,用于寄存器间接寻址的寄存器只能是 BX、BP、SI 和 DI。而在 32 位的 80×86 中,允许任何 16 位或 32 位的通用寄存器用于寄存器间接寻址。例如:

MOV ECX, [EAX]　　;默认段为 DS,传送一个双字,有效地址是 32 位
MOV EAX, [BX]　　;默认段为 DS,传送一个双字,有效地址是 16 位
MOV AX, [ECX]　　;默认段为 DS,传送一个字,有效地址是 32 位

5. 寄存器相对寻址

寄存器相对寻址的有效地址 EA 等于指令中所说明的通用寄存器的内容和一个位移量(disp)之和。所使用的寄存器和位移量都在指令码中给出。在 32 位偏移量的情况下,任何一个通用寄存器均可看成基址寄存器。例如:

MOV AX, [ECX+4]　　;源操作数在 DS 段,传送一个字,有效地址是 32 位值
MOV AX, ARRAY [EBX]　　;源操作数在 DS 段,传送一个字,32 位有效地址
　　　　　　　　EA=EBX+ ARRAY 的位移量

在 32 位偏移量的情况下,若不加段超越前缀,那么除了 EBP 默认为堆栈段(SS 段)以外,其余均默认为数据段(DS 段)。

6. 比例变址寻址

只能在 32 位微处理器（80386～Pentium）中使用。这种寻址方式的有效地址，等于变址寄存器的内容乘以一个比例因子（比例因子为 2、4 或 8），再加上位移量所得的和。可表示为：

$$EA=变址寄存器内容×比例因子+位移量$$

任何一个通用寄存器都可以充当变址寄存器的角色，例如：

MOV EAX, ARRAY[ESI*2]
MOV EAX, ARRAY[EDI*8]
MOV AL, [EBX*2]

7. 基址变址寻址

基址变址寻址的有效地址 EA 等于指令中所说明的基址寄存器的内容加上变址寄存器内容之和。在 32 位偏移地址的情况下，任何一个通用寄存器都可以作为基址寄存器或变址寄存器。例如：

MOV AL, [EBX+ ECX]   ；源操作数在 DS 段中
MOV EAX, [EBX+ EDI]   ；源操作数在 DS 段中

若两个寄存器中，有一个寄存器是 EBP，则对应的操作数默认在 SS 段中。例如：

MOV EAX, [EBP+ EDI]   ；源操作数在 SS 段中
MOV EAX, [ECX+ EBP]   ；源操作数在 SS 段中

8. 比例基址变址寻址

这种寻址方式事实上是上一种寻址方式功能的扩充。其有效地址用 EA 表示，即有：

$$EA=基址寄存器内容+变址寄存器内容×比例因子（2、4 或 8）$$

在 32 位偏移地址的情况下，任何一个通用寄存器都可以作为基址寄存器或变址寄存器。且比例基址变址寻址的操作数其默认段的认定，与基址变址寻址方式相同。例如：

MOV EAX, [ECX+ EDX*4]
MOV EAX, [EBP+ EBX*4]   ；源操作数在 SS 段中

9. 基址变址加相对寻址

这种寻址方式，对于 80386 以上的微机处于 32 位的工作模式时，可用任何通用寄存器充当基址寄存器或变址寄存器。例如：

MOV EAX, ARRAY [EBX+ECX]
MOV EDX, [ESI+ EBP+ 0F681H]   ；源操作数在 SS 段中

10. 比例基址变址加相对寻址

这种寻址方式只能在 80386～Pentium 微处理器中使用。在这种方式下，一对寄存器中的第二个通用寄存器用比例因子相乘。有效地址 EA 为：

$$EA=基址寄存器内容+变址寄存器内容×比例因子（2、4 或 8）+位移量$$

例如：

MOV   EAX, TAB [EBP+ESI*4]   ；源操作数在 SS 段中
MOV   [EBX+ ECX*2+0100H], AX   ；目的操作数在 DS 段中

9.6.3 80386/80486 增强与增加的指令

80386/80486 是 32 位的微处理器，具有 32 位的总线宽度和 32 位的通用寄存器组，可以执行 16 位和 32 位的操作，其指令系统保持向上兼容，并对部分指令增强了功能，又增加了一些新的指令，现简述如下。

1. PUSH /PUSHAD /PUSHFD 指令

80386 以上的微处理器，其 PUSH 指令可以对任何内部的 16/32 位寄存器、立即数、任何段寄存器或任何 2B 的内存数据执行压栈操作。PUSHAD 指令执行对全部 32 位通用寄存器入栈操作，其入栈的顺序是 EAX、ECX、EDX、EBX、ESP、EBP、ESI 和 EDI。程序举例如下：

```
PUSH    DS
PUSH    2000H
PUSHW   10H          ;在操作数类型不确定时，用后缀 W 显式地指明源操作数的类型
PUSHD   100000H      ;用后缀 D 显式地指明源操作数的类型
PUSH    EAX          ;执行 32 位寄存器的入栈操作
PUSHAD               ;执行全部 32 位通用寄存器的入栈操作
PUSHFD               ;指令执行将扩展标志寄存器 EFLAGS 的入栈操作
```

2. POP /POPAD /POPFD 指令

POP 指令所执行的操作，是从栈顶弹出一个字的数据到 16 位的寄存器、段寄存器或 16 位存储单元中。80386 以上的微处理器，POP 指令可以从栈顶弹出 32 位数据，并可使用 32 位地址。POPAD /POPFD 则执行与 PUSHAD /PUSHFD 相反的操作。程序举例如下：

```
POP     DI
POP     EBX              ;执行对 32 位寄存器的弹出操作
POP     WORD PTR[DI+2]
POP     DATA3            ;执行对 32 位内存操作数的弹出操作，DATA3 为 32 位存储地址
POPAD                    ;执行对全部 32 位通用寄存器的弹出操作
POPF                     ;对 16 位标志寄存器的弹出操作
POPFD                    ;对 32 位标志寄存器的弹出操作
```

3. IMUL 指令

在 80386 以上的微处理器中，所有乘法指令中均允许 32 位的乘法操作。对于 32 位的乘法操作，EAX 为默认的 32 位被乘数，积的结果放在（EDX，EAX）中。其余的功能与上一节中叙述的相同。程序举例如下：

```
IMUL    num8             ;8 位乘法。(AX)←(AL)×num8
IMUL    CX, 16           ;16 位乘法。(CX)←(CX)×16
IMUL    BX, DX           ;16 位乘法。(BX)←(BX)×(DX)
IMUL    EBX              ;32 位乘法。(EDX, EAX)←(EAX)×(EBX)
IMUL    EAX, 20H         ;32 位乘法。(EAX)←(EAX)×20H
IMUL    EAX, ECX         ;32 位乘法。(EAX)←(EAX)×(ECX)
IMUL    BX, AX, 33       ;16 位乘法。(BX)←(AX)×33
```

```
IMUL    CX，DATA，4    ；16 位乘法。(CX)←(DATA)×4
```

4. CWDE /CDQ 指令

CWDE 指令将 AX 中的字符号扩展为双字，结果在 EAX 中。CDQ 指令则把 EAX 中的一个双字符号扩展为一个四个字的数据，结果在（EDX，EAX）中。这两条指令只对 80386 以上的微处理器有效。

5. SHRD/SHLD 指令

SHRD /SHLD 是双精度的右移或左移指令，仅对 80386 以上的微处理器有效。两种指令均有三个操作数。每种指令都作用于两个 16 位或两个 32 位寄存器，或者一个是存储单元而另一个是寄存器（16/32 位）。程序举例如下：

```
SHRD AX，BX，12    ；将 AX 逻辑右移 12 位，并将 BX 最右 12 位移入 AX 的左边 12 位中
SHLD AX，BX，12    ；将 AX 逻辑左移 12 位，并将 BX 最左 12 位移入 AX 的右边 12 位中
SHLD EBX，ECX，16  ；将 EBX 逻辑左移 16 位，并将 ECX 最左 16 位移入 EBX 的右边 16 位中
SHRD DATA4，AX，CL ；将存储器操作数 DATA 4 逻辑右移 CL 指定的位数，左边空出的部分由
                    AX 的最右的几位（由 CL 决定的位数）补上
```

6. 32 位的串操作指令

80386 以前的微处理器，其串操作指令可以处理字节串和字串的传送。80386 以上的微处理器增加了双字的串操作指令，它们是 LODSD、STOSD、MOVSD、INSD、OUTSD 和 CMPSD。

在进行双字的串操作时，目的操作数由 ES：[DI]指定，源操作数则由 DS：[SI]指定。指令执行后，源指针和目的指针将自动调整：DI←DI±4，SI←SI±4。"+/−"由标志位 DF 决定：DF =0 时为"+"，DF =1 时为"−"。

7. 位操作类（BT /BTS /BTR /BTC）指令

BT /BTS /BTR/BTC 这四条指令用于对寄存器（16 /32 位）或存储器的单个位的位操作。指令格式如下：

```
BT    寄存器/存储器，位偏移量
BTC   寄存器/存储器，位偏移量
BTR   寄存器/存储器，位偏移量
BTS   寄存器/存储器，位偏移量
```

除了第一条指令仅做测试以外（将测试结果放入标志 CF 中），其余三条指令还要执行相应的位操作：BTC 指令执行测试并对指定的位取反；BTR 指令执行测试并复位指定的位；BTS 指令执行测试并置位指定的位。举例如下：

```
BT    AX，4     ；测试 AX 中的位 4，测试结果放入进位标志位 CF
BTS   CX，10    ；测试 CX 中的位 10 并设置 CF，然后对位 10 置 1
BTC   CX，12    ；测试 CX 中的位 12 并设置 CF，然后对位 12 取反
```

8. BSF/BSR 位扫描指令

BSF/BSR 指令执行向前（向左）或向后（向右）的位扫描操作。指令格式如下：

BSF/BSR 目的寄存器，源操作数

BSF 和 BSR 指令扫描源操作数（16 位或 32 位）的每一个位。BSF 从右向左方向扫描，而 BSR 则从左向右方向扫描，起始位的索引为 0。如源操作数的各个位均为 0，则扫描结果：ZF 设置为 1，否则 ZF=0；且由目的寄存器记录下第一次扫描到 1 的位的索引值。程

序举例：
BSF AX, MEM_WORD   ；对 16 位存储单元 MEM_WORD 从右向左扫描，扫描结果存入 AX 中
BSR EAX, ECX   ；对 32 位寄存器 ECX 从高位向低位扫描，扫描结果存入 EAX 中

9. SETcc 指令

SETcc 指令执行的操作是根据当前的各标志值及指令的条件（由 SET 指令的一到两个后缀字符表示）来设置字节内容。指令格式如下：

SETcc   reg8/mem8

该指令执行的功能是：如果给出的条件满足，则对 reg8/mem8 给出的 8 位目的操作数各个位置1；否则各位置0。SETcc 的各种指令格式的表达见表9-4。

表 9-4 SETcc 的指令格式表

指令助记符	说明	条件关系	指令助记符	说明	条件关系
SETO	溢出	OF=1	SETP	为偶	PF=1
SETNO	无溢出	OF=0	SETPE	为偶	PF=1
SETB	低于	CF=1	SETNP	为奇	PF=0
SETNAE	不高于等于	CF=1	SETPO	为奇	PF=0
SETNB	不低于	CF=0	SETL	小于	SF≠OF
SETAE	高于等于	CF=0	SETNGE	不大于等于	SF≠OF
SETE	等于	ZF=1	SETNL	不小于	SF=OF
SETZ	为0	ZF=1	SETGE	大于等于	SF=OF
SETNE	不等于	ZF=0	SETLE	小于等于	ZF=1 或 SF≠OF
SETNZ	不为0	ZF=0	SETNG	不大于	ZF=1 或 SF≠OF
SETBE	于等于	CF=1 或 ZF=1	SETNLE	不小于等于	ZF=0 且 SF=OF
SETNA	不高于	CF=1 或 ZF=1	SETC	大于	ZF=0 且 SF=OF
SETNBE	不低于等于	CF=0 且 ZF=0			
SETA	高于	CF=0 且 ZF=0			
SETS	有负号	SF=1			
SETNS	无负号	SF=0			

10. MOVSX/MOVZX 指令

MOVSX/MOVZX 指令的功能是将源操作数的寄存器或存储器中内容，经过符号扩展/0 扩展后送到目的寄存器中。指令格式如下：

MOVSX/MOVZX   寄存器，寄存器/存储器

该指令执行将一个 8 位或 16 位的寄存器或存储器操作数，经过符号扩展或 0 扩展后，传送到另一个 16 位或 32 位的寄存器中。举例如下：

MOVZX   EAX, BX
MOVZX   BX, AL
MOVSX   AX, DATA8
MOVSX   EAX, MYMEM16

该指令对标志位无影响。

11. BSWAP 指令

BSWAP 指令只适用于 80486 和 Pentium 处理器。指令格式如下：

BSWAP reg32

其中，reg32 为 32 位的通用寄存器，这条指令将 32 位寄存器的内容交换第 1 字节和第 4 字节、第 2 字节和第 3 字节的内容。例如 BSWAP EAX 指令中，假设 EAX= 00112233H，经过字节交换后的结果是：EAX=33221100H。注意，全部 4 个字节的顺序被颠倒过来了。该指令对标志位无影响。

12. CMPXCHG 指令

CMPXCHG 指令只适用于 80486 和 Pentium 处理器。指令格式如下：
CMPXCHG　　目的操作数，源操作数

该指令执行目的操作数与源操作数的比较与交换。目的操作数是 8/16/32 位的寄存器或存储器，源操作数是 8/16/32 位的寄存器，隐含的操作数为相应的累加器 AL/AX/EAX。

指令将目的操作数与累加器的内容进行比较：若相等则 ZF=1，并将源操作数送入目的操作数中；若不等则 ZF =0，并将目的操作数送入累加器。例如：
CMPXCHG EDX．EBX

该指令的操作是：若 EDX= EAX，则执行 EDX←EBX 且 ZF =1；否则执行 EAX←EDX 且 ZF=0。

CMPXCHG 指令对所有状态标志有影响。

13. XADD 指令

XADD 指令只适用于 80486 和 Pentium 处理器。该指令执行相加和交换两种操作。指令格式如下：

　　XADD reg/mem，reg

指令中，目的操作数可以是寄存器或存储器单元，而源操作数一定是寄存器。指令执行的操作是：目的操作数←源操作数+目的操作数，源操作数←目的操作数（旧）。程序举例如下：

　　XADD　AX，BX

设定（AX）=1234H，（BX）=1111H，执行 XADD 指令后，（AX）=2345H，而（BX）=1234H（即 AX 中的旧值）。

指令对标志的影响与普通的 ADD 指令相同。

14. INVD 指令

仅适用 80486 及 Pentium 处理器，INVD 指令不带操作数。其作用是清洗内部 Cache，并提示（执行一个特殊的总线周期）清洗外部 Cache。执行指令后，Cache 中数据将自然丢失，指令也不会将外部 Cache 中的数据写回主存。指令对标志无影响。

15. WBINVD 指令

WBINVD 指令不带操作数。其作用是清洗 Cache 并执行回写。即先清理内部 Cache，再发信号将外部 Cache 的内容写回主存，然后再发信号清理外部 Cache。其余与 INVD 指令相同。

16. INVLPG 指令

INVLPG 指令不带操作数。其作用是执行使 TLB 中的某个项无效的操作。即如果 TLB 中含有一个存储器操作数映像的有效项，则该表项被标记为无效。

9.7 Pentium 微处理器

Pentium 微处理器是一种最先进的 32 位微处理器。它与 DOS、Windows、OS/2 和 UNIX 基础上的应用软件兼容。它有两组算数逻辑单元（ALU）、两条流水线，能同时执行两条指令；把数据 Cache（高速缓冲存储器）和代码 Cache 分开；不仅提高了总线的速度，还将数据总线增加到 64 条，流水浮点部件提供了工作站的特性，因此它几乎具有两台 80×86 的功能。

9.7.1 Pentium 微处理器的结构

Pentium 微处理器的结构方框图如图 9-26 所示。

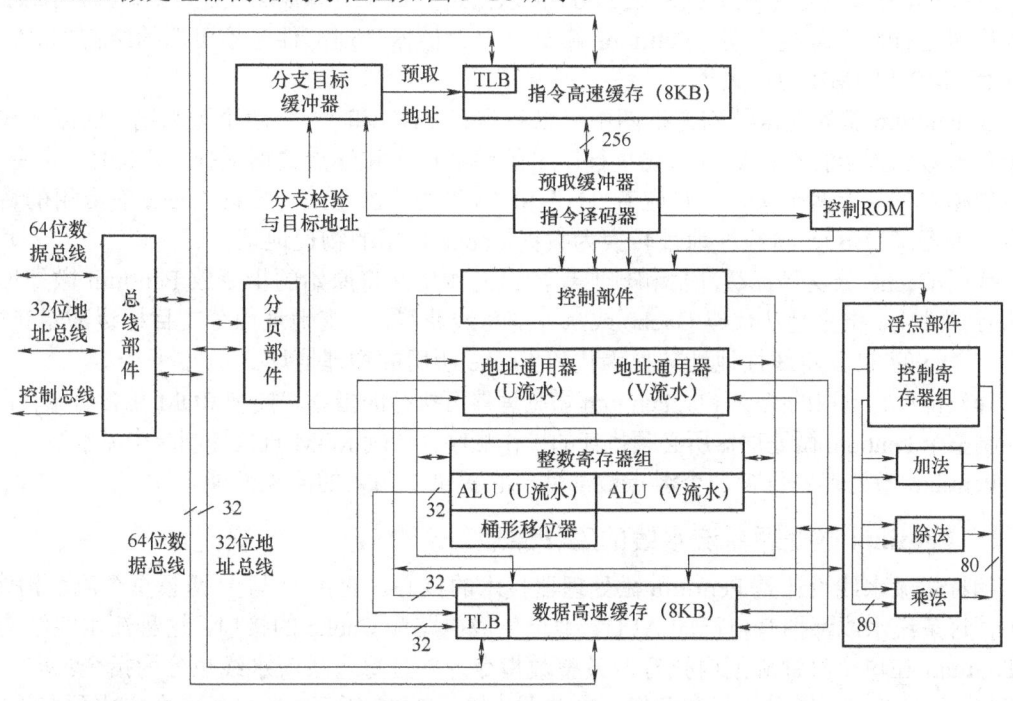

图 9-26　Pentium 微处理器的结构方框图

Pentium 微处理器在 80486 的基础上增加了一条指令流水线（包括相应的地址生成部件）和一个 Cache。在结构上，与 80486 相比，形成了双执行部件和双 Cache 结构，使得每个时钟周期可执行两条指令，并且把代码 Cache 和数据 Cache 分开，减少了 Cache 的冲突。

Pentium 微处理器内部是由总线部件、Cache 部件、代码预测部件、指令译码部件、浮点部件、页部件、控制部件、分支目标缓冲器等组成。其内部数据总线分为 64 位，同时可传输或处理 8B 的数据。

Pentium 微处理器包含了 80486 CPU 的全部性能，并对其性能有了明显增强，增强的功能如下：①双 ALU，超标量结构；②动态分支预测；③流水线浮点部件；④改进的指令执行时间；⑤各自独立的 8～64KB 代码和数据 Cache；⑥数据 Cache 中的回写 MESI 协议；⑦64 位数据线；⑧总线周期流水；⑨地址奇偶校验；⑩内部奇偶校验检查；⑪功能冗余度检测；⑫执行跟踪；⑬性能监控；⑭IEEE1149.1 边界扫描兼容性；⑮系统管理模式；⑯虚拟方式扩展。

Pentium 微处理器在多个方面增强了性能。两个指令流水和在 Pentium 微处理器上的浮点部件有独立操作的功能。每个流水线在单个时钟内可发出经常使用的指令。双流水使得在一个时钟内发出两条整数指令或一条浮点指令（在某些情况下也可以为两条浮点指令）。

为了支持分支预测，Pentium 微处理器有两个预取缓冲器，一个以线性方式预取，一个是根据 BTB 预取，那样所需要代码几乎总是在它执行之间都能预取到。

Pentium 微处理器芯片上集成有各自独立的代码和数据 Cache。每个 Cache 都是 8KB 容量，每行为 32 节以上即是两路组相关。每个 Cache 都有专用的转换后备缓冲器（TLB）将线性地址转换为物理地址。数据 Cache 的特征是 3 个端口，用于支持两个数据缓冲器及在同一时钟内的询问周期。代码 Cache 是一个内含写保护的 Cache。

Pentium 微处理器增加数据总线到 64 位以改进其数据传输率。另外，总线周期流水线允许同时进行两个总线周期。Pentium 微处理器存储器管理部件包括可选的结构扩展，它允许有 2MB 和 4MB 的页大小。

在 Pentium 微处理器结构方框图中可以看到有"U"和"V"两个流水线。U 流水线执行全部整数和浮点指令。V 流水线执行简单的整数指令和浮点数据交换（FXCH）指令。

数据 Cache 有两个接口，对应着"U"和"V"两个流水线。数据 Cache 有专用的转换后备缓冲器（TLB），将线性地址转换为数据 Cache 作用的物理地址。

代码 Cache 分支目标缓冲器和预取缓冲器的作用是将原始的指令放 Pentium 微处理器的执行部件中。指令是从代码 Cache 或从外部总线获得，分支地址由分支目标缓冲器获得。代码 Cache 的 TLB 将线性地址转换为代码 Cache 所用的物理地址。

译码部件将预取的指令译成 Pentium 微处理器可执行的指令。控制 ROM 包含有微代码，它控制整个 Pentium 微处理器所必须执行的操作顺序。控制 ROM 直接控制两个流水线。

Pentium 微处理器包含一个浮点数部件，它提供了高效的浮点性能。

9.7.2 Pentium 微处理器流水线的工作原理

超标量流水线设计是 Pentium 微处理器技术的核心。它由 U 与 V 两条指令流水构成，其中，每条流水线都拥有自己的 ALU、地址生成电路和 Cache 的接口。这种流水线结构允许 Pentium 在单个时钟周期内执行两条整数指令，并且每一条流水线也分为指令预取、指令译码、地址生成、指令执行和回写五个步骤，如图 9-27 所示。当一条指令完成预取步骤，流水线就可以开始对另一条指令进行操作了，极大地提高了指令的执行速度。

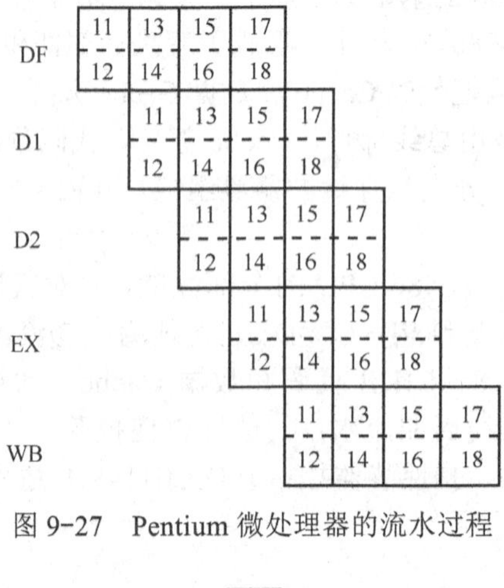

图 9-27 Pentium 微处理器的流水过程

9.7.3 Pentium 微处理器的存储器结构

Pentium 微处理器可以 64 位、32 位、16 位和 8 位的数据进行访问。存储器空间是按 64 位组成一个单位构成的。每 64 位单元都有在存储器地址上连续的 8 个独立可寻址的字节，如图 9-28 所示。

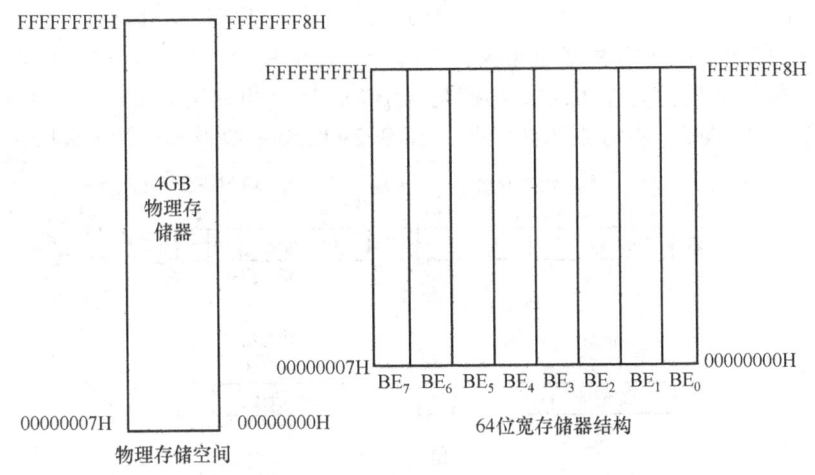

图 9-28 Pentium 微处理器的存储器结构

64 位存储器构成 4 字（8B）阵列，4 字的起始地址应可以被 8 除，所以可通过 $A_{31} \sim A_3$ 寻址。32 位存储器构成 2 字（4B）阵列，双字的起始地址应可以被 4 除，所以可通过 $A_{31} \sim A_3$ 和 A_2 对双字寻址。同样，1 位存储器构成字（2B）阵列，字的起始地址可被 2 除，可通过 $A_{31} \sim A_3$ 和 A_2、A_1 对字寻址。

对 8 位存储器需要低 3 位 $A_2 \sim A_0$ 地址线，它们可按表 9-5 译码后得到。

Pentium 微处理器可在任何字节边界访问数据。在对准时传送字节、字、双字和 4 字传送数据都只要一个总线周期，而在不对准时数据传送需要 2 个总线周期。Pentium 微处理器认为跨 4B 边界的 2B 或 4B 操作数为未对准操作数；跨 8B 边界的一个 8B 操作数需要 2 个总线周期。

表 9-5 $A_2 \sim A_0$ 地址信号译码表

A_2	A_1	A_0	BH_7	BH_6	BH_5	BH_4	BH_3	BH_2	BH_1	BH_0
0	0	0	×	×	×	×	×	×	×	低
0	0	1	×	×	×	×	×	×	低	高
0	1	0	×	×	×	×	×	低	高	高
0	1	1	×	×	×	×	低	高	高	高
1	0	0	×	×	×	低	高	高	高	高
1	0	1	×	×	低	高	高	高	高	高
1	1	0	×	低	高	高	高	高	高	高
1	1	1	低	高	高	高	高	高	高	高

9.7.4 Pentium 微处理器的分支预测

Pentium 微处理器采用分支预测逻辑以减少分支导致的时间消耗。它在遇到分支指令时，在分支地址处进行指令预取，以节省时间。

9.7.5 Pentium 微处理器的高速缓冲存储器

Pentium 微处理器内含 8KB 指令高速缓冲存储器（Cache）和 8KB 数据高速缓冲存储器（Cache），外部还可接第二级高速缓冲存储器（L2 Cache），分别用于存储指令和数据，这样可以大大加快指令处理的速度。数据 Cache 完全支持 MESI（Modified/Exclusive/Shared/Invalid）回写 Cache 一致性协议。代码 Cache 具有固有的写保护以避免偶然的错误。

每 8KB 的 Cache 构成为两路组相关。在每个 Cache 中有 128 组，每组包含 2 行（每行都有其自己的标记地址）。每个 Cache 行都是 32B 宽。指令和数据 Cache 的替换是通过 LRU 机构管理，在每个 Cache 中每组需要一位。图 9-29 给出了数据和代码 Cache 结构。

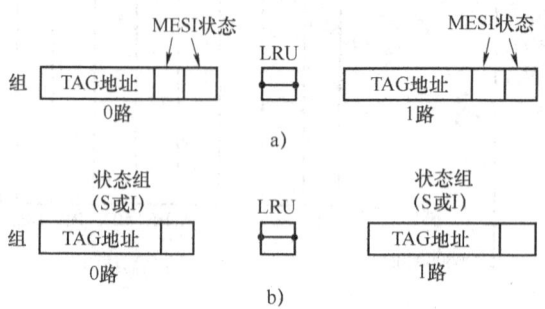

图 9-29 数据和代码 Cache 结构
a）数据 Cache b）代码 Cache

指令和数据 Cache 可以同时访问。指令 Cache 提供最多 32B 操作码，数据 Cache 在相同时钟内提供两个数据。在数据 Cache 中标记（TAG）3 个出口。两个出口用于查找来自每个流水线的数据相应的两个独立的地址，另一个出口用于监测。指令 Cache 标记页有 3 个出口。两个出口用于简化裂开行访问（同时访问一行的高一半和下一行的低一半），另一个出口用于支持监测。

每个 Cache 都是用物理地址访问，都有自己的后备缓冲器（TLB）。数据 Cache 对 4KB 的页有一个 4 路组相关，64 项目的 TLB 和支持 4MB 页的独立的 4 路组相关，8 项目的 TLB。代码 Cache 对 4KB 页也有一个 4 路组相关，32 项目的 TLB 和 Cache 构成 4MB 的页。

9.7.6 Pentium 微处理器的工作模式

Pentium 的工作模式分为保护模式、实模式、虚拟 86 模式三种。

1）保护模式是受保护的虚拟地址模式（Protected Virtual Address Mode）的简称。从 80386 CPU 开始，就具有了保护模式，Pentium CPU 内部也设有存储器管理部件（MMU），其中，仍然包括分段部件（SU）和分页部件（PU），通过系统程序员编程，Pentium 可以工作在只分段或只分页或既分段又分页三种方式下。这三种方式的关键建立在分段地址转换与分页地址转换的基础之上。

2）实模式是实地址模式的简称。所谓实模式，是 8088/8086 CPU 工作的一种模式，指令中只允许出现逻辑地址，逻辑地址由 16 位段值与 16 位偏移地址组成，将 16 位段值乘以 16，并加上 16 位偏移地址值，便产生 20 位的物理地址，这由 CPU 中总线接口单元的 20 位地址形成部件产生。产生地址信号 $A_{19} \sim A_0$ 共 20 根，可寻址最大物理空间为 1MB。MS-DOS 操作系统仅支持实模式，Pentium CPU 工作在 Windows 下，可以通过切换进入

DOS 状态，运行采用实模式的 16 位应用程序。

3）虚拟 8086 模式简称虚拟 86（V86）模式，它是在 32 位保护模式下支持 16 位实模式应用程序的一种保护模式。

三种工作模式是可以相互转换的，CPU 通电或复位后就进入实地址模式，通过对控制寄存器 CR0 中的 b0 位置 1，即保护允许位（PE）置 1，于是系统进入保护模式。若使 PE 复位，则返回实地址模式。通过执行 IRETD 指令或者进行任务转换时，则从保护模式转变为 V86 模式，通过中断可以从 V86 模式转变到保护模式。在 V86 模式下可以复位到实地址模式。

课后习题

1. 32 位微处理器内部的寄存器比 16 位微处理器多了哪些部分？增加部分的功能是什么？
2. 32 位微处理器的地址总线有几条？A_0 和 A_1 是怎样形成的？
3. 32 位微处理器数据总线怎样与 1 位数据总线和 8 位数据总线相连接？
4. Pentium 微处理器在 80486 CPU 的性能基础上，增强了哪些功能？
5. Pentium 微处理器在结构上最主要的特点是什么？
6. Pentium 微处理器有哪些工作模式？

参考文献

[1] 郑学监,等. 微型计算机原理及应用[M]. 北京:清华大学出版社,2013.
[2] 戴梅萼,史嘉权. 微型计算机技术及应用[M]. 北京:清华大学出版社,2008.
[3] 钱晓捷. 汇编语言程序设计[M]. 北京:电子工业出版社,2000.
[4] 张荣标,等. 微型计算机原理与接口技术[M]. 北京:机械工业出版社,2005.
[5] 周英杰,张萍,郭雪梅,等. 微机原理、汇编语言与接口技术[M]. 北京:人民邮电出版社,2012.
[6] 陈继红,徐晨,等. 微机原理级应用[M]. 北京:高等教育出版社,2011.
[7] 郑初华. 汇编语言、微机原理级接口技术[M]. 北京:电子工业出版社,2004.
[8] 杜荔. 微机原理及其接口[M]. 北京:清华大学出版社,2011.
[9] 黄震春. 微型计算机原理[M]. 北京:机械工业出版社 2014.
[10] 聂伟荣,等. 微型计算机原理与应用[M]. 北京:清华大学出版社,2011.
[11] 孙立娟,等. 微型计算机原理与接口技术[M]. 北京:清华大学出版社,2013.
[12] 周孟初,等. 微型计算机原理与接口技术[M]. 北京:中国科学技术大学出版社,2012.
[13] 冯博琴,吴宁. 微型计算机原理与接口技术[M]. 北京:清华大学出版社,2011.
[14] 吴宁,陈文革. 微型计算机原理与接口技术题解及实验指导书[M]. 北京:清华大学出版社,2011.
[15] 秦贵和,等. 微型计算机原理与汇编语言程序编制[M]. 北京:科学出版社,2012.
[16] 秦晓红,孔庆芸. 微型计算机原理与接口技术[M]. 西安:西北工业大学出版社,2014.
[17] 李伯成,等. 微型计算机原理及应用[M]. 西安:西安电子科技大学出版社,2008.
[18] 范立男. 微型计算机原理及应用[M]. 北京:清华大学出版社,2012.
[19] 何绍荣. 微型计算机原理及应用习题集[M]. 重庆:重庆大学出版社,2010.
[20] 钱晓捷. 微型计算机原理及应用教学辅导与系统解答[M]. 北京:清华大学出版社,2011.
[21] 董洁. 微型计算机原理及接口技术[M]. 北京:机械工业出版社,2013.
[22] 赵国相,于秀峰. 微型计算机原理及接口技术[M]. 北京:科学出版社,2004.
[23] 郑家声. 微型计算机原理及接口技术[M]. 北京:机械工业出版社,2004.
[24] 马义德. 微型计算机原理及接口技术[M]. 北京:机械工业出版社,2005.
[25] 何宏. 微型计算机原理与接口技术[M]. 天津:天津大学出版社,2007.
[26] 杨康. 微机原理及应用[M]. 北京:中国计量出版社,2008.

2009年全国职业院校技能大赛网络综合布线技术赛项指定设备

2010年全国职业院校技能大赛网络综合布线技术赛项指定设备

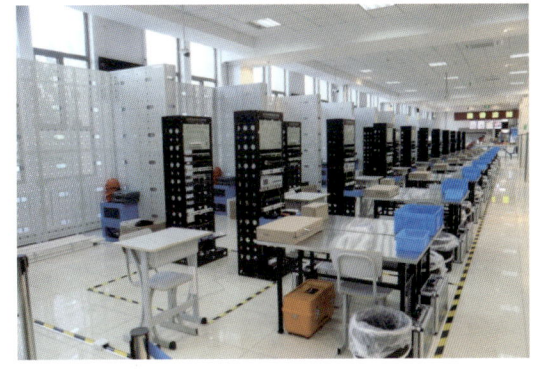

2018年全国职业院校技能大赛网络布线赛项指定设备

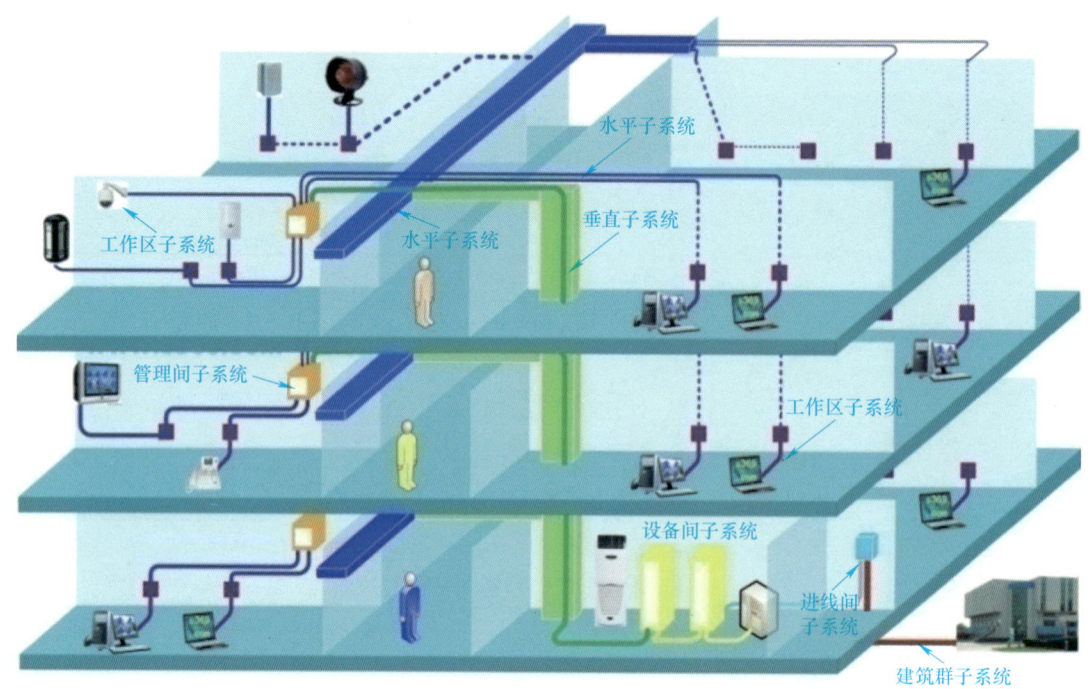

图1-1　综合布线系统工程各个子系统示意图

图1-4　数实融合综合布线实训装置

图2-1　综合布线电缆展示柜

图2-6　综合布线光缆展示柜

图2-26b　壁挂式网络机柜

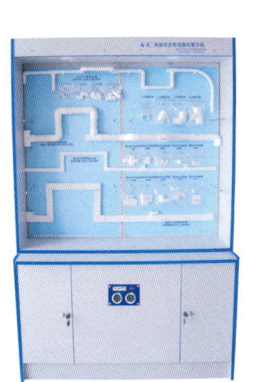
图2-27 综合布线配件展示柜

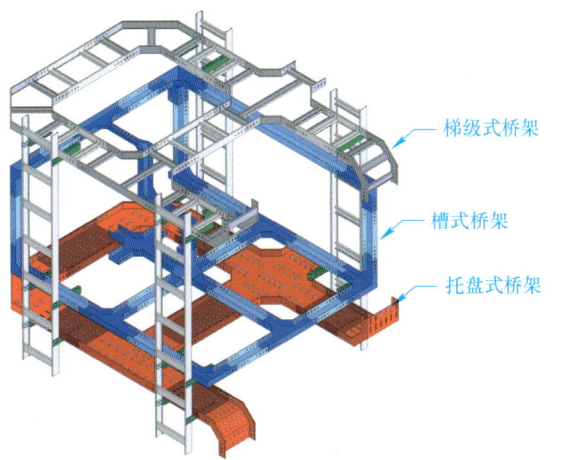
梯级式桥架
槽式桥架
托盘式桥架

图2-31 桥架展示系统

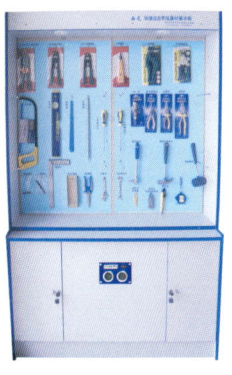
图2-36（左）综合布线工具展示柜

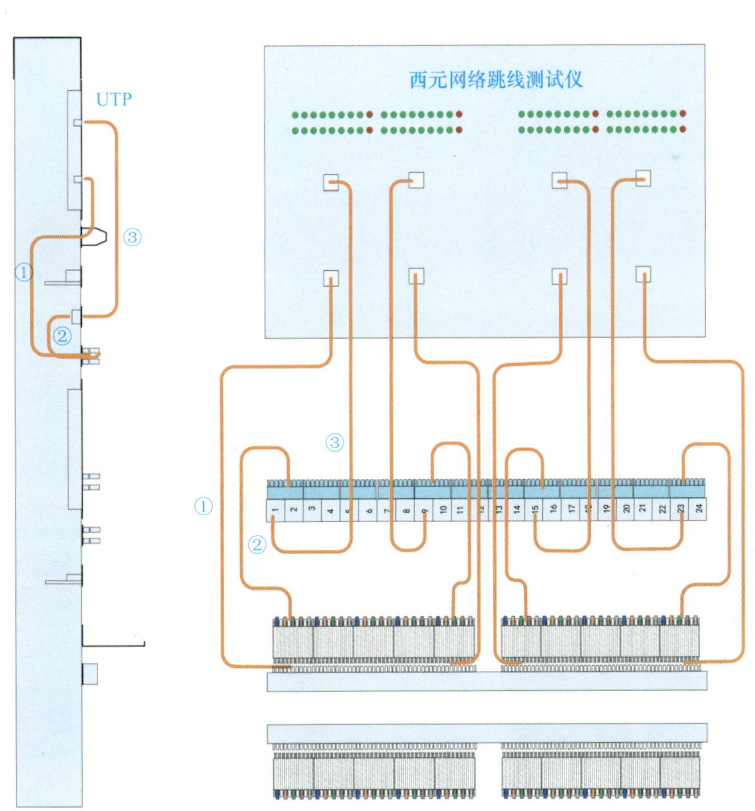
图3-57 复杂网络永久链路端接

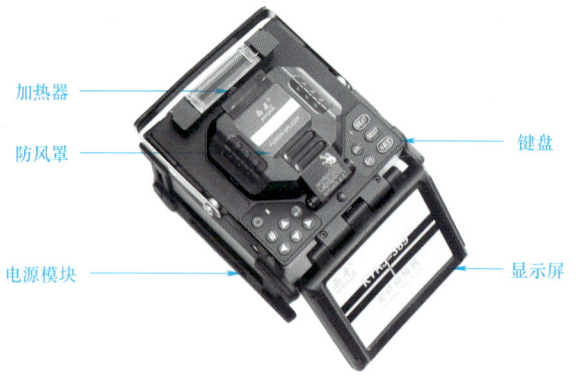

图4-3 光纤熔接机实物照片1

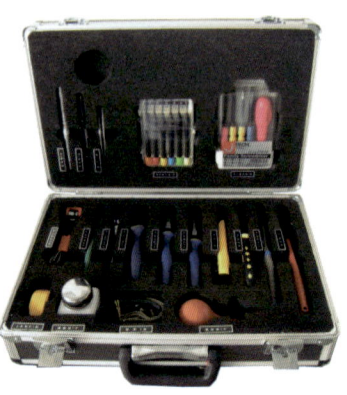

图4-12 光纤工具箱

图6-21 ICT工程技术实训平台

图7-16 光纤端接测试实训装置

图9-9 网络工程防雷展示实训装置

图11-7a、d 综合布线故障检测与维护实训装置正面/背面